Rethinking HR

Julia Collard/Sven Schnitzler (Hrsg.)

Rethinking HR

32 Impulse für innovative Personalarbeit

1. Auflage

Haufe Group
Freiburg · München · Stuttgart

Bibliografische Information der Deutschen Nationalbibliothek

Die Deutsche Nationalbibliothek verzeichnet diese Publikation in der Deutschen Nationalbibliografie; detaillierte bibliografische Daten sind im Internet über http://dnb.dnb.de/ abrufbar.

Print: ISBN 978-3-648-15057-3 Bestell-Nr. 14146-0001
ePub: ISBN 978-3-648-15058-0 Bestell-Nr. 14146-0100
ePDF: ISBN 978-3-648-15059-7 Bestell-Nr. 14146-0150

Julia Collard/Sven Schnitzler (Hrsg.)
Rethinking HR
1. Auflage, Juni 2021

www.haufe.de
info@haufe.de

Bildnachweis (Cover): © ThitareeSarmkasat, gettyimages

Produktmanagement: Dr. Bernhard Landkammer
Lektorat: Helmut Haunreiter, Marktl am Inn

Inhaltsverzeichnis

Vorwort

Lasst uns ein Buch draus machen oder ein Gemälde. Lasst uns Geschichten schreiben oder Geschichte. Es geht um mehr als Human Resources, um Humankapital, um Fachkräfte und Nachwuchs. Es geht um uns als Mensch in dieser verrückten Arbeitswelt.
Julia Collard & Sven Schnitzler

»Wenn Ihr Euch ein Bild vom HR der Zukunft machen wollt, welche Bücher & Artikel würdet Ihr lesen?« Das hat Julia Wieland via Twitter Anfang Oktober 2020 gefragt. Lesetipps dazu gab es viele – aber in uns entstand auch eine Idee, die über diese schon existierenden Bücher zu HR, Recruiting und Personal hinausgeht: Können und müssen wir dieses Buch nicht genau jetzt neu schreiben? Diese Human Resources – das sind doch wir! Und wir können genau sagen, was wir wollen. Wie wir behandelt werden wollen, was wir leisten können, was wir erwarten.

Und wir dürfen, nein, wir müssen uns an der etablierten »Branchen-Terminologie« stören: Wir sind nicht lediglich »Ressourcen«, wir sind nicht auf bloßes »Humankapital« zu reduzieren. Wir sind Menschen! Und trotzdem verwenden auch wir in diesem Buch die etablierte Terminologie. Warum? Weil Sprache nur funktioniert, wenn sie verstanden wird. Und etablierte Begriffe wie Human Resources gehören zum gemeinsamen Wortschatz, den wir alle verstehen. Aber – Sprache drückt auch eine Haltung aus. Lasst uns daher achtsamer im Umgang mit Sprache sein, damit sich künftig der Tonfall und damit auch die hinter der verwendeten Terminologie stehende Haltung wandelt.

Und das gilt insbesondere auch in einer Zeit, in der wir durch Corona an so vielen Stellen scheinbar genau auf diese menschliche Ressource der Arbeitskraft reduziert werden und gleichzeitig umso stärker spüren, was wirklich zählt, was uns wichtig ist, was Sinn stiftet und Freude bringt.

Menschen folgen Menschen und wir können uns gegenseitig zeigen, wo es langgeht. Immerhin geht's bei Rethinking HR um unsere Zukunft. Darum haben wir gefragt:

- Wie wollt ihr ins Arbeitsleben starten?
- Wie wollt ihr umworben und empfangen werden?
- Mit wem, wie und wo wollt ihr zusammenarbeiten?
- Arbeitsrecht, Arbeitszeit, Konzern, Verwaltung, Start-up, New Work, Mindset, Vibes – was fällt euch ein zu den Klassikern der Arbeitswelt und zu den Buzzwords?
- Was bedeutet es euch, selbstständig, angestellt, frei, sicher zu sein?
- Wie führt ihr und wollt ihr überhaupt geführt werden?
- Ist lebenslanges Lernen ein Zwang oder ein Luxus?

- Wann fühlt ihr euch bestätigt, eingeengt, gebraucht, unterstützt?
- Gibt es Vereinbarkeit, Work-Life-Balance und Diversität in Unternehmen?

Brauchen wir HR?

Wir haben uns alle Blickwinkel auf die Zukunft von HR gewünscht – die der Personalerinnen und Personaler, der Gründerinnen und Gründer, der Studierenden, der Recruiterinnen und Recruiter, der Wissenschaftlerinnen und Wissenschaftler, der Bildungsexpertinnen und -experten. Eben alle Denkanstöße der Menschen, die HR ausmachen. Was wir bekommen haben ist eine ganz große Geschichte. Eine Sammlung von Impulsen in einer Zeit, in der Nähe analog nicht möglich und virtuell dafür viel größer war und ist, aber auch und vor allem für ein kommende hybride Zeit.

Danke Julia Wieland für den Anstoß.

Danke Bernd Slaghuis für den Verlagskontakt.

Danke allen Co-Autorinnen und Co-Autoren, die in den stürmischsten Zeiten, zwischen Lockdown und Homeschooling, zwischen Remote Work und Jobwechsel, zwischen Umzug, Geburt, Tod, Trennung, Urlaub, über »den großen Teich« und über einen ganz stillen Jahreswechsel hinweg ihren ganz persönlichen Teil zu diesem Buch beigetragen haben. All diese Hintergründe prägen die ganz besondere Stimmung – die Kultur –, die es auszeichnet. Viele kleine Teile und viele Menschen bilden ein Ganzes. Genau das muss HR können!

Lasst euch anstecken von diesen Impulsen. Denkt HR neu. Werdet Teil dieser Story!

Und schließlich noch ein allgemeiner Hinweis: In dieser Publikation wird eine geschlechtergerechte Sprache verwendet. Dort, wo das nicht möglich ist oder die Lesbarkeit stark eingeschränkt würde, gelten die gewählten personenbezogenen Bezeichnungen für alle Geschlechter.

Julia Collard & Sven Schnitzler

Neustart

Das Vergleichen ist das Ende des Glücks und der Anfang der Unzufriedenheit.
Sören Kierkegaard

Was will ich einmal werden? Welchen Beruf möchte ich ergreifen? Was bedeuten für mich Erfolg, Karriere, Geld und Titel? Werde ich glücklich werden im Job? Ist das Unternehmen wirklich das richtige für mich? Werden mich die Kollegen mögen? Werde ich ins Team passen? Stimmt die Vergütung? Wer wählt mich überhaupt aus? Entscheiden künftig Bots und eine KI über meine Einstellung?

Es gibt wohl kaum einen Zeitpunkt im Leben, an dem man sich so viele Fragen stellt wie zum Start ins Berufsleben. Es ist ein entscheidender, mächtiger Schritt – zumindest wird er bisher als solcher wahrgenommen. Denn wir entscheiden quasi über unser Leben. Ein schneller Wechsel im Job wird immer noch mit Unstetigkeit oder einer Fehlentscheidung in Verbindung gebracht. Quereinstiege sind immer noch exotisch im Vergleich zur straighten Berufslaufbahn. Das legt dem Start noch ein paar mehr Kilos an Entscheidungslast auf.

Was also bedeutet Rethinking HR zum Berufsstart? Wie nehmen wir dem notwendigen Vergleichen von Jobs und ihren Rahmenbedingungen auf der einen Seite und dem Vergleichen von Bewerbern auf der anderen die Unsicherheit?

Valentin Vollmer und Nicolas Korte sind überzeugt, dass wir unbedingt umdenken müssen beim Übergang von einem Schulleben, das Eigenverantwortung kaum fördert und durch Regeln und Bewertung weder Eigenständigkeit noch Mut zu Fehlern unterstützt, in ein eigenständiges Berufsleben. Nicolas hat dabei ein ganz praktisches Beispiel für ein Neudenken von Ausbildung im Gepäck.

Wenn wir dann umdenken in Bezug auf die Menschen, die wir gewinnen möchten, dann gilt dies auch für das Recruiting und das Onboarding. Fast jeder von uns kann wohl eine skurrile Geschichte aus dem Bewerberleben erzählen. Sandra Brauer hat einige zusammengetragen.

Oft liegen solche Missverständnisse, wie sie beispielsweise Sandra Brauer geschildert hat, an einer mangelnden Identifikation – oder sind wir mal nicht so streng – der mangelnden Beschäftigung mit der Zielgruppe. Madleine Kern und Jasmin Welzenbach haben hier Ideen: theoretischer und optischer Natur.

Tatiana Dikta weiß, dass – was den Rethinking Bedarf angeht – die Apothekenwelt ganz weit vorne in der Reihe der zu Trainierenden steht. In einer Branche an der Schnittstelle von Einzelhandel, Miniunternehmen und Gesundheitsanbieter braucht es nicht nur neue Personalarbeit. Es braucht überhaupt eine solche.

Anja Lüthy und Florian Schrodt schließen daran an: Recruiting kann nicht eine Kombination aus Bewerbungsmappe und Bauchgefühl bleiben, selbst oder gerade, wenn es um Menschen geht. Wie sprechen wir eine Sprache, wenn wir, durch welchen Auslöser auch immer, nicht unmittelbar, besser: analog kommunizieren können? Wie müssen sich Unternehmen neu aufstellen, wenn sie nicht mehr in der »Führungsrolle« des Jobanbieters, sondern in der Rolle des Nachfragers knapper und wertvoller Ressourcen sind?

Abschließend gilt es zu verstehen, was hinter den neuen digitalen Verfahren steckt. Michel Hoffmann und Hannah Surmund schließen das Thema Einstieg ins Berufsleben mit einem Überblick über KI im Recruiting ab. Und bringen so Mensch und die Maschine zusammen.

Ganz sicher nimmt ein vorurteilsfreier und schneller Einstellungsprozess ganz viele der Ängste in Verbindung mit dem Berufsstart. Nicht zuletzt verbindet er die wichtigsten analogen und digitalen Kompetenzen – ein Muss, wenn wir HR neu denken!

1 Berufsstart – Euphorie und Aufbruch in eine neue Welt

Valentin Vollmer

Erinnern Sie sich noch an Ihren Berufsstart?

Start in einen neuen Lebensabschnitt.

Freude, Ungewissheit, Aufregung, Sorgen und eine große Portion Aufbruchstimmung sind die Begleiter junger Menschen am Anfang ihres Berufslebens. Die letzten Jahre des Lernens, der Prüfungen und Praktika sind vorbei. Endlich kann man zeigen, was man kann – und zwar nicht im Versuchslabor, sondern im echten Leben. Ohne Netz und doppelten Boden. Endlich kann man all das in die Praxis umsetzen, was man in den Jahren zuvor in der Theorie ausgiebig gelernt hat. Auch wenn die wenigsten, die inzwischen mitten im Berufsleben stehen, wieder in diese Lebensphase zurückwollen, so liegt dem Berufsstart doch ein ganz besonderer Zauber inne. Euphorie und Aufbruch in eine neue Welt. Ähnlich muss sich Christoph Kolumbus gefühlt haben, als er lossegelte. Viel Theorie im Gepäck, aber keine Ahnung davon, was ihn erwarten würde. Wenn Berufsstarter in ihren ersten Job starten, stehen einige Punkte ganz besonders im Fokus:

1.1 Orientierung

Die Suche nach Orientierung ist ein ständiger Begleiter in den ersten Berufsjahren. Es dauert eine gewisse Zeit, bis man herausfindet, wie das alles abläuft in der Arbeitswelt. Ungeschriebene Gesetze, Verhaltensregeln, Dos and Don'ts und gleichzeitig eine Vielzahl an Ratgebern. Bei vielen sorgt das alles erstmal für Chaos im Kopf und führt zu einer großen Hilflosigkeit. Wie macht man es denn richtig? Wie geht das eigentlich? Möglicherweise schmunzeln Menschen mit mehreren Jahren Berufserfahrung an dieser Stelle und denken sich, dass das eben bei jedem Jobwechsel so ist und sich die Youngster nicht so anstellen sollen. Man sollte hierbei jedoch nicht vergessen, dass ihnen die Erfahrung fehlt, dass die fehlende Orientierung beim Start eines neuen Jobs normal ist. Berufserfahrene wissen, dass das nur eine zeitlich begrenzte Phase ist, zudem kennen sie inzwischen Bewältigungsstrategien und Routinen, auf die sie zurückgreifen können.

All das fehlt beim ersten Mal. Diese Orientierungslosigkeit und die fehlende Aussicht, dass man einen Überblick über all die neuen Eindrücke und Herausforderungen bekommt, führen zu Stress. Neben vielen weiteren Stressoren ist dies ein Umstand, mit dem Berufseinsteiger zurechtkommen müssen.

1.2 Unsicherheit

Ist bei Ihnen zu Hause schon mal der Strom ausgefallen und alles war stockfinster? Bestimmt wussten Sie bei aller Überraschtheit den Weg zum Stromkasten, wussten sich mit einer Taschenlampe zu helfen und haben den Sicherungshebel wieder umgelegt. Wenn dieselbe Situation einem kleinen Kind zum ersten Mal passiert, hat es Angst und es ist unsicher. Was ist zu tun? Hört das wieder auf? Wann? Wenn Sie sich in die Lage dieses Kindes hineinversetzen können, bekommen Sie in etwa ein Gefühl dafür, wie es Ihren jungen Kolleg*innen am Anfang des Berufslebens geht. Wenn wir unseren Beruf nicht nur in der Theorie gelernt, sondern auch ausgiebig in der Praxis kennengelernt haben, können wir auf Routinen zurückgreifen. Man kennt Fallstricke, kann priorisieren und weiß, worauf es ankommt, um in seinem Beruf erfolgreich zu sein. Am Anfang des Berufslebens fehlt dieses Selbstvertrauen jedoch. Vielmehr herrscht massive Unsicherheit über jeden nächsten Schritt. Die permanente Balance zwischen Unsicherheit und dem inneren Druck, sich seine Unsicherheit bloß nicht anmerken zu lassen, ist für junge Berufsstarter*innen ein dauernder Begleiter. Dazu gesellen sich nicht selten Zweifel und die Frage, ob man wirklich im richtigen Beruf ist. Ist das der richtige Job für mich? Hätte ich doch etwas anderes lernen sollen? Die Fragilität des eigenen Selbstkonzepts ist während des Berufsstarts in besonderem Maße ausgeprägt und sollte besonders bei HR-Verantwortlichen präsent sein.

1.3 Machtgefälle

Ein Umstand, der im Kontext Berufsstart häufig übersehen wird, sind die in den meisten Unternehmen und Organisationen bestehende Hierarchie und die daraus resultierenden speziellen Folgen für Berufseinsteiger*innen. Die formelle Hierarchie spielt dabei ebenso eine Rolle wie die in jeder Abteilung und jedem Arbeitsumfeld – wenn auch unausgesprochen – vorhandene Hackordnung. In dieser stehen Neueinsteiger*innen in aller Regel ganz unten, denn sie verfügen weder über ein Netzwerk noch über ausreichende Erfahrung oder sonstige Einflussfaktoren, die ihnen Gehör, Einfluss – ja – Macht verschaffen. Die Folgen hieraus sind mehrschichtig. So kann es vordergründig zu einem Ausnutzen von Macht kommen und als Berufsstarter findet man sich in den Tätigkeiten wieder, auf die das »Stammpersonal« keine Lust hat. Nicht selten berichten junge Menschen davon, dass sie stunden- und tagelang Excel-Tabellen ausfüllen, Regale einräumen oder Ordner sortieren mussten. Alles Tätigkeiten, die für die meisten Menschen nicht vergnügungssteuerpflichtig sind. Ferner kommt es immer wieder vor, dass Berufsstarter*innen für die Profilierungssucht von älteren Kolleg*innen herhalten müssen. Dies zeigt sich z. B. darin, dass man sich über Fehler der Youngster in aller Detailtiefe lustig macht und der Adressatenkreis dieses »Sich-lustig-Machens« gar nicht groß genug sein kann, um davon zu berichten, welchen vermeintlich idiotischen Fehler die Auszubildende gemacht hat. All diejenigen, die solch eine öffentliche

Demütigung und Zurschaustellung als Lappalie abtun, sollten sich bewusst machen: Es ist aus der neurologischen Forschung bekannt, dass emotionale Verletzungen zu denselben Schäden im Gehirn führen wie körperliche. In letzter Konsequenz zu Ende gedacht ist ein solches Verhalten nicht mit den im Arbeitsschutzgesetz festgeschriebenen Anforderungen zur physischen und psychischen Unversehrtheit der Belegschaft vereinbar. Es liegt vor allem in der Aufgabe von Führungskräften und von HR, hier für einen Kulturwandel zu sorgen.

Eine weitere sehr eindrückliche Folge des Machtgefälles zeigt sich in Statistiken von sexueller Belästigung am Arbeitsplatz. 75 % der hiervon betroffenen Frauen sind unter 30 Jahre alt und fallen somit in die Gruppe der Berufsstarterinnen. Diese vulnerable Gruppe ist aufgrund ihrer Unerfahrenheit einem besonderen Risiko ausgesetzt. Damit hier ein grundsätzlicher Wandel stattfindet und künftige Generationen von Berufseinsteigerinnen ohne Angst vor physischen und psychischen Schäden ins Berufsleben starten können, braucht es Unternehmen mit einem Bewusstsein für diese Problematik sowie eine Nulltoleranzpolitik gegenüber jeder Form von Machtmissbrauch.

Nun mag man sich vielleicht denken, ob all das nicht etwas überzeichnet ist. Braucht es so viel Drama?

Vielleicht macht folgende Parallele verständlich, weshalb wir alle diesem Lebensabschnitt und den darin stattfindenden Phänomenen mehr Aufmerksamkeit schenken sollten: Als Kleinkind haben wir unsere ersten Schritte gelernt, nicht nur körperlich, sondern auch kognitiv und emotional. Unsicher und wackelig, mit Fehltritten, Zwischenerfolgen und Frustrationen. Auch unser Sozialverhalten durfte sich schrittweise entwickeln und, je nach Qualität der Beziehungen, konnten wir mehr oder weniger starke Bindungserfahrungen machen. Wie mittlerweile allgemein bekannt, sind diese sog. frühkindlichen Prägungen ausschlaggebend für zahlreiche Faktoren. Sie wirken hinein in grundlegende Elemente unseres Soziallebens und schlagen sich in allen Facetten unseres Alltags nieder. Sowohl in positiver als auch in negativer Hinsicht.

Ich bin fest davon überzeugt, dass die Erfahrungen, die wir bei unseren ersten unsicheren Schritten im Berufsleben machen, ebenso nachhaltige Wirkung haben. In Anlehnung an die früh-kindlichen Prägungen sind die früh-beruflichen Prägungen für unser gesamtes weiteres Arbeitsleben von großer Bedeutung. Es macht einen gewaltigen Unterschied, ob wir bei den ersten beruflichen Schritten konstruktive Unterstützung, Anerkennung und eine positive Fehlerkultur erlebt haben oder ob Bloßstellungen, Erniedrigungen und Schikane unsere ersten Berührungspunkte mit der neuen Welt waren. Die Frage, welche bewussten und unbewussten Assoziationen wir mit Arbeit, Teamgeist oder Führungsverhalten haben, ist meines Erachtens dafür ausschlaggebend, mit welcher Motivation wir der Arbeit begegnen, wie wir Zusammenarbeit verstehen und wie Macht für uns konnotiert ist. Seit der sozialkognitiven Lerntheorie von

Albert Bandura wissen wir, dass wir am Modell lernen, und daher möchte ich einen eindringlichen Appell an alle Personalverantwortlichen richten: den beschriebenen Teufelskreis zu durchbrechen. Die Konsequenzen, die sich daraus ergeben, sind nicht nur für das einzelne Unternehmen, sondern letztlich für die gesamte Gesellschaft von Bedeutung.

1.4 Lebenswelten

Um besser zu verstehen, was nötig ist, um Berufseinsteiger*innen gut zu begleiten und zu fördern, sollten wir zunächst einen Blick auf die Gewohnheiten der jungen Generation werfen. Wie sieht die Lebensrealität der Berufsstarter*innen aus? Da ich kein Fan bin von Stereotypisierungen und eine stereotype Kategorisierung den Berufseinsteiger*innen nicht gerecht wird, sollten wir uns als zentrales Element folgende Antwort merken: unterschiedlich. Daher können die folgenden Betrachtungen ggfs. auf einen Teil der Zielgruppe zutreffend sein, aber niemals eine vollständige Sicherheit liefern, dass sich alle Berufsstarter darin wiederfinden werden.

Zu der bis dato bekannten Welt (Privatleben, Ausbildung, Studium) kommt die Arbeitswelt als neues Element im Leben von Berufseinsteiger*innen hinzu. Bisher wurde eine Verschmelzung der bekannten Lebensbereiche als unproblematisch oder sogar gewünscht wahrgenommen. Daher ist es auch nicht verwunderlich, dass viele Berufsstarter diese Analogie (zunächst) auch beim Start ins Berufsleben fortsetzen. Eine strikte Trennung zwischen Arbeits-Ich und Privat-Ich erfolgt häufig nicht. Einerseits bildet sich bei manchen erst mit der Zeit ein Bewusstsein und/oder Bedürfnis dafür aus, dass man in beiden Welten unterschiedliche Rollen hat und damit entsprechende (erwartete) Verhaltensweisen einhergehen. Andererseits ist diese Abgrenzung zwischen Berufs- und Privatleben wie bei älteren Generationen für viele Jüngere gar nicht mehr so angestrebt. Personalverantwortliche sollten sich dessen bewusst sein, um entsprechende Verhaltensweisen adäquat einordnen zu können.

Wenn wir uns die Lebenswelt der Berufseinsteiger*innen weiter anschauen, so fallen zusätzliche Spezifika auf. Nicht umsonst ist der Begriff »Digital Natives« entstanden, denn die Selbstverständlichkeit im Umgang mit Technologie ist Sinnbild für die junge Generation. Damit einher gehen einerseits die Erwartungshaltung an den Einsatz von digitalen Tools und andererseits das fehlende Verständnis, wenn im Unternehmen überwiegend analoge Prozesse gelebt werden. Die Gewohnheiten, die junge Menschen am Anfang des Berufslebens aus dem Privaten kennen, werden als Messlatte für die Arbeit gesehen. Wenn Smartphones, Video-on-Demand, Lernen mit YouTube und Social Media Normalität sind, fehlt das Verständnis, wenn noch immer veraltete Vorgehensweisen verbreitet sind: Warum sollte ein Diensthandy ein Statussymbol sein? Warum dauert das mit internen Prozessen so lange, wenn ich doch gewohnt bin, bei Netflix & Co. sofort meinen digitalen Service zu bekommen? Warum wird Weiterbildung oftmals so unpersönlich als Seminar oder E-Learning zum Durchklicken organisiert, statt selbstgesteuertes Lernen zu ermöglichen? Warum darf ich nicht meine Social Media Community um Rat fragen bei einem Arbeitsproblem?

Die Akzeptanz von Hierarchie und die noch vor Jahrzehnten vorhandene Ehrfurcht vor »Vor-«gesetzten nimmt rapide ab. Autorität erwirbt man durch Wissen auf seinem Gebiet, klare Positionen und Authentizität. Warum sind Influencer so beliebt? Der Anspruch von Berufseinsteiger*innen an ihr Arbeitsumfeld und an ihre Führungskräfte hat sich gewandelt. Wenn es zur gelebten Normalität gehört, sich aufgrund der Nahbarkeit von Social Media Stars in direkter Interaktion mit ihnen zu befinden, fehlt das Verständnis, weshalb man nicht einfach dem Vorstand einen Verbesserungsvorschlag schicken sollte. Wo ist schließlich das Problem ...? Es ist häufig noch immer in den Köpfen zahlreicher Führungskräfte, die die Nicht-Einhaltung von Hierarchie als einen groben Fauxpas werten.

1.5 Konkrete Auswirkungen auf die HR-Arbeit

Um besser zu verstehen, was all das für die Arbeit von HR-Manager*innen bedeutet, sollten wir auf einige spezifische Aufgaben schauen, die in der Arbeit mit Berufseinsteiger*innen relevant sind.

Abgleich Anforderungen des Job-Profils und tatsächliche Leistung
Bei aller Euphorie und allem Enthusiasmus für den manchmal scheinbar unbegrenzten Ehrgeiz junger Kolleg*innen, sollten die grundsätzlich für alle Mitarbeitenden geltenden Regeln nicht außer Acht gelassen werden. Eine nach unternehmensüblichen und einheitlichen Kriterien geregelte Leistungsbeurteilung sollte wie bei allen anderen Mitarbeitenden auch stattfinden. Der Appell zum achtsamen Umgang mit und zur besonderen Aufmerksamkeit auf die Spezifika der jungen Generation sollte nicht zulasten des Einforderns von erwartbarer Leistung und der Erfüllung der Anforderungen im jeweiligen Job-Profil erfolgen. Die Kunst liegt darin, eine gute Balance zu finden zwischen besonderer Berücksichtigung der Zielgruppe, ohne vor lauter Rücksichtnahme unzählige Extrawürste zu schaffen.

Erzieherische Arbeit
Mangels eines Unterrichtsfachs, das den Titel »Arbeitswelt« hat, müssen die Unternehmen bei Berufseinsteiger*innen einen nicht unwesentlichen Teil an Erziehungsarbeit leisten. Eine Einführung in die Gepflogenheit in einem Unternehmen, in die Unternehmenskultur und die Arbeitswelt allgemein kann man nirgendwo besser lernen als in der Praxis. Aber man muss als junger Mensch am Anfang des Berufslebens solche Dinge eben erst lernen. Das Bewusstsein, dass das Arbeitsumfeld und TikTok

zwei verschiedene Paar Schuhe sind, muss sich bei manchen Berufsstarter*innen erst mit der Zeit entwickeln. Dabei kommt Führungskräften und HR eine wesentliche Rolle zu, denn häufig sind diese die einzigen, die junge Kolleg*innen auf ein Verhalten aufmerksam machen, das ggfs. im Arbeitsleben unangebracht ist. Zur Aufgabe von HR gehört es auch, hierfür eine Extraportion Geduld zu haben und im Unternehmen das Bewusstsein für die beschriebenen Aspekte zu verbreiten.

Beibringen von und Erziehen zu Frustrationstoleranz

In einer zunehmend von narzisstischen Zügen geprägten Welt, in der die Einzigartigkeit auf Social Media zur Schau gestellt wird, Normal-Sein unmöglich geworden ist und im Zweifelsfall die Eltern bei schlechten Noten einen Anwalt einschalten, kann der Aufprall in der Arbeitswelt für den einen oder anderen hart sein. Die Konfrontation mit Misserfolg und die Akzeptanz, dass man nicht alles super-mega-perfekt macht, fällt einigen Berufseinsteiger*innen schwer. Daher braucht es für HR neben dem Bewusstsein um die Sensibilität der Berufseinsteiger*innen auch Fingerspitzengefühl, um bei einer unter Umständen minder ausgeprägten Kritikfähigkeit einen Nachwuchs im Unternehmen aufzubauen, der mit Fehl- und Rückschlägen umzugehen lernt. Die hierfür seitens HR erforderliche Geduld hatte ich schon erwähnt – oder?

Individualität statt Gießkanne

Für alle Bereiche der Mitarbeiterentwicklung und -förderung sollte HR den Mut zu einem Paradigmenwechsel haben. Um von den jungen Kolleg*innen als attraktiver Arbeitgeber wahrgenommen zu werden, sollten alle Maßnahmen auf die einzelnen Mitarbeiter*innen abgestimmt sein. Auch wenn das konträr zu heute üblichem Prozessdenken und mit großem Aufwand verbunden ist: Es zahlt sich aus. Alle Lebensbereiche sind heutzutage individualisiert – Lernen und Persönlichkeitsentwicklung sollte daher nicht länger in Schubladendenken stattfinden. Hausinterne Weiterbildungskataloge und flächendeckende Schulungsreihen ohne Rücksicht auf Vorwissen oder ohne jeglichen Bezug zu Zielen und Wünschen der Teilnehmenden gehören in die Mottenkiste. Um Lernen im Unternehmen (endlich) nachhaltig zu gestalten, sollten HR-Verantwortliche mit jedem Mitarbeitenden individuell erarbeiten, was der Lernbedarf, das Weiterentwicklungsbedürfnis ist – sie sollten als agile Lerncoaches fungieren, die begleitend zur Seite stehen.

Eigenverantwortlichkeit fördern und einfordern

Für die ersten beruflichen Entwicklungsschritte ist die Erfahrung der eigenen Wirksamkeit von besonderer Bedeutung. Daher sollten Führungskräfte und HR darauf achten, dass aus den anfangs unsicheren Kolleg*innen nach und nach selbstbewusste und mutige Arbeitskräfte werden. Dies gelingt u. a. durch die Übertragung von verantwortlichen Aufgaben und eine gelebte Ownership-Kultur. Das Mindset, dass man selbst für seine Ziele einstehen muss, die eigene Weiterentwicklung kein Zufall ist, sondern eigenes Engagement erfordert und man sich auch mal durch schwierige Phasen durchkämpfen muss, ist eine wichtige Grundlage für individuellen Erfolg, der letztlich auch dem Unternehmen zugutekommt. Dabei sollte HR als Vorbild vorangehen und diese Kultur nicht nur vorleben, sondern aktiv in der ganzen Organisation vorantreiben. Die Übernahme von Verantwortung sowie die dazugehörige Verantwortlichkeit sind auch im Kontext von lebenslangem Lernen und der bereits angesprochenen Frustrationstoleranz wichtige Bausteine einer beruflichen Karriere.

Authentizität in der Kommunikation

Wer im Employer Branding und Recruiting-Prozess ein anderes Bild zeichnet als die Unternehmensrealität, hat schon verloren. Es sollte sich mittlerweile auch in der letzten Personalabteilung herumgesprochen haben, dass Bewertungsportale wie Glassdoor oder kununu nicht nur dazu dienen, tolle Auszeichnungen für tolle Unternehmen zu vergeben, sondern auch von Bewerber*innen genutzt werden, um vor der Bewerbung einen Blick hinter die – allzu oft auf Hochglanz polierten – Kulissen zu werfen. Und ich möchte hier alle HR-Verantwortlichen dazu ermutigen, sich zu trauen. Es gibt auch unter den Berufseinsteiger*innen Menschen, die auf klare Strukturen, Behörden und konservativen Umgang untereinander stehen. Nicht alle Jungen sind hipp, fancy und super locker. Also werden auch in Zukunft die Unternehmen für bestimmte Bewerber*innen attraktiv sein, wenn sie nicht dem Zeitgeist hinterherrennen, sondern authentisch sind und bleiben. Nichts wirkt lächerlicher als eine Gruppe von stocksteifen Managern, die in weißen Sneakers und bunten Polos total verkrampft im Job-Interview sitzen und sich ohne ihre Krawatte nackt fühlen.

Diese Klarheit und Ehrlichkeit gilt übrigens auch für die Kommunikation mit den eigenen Mitarbeiter*innen. Und auch hierbei kommt HR eine besondere Verantwortung zu – mit dem Risiko, sich unbeliebt zu machen und zu frustrieren. Aber im Kontext von Karriereplänen sollte aus Respekt den Mitarbeiter*innen gegenüber ein realistisches Bild gezeichnet werden. Führungskräfte und Personaler, die ihren Mitarbeiter*innen wundersame Entwicklungsschritte versprechen, die diese vermeintlich innerhalb kürzester Zeit erreichen könnten, werden bei Nicht-Einhalten und im Nachhinein gegebenen windigen Erklärungen nicht nur an Glaubwürdigkeit, sondern über kurz oder lang auch ihre Mitarbeiter*innen verlieren. Daher empfiehlt es sich, bei den internen Entwicklungsmöglichkeiten auf Transparenz zu setzen und lieber etwas tiefer zu stapeln. Positive Überraschungen sind meist leichter zu verargumentieren als negative.

2 Lehrjahre sind Selbstbestimmungsjahre

Nicolas Korte

»Lehrjahre sind keine Herrenjahre«, wer kennt ihn nicht, den Spruch, den schon Generationen von Lehrlingen und Auszubildenden zu hören bekommen haben. Meist dann, wenn sie angewiesen wurden, Tätigkeiten auszuüben, die mit dem Inhalt ihrer Ausbildung nichts zu tun haben und die jemand, der in der Hierarchieordnung weiter oben steht, gerade nicht selber verrichten wollte.

Kopieren, Kaffee kochen, Material holen, Dokumente in Ordner abheften, Serienbriefe in Umschläge eintüten, mal kurz zum Metzger – die Möglichkeiten sind dabei genauso grenzenlos wie die Fantasielosigkeit der Auftraggeber im Hinblick darauf, was das in jungen Menschen auslöst und was man stattdessen hätte besser machen können.

Bevor 16- bis 19-Jährige ihre betriebliche Ausbildung beginnen, haben sie in der Schule, im Sportverein oder im familiären Umfeld bereits mehrere tausend Mal gehört, was sie alles nicht können. Aussagen wie »das schaffst du nie«, »warum versuchst du das nur immer wieder«, »da bist du sowieso zu ... (beliebiges Adjektiv einsetzen) ... für ...« haben ein Selbstbild erzeugt, das der natürliche Feind von Neugierde, Eigeninitiative und Lernmotivation ist.

Die Ausbildung an der Schwelle zum Erwachsenwerden wäre eine gute Chance, zurückzufinden in den Modus, der lebenslanges Lernen nicht nur ermöglicht, sondern befeuert. Und doch wird diese Chance in vielen Unternehmen zwischen Kopierer und Kaffeemaschine einfach liegen gelassen.

In diesem Beitrag zeige ich eine Alternative aus der betrieblichen Praxis und ihre ganz außergewöhnlichen Folgen.

2.1 Das Ende der »Aus«-bildung

Im Jahre 1969 wurde im Rahmen des Berufsbildungsgesetzes das Wort »Lehrling« durch »Auszubildende« ersetzt. Dies geschah damals, um eine stärkere Betonung auf Bildung zu legen und um dem seit 1875 nahezu unveränderten Umgang mit Lehrlingen eine neue Richtung zu geben. Vor dem Hintergrund der aufkeimenden Bildungsgesellschaft und der immer noch überwiegend industriell geprägten Arbeits- und damit auch Ausbildungsplätze erscheint dies nachvollziehbar und erschien angesichts der damals zugrunde liegenden Absicht sicherlich revolutionär fortschrittlich.

Über 50 Jahre später sind wir in der Welt der sogenannten Wissensgesellschaft und damit der Wissensjobs und -arbeiter angekommen. Eine Gesellschaft, in der Bildung nicht nur selbstverständlich ist, sondern Wissen auch überall per Knopfdruck auf dem Smartphone abgerufen werden kann. Auch der Umgang mit Lehrlingen hat sich, zumindest zumeist, dramatisch geändert und steht aufgrund des Selbstverständnisses von Generation Z und Generation Greta vor dem nächsten Einschnitt.

Es wird also höchste Zeit, über den Begriff »Auszubildende(r)« wieder einmal nachzudenken. Begründen lässt sich das aber neben dem historischen Kontext auch noch auf anderem Weg:

1. »Aus« als Vorsilbe suggeriert, dass irgendetwas fertig ist. »Austrinken«, »Ausschlafen« und »Ausziehen«. Irgendwann ist Schluss. Genau das aber darf in Bezug auf Lernen niemals gelten. In einer Welt der immer schnelleren Veränderungen müssen Lernen und Bildung mit »mehr« mit »Lust«, mit »Spaß«, mit »weiter« und am besten mit »endlos« verbunden sein, aber bestimmt nicht mit »aus«.
2. »Zu« als Mittelsilbe suggeriert, dass eine klare Trennung zwischen Lernenden und Lehrenden existiert. Dem Auszubildenden, und hier drängt sich schon das Bild des Frontalunterrichts auf, ist etwas »beizubringen«. Modernes Lernen bedeutet aber nicht nur, sich Inhalte selber zu erarbeiten, sondern geht sogar noch weiter - beide, Lehrer und Schüler, lernen im besten Fall voneinander.
3. »Bilden« als Endsilbe suggeriert, es ginge in der Ausbildung um die Vermittlung von »Wissen«, dabei ist in einer komplexen Welt das »Können« immer wichtiger geworden. Erfahrungen machen, lernen, wie man zu einem Könner wird, sich selber versuchen. In sich immer dynamischer verändernden Umfeldern ist Können so viel wichtiger als Wissen, um sich in dieser Welt zurechtzufinden, und wird leider doch so selten vermittelt.

»Aus«-bildung ist für mich so wenig zukunftsfähig, dass es als Wort genau dahin gehört: ins Aus.

Aus diesem Grunde verwende ich im Folgenden, auch wenn es einige irritieren sollte, den Begriff »Lehrling«. Dies entspricht zwar nicht dem Bundesbildungsgesetz von 1969, trifft für mich die Aufgabe aber viel besser. Außerdem fühle ich mich mit »Lehrmeister« viel besser beschrieben als mit »Ausbilder«.

2.2 Initialzündung

Seit 2011 war ich Geschäftsführer eines mittelständischen Anlagenbau- und Industrieserviceunternehmens in Bochum, der ETABO Energietechnik und Anlagenservice GmbH, im Folgenden kurz ETABO genannt. Wir bildeten und bilden Technische Produktdesigner (vorher: Technische Zeichner) aus. Die Ausbildung war gut, aber aus meiner Sicht nicht herausragend.

Als wir uns 2015 wie fast alle Unternehmen mit den Fragen Fachkräftemangel, Digitalisierung, Industrie 4.0 beschäftigten, hatte ich mein »Erweckungserlebnis« – einer unserer ehemaligen Lehrlinge lud mich zur Abschlusspräsentation seiner Projektarbeit auf der Technikerschule ein.

Ein junger Mensch, den ich im Betrieb als sehr in sich gekehrt und wenig initiativ wahrgenommen hatte, explodierte förmlich auf der Bühne, als er seine Ergebnisse vorstellte. Am im Foyer aufgebauten Präsentationsstand erklärte er mit Stolz, Sachverstand, Professionalität und Geduld jedem Besucher, worum es geht und wie er zur Lösung gekommen war.

»Was machen wir nur falsch im Betrieb, dass er sich da ganz anders verhält«, war meine erste Reaktion, und so fragte ich ihn direkt, wieso ich ihn hier so anders erleben darf. Die Antwort war knapp, auf den Punkt und hat unser Lehrsystem auf immer verändert: »Das hier ist mein eigenes Projekt, mein eigenes Ergebnis und nicht die Arbeit, die mir jemand anders auf den Schreibtisch legt«.

In dem Moment wurde mir vieles klar, zu dem ich erst viel später die Theorie lernen durfte. Der Mensch »ist« nicht so oder so und wenn er sich »so« verhält, dann nur, weil das Umfeld es von ihm erwartet. Ändere das Umfeld und die Bedingungen und du gibst Raum für geändertes Verhalten.

Wir waren als Unternehmen das Problem, das es zu lösen galt.

2.3 ETABO 4.0 – die Idee

Es wurde eine Initiative gestartet, die wir ETABO 4.0 nannten, und von der wir uns wünschten, dass sie auf folgende Ziele einzahlt:

- Initiierung von Projekten, die die Lehrlinge als ihre »eigenen« ansehen
- Selbstbestimmung in Arbeit und Lehre durch freie Zeiteinteilung
- Entkopplung von der Hierarchie durch das Entfallen der »Befehlskette« und der »Berichtspflicht«
- Stärkung der Eigenverantwortung durch Umstellung von Regeln auf Prinzipien
- Gemeinsame Lernerfahrungen der Lehrlinge, aber auch der Lehrlinge mit anderen Mitarbeitenden

Was aber am wichtigsten war, dass wir das übergeordnete Ziel, das wir mit der Lehre in unserem Unternehmen verfolgten, auf den Prüfstand gestellt haben. Das vorherige Ziel, nämlich das Ausscheiden von Mitarbeitenden und die damit entstandenen Lücken aus eigener Kraft durch Ausbildung zu füllen – und das wurde uns klar – passte nicht mehr zu der »neuen« Form der Lehre. Es ist zu sehr darauf ausgerichtet, junge

Menschen zu dem zu machen, was wir suchen. Es gibt ein klares Zielbild, wo noch keines sein dürfte. Es limitiert an so vielen Stellen, dass es nicht das Beste in Menschen hervorbringen kann. Es ist eine Entwicklungsbremse.

Ich werde nie vergessen, als ich mit unserem Ausbildungsleiter das erste Mal über diese Idee sprach und er mir entsetzt erwiderte: »Was ist, wenn die dann alle studieren gehen?« und ich ihm entgegnete: »Dann haben wir alles richtig gemacht«. So sehr uns diese Antwort damals noch entzweite, genau so sehr ist auch er heute, 5 Jahre später, nicht nur meiner Meinung, sondern entschiedener Fürsprecher einer anderen Form der Lehre.

Und, als sehr nützlicher Nebeneffekt, entstand aus dieser Diskussion heraus das neue, übergeordnete Ziel: Eine Lehre bei ETABO macht Lust darauf, weiter zu lernen.

Bei der Suche nach dem Projektinhalt, also nach dem »Was«, kam uns sowohl die Thematik Industrie 4.0 als auch eine Veranstaltung an der Ruhr-Universität Bochum, die wir zusammen mit zwei Lehrlingen besuchten, zu Hilfe. Der 3D-Druck, er steckte 2015 noch in den ersten Kinderschuhen, schien nicht nur ein Gamechanger für viele industrielle Prozesse zu werden, sondern auch die ideale Spielwiese für unsere Lehrlinge.

Und deshalb gaben wir das Thema 3D-Druck in die Hände derer, die im gesamten Unternehmen die Kompetentesten, die Neugierigsten, die intrinsisch Motiviertesten und damit genau die Richtigen waren – nämlich in die Hände unserer Lehrlinge.

Oder, um an dieser Stelle Astrid Lindgren zu zitieren: »Wie die Welt von morgen aussehen wird, hängt in hohem Maße von der Einbildungskraft jener ab, die gerade jetzt lesen lernen«.

2.4 ETABO 4.0 – das Projekt

Am 27.03.2015 stellten wir unseren Lehrlingen und Mitarbeitenden, die ihre Lehre gerade beendet hatten, vollkommen unvorbereitet in einem Workshop unsere Idee vor.

Der Originaltext, der zur Anwendung kommenden Prinzipien war:

- »Das Team bekommt Geld (Anmerkung: Kein »Budget«, keine Höchstsumme) zur Anschaffung eines 3D-Druckers zur Verfügung gestellt.
- Ab der Anschaffung ist der Drucker in voller Verantwortung des Teams.
- Unternehmen stellt Arbeitszeit zur Verfügung (kein Limit), das Team kann aber auch Freizeit einbringen.
- Führungskräfte können um Hilfe gebeten werden, haben aber grundsätzlich nichts zu ›bestimmen‹.

- Auf dem Drucker kann für die ETABO, aber auch Privates gedruckt werden.
- Verbreitung auf sozialen Netzwerken (Facebook, Twitter, Instagram, XING, LinkedIn, YouTube, eigene HP) ist nicht nur erlaubt, sondern ausdrücklich gewünscht.
- Es gibt keine Dokumentations- oder Berichtspflicht.
- Das Team legt fest, wie Erfahrungsweitergabe an spätere Lehrlinge stattfindet.«

Die Überraschung war groß, ETABO 4.0 stellte alles auf den Kopf, was bisher Unternehmensrealität unserer Lehrlinge war. Schon die erste notwendige Aufgabe, nämlich einen 3D-Drucker anzuschaffen, ohne Vorgaben zu seiner Beschaffenheit und ohne einem Budgetrahmen, war zum damaligen Zeitpunkt für alle Beteiligten jenseits jeder Vorstellungskraft.

Was uns im ersten Workshop noch gelang war, durch Diskussionen und den Abgleich der verschiedenen Erwartungshaltungen drei Punkte einer Vision festzuhalten, die wir alle mit dem Projekt verbinden wollen:

1. »Die Mitarbeitenden der Zukunft gestalten das Unternehmen der Zukunft mit, indem sie Technologien der Zukunft ins Unternehmen bringen und mit ihren persönlichen Anforderungen an einen zufriedenstellenden Arbeitsplatz verbinden.
2. Jeder Teilnehmende lernt für sich persönlich etwas und zusammen lernen wir, wie gemeinsames Lernen funktionieren kann.
3. Das Projekt und damit unserer aller Unternehmen erlangt ein hohes positives Interesse in der Öffentlichkeit, bei unseren Kunden und möglichen zukünftigen Lehrlingen.«

Mehr geht nicht, finde zumindest ich.

Trotz aller mit dieser neuen Idee verbundenen Euphorie gab es bei einigen Beteiligten Vorbehalte, ob es gelingen würde, die eigentlichen Lehr- und Prüfungsinhalte in zukünftig nur noch ca. 80 % der Zeit in gleicher Qualität zu vermitteln. Unser Projekt musste sich in einen starren Vorgabenrahmen einfügen, der vermeintlich keine Zeit für »Experimente« übrigließ. An dieser Stelle möchte ich erwähnen, dass sich unsere Ausbilder genau zu diesem Punkt viele Gedanken gemacht haben. In Bezug auf die auch weiterhin unerlässliche Wissensvermittlung haben sie konzeptionell und in Fragen der flexiblen Zeitgestaltung Beiträge geleistet, ohne die das Projekt nicht hätte erfolgreich sein können.

Erste Schritte

Angetrieben von der Möglichkeit, selber zu gestalten, wurde sehr schnell spezifiziert, was man mit dem Drucker machen will, es wurden marktübliche Modelle verglichen und ein Vergabevorschlag zur Entscheidung wurde vorgelegt.

STOP! Genau das wollten wir nicht! Keine Entscheidung durch Dritte und schon gar nicht durch die Geschäftsführer. Also hatten wir die Entscheidung zurück ans Team gegeben und spätestens an dem Punkt war allen klar, wie ernst es uns mit dem Projekt war.

Ein 3D-Drucker wurde angeschafft und probiert – und zwar »probiert« im wahrsten Sinne des Wortes. Mit viel Engagement und Neugierde haben unsere Lehrlinge sich einem Gerät und einer Technik genähert, die weitaus komplexer ist, als verfügbare Videos und Filme uns glauben machten. Eine große Zahl von Parametern musste so eingestellt werden, dass es »passte«, und wenn es über den Druck von im Internet verfügbaren Vorlagen hinausging, wurde das Konstruktionsgeschick der jungen Kolleginnen und Kollegen herausgefordert.

Der Teufel steckt im Detail, und genau hier werden aus »Wissenden« dann »Könnende«. An dieser Stelle des Projektes hatten wir alle zusammen den ersten echten Lernerfolg. Alles, was wir bisher konstruiert hatten, beruht auf den uns bekannten zerspanenden und anderen formgebenden Fertigungsverfahren wie drehen, bohren, fräsen, pressen, gießen. Die gleichen Teile als 3D-Objekte zu drucken, bedeutet nicht nur, sie entsprechend zu konstruieren, sondern ermöglicht zugleich, sich von den »Fesseln« anderer Verfahren zu befreien. Der Bohrer kann z. B. nicht um die Ecke bohren, was im 3D-Druck-Verfahren kein Problem ist. Das bedeutet, man muss »vergessen« können, was einen vorher beschränkt hat. Auch hier waren unsere jungen Mitarbeitenden eindeutig im Vorteil, die Anpassung von Konstruktionen an das neue Verfahren gelang ihnen einfach leichter – sie hatten nicht so viel zu vergessen.

Nach nur wenigen Monaten dann die erste faustdicke Überraschung: Die Lehrlinge hatten festgestellt, dass die Qualität der Drucke sehr stark vom Aufstellungsort und dabei insbesondere vom Luftzug abhängig war. Plötzlich baten sie um eine weitere Investition – zugeschnittene Plexiglasplatten und Spezialkleber, um eine Haube herzustellen, die den Drucker von der Umwelt abschottet. Auf die Frage, ob es keine Haube vom Hersteller des Gerätes gäbe, war die Antwort ebenso einfach wie überraschend: Es gäbe eine, diese sei aber viel teurer als eine selbst gebaute und außerdem sei sie so konstruiert, dass man während des Druckens das Gerät selber nicht bedienen kann.

Neben der Lösungsfindung für ein Problem hatten unsere »Zauberlehrlinge« also auch die Themen Kostenbewusstsein und wirtschaftliches Denken eigenverantwortlich übernommen und sich gleichzeitig nicht mit der erstbesten Lösung zufriedengegeben, sondern die für sie passende gefunden. Wir begannen zu erahnen, wie groß die Tür zum Raum der Möglichkeiten ist, die wir aufgeschlossen hatten. Pandoras Büchse der Selbstbestimmung war geöffnet.

Nur wenige Wochen später sah ich Teile im Drucker, auf die ich mir so gar keinen Reim machen konnte. Unsere Lehrlinge hatten in der Berufsschule einen Kollegen, der in einer Lüftungs- und Reinraumtechnikfirma arbeitete. Diese benötigt Schmutzfänger, die aufgrund ihrer Geometrie sehr aufwendig zu fertigen sind und letztendlich trotzdem immer noch ein Kompromiss zwischen gewünschter Form und fertigungstechnischer Notwendigkeit darstellen. Na, so etwas lässt sich doch drucken und die Frage des Kollegen: »Dürft ihr das denn?« war zu dem Zeitpunkt schon längst obsolet geworden.

Die Lehrlinge schrieben ein Angebot an das Unternehmen, erhielten den Auftrag, konstruierten die Teile genau so, dass sie den Anforderungen des Auftraggebers entsprachen und mit dem 3D-Drucker zu fertigen waren. Sie begannen bereits damit, die Teile zu fertigen, als der Rest der Organisation erstmals merkte, was sie da eigentlich gemacht hatten. Als der erste Druck schiefging und sie unter Zeitdruck gerieten, führten sie nicht nur die entscheidenden Veränderungen ein, sondern wachten auch Tag und Nacht neben dem Drucker, damit ja nichts schiefgeht und sie rechtzeitig ausliefern konnten.

Ein Team aus Lehrlingen im Alter von Heranwachsenden hatte eine Geschäftsmodell entwickelt, die Produktionsmittel angeschafft und angepasst, Kunden gefunden, Angebote erstellt, Aufträge abgewickelt und Geld verdient, ohne dass es jemand im Unternehmen mitbekommen hatte. Unglaublich, aber für uns die Möglichkeit, die nächste Raketenstufe zu zünden.

Das Innovationsteam

Bereits kurze Zeit später begann das Team, sich auch mit anderen Technologien aus dem Umfeld Industrie 4.0 zu beschäftigen. VR und AR, Drohnenbefliegung von Industrieanlagen, Hololense, virtuelles Schweißertraining. Jegliche Grenzen schienen aufgehoben.

An dieser Stelle entschieden wir uns gemeinsam mit dem Team, einen externen Innovationstreiber für einen Tag wöchentlich hinzuziehen.

Ziel war und ist, Ideen zu kanalisieren, ein Sprachrohr nach außen zu haben (anderen Unternehmen, mit denen unsere Lehrlinge in Kontakt treten wollten, war unser Konzept so suspekt, dass es sehr schwer war, mit ihnen in Kontakt zu treten) und gleichzeitig auch gemeinsam moderne Methoden des Projektmanagements zu erarbeiten und erfahren.

Das Team hat sich übrigens gewünscht, dass einer aus ihrer Mitte zum »Sprecher« ernannt und für das Thema Innovation freigestellt wird. Dem Wunsch sind wir natürlich nicht nur nachgekommen, sondern haben die Lehrlinge selber wählen lassen, wer ihr Sprecher ist.

Die Lehre war zur Innovationsschmiede der ETABO geworden. Die Anzahl der ins Unternehmen gebrachten Technologien ist ansehnlich und der Status der Lehrlinge im Unternehmen ist daher auch anders, als man das woanders gewohnt ist.

Lehrjahre sind Selbstbestimmungsjahre
»Eine Lehre bei ETABO macht Lust darauf weiterzulernen«, war die von uns zu Beginn des Projektes gemeinsam gewählte Überschrift.

Seit Beginn von ETABO 4.0 hat **jeder** Lehrling

- seine Lehrzeit verkürzt,
- mit überdurchschnittlicher Note abgeschnitten, die meisten mit Einskomma, und vor allem
- direkt im Anschluss eine Technikerausbildung oder ein berufsbegleitendes Studium aufgenommen und beendet. Die letzten 5 Lehrlinge sind zurzeit in Teilzeit beschäftigt, um an der TH Georg Agricola in Bochum ein Maschinenbaustudium zu absolvieren.

Da, wo Lernen mit »Lust« und »Spaß« ermöglicht wird, bilden sich in unserem Gehirn Verknüpfungen, die helfen, das weiterhin zum Abschluss notwendige klassisch schulische Lernen besser gelingen zu lassen. Oder wie unser Beispiel zeigt: Mit 20 % frei einteilbarer Projektzeit erreichen unsere Lehrlinge mit »nur« 80 % verbleibender Zeit für die »klassische Fachlehre« bessere Ergebnisse als mit ehemals 100 % »pauken«.

Wir haben unser Ziel erreicht, jungen Menschen zu zeigen, was ihnen gelingen kann; ihnen eine Tür zu öffnen und den Raum der Möglichkeiten selber zu erkunden; Spaß am Lernen zu gewinnen und die »lästigen« Prüfungsinhalte nicht trotz, sondern gerade wegen der Beschäftigung mit Dingen, die man lernen will, einfacher gelingen zu lassen. Vor allem aber haben die jungen Menschen gelernt, selbstbestimmt zu arbeiten. Sie haben dabei Verantwortung für sich, andere und das Unternehmen übernommen. Viel mehr, als das in dem alten »Lehrjahre sind keine Herrenjahre«-Ausbildungsmodell je möglich gewesen wäre.

Und dazu sind wir als Unternehmen und Lehrmeister schließlich da – oder wie Vince Lombardi, der berühmteste American Football Trainer, gesagt hat: »Gute Coaches machen hervorragende Spieler, hervorragende Coaches machen gute Menschen«.

Vielen Dank an Mirco, Andreas, Dennis, Steffen, Marius, Christina, Shawny, Lea und Melina, dass ich eure Geschichte aufschreiben durfte. Ohne euch wäre das nicht möglich gewesen. Ein besonderer Dank auch an die Ausbilder der ETABO, allen voran H. Klaus-Peter Rupinski, die sich trotz aller anfänglichen Skepsis auf das Projekt eingelassen und es aus vollem Herzen und mit Begeisterung unterstützt haben.

3 Für einen Wechsel der Blickrichtung im Recruiting

Sandra Brauer

Vor einigen Jahren war ich in einem Unternehmen tätig, das eRecruiting-Software in mittelständischen und größeren Unternehmen implementierte. Ziel der Software war es stets, den Bewerbungsprozess so zu gestalten, dass möglichst viele qualitativ hochwertige Bewerbungen eingehen und somit für die jeweilige zu besetzende Vakanz geeignetes Personal möglichst zügig gefunden werden konnte. Als Beraterin war mein Auftrag, die Personalfachkräfte darin zu unterstützen, die konkreten Anforderungen an das System zu definieren und die Mitarbeiter*innen im späteren Projektverlauf darin zu schulen, die Software bestmöglich zu nutzen.

Ich habe dort zu einer Reihe von Fachpersonen, vor allem aus dem Personalbereich, Kontakt gehabt. Es war schön mitzuerleben, wie sehr bei der Einrichtung des Systems die Perspektive der Bewerber eingenommen wurde. Ziel war stets, den Bewerbungsprozess für die Kandidat*innen möglichst angenehm zu gestalten: kurze Bewerbungsformulare, freundliche Ansprache, Absage zwar automatisch vom System versendet, jedoch nicht vor dem Wochenende etc. Ich habe viel gelernt in der Zeit. Vor allem habe ich den stets wertschätzenden Blick der Personaler auf die Bewerber*innen wahrnehmen können. Bewerber*innen, die man als Unternehmen für sich gewinnen wollte, um zukunftsfähig aufgestellt zu sein.

Meiner Meinung nach ist auch genau jene letzte Formulierung für die Gestaltung von Bewerbungsprozessen elementar. Ein Unternehmen blickt auf jeden Kandidaten als potenziellen zukünftigen Mitarbeiter und weiß um die Knappheit von Fachkräften. Aber nicht nur das: Häufig ist bei den Personen, mit denen ich zusammengearbeitet habe, das Bewusstsein vorhanden gewesen, dass ein Bewerbungsprozess stets auch eine Außenwirkung hat. Die Unternehmenskultur und -werte werden durch Kommunikations- und Verhaltensweisen für Externe sichtbar. Insbesondere in Zeiten von Arbeitgeberbewertungsportalen, die ebenso auch Bewerbern die Möglichkeit geben, Bewerbungsprozesse öffentlich und für alle sichtbar zu beurteilen, ist dies, wie ich finde, kein irrelevanter Faktor.

Seit einigen Jahren bin ich selbstständig, spüre immer noch eine starke Affinität zum Thema (E-)Recruiting. Aktuell interessieren mich hier vor allem die technischen Möglichkeiten zur Cultural-Fit-Messung im Bewerbungsprozess. Am Rande verfolge ich auf Social Media, in meinem persönlichen Netzwerk und auch bei meinen Coachees immer einmal wieder, wie Bewerbende den Bewerbungsprozess erleben. Dabei ist mir in den letzten Jahren so manche Skurrilität begegnet. Und genau diese Skurrilitäten möchte ich im Folgenden kritisch betrachten. Mein persönliches Ziel ist es, dazu beizutragen, dass solche Erlebnisse auf Kandidatenseite seltener werden. Gepaart mit Hinweisen auf aktuelle Studien zum Thema (E-)Recruiting lade ich Personaler*innen und andere Interessierte nicht nur dazu ein, die eigene Blickrichtung zu wechseln und stattdessen die Perspektive der Bewerber*in einzunehmen, sondern auch dazu, das unternehmenseigene Recruiting noch einmal auf Herz und Nieren zu prüfen.

3.1 Vakanzen besetzen

Den richtigen Kandidaten für eine Vakanz zu finden, ist so manches Mal eine große Herausforderung. Je nach Unternehmen, Region oder auch Tätigkeitsbeschreibung, gibt es unterschiedliche Stolpersteine zu überwinden. Vielleicht zu wenig eingereichte Bewerbungen, möglicherweise zu viele, sodass die Personalauswahl ein größeres Unterfangen wird.

Ganz gleich, welche Vakanz zu besetzen ist, maßgeblich für eine erfolgreiche Einstellung ist der Rekrutierungsprozess. Jedoch nicht nur das, er beeinflusst darüber hinaus noch wesentlich die Außenwahrnehmung des einstellenden Unternehmens.

Gehen wir einmal davon aus, dass ein Unternehmen eine Vakanz schnellstmöglich mit der am besten geeigneten Person besetzen und sie zudem zu einem etwas längeren Verbleib im Unternehmen einladen möchte. Eine weitere Annahme könnte sein, dass einem Unternehmen daran gelegen ist, positiv wahrgenommen zu werden. Wozu dies? Je nach Branche könnte jede Bewerber*in auch eine potenzielle Kund*in sein, die man zukünftig als solche begeistern möchte. Ein zusätzliches Argument: Man möchte weitere Fachkräfte gewinnen. Spricht sich zum Beispiel auf dem Markt herum, welchen eher weniger wertschätzenden Umgang das Unternehmen mit Bewerbern pflegt, könnte dieses Ziel erschwert werden.

Wäre es somit nicht hilfreich, gleich zu Beginn des Rekrutierungsprozesses die Perspektive des Bewerbers einzunehmen und zu beleuchten, welche Ansprache und auch begleitende Kommunikation von der Veröffentlichung der Stellenanzeige bis zur Einstellung und auch darüber hinaus im Onboarding angemessen sein könnte? Eine Voraussetzung, die dafür erfüllt sein müsste wäre, dass man potenzielle Kandidat*innen gut kennt und die Perspektive einschätzen kann.

Es folgt eine erste »Skurrilität«, die gewiss vermeidbar gewesen wäre, hätte die zuständige Abteilung den Perspektivwechsel eines Bewerbers im Laufe des Prozesses eingenommen. Die im Folgenden beschriebenen Skurrilitäten werden jeweils aus Sicht des Bewerbers geschildert.

SKURRILITÄT NR. 1

Eine Person bewirbt sich im Jahr 2013 sowohl auf Vakanz A als auch auf Vakanz B bei der Organisation X – öffentlicher Dienst. Es gibt ein Vorstellungsgespräch zur Bewerbung A, die Person hat die Stelle bekommen.
Meine Bewerbung auf Vakanz A war erfolgreich. Auf meine zweite Bewerbung in der gleichen Organisation erhielt ich ausschließlich eine Eingangsbestätigung. Nach einem Jahr Stillschweigen kam für mich überraschend der Hinweis zu Bewerbung B, dass es der Organisation leidtäte, die Stelle sei anderweitig besetzt. Es folgte eine Absage. Man wünsche mir alles Gute. Auf meine Antwort hin, dass ich inzwischen sehr zufrieden für diese Organisation tätig bin, gab es keine weitere Reaktion.

Durch die Kommunikationsweisen eines Unternehmens während eines Bewerbungsprozesses erfährt man als Außenstehender so einiges über dessen Prozesse, Werte und Kultur – zumindest meint man, so einiges zu erfahren. Wir verfügen nicht über vollständige Informationen und konstruieren unsere eigene Wirklichkeit dazu. Und das beeinflusst auch die Meinung und Haltung gegenüber dem Unternehmen, also dem potenziell zukünftigen Arbeitgeber. Beim in »Skurrilität Nr. 1« beschriebenen Beispiel mag die »konstruierte« Erkenntnis recht schlicht sein: Die Prozesse innerhalb des Unternehmens erscheinen recht langsam, die Kommunikation in Richtung der Bewerberin scheint auf einem minimalen Level stattzufinden. Interpretiere ich diese Verhaltensweisen als Bewerberin, könnte ich zu dem Schluss kommen, dass der Aufwand, den ich durch meine Bewerbung hatte, nicht wertgeschätzt wird, kein Interesse an mir als Person besteht. Es ist vielleicht auch gut so, da ich möglicherweise eher in einer anderen Organisation meine Lebenszeit investieren möchte. In einer solchen, in der Wertschätzung und Respekt gelebt werden. Nicht selten werden übrigens Bewerbungsprozesse abgebrochen, weil sie zu lange, zu umständlich oder die involvierten Personen zu unsympathisch erscheinen.

Passend zum wertschätzenden Verhalten im Vorstellungsgespräch folgt die nächste Skurrilität

SKURRILITÄT NR. 2

Vorstellungsgespräch
Es fand zunächst ein 30-minütiges Telefonat statt, in dem ich als Bewerber keine Fragen stellen durfte. Das Vorstellungsgespräch vor Ort dauerte fünf Stunden. Ich saß allein in einem Raum und hatte Aufgaben auf Papier zu lösen. Fragen durfte ich keine stellen. Im Rahmen des Termins waren nur ca. 20 Minuten Zeit, um den Geschäftsführer kennenzulernen. Auch hier konnte ich keine Fragen stellen. Zudem war es nicht vorgesehen, die Kollegen im Bewerbungsprozess, also vor dem ersten Arbeitstag, kennenzulernen.

Leiten wir aus dieser Geschichte unsere Hypothesen ab, könnten wir darauf kommen, dass Kommunikation auf Augenhöhe in dem beschriebenen Unternehmen nicht üblich ist, stattdessen der Fokus vielleicht eher auf »Zeit sparen« als auf die »Qualität der Beziehung zum Mitarbeiter« gelegt wird. Möglicherweise sind Einzelkämpfer gefragt, die über ihre eigenen Grenzen hinausgehen und eigene Bedürfnisse völlig in den Hintergrund stellen, um ihre Arbeitszeit komplett dem Unternehmen zur Verfügung stellen – ohne dies zu hinterfragen.

Dies ist aber nur eine Interpretation des Erlebten. Vielleicht hat der Kandidat etwas anderes empfunden. Ich bin mir jedoch nicht sicher, ob die Personalentscheider*innen sich dessen bewusst sind, was sie durch ein solches Verhalten preisgeben. Zeigt sich die Unternehmenskultur in Gänze mit den dazugehörigen Werten oder handelt es sich nur um einen Ausschnitt aus einem kleinen Teil, der zudem vielleicht nur eine Ausnahme ist? Dennoch: Welche Erinnerung mag der Kandidat wohl zu dieser Erfahrung bewahren? Was mag er oder sie mit dem Unternehmen, in dem sie dies erlebt hat, langfristig assoziieren?

Ich bin ausgebildete Systemikerin, mein Denken ist von konstruktivistischer Haltung geprägt. Dieser folgend steht es mir nicht zu, eine Bewertung dieser und ähnlicher Situationen vorzunehmen. So kann es durchaus sein, dass für einen Kandidaten X die Skurrilität Nr. 2 gar keine Skurrilität darstellt, sondern er sich in diesem Bewerbungsprozess wohlfühlt oder ihn zumindest als gewöhnliches Vorgehen wahrnimmt. Es ist gewiss auch zu einer Personaleinstellung gekommen. Die Frage aber, die sich mir stellt, ist, welche Art Mitarbeiter*in ist von dem Unternehmen gewünscht gewesen? Und hat das Unternehmen die gewünschte Mitarbeiter*in durch diese Art des Einstellungsverfahrens finden können? Jedenfalls könnte man folgende Hypothese aufstellen: Wenn ein eigenverantwortlich denkender Mensch, der die Werte Kooperation, Augenhöhe, Miteinander, Wertschätzung in sich trägt, der Wunschkandidat für die Vakanz gewesen ist, wird er im Rahmen des Bewerbungsprozesses mit Werten konfrontiert, die ihm fremd sind, und er wird voraussichtlich kein Interesse an einer Zusammenarbeit haben.

Die Stellenbeschreibung wird meist in Zusammenarbeit mit der Fachabteilung erstellt, gewünschte Kompetenzen, Werte und damit verbundene Verhaltensweisen werden darin beschrieben. Diese jedoch decken sich möglicherweise nicht mit denen der Personaler oder der Geschäftsführung, die später die Vorstellungsgespräche führen. Nicht selten entstehen dann Irritationen, wenn das Bewerbungsverfahren beispielsweise ausschließlich durch die Personalabteilung oder Geschäftsführung begleitet wird, die zuständige Teamleitung jedoch nicht Teil des Bewerbungsverfahrens ist. Das ist jedoch nach meinem Kenntnisstand seltener der Fall.

Den folgenden Auszug aus einer langen Liste an »Skurrilitäten«, die sich tatsächlich zugetragen haben, möchte ich Ihnen nicht vorenthalten:

SKURRILITÄT NR. 3

Bewerbung Diplomarbeit
Bei meiner Bewerbung auf einen Diplomarbeitsplatz und eine Festanstellung habe ich das Online-Assessment-Center mit 1 bestanden. Die Reaktion und Antwort auf das Testergebnis lautete: Die Diplomarbeit könne ich im Unternehmen schreiben, aber für eine Festanstellung reiche das Ergebnis des Assessment-Centers nicht.

SKURRILITÄT NR. 4

Nach dem Vorstellungsgespräch
Die Aussage des HR-Mitarbeiters nach dem Vorstellungsgespräch lautete: »Sie haben den Job, bitte beim Rausgehen nicht freuen. Wir müssen noch ein Vorstellungsgespräch mit dem Sohn des Betriebsrates führen, der passt natürlich nicht, aber sie wissen ja, wie das so ist.«

SKURRILITÄT NR. 5

Vorstellungsgespräch für eine Führungsposition
Der Konzern hatte mich direkt kontaktiert und zum Vorstellungsgespräch eingeladen. Anwesend waren zwei HR-Mitarbeiter und zwei Direktoren. Wir sprachen etwa eine Stunde über mich, über mein Führungsverständnis und über Wertschätzung. Im Anschluss hatte ich die Chance, Fragen zu stellen. Jedoch ging der erste Direktor nach 5 Minuten, nach weiteren 10 Minuten verabschiedet sich der zweite Direktor. Beide entschuldigten sich mit Folgeterminen. Für Fragen könne ich mich an HR wenden.

SKURRILITÄT NR. 6

Vorstellungsgespräch
Nach über 30 Minuten Wartezeit wurde ich ins Büro des Vorgesetzten gerufen. Er hatte hinter seinem Schreibtisch sitzend aus dem Büro gerufen: »Du bist also der … ich hatte doch Deine Unterlagen hier irgendwo…« Er wusste weder, wer ich bin, noch worauf ich mich bei ihm bewerbe.

SKURRILITÄT NR. 7

Rückfrage bzgl. Stellenausgestaltung, Einsatzort
Im Bewerbungsprozess erkundigte ich mich zu Beginn über meinen zukünftigen Einsatzort. Die Antwort lautete, man könne mir über diesen noch keine Auskunft geben, da man sich dazu bisher keine Gedanken gemacht habe.

Als Zusatz folgte die Bemerkung, dass das Budget für die Stelle auch noch nicht festgelegt worden sei. Man habe zwar Frankfurt am Main angegeben, der Standort werde jedoch geschlossen.

SKURRILITÄT NR. 8

Vorstellungsgespräch
Ich sollte für ein Vorstellungsgespräch ein echt aufwendiges Konzept erstellen. Die Konzepterstellung hat mich zwei Tage Aufwand gekostet. Im Vorstellungsgespräch wurde das Konzept mit keinem Wort erwähnt. Ich fragte am Ende nach und erhielt als Antwort: »Ach, das Konzept, das haben wir ganz vergessen. Macht ja nix.«

3.2 Wertschätzung als Grundlage einer guten Arbeitsbeziehung

Vergleicht man die gerade geschilderten »Skurrilitäten« miteinander – es handelt sich um eine sehr reduzierte Auswahl – kommt man zu einer Gemeinsamkeit: Die Kandidat*innen erlebten die Bewerbungsverfahren und vor allem die Vorstellungsgespräche als nicht wertschätzend.

Natürlich handelt es sich nur um Auszüge und gewiss gibt es auch eine Reihe positiver Erfahrungen, die in Bewerbungsverfahren gemacht wurden. Jedoch deckt sich die Wahrnehmung fehlender Wertschätzung in Bewerbungsverfahren mit den Ergebnissen von Studien zu diesem Thema. So besagt der Wertschätzungsindex Deutschland von 2016[1], dass im Allgemeinen von Mitarbeiter*innen mehr Wertschätzung gefordert wird. Als ausführende Arbeitskraft werde die Mitarbeiter*in gern gesehen, jedoch werde sie nicht als Mensch mit umfassenderen Bedürfnissen wertgeschätzt.

Das Bedürfnis nach Anerkennung und Wertschätzung kennen wir bereits von Abraham Maslow: »Alle Menschen in unserer Gesellschaft haben das Bedürfnis oder den Wunsch nach einer festen, gewöhnlich recht hohen Wertschätzung ihrer Person, nach Selbstachtung und Achtung seitens anderer.«[2]

1 Quelle: Wertschätzungsindex Deutschland 2016, https://www.s-hochschule.de/fileadmin/user_upload/Dateien/Forschungsberichte/Finaler_Bericht_Wertschaetzungs-Index_Deutschland.pdf, abgerufen am 12.03.2021.

2 Maslow, A. H. (1989). Motivation und Psychologie (20.-22. Tsd. Aufl.). Reinbek bei Hamburg: Rowohlt Verlag, S. 72.

Einen Großteil der Lebenszeit verbringen Menschen mit der Ausführung beruflicher Tätigkeiten. Unsere Persönlichkeit und auch unsere persönlichen Bedürfnisse können in dieser Zeit kaum ausgeklammert oder unterdrückt werden. Insbesondere die Generation, die aktuell in den Arbeitsmarkt eintritt, will dies zumeist ohnehin nicht mehr. Sie wünscht sich eben auch und – je nach Lebensumständen – gerade im Job Anerkennung und Wertschätzung.

Zudem belegen die Ergebnisse der Studie »Einfluss des HR-Managements auf den Unternehmenserfolg[3]« die positive Wirkung von Wertschätzung: Der »Gesundheitszustand« der Mitarbeiter*innen sei wesentlich über Wertschätzung, Respekt und qualifizierte Kommunikation zu beeinflussen. »Gesündere« Unternehmen haben laut Studie niedrigere Fehlzeitenquoten, sind produktiver, innovativer, lebendiger, und damit auch nachhaltig erfolgreicher.

Um im positiven Sinne brennen zu können, ohne auszubrennen, sei wieder ein respektvoller Umgang miteinander nötig – ein respektvoller Umgang, der durch das Kommunizieren auf Augenhöhe sowie im gelebten Konfliktmanagement, also dem Erleben und Begegnen von Konflikten, zum Ausdruck gebracht wird.

3.3 Auf die Haltung kommt es an

Zukünftige Mitarbeiter*innen sind ein wichtiger Bestandteil des Unternehmensgetriebes. Ohne sie kann keine Unternehmung gestaltet werden. Sie tragen zum Erfolg und zum Erreichen der Ziele des Unternehmens bei.

Mit dieser Haltung müsste der Wert »Wertschätzung« einhergehen. Weg von dem Bewusstsein, dass es sich bei Personal um Humankapital dreht, sondern stattdessen um Unternehmensgestalter.

Ist sich das Unternehmen zudem noch darüber bewusst, dass nicht jeder Mitarbeiter für jedes Unternehmen und jede Position geeignet ist, könnte das Bewerbungsverfahren als ein Prozess verstanden werden, mit dessen Hilfe herausgefunden werden kann, ob ein potenzieller Mitarbeiter für das Unternehmen geeignet ist und, falls ja, für welche Position. Ich bin der festen Überzeugung, dass es für jeden einen Garten gibt, in dem er oder sie erblühen kann. Dieser muss jedoch gefunden werden. Und dazu hilft es, wenn Werte, Kompetenzen und damit einhergehende Kommunikations- und Verhaltensweisen bewusst abgeglichen werden.

3 Quelle: https://www.rochusmummert.com/wp-content/uploads/2020/06/Wertschoepfung_durch_Wertschaetzung.pdf, abgerufen am 12.03.2021.

Übrigens besteht häufig bereits der Wunsch, Mitarbeiter*innen nach dem sogenannten »Cultural Fit« einzustellen, jedoch basiert die Personalentscheidung aktuell oft noch auf einer reinen Formalqualifikation. Möglicherweise liegt das am Aufwand und der (aktuell noch) bei vielen Unternehmen fehlenden technischen Umsetzbarkeit der Cultural-Fit-Messung. Stattdessen findet die Prüfung auf kulturelle Passung, also ob der Bewerber mit all seinen Persönlichkeitsanteilen und vor allem mit den für ihn geltenden Werten für die Besetzung der Vakanz des Unternehmens geeignet ist, zumeist über Kommunikation statt, um die Wirklichkeit der jeweils anderen Welt, des Unternehmens, des Menschen, ein wenig mehr zu verstehen. Darauf basierend kann dann geprüft werden, wie viel Übereinstimmung, wieviel Unterschied und vor allem auch Motivation für das gemeinsame Gelingen einer Zusammenarbeit vorhanden ist. Leider gibt es immer eine kleine Lücke, den blinden Fleck. Meist zeigt sich erst im Alltag, wie viel Passung tatsächlich vorhanden ist. Vor allem, weil sich die Umstände der Zusammenarbeit, der Kontext, permanent verändern und die Zusammenarbeit zudem von Kollegen, Kunden, sich verändernden Markt- und auch Arbeitsbedingungen beeinflusst wird.

Entscheidet sich ein Unternehmen bewusst für eine »Personalauswahl auf Augenhöhe«, bei der beide Parteien prüfen, ob sie miteinander arbeiten wollen, und nicht nur das Unternehmen prüft, ob es mit dem Bewerber zusammenarbeiten möchte, und entscheidet es sich zudem dafür, diesen Prozess für alle Seiten angenehm zu gestalten, ganz gleich, welche Entscheidung am Ende getroffen wird, kann das Unternehmen dadurch nur gewinnen:

- an Erfahrung,
- durch ein möglicherweise positives Feedback zum Auswahlprozess vonseiten der Bewerber*in,
- durch den Gewinn von geeigneten Mitarbeiter*innen sowie
- durch eine positive Außenwahrnehmung.

So muss zum Beispiel eine Ablehnung zu einem bestimmten Zeitpunkt nicht bedeuten, dass eine Zusammenarbeit für immer ausgeschlossen ist, von einer möglichen Weiterempfehlung an andere einmal ganz abgesehen – es ist schlichtweg sinnvoll, sich respektvoll zu begegnen.

3.4 Resümee

Zusammengefasst wünsche ich mir, dass in Bewerbungsprozessen noch häufiger die Perspektive der Bewerber*in eingenommen wird und ein wertschätzender Umgang mit jeder einzelnen Kandidat*in und vor allem mit der sich dahinter verbergenden Person gepflegt wird.

Angesichts der vorliegenden Studienergebnisse, der an mich übermittelten Skurrilitäten sowie der Erfahrung, die ich im Rahmen von Software-Implementierungsprojekten für die erfolgreiche Umsetzung von Bewerbungsverfahren gewonnen habe, empfehle ich folgende Maßnahmen, um den Personaleinstellungsprozess für alle Beteiligten angenehmer, zielführender und vor allem nachhaltig erfolgreich zu gestalten:

1. Definition von Zielen (gemeinsam durch Personal-/Fachabteilung, Geschäftsführung), zum Beispiel folgende:
   - zügige Besetzung von Vakanzen mit geeignetem Fachpersonal
   - Außenauftritt des Unternehmens durch Bewerbungsprozesse unterstreichen oder auch prägen wollen
   - die Unternehmenskultur durch Werte und Verhalten auch im Bewerbungsprozess zum Ausdruck bringen wollen
2. mit allen Beteiligten abgestimmte Bewerbungsprozesse umsetzen
3. IT-Unterstützung (Einsatz geeigneter Software)
4. regelmäßige Kommunikation (Perspektive der Bewerberin bewahren)
5. Feedback der Bewerber*innen strukturiert einholen oder über Arbeitgeberbewertungsportale sichten
6. Anpassung der Bewerbungsprozesse auf die Bedürfnisse der Kandidaten und anderer Beteiligten

Zum Schluss sei noch erwähnt, dass Prozesse und IT-Systeme Bewerbungsverfahren gewiss unterstützen können, jedoch kommt es vor allem auch auf die Haltung der beteiligten Personen an, die sich wiederum in der IT-technischen Abbildung der Personalprozesse und vor allem in der Kommunikation und im Verhalten zeigt.

4 Ohne Zielgruppe – ohne mich

Madeleine Kern & Jasmin Welzenbach

4.1 Warum Personalmarketing und Eignungsdiagnostik eng zusammenhängen

Auch im Recruiting ist die Digitalisierung nicht aufzuhalten: Anbieter neuer Technologien und Matching-Tools auf der Basis von künstlicher Intelligenz und Algorithmen sprießen wie Pilze aus dem Boden. Die Reaktionen der HR-Verantwortlichen reichen von Skepsis bis Begeisterung. Fakt ist: Wer in Grundlagenfragen des Recruitings und Personalmarketings nicht sattelfest ist, dem nützen auch besagte neue Tools und Technologien nichts. Denn Grundlagenwissen bildet die Basis für die kritische Bewertung dieser neuen Trends und nicht zu vergessen: die Grundlage für einen erfolgreichen Recruitingprozess von A wie Anforderungsanalyse bis Z wie Zielgruppe. Mit diesem Artikel möchten wir uns auf die wichtigste Grundlage des Personalmarketings fokussieren: die Zielgruppenanalyse. Weiterhin geht es darum, wie Anforderungsanalyse und Zielgruppenanalyse zusammenhängen und warum man beides im Personalmarketing unbedingt verknüpfen sollte. Passend dazu liefern wir zahlreiche Praxistipps, die sich schnell und pragmatisch anwenden lassen, und wir schildern einige Beispiele zur zielgruppengerechten Arbeitgeberkommunikation.

4.2 Warum braucht es eine Zielgruppenanalyse?

Was haben wir alle am wenigsten? Genau: Zeit.

Und was wollen Recruiter*innen am liebsten? Viele Bewerbungen.

Falsch – Sie wollen die richtigen Kandidat*innen, die passenden Bewerber, den Perfect Match mit großartigem Job Fit und Cultural Fit. Jemanden, der den Job erfolgreich meistern wird und richtig gut ins Team passt. Denn: Wem nutzt es etwas, den Großteil an Kandidat*innen auszusieben, weil sie für den Job ungeeignet sind?

Damit Recruiter*innen sich diese Zeit bei der Personalauswahl sparen können, ist es wichtig, dass sich vor allem die Richtigen bewerben. Das gelingt allerdings nur, wenn auch die Richtigen die Stellenanzeige lesen oder die passenden Profile in Social Media angeschrieben werden. Auf den Punkt gebracht: Beim Personalmarketing geht es darum, die richtigen Bewerber anzusprechen und die falschen abzuschrecken.

Und genau da wären wir schon beim Thema Eignungsdiagnostik.

Um die richtigen Bewerber ansprechen zu können, müssen sich Recruiter*innen erst einmal einige Gedanken machen: Der erste Schritt sollte das Erstellen der Aufgaben- und Anforderungsanalyse sein. Nur wenn dem Recruiter klar ist, was im Job konkret zu tun ist, können aussagekräftige Informationen über die Aufgaben und Anforderungen gemacht werden. Im zweiten Schritt ist eine Zielgruppenanalyse unerlässlich. Damit Personalmarketingmaßnahmen die richtige Wirkung erzielen und wie ein Magnet die passenden Kandidat*innen anziehen, muss klar sein, welche Bedürfnisse die Zielgruppe hat und wo man sie antrifft. Beides zusammen erhöht die Grundquote und somit den Anteil an Geeigneten im Bewerberpool.

GRUNDQUOTE:

Der Anteil der Kandidat*innen im Bewerberpool, die grundsätzlich geeignet für die zu besetzende Stelle sind.

Natürlich kostet es Zeit, diese Analysen vernünftig durchzuführen. Wir versprechen jedoch, dass es sich am Ende rechnet. Denn man spart einerseits Zeit, weil man weniger Lebensläufe lesen und weniger Bewerbungsgespräche führen muss. Gleichzeitig kann durch geschickte Kommunikation bei der gesuchten Zielgruppe ein Bild als großartiger Arbeitgeber erschaffen werden, was wiederum bei der zukünftigen Mitarbeitersuche Zeit und auch bares Geld spart. Die weitverbreitete Angst davor, Bewerber abzuschrecken, können wir an dieser Stelle gerne nehmen: Wer sich auf eine ehrliche Stellenanzeige und eine authentische Unternehmensdarstellung nicht bewerben möchte, der hätte den Job sowieso nicht bekommen oder nicht gewollt. Die Abschreckung bewirkt lediglich, dass unpassende Kandidat*innen nicht den kompletten Bewerbungsprozess durchlaufen, um nach viel Mühe und Aufwand beider Seiten eine Absage zu kassieren.

Ein weiterer Nebeneffekt ist übrigens, dass man auch für die potenziellen Kandidat*innen viel Zeit spart, weil sie sich nicht bewerben und das wirft ebenfalls ein gutes Licht auf das Unternehmen.

4.3 Wie erstellt man eine Anforderungsanalyse?

Ergebnis der Anforderungsanalyse ist das Anforderungsprofil, das nach DIN 33430[1] »der Referenzrahmen für die Gestaltung der Eignungsbeurteilung ist«. Daran richtet sich im Idealfall also das gesamte Auswahlverfahren aus. Im Anforderungsprofil halten wir fest, welche Eignungsmerkmale der Stelleninhaber in welchem Ausprägungsgrad mitbringen muss, um erfolgreich in der Zielposition zu sein.

1 Diese Norm beschreibt Qualitätskriterien und -standards für die berufsbezogene Eignungsdiagnostik. Ein wichtiges Anwendungsfeld berufsbezogener Eignungsdiagnostik ist unter anderem die Personalauswahl.

EIGNUNGSMERKMALE NACH DIN 33430:

»Qualifikationen, Kompetenzen, Potenziale sowie berufsbezogene Interessen, Bedürfnisse, Werthaltungen, Motive und andere relevante Merkmale einer Person, die die Voraussetzung für die jeweils geforderte berufliche Leistungshöhe und die berufliche Zufriedenheit sind.«

Es gibt verschiedene Wege, eine Anforderungsanalyse durchzuführen. Auf alle einzeln einzugehen, würde den Rahmen dieses Kapitels übersteigen. Daher möchten wir einen Einblick in die erfahrungsgeleitet-intuitive Methode geben, die die geringste zeitliche Investition benötigt.

Erfahrungsgeleitet-intuitive Methode

Zu Beginn sollte anhand einer Aufgabenanalyse überlegt werden, welche Aufgaben im Rahmen der zu besetzenden Stelle zu erledigen sind und wie die Rahmenbedingungen sowie das Arbeitsumfeld sind. Das ist die Basis, um im Nachgang zu entscheiden, welche Anforderungen für den Job benötigt werden. Einige Denkanstöße:

- Was soll die Stellinhaberin/der Stelleninhaber konkret tun?
- Wie trägt die Mitarbeiterin/der Mitarbeiter zum Unternehmenserfolg bei? Was ist das übergeordnete Stellenziel?
- Welche Schnittstellen gibt es? Wie viel Unterstützung erhält der Stelleninhaber/die Stelleninhaberin?
- Was muss sie/er bereits können, was ist über Trainings kompensierbar?
- Wie wird sich die Aufgabe zukünftig verändern?

Im zweiten Schritt sollte eine Befragung mit verschiedenen Arbeitsplatzexperten durchgeführt werden. Das kann z. B. die Vorgesetzte sein, die für die Stelle verantwortlich ist, der aktuelle Stelleninhaber oder einzelne Teammitglieder, die einen guten Einblick in die Position haben. In der Befragung geht es darum, die Basis zu untermauern. Dabei sollte beachtet werden, dass es in der Regel nicht ausreicht, den Fachbereich nach abstrakten Eigenschaften oder Kompetenzen zu fragen. Durch ein solches Vorgehen läuft man Gefahr, eine sehr lange Anforderungsliste zu erhalten mit sehr allgemeinen und unkonkreten Worthülsen (»Teamfähigkeit, Durchsetzungsfähigkeit, Führungsstärke etc.«), die für ein konkretes Anforderungsprofil nicht weiterhelfen.

Stattdessen sollten die Arbeitsplatzexperten eine Einschätzung dazu abgeben, welche der für den Job relevanten Aufgaben wie häufig vorkommen und welche davon für den Erfolg, der mit dieser Stelle erzielt werden soll, besonders wichtig sind. Zudem geht es darum, bestimmte Verhaltensweisen in erfolgskritischen Situationen herauszuarbeiten, die die Mitarbeiterin oder der Mitarbeiter in dem Job besonders gut meistern sollte. Diese Situationen entscheiden wesentlich über Erfolg und Misserfolg des Stelleninhabers. Hinter der beschriebenen Vorgehensweise verbirgt sich die Critical Incident Technique nach Flanagan (1954).

Beispiele für erfolgskritische Situationen wären z. B.:
- eine Ärztin muss einem Patienten die Nachricht überbringen, dass er schwer erkrankt ist oder
- eine Führungskraft führt ein Konfliktgespräch mit einem schwierigen Mitarbeiter.

In beiden Fällen hängt der Erfolg davon ab, wie sich der jeweilige Stelleninhaber verhält. Wenden wir diese Methode an, kristallisieren sich erfahrungsgemäß schrittweise die wichtigsten Kompetenzen im Bereich der Soft Skills heraus. Zusätzlich sollten in einem Experteninterview nicht-kompensierbare Fachkompetenzen und -kenntnisse erfragt werden.

Darüber hinaus sollte das Anforderungsprofil zukunftsorientiert gestaltet sein, daher lohnt sich auch der Blick auf zukünftige Entwicklungen im Arbeitsumfeld: Können z. B. bestimmte technische Entwicklungen bereits vorhergesagt werden?

Entsprechend sollten gewisse Anforderungen, die sich daraus ergeben, schon heute beachtet werden, denn wir möchten die Stelle ja nicht nur kurz- sondern nach Möglichkeit mittel- bis langfristig besetzen. Sind die zukünftigen Anforderungen noch nicht konkret benennbar, fordert die DIN 33430, allgemeine Eignungsmerkmale, wie z. B. kognitive Fähigkeiten oder die Offenheit dafür, neue Dinge zu erlernen, zu berücksichtigen.

Übrigens lautet so auch die Prognose für die Fähigkeiten der Zukunft: Denn auch das Weltwirtschaftsforum hat im Report »Future of Jobs« intellektuelle Fähigkeiten und »aktives Lernen« mit auf die Liste der Top 15 Skills für 2025 gesetzt.

Liegen alle wichtigen Erkenntnisse vor, wird abschließend aus den vorliegenden Inhalten das Anforderungsprofil geclustert. Hierbei sollte man sich, wie bereits erwähnt, auf die wichtigsten Anforderungen konzentrieren. Die gesammelten erfolgskritischen Situationen helfen dabei, zu entscheiden, auf welche Kompetenzen es bei der Zielstelle wirklich ankommt.

4.4 Wie erstellt man eine Zielgruppenanalyse?

Was der Kandidat können muss, um gut zu performen, sollte nach der Erarbeitung des Anforderungsprofils klar sein. Jetzt soll es um die Welt unserer potenziellen Bewerberinnen und Bewerber gehen:
- Welche Bedürfnisse haben sie?
- Wo sind sie unterwegs?
- Wie spreche ich sie an, damit sie sich bei mir als Arbeitgeber bewerben?

Diese und weitere Fragen bekommt man durch eine Zielgruppenanalyse heraus. Für eine solche Analyse gibt es ebenfalls mehrere Ansätze und Konzepte. Wir möchten uns in diesem Beitrag allerdings auf das Konzept der »Candidate Personas« beschränken, denn der große Vorteil daran ist: Es kann von so gut wie jedem Arbeitgeber umgesetzt werden. Versprochen!

> CANDIDATE PERSONAS
>
> Candidate Personas sind fiktive Personen, gewissermaßen Repräsentanten für die Zielgruppe, die bestimmte Zielgruppenmerkmale vereinen. Sie helfen dabei, uns besser in die Bedürfnisse und Wünsche der Zielgruppe hineinzuversetzen und machen die Zielgruppe für uns weniger abstrakt.

Dazu ein Beispiel: Wenn man die Zielgruppe dort erreichen möchten, wo sie unterwegs ist und sie zielgruppengerecht ansprechen will, sollten man sich zunächst das »Wo« überlegen: An welchem Ort oder über welche Onlinekanäle erreicht man sie? Bei der Beantwortung dieser Frage kann die Candidate Persona eine große Hilfe sein, denn es ist schließlich deutlich einfacher, sich das »Wo« für eine konkrete Person zu überlegen, anstatt immer in der großen Dimension einer Zielgruppe zu denken, oder?

Entwicklung der Candidate Personas

Wer ist der Zielgruppe sehr nahe? Richtig, der Fachbereich. Daher ist der Input der Fachabteilung unerlässlich. Warum also nicht die Personas gemeinsam mit den Vertretern aus der Fachabteilung erarbeiten? Das lässt sich beispielsweise gut mit der Expertenbefragung für die Anforderungsanalyse verbinden.

Der Fachbereich kann sich im ersten Schritt gerne erst einmal überlegen, welche persönlichen Eigenschaften seine Wunschkandidatin oder sein Wunschkandidat haben sollte – unabhängig von den Anforderungen an den Job. Damit die Candidate Persona möglichst konkret wird, sollte ein umfassendes Bild der Kandidat*innen gezeichnet werden. Im Gegensatz zur Anforderungsanalyse, bei der ausschließlich Eignungsmerkmale beachtet werden, die für das erfolgreiche Ausüben der Stelle notwendig sind, wird hier der Blick etwas ausgeweitet und auch private Aspekte werden unter die Lupe genommen. Mögliche Denkanstöße:

- Soziodemografische Kriterien wie z. B. Alter, Familienstand, Wohnort, Ausbildung, Beruf
- Motive und Ziele beruflicher und persönlicher Natur
- Freizeitgestaltung, Hobbies und Interessen
- Medien- und Internetnutzung, Suchverhalten im Internet
- Ideale Arbeitsbedingungen

Je genauer die Zielgruppenanalyse ausfällt, umso besser. Daher sollten neben dem Expertenwissen aus der rekrutierenden Fachabteilung weitere Quellen genutzt werden: Beispielsweise Studien, die sich mit der Zielgruppe befassen. Zudem bietet es sich an, die eigenen Mitarbeiter*innen oder Praktikant*innen, die die Zielgruppe repräsentieren, zu befragen. Gute Erkenntnisse können darüber hinaus auch echte Bewerber*innen oder Kandidat*innen bringen, die erst vor Kurzem den Arbeitsvertrag unterzeichnet haben. All dies hilft dabei, die Candidate Personas zu validieren und schrittweise die fiktiven Zielgruppenvertreter zu schaffen.

Idealerweise werden für eine Zielgruppe mehrere Candidate Personas erstellt, denn auch innerhalb einer Zielgruppe können sehr große Unterschiede unter den Kandidaten herrschen, was natürlich anhand verschiedener Kandidatenansprachen berücksichtigt werden muss.

Zudem sollte man nie aus dem Augen verlieren, dass die Persona lediglich eine sehr gute Hilfestellung bietet, aber nie die Realität zu 100% abbildet. Dieses Bewusstsein muss vor dem Auswahlprozess bei allen Beteiligten geschärft werden, um zu vermeiden, dass die Persona (wenn auch unbewusst) mit einem nicht existierenden Idealkandidaten verwechselt wird. Um Beurteilungsfehlern vorzubeugen, bietet die Candidate Persona die Chance, sich des eigenen Bauchgefühls, seiner Vorurteile und Stereotypen bewusst zu werden.

4.5 Was geschieht nach der Zielgruppenanalyse?

Wenn die Zielgruppe und die Beispiel-Personas definiert sind, geht es darum, diese mit den richtigen Personalmarketingmaßnahmen für das Unternehmen zu gewinnen. Da ein Teil der Zielgruppenanalyse beinhaltet, welche Medien die potenziellen Kandidatinnen und Kandidaten konsumieren oder wo sie sich in ihrer Freizeit gerne aufhalten, können nun die möglichen Werbemaßnahmen evaluiert werden. Denn auch wenn es besonders modern scheint, als Arbeitgeber in den sozialen Medien für sich zu werben, nutzt das nichts, wenn die definierte Zielgruppe lieber Printmedien oder Online-Nachrichten liest. Hier zeigt sich ganz besonders, dass es keine perfekte Recruitingstrategie gibt, die für alle Unternehmen passt. Jede Firma muss die für sie optimal passenden Maßnahmen ableiten, ausprobieren, analysieren und natürlich anpassen. Denn auch wenn eine Idee bei einer Zielgruppe gut funktioniert, heißt das für eine andere leider gar nichts. Ebenso kann heute eine Personalwerbung zu hohen Bewerberzahlen führen und in ein paar Monaten nichts mehr bringen. Eine gewisse Experimentierfreude dürfen Personalabteilungen dieser Welt also gerne entwickeln und dazu passend bitte auch eine Fehlerkultur. Denn auch im Recruiting ist es wichtig, zu probieren und zu lernen und es im nächsten Schritt wieder ein wenig besser zu machen.

Bildsprache zielgruppengerecht gestalten
Gleich und gleich gesellt sich gern. Auch für die Identifikation mit einer neuen Arbeitsstelle gilt dieser Satz, weshalb es sinnvoll ist, die Bildsprache im Personalmarketing der Zielgruppe entsprechend auszurichten.

Natürlich ist es grundsätzlich richtig und wichtig, sich als Unternehmen authentisch zu präsentieren. In erster Linie sollten auf den Bildern zur Ansprache von potenziellen Bewerberinnen und Bewerbern die Mitarbeitenden des Unternehmens, die Arbeitsumgebung und/oder das Produkt zu sehen sein. Darüber hinaus kann man die Bildsprache jedoch je nach Zielgruppe variieren. So werden bei der Suche nach Produktionsmitarbeiterinnen vermutlich nicht die Kollegen aus der Verwaltung Modell stehen und umgekehrt. Das wäre weder eine realistische Jobdarstellung noch eine vernünftige Zielgruppenansprache.

Studien konnten zudem belegen, dass sich mehr Frauen auf Stellenanzeigen mit Bildern von Frauen bewerben.

Denn auch bei der Auswahl der Bilder gilt es, die Selbstselektion der Kandidatinnen und Kandidaten zu stärken. Wer das Unternehmen und die Mitarbeiterinnen und Mitarbeiter auf den Bildern sympathisch findet, wird sich mit höherer Wahrscheinlichkeit bewerben und hält sich selbst für zu dem Team passend.

Texte zielgruppengerecht gestalten

Ähnlich der Bilder, haben auch Texte in allererster Linie die Pflicht, ehrlich zu sein. Denn Ehrlichkeit schafft Vertrauen und Vertrauen ist die Grundlage für Bindung – auch für Mitarbeiterbindung. Falsche Versprechen führen häufig zu schnellen Kündigungen.

Eine authentische Beschreibung des Unternehmens, der Kultur, der Aufgabe und der Arbeitsweise sind Voraussetzung für eine vertrauensvolle Zusammenarbeit.

Eine häufige Frage ist beispielsweise: Duzen oder Siezen in Stellenanzeigen? Gegenfrage: Was passt am besten zum Unternehmen und zu den einstellenden Personen? Denn wer in der Stellenanzeige oder der Employer-Branding-Kampagne fröhlich alle duzt und die Du-Kultur des Unternehmens hervorhebt, kann im Bewerbungsgespräch nicht verlangen, dass das Gespräch in der Sie-Form stattfindet.

Die Stellenanzeige ist entsprechend der Anforderungsanalyse zu formulieren. Hier ist es wichtig, nochmal klar vor Augen zu haben, welche Kandidatinnen und Kandidaten gewünscht sind. So ist Reisebereitschaft eine Anforderung, die von den Unternehmen gerne verborgen gehalten werden möchte, aus Angst, jemanden abzuschrecken. Bei genauerer Betrachtung wird allerdings jemand gesucht, der/dem Reisen zu Kunden oder Geschäftspartnern Spaß macht. Daher sollte die Möglichkeit der Geschäftsreise als Benefit der Stelle beworben werden – gerne in Kombination mit einem Dienstwagen oder einer Bahncard.

4.6 Praxisbeispiele

Nachfolgend werden verschiedene Beispiele zielgruppengerechter Arbeitgeberkommunikation auf unterschiedlichen Marketingkanälen präsentiert.

1. Print

Flughafen Stuttgart: Personalwerbung für die Prüfungs- und Beratungsgesellschaft Ebner Stolz

Die Bilder sind bunt und grell gewählt, die Buchstaben sind groß und bilden einen kurzen prägnanten Satz, um vorbei rasenden Geschäftsleuten trotzdem aufzufallen. Die Cartoons tragen Anzüge und Kostüme, was eine deutliche Zielgruppenansprache ist und im Beratungsumfeld ebenso eine realistische Darstellung des Arbeitsoutfits ist. Der Ort, an dem die Werbung platziert ist, ist mit dem Flughafenankunftsterminal genau auf die Zielgruppe Vielflieger und Berufsflieger ausgerichtet. Dazu kommt, dass auch Personen, die gerade aus dem Urlaub zurückkommen und anschließend in einen ungeliebten Job zurückkehren müssen, besonders empfänglich für Personalmarketing sind.

Die Wahl der englischen Sprache ist einerseits passend an einem Flughafen, andererseits ist es ein Kriterium zur Selbstselektion (»dort muss man wohl Englisch können«).

Abb. 1: Zielgruppengerechte Personalwerbung der Prüfungs- und Beratungsgesellschaft Ebner Stolz am Flughafen Stuttgart

Klinikum Region Hannover: Abwerbeversuch eines Konkurrenzunternehmens

Obwohl die Zielgruppe der Pflegekräfte offensichtlich analysiert wurde und der häufige Aufenthaltsort (in der Konkurrenzklinik) identifiziert werden konnte, ging diese Printkampagne nach hinten los. Das Klinikpersonal des Klinikums Region Hannover antwortete mittels YouTube Video auf den Abwerbeversuch und erlangte damit selbst eine große Aufmerksamkeit. Das kam dem Employer Branding des eigenen Arbeitgebers zugute.

Abb. 2: Klinikum Region Hannover: Gescheiterter Abwerbeversuch half dem eigenen Arbeitgeber beim Employer Branding.

2. Social-Media

Bosch Karriere Seite auf Facebook: Rätsel für die Suche nach IT-lern

Facebook ist – bei richtiger Nutzung – nach wie vor eine geeignete Social-Media-Plattform, die man als Arbeitgeber nutzen kann, um nah an der Zielgruppe zu kommunizieren. So tritt Bosch auf der eigenen Facebook Karriereseite mit Vertretern aus der IT-affinen Zielgruppe in Austausch, indem regelmäßig verschiedene IT-Rätsel mit unterschiedlichen Schwierigkeitsgraden gepostet werden. Bei der Lösung der Rätsel wird die Followerschaft um Hilfe gebeten: Durch Likes und Kommentare wird eine direkte Interaktion geschaffen. Das Format ist ebenfalls klug gewählt: Weiße Schrift auf schwarzen Hintergrund erinnert an einen echten Programmier-Code – das dürfte somit alle schon auf den ersten Blick abschrecken, die ungern Codes schreiben oder mit Softwareentwicklung wenig am Hut haben. Damit zeigt Bosch, wie es gelingen kann, mit der eigenen Fangemeinschaft zielgruppengerecht in Kontakt zu treten.

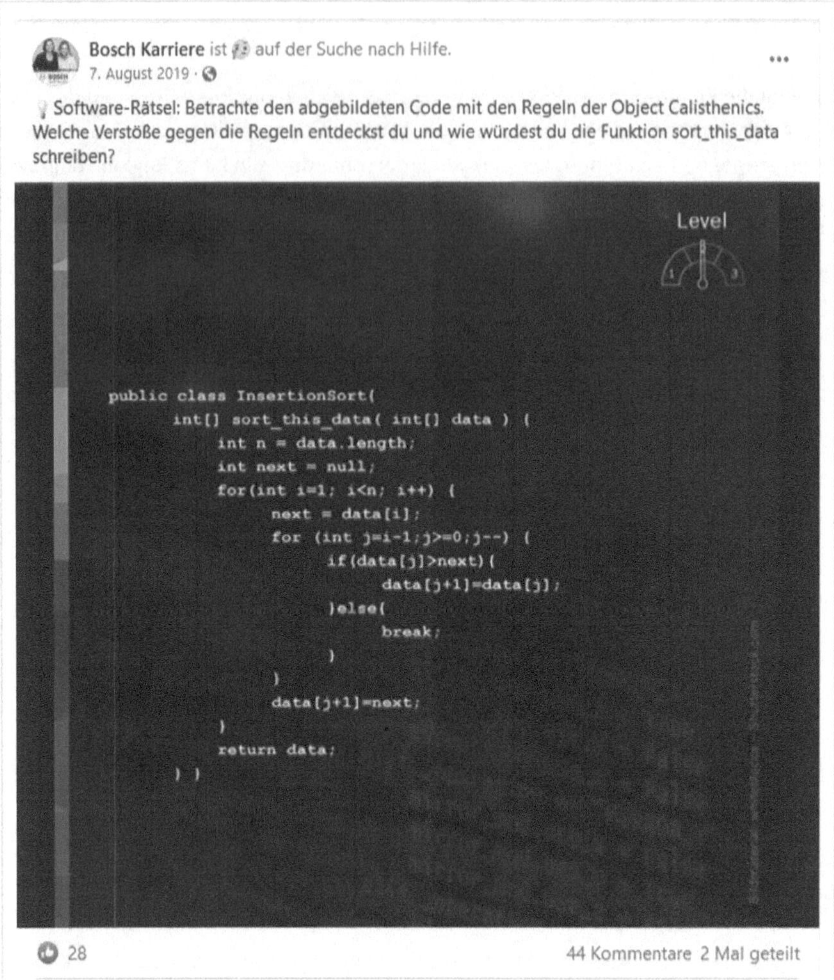

Abb. 3: Facebook Karriereseite von Bosch: Softwarerätsel für die eigene Fangemeinschaft mit unterschiedlichem Schwierigkeitsgrad (hier: Level 2)

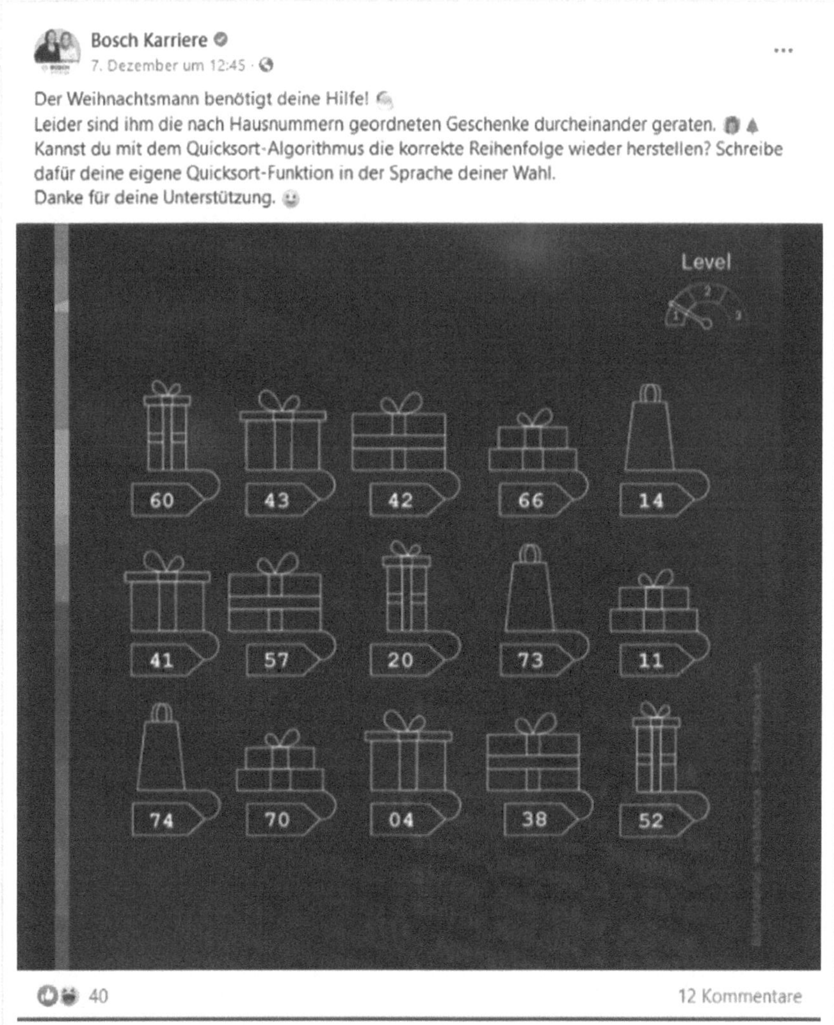

Abb. 4: Facebook Karriereseite von Bosch: Softwarerätsel im Weihnachtslook für die eigene Fangemeinschaft mit unterschiedlichem Schwierigkeitsgrad (hier: Level 1)

SSB Stuttgarter Straßenbahnen AG auf Facebook: Selbstselektionsfragen

Die Stuttgarter Straßenbahn AG hat mit dem Bild eines großen Elefanten am Bahnsteig und der Frage »Was würden Sie jetzt tun?« ein Beispiel für Selbstselektion bei der Zielgruppe geschaffen – durch Fragen dieser Art können die Kandidaten schon beim ersten Touchpoint und vor der Bewerbung entscheiden, ob sie die Anforderungen erfüllen. Um hier auf die richtigen Fragen zu kommen, ist es unerlässlich die Anforderungen des Jobs zu kennen – ein weiterer Beweis, dass wir von einer guten Anforderungsanalyse nicht absehen können. Kein Wunder, dass auch der angesehene

Eignungsdiagnostiker Prof. Dr. Uwe Kanning vorschlägt, im Personalmarketing – z. B. auf der Karrierewebsite – den Bewerbern im Vorfeld die richtigen Fragen zu stellen.

Abb. 5: Facebook Karriereseite der SSB: Selbstselektionsfragen noch vor der Bewerbung

Einblicke in den Unternehmensalltag bei der Payback Group und der Deutschen Bahn via Instagram

Social-Media-Recruiting auf Instagram eignet sich besonders für jüngere Zielgruppen wie z. B. Azubis, Praktikantinnen und Werkstudenten, Absolventinnen oder Young Professionals, die die Plattform überwiegend täglich nutzen. Insbesondere das Format der Instagram Stories eignet sich, um authentische Einblicke in den Arbeitsalltag zu bieten oder auch das eine oder andere Goodie für Mitarbeiterinnen und Mitarbeiter zu vermarkten: Beim sogenannten »Instagram-Takeover« können Follower »erste Arbeitsluft« bei den jeweiligen Firmen schnuppern. Aber auch Beiträge oder Kurzvideos (sogenannte »Feed-Videos«) – mit den richtigen Hashtags versehen – sorgen für mehr Reichweite und eignen sich gut, um die Zielgruppe einzufangen. Wenn sich dabei echte Mitarbeiter zeigen und reale Arbeitsbedingungen vorgestellt werden, kann das die Selbstselektion der Zielgruppe in einem hohen Maße verstärken und wirkt damit positiv auf die Grundquote des Arbeitgebers.

Die Payback Group und die Deutsche Bahn zeigen, wie es geht:

Abb. 6: Einblicke bei der Payback Group über den Instagram Auftritt payback_careers

Abb. 7: In diesem kurzen Video gibt die Bahn einen Einblick in die Aufgaben eines Zugbereitstellers

Stellenanzeigen bei LinkedIn: Selektion der Ausspielung über Eignungsfragen

Jeder kann auf LinkedIn Stellenanzeigen schalten und das auch ohne zusätzliche Recruiter-Funktionen zu buchen.

Über die sogenannten Eignungsfragen ist es möglich, bestimmte Qualifikationen, Erfahrungen usw. hinzuzufügen, um die Stellenanzeige zielgerichtet auszuspielen. Damit werden die Anzeigen möglichen passenden Kandidaten und Kandidatinnen im Feed oder in der Rubrik »Jobs« angezeigt.

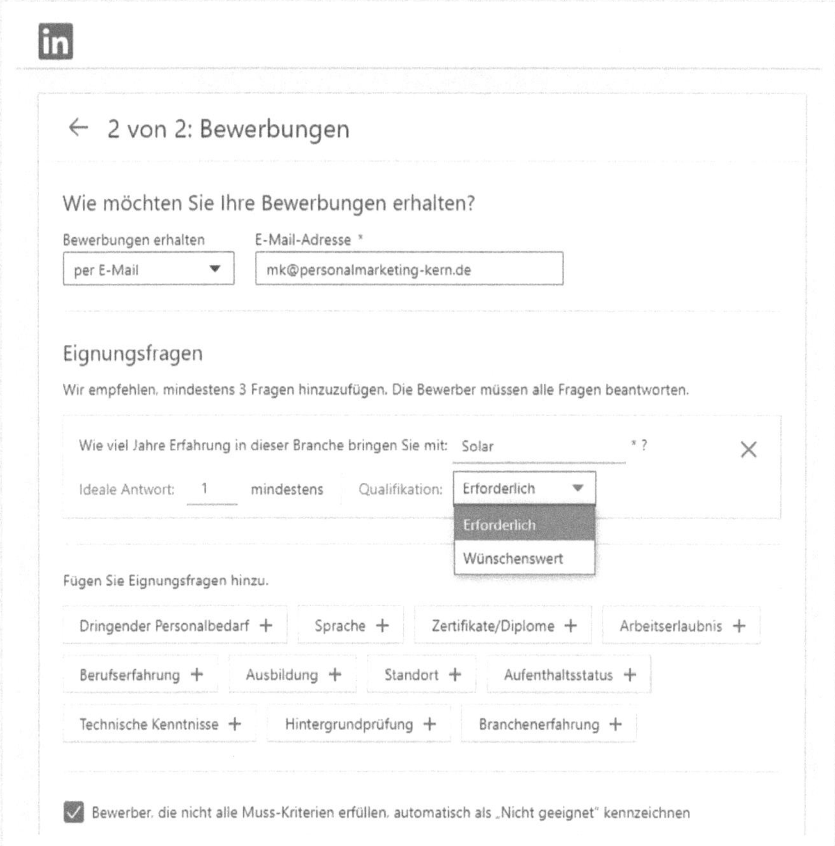

Abb. 8: Stellenanzeigen bei LinkedIn: Auswählbare Eignungsfragen.

Programmatic Job Advertising: Passiv Suchende zielgerichtet ansprechen

Weil man permanent technische Fußabdrücke hinterlässt, wissen Algorithmen häufig noch bevor das einem bewussten (menschlichen) Gehirn auffällt, dass jemand bald auf Jobsuche sein wird. Wenn man nach »Konfliktlösung mit Chef« und ein paar Stunden später »Optimierung Arbeitgebermarke« im Internet sucht, kann es passieren, dass am nächsten Morgen in der Wetterapp Stellenanzeigen für Employer-Branding-Spezialisten auftauchen.

Diese Stellenanzeigen sind über sogenanntes Programmatic Advertising ausspielbar. Anhand von Cookie-Tracking und einer Verortung mittels der jeweiligen IP-Adressen werden sie sehr treffsicher den passenden Kandidatinnen und Kandidaten angezeigt.

Abb. 9: Jobs in der Wetterapp

4.7 Fazit – wozu der ganze Aufwand?

Je nach Standort des Unternehmens und der gesuchten Zielgruppe sind Bewerber*innen ein seltenes Gut. Außerdem sollen nicht nur irgendwelche Kandidat*innen rekrutiert werden, sondern möglichst perfekt passende – jemand, der den Job erfolgreich meistert und auch noch gut ins Team passt. Dafür lohnt sich der Aufwand vor der Personalmarketingkampagne. Das Ziel der beschriebenen Strategie ist die Selbstselektion. Es werden die geeigneten Kandidat*innen identifiziert und zielgerichtet angesprochen – und schon bewerben sich die Personen, die sich selbst für passend halten. Die Bewerber*innen selektieren sich einfach selbst. Da mag es teilweise Fehleinschätzungen geben, die im Recruiting herausgearbeitet werden müssen. Dennoch ist eine authentische und ehrliche Kommunikation der zu besetzenden Stellen oder der Arbeitgebermarke hilfreich, um sowohl sich als Recruiter als auch den Bewerberinnen und Bewerbern Zeit und Aufwand zu ersparen.

Dafür ist eine Zielgruppenanalyse absolut wertvoll und auch im HR der Zukunft nicht wegzudenken.

Quellen

Deutsche Bahn AG [dbkarriere]. (02. Dezember 2020). Als Zugbereitsteller oder Zugbereitstellerin bringst Du unsere Züge auf ihre Startposition und machst sie einsatzbereit für ihre Weitertfahrt. [Instagram-Post]. Instagram. Abgerufen am 04. Dezember 2020 von https://www.instagram.com/p/CISbJN4qTlb/?utm_source=ig_web_copy_link

Diagnostik und Testkuratorium (Hrsg.). (2018). Personalauswahl kompetent gestalten: Grundlagen und Praxis der Eignungsdiagnostik nach DIN 33430. Berlin: Springer.

DIN e. V. (Hrsg.). (2016). DIN 33430:2016-07, Anforderungen an berufsbezogene Eignungsdiagnostik. Berlin: Beuth Verlag.

Flughafen Stuttgart GmbH [AirportWerbung]. (18. Oktober 2020). CHECK-OUT AND CHECK-IN: #Ebner Stolz zeigt sich den ankommenden Passagieren mit seinen neuen Motiven im Terminal 3. [Tweet]. Twitter. Abgerufen am 29. Dezember 2020 von Twitter: https://twitter.com/AirportWerbung/status/1185181953290657793/photo/1

Kanning, U. P. (2017). Personalmarketing, Employer Branding und Mitarbeiterbindung: Forschungsbefunde und Praxistipps aus der Personalpsychologie. Berlin Heidelberg : Springer.

Kern, M., Lorber, C., & Welzenbach, J. (05. Juli 2020). Der Elefant am Bahnsteig. Eignungsdiagnostik.info. Abgerufen am 13. Dezember 2020 von https://eignungsdiagnostik.info/der-elefant-am-bahnsteig

KRH Klinikum Region Hannover GmbH [KRH Klinikum Region Hannover]. (18. Februar 2020). Staying in KRH – aber gerne! [Youtube-Video]. Youtube. Abgerufen am 29. Dezember 2020 von https://www.youtube.com/watch?v=T_morGLwcF0&feature

LinkedIn Corporation. (29. Dezember 2020). LinkedIn Talent Solutions. Abgerufen am 29. Dezember 2020 von https://www.linkedin.com/talent/post-a-job?trk=nav_app_launcher_job_post_nept

Payback GmbH [payback_careers]. (28. Februar 2020). »Ich werde auch ohne Schlips respektiert. Des taugt ma da herin schon sehr.« Thomas – Office IT. [Instagram-Post]. Instagram. Abgerufen am 04. Dezember 2020 von https://www.instagram.com/p/B9Hlkj3ItaX/?utm_source=ig_web_copy_link

Payback GmbH [payback_careers]. (2020). Takeover. [Instagram-Highlight]. Instagram. Abgerufen am 04. Dezember 2020 von https://www.instagram.com/stories/highlights/17934257293149610/

Perrek GmbH. (2020). Kandidaten & Bewerber verstehen und dort erreichen, wo sie sich täglich online bewegen. Abgerufen am 13. Dezember 2020 von https://perrek.de/hilft/kandidaten-und-bewerber-verstehen-und-dort-erreichen-wo-sie-sich-taglich-online-bewegen/

Robert Bosch GmbH [BoschKarriere]. (07. August 2019). Software Rätsel: Betrachte den abgebildeten Code mit den Regeln der Object Calisthenics. Welche Verstöße gegen die Regeln entdeckst du und wie würdest du die Funktion sort_this_data schreiben? [Facebook-Post]. Facebook. Abgerufen am 29. Dezember 2020 von https://www.facebook.com/BoschKarriere/?ref=page_internal

Robert Bosch GmbH [BoschKarriere]. (07. Dezember 2020). Der Weihnachtsmann benötigt deine Hilfe! Leider sind ihm die nach Hausnummern geordneten Geschenke durcheinander geraten. Kannst du mit dem Quicksort-Algorithmus die korrekte Reihenfolge wieder herstellen? [Facebook-Post]. Facebook. Abgerufen am 29. Dezember 2020 von https://www.facebook.com/BoschKarriere/photos/a.210421252381646/3517802764976795/

Stuttgarter Straßenbahnen AG [SSB.Stuttgart]. (18. Dezember 2015). Du suchst ein studentisches Pflichtpraktikum im Bereich Personal und möchtest Großes bewegen? Dann bist du bei uns goldrichtig. Wir bieten dir spannende Projekte und abwechslungreiche Tätigkeiten im Fachbereich Personalentwicklung. [Facebook-Post]. Facebook. Abgerufen am 29. Dezember 2020 von https://www.facebook.com/SSB.Stuttgart/photos/a.203757296337632/999041163475904/?type=3&theater

Weller, K. (11. November 2020). Zielgruppen und Candidate Persona: So findest du die richtige Ansprache. Wollmilchsau GmbH. Abgerufen am 13. Dezember 2020 von https://wollmilchsau.de/personalmarketing/zielgruppen-und-candidate-persona-so-findest-du-die-richtige-ansprache/

Wetter.com GmbH. (2020). Abgerufen am 07. Dezember 2020 von wetter.com

World Economic Forum. (2020). The Future of Jobs Report 2020. Abgerufen am 29. Dezember 2020 von http://www3.weforum.org/docs/WEF_Future_of_Jobs_2020.pdf

5 Personalmarketing & Recruiting in der Apotheke

Tatiana Dikta

Der vorliegende Beitrag verfolgt das Ziel, wichtige Punkte im Bereich Human Resources im Kontext der öffentlichen Apotheken zu beleuchten und den nachhaltigen Nutzen eines professionellen Recruitings aufzuzeigen.

Ein respektvoller Umgang mit den Mitarbeitern, ein Arbeitsplatz, der die Gesundheit nicht gefährdet, Wertschätzung und Anerkennung, eine faire Personalpolitik – diese Faktoren gehören nicht nur optional in den Arbeitsalltag, sondern sind eine Voraussetzung dafür, die Mitarbeiter, aber auch die Kunden zu gewinnen und langfristig an den Betrieb zu binden.

Auch die Vor-Ort-Apotheken brauchen innovative Konzepte und Marketingstrategien, um dem Fachkräftemangel und dem technologischen Fortschritt auch in Zukunft gerecht zu bleiben. Neben den gewohnten pharmazeutischen Tätigkeiten müssen Apothekeninhaber und Filialleiter komplexe Führungsaufgaben übernehmen, Entscheidungen im Sinne der Mitarbeiter und der Kunden treffen sowie vielfältige Projekte koordinieren, die gleichermaßen wirtschaftlich, ökologisch, sozial vertretbar und nachhaltig sein müssen und die den berufspolitischen Rahmenbedingungen entsprechen. Apothekenteams sind in der Lage, auch innerhalb kurzer Zeit auf geänderte Bedingungen flexibel zu reagieren, was sie mehrfach in der Zeit der Corona-Pandemie erfolgreich beweisen konnten. Damit die öffentlichen Apotheken den Versorgungsauftrag für die Bevölkerung weiterhin souverän erfüllen können, brauchen sie ausreichend Personal, doch der zunehmende Fachkräftemangel erschwert die Suche nach neuen Mitarbeitern und stellt Apothekeninhaber vor eine arbeitsorganisatorische Herausforderung.

5.1 (K)ein Fachkräftemangel – der Status quo

In circa 15 Jahren erreichen etwa 20,6 Millionen Menschen (25 % der Bevölkerung) das Rentenalter. Der demografische Wandel ist ein Fakt, die Belegschaft altert und diesem Umstand ist geschuldet, dass der Nachwuchs in allen Berufen knapp wird. Sicherlich lässt sich durch die zunehmende Digitalisierung einiges an Manpower einsparen, doch der Mensch lässt sich erfreulicherweise nicht gänzlich durch künstliche Intelligenz ersetzen. Es heißt also nach Möglichkeit, die Potenziale der Mitarbeiter optimal zu nutzen, denn wenn Mitarbeiter kündigen und neue Bewerber ausbleiben, leidet die Dienstleistungs- und die Beratungsqualität des Unternehmens.

Die Anzahl der Angestellten in den Apotheken ist seit 2017 um etwa 2% gestiegen, dabei ist die Zahl der öffentlichen Apotheken in diesem Zeitraum um 3,5% geschrumpft. Der Studiengang Pharmazie bleibt weiterhin sehr attraktiv, was sich auch in einem sehr hohen Numerus Clausus zeigt, die PTA Berufsschulen entlassen jährlich Absolventen in die Berufspraxis und die pharmazeutischen Berufe genießen ein überdurchschnittliches Prestige in der Bevölkerung. Dennoch ist der Personal- und Nachwuchsmangel ein Dauerthema.

Schaut man sich die Personalstruktur bei den Apotheken näher an, werden Gründe recht schnell ersichtlich: Apothekenmitarbeiter – insbesondere PTA und PKA – sind überwiegend Frauen (89,1%), männliche Kollegen unter den PTA und Approbierten wandern nicht selten in die Industrie, Wissenschaft oder in die zentrale Versorgung ab. Ein hoher Frauenanteil, der Trend zur Teilzeitarbeit, veränderte Ansprüche an die Work-Life-Balance, die Abwanderung in Tätigkeitsfelder außerhalb der Apotheke sind mögliche Ursachen für den empfundenen Fachkräftemangel im Bereich der Apotheke.

Deshalb sollten sich Apotheken als Arbeitgeber mit einer hohen Frauenquote insbesondere um familienfreundliche Arbeitsplätze bemühen, die eine Vereinbarkeit von Familie und Beruf erlauben. Flexible Arbeitszeiten, Kinderbetreuung, Homeoffice-Lösungen, gute Einstiegsmöglichkeiten nach einer Familienpause – das sind nur einige Faktoren, die einen attraktiven und modernen Arbeitsplatz auszeichnen. Frauen mit mehrfacher Verantwortung sollten flexibler in die bestehende Beschäftigung eingebunden und mit ihren sämtlichen Kompetenzen und gefördert werden.

Welche Strategien könnten sich für die Apotheken als nützlich erweisen? Welche Schritte sind wichtig, um neue Mitarbeiter zu gewinnen und an den Betrieb zu binden?

»Es ist Fachkräftemangel, also brauchen wir keine Personaler! Wir sind froh über jeden Bewerber!« – so die gängige Meinung vieler Arbeitgeber, die auf der Suche nach Arbeitskräften sind.

Insbesondere dann, wenn ein Angebot knapp ist, sind strategische und gut überlegte Schritte notwendig, um an ein knappes Gut zu kommen. Und deshalb ist auch eine professionelle Personalarbeit notwendig, wenn Mitarbeiter kündigen und Bewerber ausbleiben, denn mithilfe von arbeitspsychologischen Konzepten ist es am ehesten möglich, die Ursachen für Fluktuation und Vakanz zu beseitigen, effektive Wege der Mitarbeiterakquise und Anreize für Bewerber zu finden.

5.2 Attraktive Arbeitsplätze locken die besten Bewerber

Erfahrene Apothekenmitarbeiter werden händeringend gesucht und verdienen nicht selten deutlich über Tarif. Doch gerade die erfahrenen und reifen Fachkräfte lassen sich nicht ausschließlich über eine höhere Vergütung anlocken. Genauso wichtig sind faire Rahmenbedingungen, ein nettes Team, Entwicklungsmöglichkeiten und die Möglichkeit, Verantwortung zu übernehmen.

Doch welche Leistungen bieten die öffentlichen Apotheken den Mitarbeitern über das tariflich verankerte »Normale« hinaus? Was können sie als Arbeitgeber anbieten, wie können sie attraktiv werden und was hebt sie von anderen Apotheken ab? Und was erwarten die Bewerber? Sind es Entwicklungsmöglichkeiten, flexible Arbeitszeiten, betriebliches Gesundheitsmanagement, leistungsorientierte Vergütungsmodelle?

Die folgende Tabelle veranschaulicht mögliche Ansätze zur Verbesserung der Attraktivität des Arbeitsplatzes in der Apotheke und zeigt Beispiele auf, die im Kontext der Apotheke realisiert werden können.

Erhöhung der Arbeitgeberattraktivität durch …	**Beispiele**
Benefits für Mitarbeiter	• Leistungsorientierte Bezahlung der Mitarbeiter über eine tarifliche Vergütung hinaus • Arbeitszeitflexibilität, neue Arbeitszeitmodelle (Gleitzeit, Homeoffice etc.) • Moderne technische Ausstattung und räumliche Infrastruktur • Betriebliche Gesundheitsförderung • Maßnahmen zur Unterstützung der Kinderbetreuung und Vereinbarkeit von Beruf und Familie
Partizipation und Förderung Kompetenzentwicklung der Mitarbeiter	• Angebot an attraktiven Weiterbildungsmaßnahmen und anschließender Transfer in den Berufsalltag • Mentoring & Coaching der Mitarbeiter • Förderung von Erfahrungsaustausch und beruflicher Vernetzung
Automatisierung, Digitalisierung, ökologische, wirtschaftliche und soziale Nachhaltigkeit	• Automatisierung von Routinetätigkeiten, Investitionen in Digitalisierung und Innovationen • Authentisches Kommunizieren, Linientreue und Vorleben der Unternehmenswerte • Eine zukunftsträchtige Zusammenarbeit mit nachhaltigen Produzenten, Lieferanten, Partnern etc. • Sicherung der Grundbedürfnisse, Schutz der Ressourcen, Förderung der Gesundheit, Chancengleichheit und Entwicklung der Mitarbeiter

Erhöhung der Arbeitgeberattraktivität durch ...	Beispiele
Outsourcing und flexibler Einsatz der Mitarbeiter	• Kooperationen mit Kollegen (Pool an Vertretungskräften) • Einbeziehung der externen Partner und Apothekendienstleister • Einsatz von Freiberuflern und Mitarbeitern im Rahmen der Arbeitnehmerüberlassung
Interdisziplinäre Ansätze und Zusammenarbeit mit Experten außerhalb des pharmazeutischen Fachkreises	• Employer Branding in Zusammenarbeit mit Fachkräften anderer Professionen: Arbeits- und Organisationspsychologen, Marketingunternehmen, Ökonomen, Betriebswirten etc. • Professionelles Personal- und Projektmanagement

Tab. 1: Mögliche Ansätze zur Verbesserung der Attraktivität des Arbeitsplatzes in der Apotheke

Die Bedeutung der Sichtbarkeit der Apotheken im Kontext des Personalmarketings
Eine Webseite und Präsenz in den sozialen Netzwerken sind in der heutigen Zeit wichtige und kostengünstige Marketinginstrumente. Nicht nur Kunden, sondern auch potenzielle Bewerber suchen nach Informationen über Unternehmen im Internet. Ein großer Teil der Apothekenwebseiten konzentriert sich allerdings ausschließlich auf Leistungen für Kunden. So werden Warenangebote und Dienstleistungen präsentiert, die Öffnungszeiten, Kontakt- und Bestellmöglichkeiten. Auf Benefits, die sich an Mitarbeiter richten, stößt man auf den Apothekenwebseiten hingegen äußerst selten. Die Apotheken sind als Dienstleister präsent, aber nicht als Arbeitgeber. Zudem sind Apotheken als Unternehmen wie auch PTAs oder PKAs mit ihren Profilen selten auf beruflichen Plattformen wie Xing und LinkedIn vertreten. Dabei sind es gerade diese Kanäle, über die junge Absolventen und Wechselwillige von potenziellen Arbeitgebern bevorzugt angesprochen werden könnten.

5.3 Von der Ansprache zum Bewerbungsprozess

Erfahrungsgemäß werden in den öffentlichen Apotheken selten strukturierte Personalauswahlverfahren konzipiert und eingesetzt. Anforderungsanalysen, Eignungsdiagnostik oder aufwendige Verfahren wie Assessment-Center, Arbeitsproben, Rollenspiele, psychologische Tests oder Präsentationsaufgaben gehören nicht zu Instrumenten, die in den öffentlichen Apotheken im Recruitingprozess üblicherweise zum Einsatz kommen. Inwiefern aufwendige Verfahren notwendig sind, lässt sich pauschal schwer beurteilen. Dennoch ist es wichtig, dass Bewerbungsprozesse auch in der Apotheke professionell, effektiv und fair gestaltet werden, damit das Ziel – die Neueinstellung eines Mitarbeiters – auch erreicht werden kann.

Im Folgenden werden einige relevante Aspekte aus dem Bereich Recruiting und worauf bei den einzelnen Schritten des Bewerbungsprozesses zu berücksichtigen ist, vorgestellt.

Worauf ist bei der Sichtung der Bewerbungsunterlagen zu achten?
Eine sehr wichtige Rolle im Bewerbungsprozess spielen nach wie vor die Bewerbungsmappe und das Bewerbungsgespräch. Bei der Sichtung der Bewerberunterlagen sind allerdings bereits Urteilsverzerrungen möglich. Der *Attraktivitätseffekt* ist besonders gut als Urteilsverzerrung belegt: Personen, die gut aussehen, werden im Hinblick auf ihre Kompetenzen besser bewertet als unattraktive und es besteht die Gefahr, geeignete und kompetente Kandidaten zu übersehen. Das Foto muss zwar den Bewerbungsunterlagen nicht zwingend beigefügt werden, doch die meisten Bewerber fügen dennoch ein Bild bei, da sie davon ausgehen, dass der Arbeitgeber das Fehlen eines Bewerbungsfotos negativ bewerten wird. Ähnliche Urteilsverzerrungen sind möglich, wenn beispielsweise im Namen des Bewerbers seine ethnische Herkunft zu erkennen ist. Das Anschreiben ist der persönliche Teil der Bewerbungsunterlagen, aus dem bereits ein erster Einblick über den Bewerber gewonnen werden kann. Eine Überbewertung des Anschreibens sollte vermieden werden, denn nicht selten werden Bewerbungsanschreiben nicht vom Bewerber selbst formuliert und sowohl eine ausgefallene als auch eine nicht zutreffende und fehlerbehaftete Formulierung, bilden nicht zwangsläufig ein zuverlässiges Profil des Bewerbers ab.

Was sagen Lücken im Lebenslauf aus und wie bedeutsam ist die Berufserfahrung?
Lücken im Lebenslauf werden häufig negativ bewertet, denn es wird fälschlicherweise angenommen, dass Bewerber, die Unterbrechungen im Lebenslauf aufweisen, weniger gewissenhaft, zielorientiert und leistungsmotiviert sind. Selten sind in den Unterlagen Gründe für etwaige Lücken im Lebenslauf zu finden. Zudem werden häufig Bewerber mit einer langjährigen Berufs- oder Führungserfahrung bevorzugt. Dabei ist weniger die Dauer der beruflichen Erfahrung von Bedeutung, es kommt stattdessen eher auf die Vielfalt der Kenntnisse, die ein Bewerber mitbringt, an. Allein die Dauer der Berufserfahrung kann keine Basis für Urteile zu vorhandenen Kompetenzen des Bewerbers sein. Entwicklungen kommen dann zustande, wenn man neue Herausforderungen annimmt.

Problematisch kann es mitunter sein, die Höhe der Bezahlung in der Apotheke ausschließlich nach dem Kriterium »Berufserfahrung« zu bemessen: Ein Mitarbeiter, der seit 15 Jahren in derselben Apotheke arbeitet, kennt meistens nur den einen Betrieb und die spezifischen Abläufe. Demgegenüber kann ein anderer Mitarbeiter, der zwar erst seit 5 Jahren im Beruf steht, zusätzlich aber diverse Weiterbildungen und Praktika z. B. in einer Krankenhaus-Apotheke, in der Industrie und Wissenschaft aufweist, beruflich durchaus erfahrener sein als der »Langzeitmitarbeiter«.

Wie erfasst man Soft Skills?
Wird ein Apotheker, ein Arzt oder ein pharmazeutischer oder medizinischer Mitarbeiter gesucht, so wird automatisch die wichtigste Mindestvoraussetzung definiert: Ein Arzt und ein Apotheker haben eine Approbation vorzuweisen, eine medizinische oder

pharmazeutische Kraft die Berufserlaubnis. Fachkenntnisse (z. B. Berufsabschluss, Weiterbildung, Fortbildung) werden recht einfach durch Zeugnisse und Urkunden nachzuweisen sein. Die Fähigkeit, zwischenmenschliche Kommunikation und Interaktion optimal zu gestalten, ist in Berufen, bei denen der Umgang mit Kunden im Vordergrund steht, eine Schlüsselkompetenz und damit fast genauso wichtig, wie die fundierten Fachkenntnisse. Soft Skills (Kompetenzen im zwischenmenschlichen Bereich) sind im Gegensatz zu Hard Skills (Fachkompetenzen) nicht einfach aus den Bewerbungsunterlagen ersichtlich, dennoch sind sie in der Apotheke oder in einer Arztpraxis von besonderer Relevanz.

Ob jemand über soziale Kompetenzen wie Sensibilität, Kontaktfähigkeit, Kooperationsfähigkeit, Integrationsvermögen, Selbstkontrolle oder auch die Informationsbereitschaft verfügt, kann keinem Zeugnis entnommen werden, sie sollten aber bei Angehörigen der sozialen Berufe stark ausgeprägt sein. Um das Vorliegen solcher Fähigkeiten zu prüfen, sind psychologische Inventare hilfreich, die umfassende Informationen über die grundlegenden sozialen Kompetenzen liefern. Solche Inventare können z. B. von Arbeitspsychologen eingesetzt werden. Beim Erfassen der sozialen Kompetenzen orientieren sich viele Arbeitgeber häufig an ihrem Bauchgefühl und beachten dabei nicht, dass ein Bewerbungsgespräch eine Ausnahmesituation darstellt, die den Eindruck sowohl positiv als auch negativ beeinflussen kann.

Im Kontext der Personalauswahl kann das »*Denken in Kategorien*« eine weitere Fehlerquelle darstellen.

Es gibt eine Reihe von möglichen Beobachtungsfehlern und -verzerrungen, die häufig unbewusst zu einer fehlerhaften Einschätzung der Kandidaten führen können. Im Folgenden wird eine Auswahl von Urteilsfehlern vorgestellt, die im Zusammenhang mit Personalentscheidungen von Interesse sind. Es ist bereits hilfreich, die potenziellen Fehlerquellen zu kennen, um Urteile zu reflektieren und sie ggf. zu revidieren.

Logische Fehler	Implizite Persönlichkeitstheorien, wie z. B. »Brillenträger sind intelligent«, wirken sich auf die Beurteilung aus.
Gruppenabhängige Beurteilungen	Bei der Bewertung der Person orientiert man sich z. B. an der bevorzugten Altersgruppe. Diejenigen Bewerber, die nicht in das Schema passen, werden abgewertet.
Reaktivität	Bei der Bewertung der Person wird nicht berücksichtigt, dass sich Menschen unter Beobachtung anders als üblich verhalten (z. B. sozialer, freundlich, schüchtern, unsicher, zuvorkommend etc.).
Matthäus-Effekt	Wenn das (familiäre oder private) Umfeld eines Bewerbers positiv ist, wird diese Person bei der Auswahl bevorzugt (z. B. ein Sohn/eine Tochter eines Arztes bekommt bessere Chancen als ein »Arbeiterkind«, das für den Erfolg hart arbeiten muss).

Primacy-Effekt »erster Eindruck«	Zu Beginn erhaltene Informationen überwiegen bei der Urteilsbildung.
Recency-Effekt »letzter Eindruck«	Die zuletzt gewonnen Informationen überwiegen bei der Urteilsbildung. Primacy und Recency-Effekt schließen sich gegenseitig nicht aus, sie können sogar zusammen vorkommen.

Tab. 2: Beobachtungs- und Urteilsfehler

Ist die Auswertung der Zeugnisse und Urkunden aussagekräftig?

Zeugnisse haben nur dann eine gute Aussagekraft, wenn man berücksichtigt, unter welchen Bedingungen die Noten erzielt wurden. Hinzu kommt, dass die Noten der Kandidaten ihre Leistung in der Vergangenheit widerspiegeln und umso weniger Aussagekraft haben, je weiter die Ausbildung oder das Studium in der Vergangenheit liegen. Noten sind nicht generell und deutschlandweit vergleichbar und lassen keine exakten Rückschlüsse auf die Leistungsfähigkeit der Bewerber zu. Durchschnittsnoten können in einem Studienfach und zwischen den Universitäten zum Teil stark variieren. Eine reine Beurteilung nach Noten und Leistungen ist deshalb nicht empfehlenswert.

Gleichzeitig aber können Noten, und zwar nicht nur die Endnote, die beim Abschluss erzielt wurde, Hinweise auf die Leistungsmotivation des Bewerbers geben. Allerdings sollten in diesem Zusammenhang noch weitere wichtige Aspekte berücksichtigt werden: Hatte der Bewerber bereits Kinder während der Ausbildung oder des Studiums, die zu versorgen waren, oder musste ein Angehöriger von ihm gepflegt werden? Ist der Bewerber aus dem Ausland gekommen und hatte möglicherweise anfangs sprachliche Probleme? Wie sieht es mit der Länge der Ausbildung aus? Ist das Studium in der Regelstudienzeit absolviert worden, haben sich die Leistungen im Verlauf des Studiums oder der Ausbildung verbessert oder verschlechtert?

Ein Arbeitszeugnis sollte nicht Grundlage der Einstellung oder Ablehnung des Kandidaten sein. Arbeitszeugnisse müssen positiv formuliert werden und dürfen den weiteren beruflichen Weg nicht verbauen. Leider beherrschen nicht alle Arbeitgeber die hohe Kunst der Zeugnisausstellung, sodass auch hier die Frage berechtigt ist, ob eine bestimmte Formulierung mit Absicht oder durch Unkenntnis des Ausstellers gewählt wurde. Eine interessante Information, die ein Arbeitszeugnis liefert, ist jedoch die Beschreibung der Aufgabenbereiche.

Auch allgemeine Zeugnisse sind eine gute Grundlage zur Vorbereitung der Fragen für das Bewerbungsgespräch mit dem Kandidaten.

Falls der Bewerber im Anschreiben um eine vertrauliche Behandlung der Unterlagen bittet, scheidet die Option aus, sich beim früheren Arbeitgeber über den Kandidaten zu informieren. Inzwischen geben einige Bewerber aber bereits bei der schriftlichen Bewerbung Referenzen von Ausbildern, Professoren oder früheren Vorgesetzten an, sodass die Möglichkeit besteht, im Vorfeld Kontakt mit diesen Personen aufzunehmen und mehr über den Kandidaten zu erfahren. Doch auch hier gilt, dass Informationen zum Bewerber, die man von Dritten erhalten hat, lediglich deren subjektive Einschätzungen sind.

Gibt es unfaire Instrumente im Bereich Recruiting?

Der Markt ist voll mit fraglichen Methoden und Instrumenten, deren Validität, Zuverlässigkeit (Reliabilität) und Objektivität zu wünschen übriglässt. So werden Menschen Farben zugeordnet, ihre Körpersprache wird gedeutet, die Blickrichtung »diagnostiziert« oder die Stimme »entziffert«. Unwissenschaftliche und nicht evidente Auswahlverfahren wie Antlitzdiagnostik, Schädeldeutung oder eine einfache Typisierung der Kandidaten nach äußerlichen oder verhaltensmäßigen Aspekten (Beispielsweise die Zuordnung nach Farben) werden als »psychologische« und zuverlässige Methoden von Coaches und Trainern verkauft und angewendet. Ebenfalls ist die Annahme im Alltag sehr tief verwurzelt, dass die Körpersprache gültige Informationen über die Persönlichkeit liefert. Körpersprache spiegelt jedoch zum Teil gesellschaftliche Konventionen wider, sie kann gesteuert und auch erfolgreich trainiert werden. Von derartigen Typologisierungen der Bewerber sollte aus wissenschaftlicher Sicht abgeraten werden. Denn hierdurch werden Menschen in »Schubladen gesteckt«, Vorurteilen und Diskriminierungen werden die Wege gebahnt, sie zeugen nicht von Menschenkenntnis und sollten deshalb keinen ernsthaften Raum im Rahmen der Mitarbeiterauswahl beanspruchen.

Kann das Bewerbungsgespräch als Entscheidungsgrundlage dienen?

Im Bewerbungsgespräch haben die Arbeitgeber die Möglichkeit, die Bewerber persönlich kennenzulernen und den Eindruck, den sie über den Kandidaten aus den Bewerbungsunterlagen erhalten haben, zu überprüfen. Dabei soll derjenige Bewerber gefunden werden, der sich nicht nur sympathisch und nett im Gespräch verhält und die besten Referenzen vorzuweisen hat, sondern derjenige, der den von Ihnen gestellten Anforderungen am ehesten entspricht. Strukturierte Bewerbungsgespräche werden in den öffentlichen Apotheken noch relativ selten eingesetzt. Fälschlicherweise geht man nämlich davon aus, dass ein Bewerbungsgespräch die einfachste Form der Eignungsbeurteilung darstellt und dass dieses auch ohne Vorbereitung und nebenbei gut zu handhaben ist. Doch ein systematisches Herangehen macht die endgültige Personalentscheidung wesentlich besser. Das gilt insbesondere dann, wenn unter den Bewerbern mehrere gute Kandidaten zur Auswahl stehen.

Interviews weisen bei Bewerbern eine hohe Akzeptanz auf. Ein Interview dient dem potenziellen Arbeitgeber als Test der fachlichen, sozialen und persönlichen Kompetenzen des Bewerbers. Künftige Vorgesetzte sollten eine konkrete Vorstellung darüber haben, wen sie suchen, was ihnen wichtig ist und was sie von einem guten Mitarbeiter erwarten. In der Regel finden in den öffentlichen Apotheken unstrukturierte Gespräche statt, die zwar den Anschein eines »netten« und lockeren Gesprächs geben, die sich allerdings nicht gänzlich dafür eignen, um Bewerber miteinander vergleichen zu können. Um die Vorteile eines unstrukturierten und strukturierten Interviews miteinander verknüpfen zu können, werden teilstrukturierte Interviews empfohlen.

Ist positive Selbstdarstellung erwünscht oder ist es Faking?

Ein Bewerber, der sich im Vorstellungsgespräch entsprechend darstellen kann und dessen Art den anderen gefällt, bringt bereits ein wichtiges Attribut mit: Er beherrscht die gute Selbstdarstellung. Selbstdarstellung zeigt, dass der Kandidat die Anforderung der Situation erkennt und dass er seine Stärken gekonnt einsetzen kann. Insbesondere in Berufen, die Kundenumgang erfordern, ist diese Eigenschaft erwünscht. Insofern ist eine gewisse Selbstdarstellung der Bewerber zunächst nichts Negatives. Andererseits besteht die berechtigte Sorge, dass man aufgrund der Selbstdarstellung der Bewerber Fehlentscheidungen bei der Auswahl trifft. Ein guter Grund sich genau anzuschauen, wie sich der Bewerber in einer »gewöhnlichen« Arbeitssituation verhält.

Assessment-Center als eine Möglichkeit, Bewerber in der Arbeitssituation zu beobachten, ist in einer Apotheke unüblich und in diesem Rahmen nicht unbedingt notwendig. Ferner kann es schwierig sein, im Bewerbungsgespräch Rollenspiele mit Ihren Bewerbern durchzuführen, um das Verhalten in Arbeitssituationen zu simulieren. Eine gute Möglichkeit, um dennoch einen realistischen Eindruck davon zu erhalten, wie sich der Bewerber im Arbeitsalltag verhält, ist die Einladung zu einem Probe-Arbeitstag. Das Probearbeiten im Handverkauf ist zwar schwierig zu standardisieren, da die Kunden meistens mit sehr unterschiedlichen Problemen und Anliegen kommen, aber dennoch gut machbar. Statt ein fiktives Rollenspiel mit den Bewerbern durchzuführen, bei dem sich meistens beide Seiten unwohl fühlen, können »Testkunden« für den Probearbeitstag engagiert werden. Es geht weniger darum, die Fachkompetenzen abzufragen, als vielmehr darum, das Verhalten des Bewerbers, die Ausprägung seiner sozialen Kompetenzen und die Souveränität im Umgang mit Herausforderungen des Arbeitsalltags zu beobachten.

Onboarding – warum ist eine strukturierte Einarbeitung wichtig?

Die Neueinstellung endet nicht mit dem formellen Vertragsabschluss, denn sowohl der neue Mitarbeiter als auch der Arbeitgeber selbst stellen mit dem Vertragsabschluss implizite Erwartungen aneinander. Die Wahrnehmung der wechselseitigen Verpflichtungen und Versprechungen im Rahmen eines Arbeitsverhältnisses ist Gegenstand des sog. psychologischen Vertrages. Wahrgenommene Verletzungen des psychologischen Vertrages können nicht nur zu Enttäuschungen führen, sondern auch kontraproduktives Verhalten, also z. B. Absentismus, verursachen oder sogar zu einer schnellen Kündigung führen.

Für die Einarbeitung müssen notfalls zeitliche Kapazitäten im Team freigeräumt werden. Aus Zeitmangel oder aufgrund von Personalknappheit werden neue Mitarbeiter häufig direkt in alle Abläufe einbezogen, ohne zuvor hinreichend instruiert und eingearbeitet worden zu sein. Dieser Zustand ist für das gesamte Team sehr frustrierend und verursacht möglicherweise Kosten, die durch Konflikte, Fehler oder Fluktuation entstehen, durch einen strukturierten, mehrstufigen Einarbeitungsplan allerdings weitgehend verhindert werden können.

5.4 Wie gelingt ein professionelles Recruiting in der Apotheke?

Ein Einstellungsinterview ist im Sinne des Arbeitgebers gut gelaufen, wenn danach bei dem Kandidaten der Wunsch, in dem Betrieb arbeiten zu wollen, bestehen bleibt oder gar noch stärker geworden ist. Jeder Kontakt kann individuell unterschiedlich bewertet und interpretiert werden, da Bewerber unterschiedliche Voraussetzungen, Wünsche und Erwartungen haben. Ein gut gestalteter Bewerbungsprozess sollte einen positiven Eindruck bei den Bewerbern hinterlassen, unabhängig davon, ob ein Arbeitsvertrag abgeschlossen wurde oder nicht (Candidate Experience).

»Candidate Experience bezeichnet den Gesamteindruck, den ein potenzieller Bewerber im Rahmen der Prozesse des Personalmarketings, des Recruitings und darüber hinaus vom potenziellen Arbeitgeber erhält. Es geht dabei um das individuelle Erleben in einem Bewerbungs- und Auswahlprozess an allen direkten und indirekten Kontaktpunkten mit dem Unternehmen« (Verhoeven, 2016, S. 11).

Unabhängig davon, ob das Gespräch im Sinne des potenziellen Arbeitgebers gut oder schlecht gelaufen ist, sollte dem Bewerber daher wertschätzend und aufmerksam begegnet werden, auch um etwaige »Kollateralschäden« zu vermeiden. Die Bewerber könnten nämlich zum Kreis der potenziellen Kunden oder bedeutsamen Multiplikatoren gehören und eine unfaire oder unfreundliche Behandlung der Kandidaten könnte unnötigerweise das Image der Apotheke schädigen.

Arbeitspsychologen und arbeitspsychologische Berater unterstützen Betriebe bei dem gesamten Recruitingprozess, ohne in die Entscheidung einzugreifen. Werden nämlich bei der Personalauswahl falsche Entscheidungen getroffen, entstehen Kosten. Dazu zählt sowohl der gesamte finanzielle und zeitliche Aufwand, der im Zuge des Bewerbermanagements anfällt, als auch die Kosten, die der ungeeignete Mitarbeiter künftig verursachen könnte: schlecht bediente Kunden und Patienten, die möglicherweise nicht wiederkommen, erkannte und versteckte Fehler, unzufriedene Kollegen, Fehlzeiten etc. Insbesondere bei der Besetzung der Stellen mit einer hohen Verantwortung (Filialleiter, Apotheker, Arzt) lohnt sich eine professionelle arbeitspsychologische Unterstützung. Die Ausgabe und der Aufwand lohnen sich, denn eine Fehlentscheidung ist definitiv mit wesentlich höheren Kosten und unangenehmen Folgen verbunden als der Einsatz eines professionellen Beraters.

Quellen

ABDA (2020). »Beschäftigte in den Apotheken«, »Entwicklung der Apothekenzahl«. Online verfügbar unter: www.abda.de

Gensthaler, B.M (2019). Nachwuchsproblem – Mangelberuf Apotheker. In: Pharmazeutische Zeitung Jg. 2019. Online verfügbar unter: https://www.pharmazeutische-zeitung.de/mangelberuf-apotheker/

Dikta, T. (2020). »Mit einem schlüssigen Konzept gegen den Personalmangel – Wie Sie für Bewerber sichtbar werden« In: AWA – Aktueller Wirtschaftsdienst für Apotheker, 02/2020.

Knabenreich, Henner (2019): Karriere-Websites mit Wow!-Effekt. Wie Sie Karriereseiten gestalten, denen kein Bewerber widerstehen kann. 1. Auflage. Wiesbaden: Springer Fachmedien Wiesbaden GmbH; Springer Gabler.

Kanning, Uwe Peter (2017): 50 Strategien, die falschen Mitarbeiter zu finden ... und wie Sie es besser machen können. 1. Auflage. Weinheim: Beltz, J.

Dikta, T. (2018). »Den richtigen Mitarbeiter finden«. In: AWA – Aktueller Wirtschaftsdienst für Apotheker, 6,9,12/2018. Online verfügbar unter: www.tatiana-dikta.de

Dikta, T. (2017). »Neue Mitarbeiter willkommen heißen: Tipps für eine strukturierte Einarbeitung.« In: AWA -Aktueller Wirtschaftsdienst für Apotheker, 13/2019.

Verhoeven, Tim (Hg.) (2016): Candidate Experience. Ansätze für eine positiv erlebte Arbeitgebermarke im Bewerbungsprozess und darüber hinaus. 1. Aufl. 2016. Wiesbaden: Springer Gabler.

6 Recruiting und Employer Branding in Zeiten von Corona und danach: Kontaktlos neue Mitarbeiter finden und binden

Anja Lüthy & Florian Schrodt

Die COVID-19 Pandemie hat als Katalysator zur zunehmenden Digitalisierung in Personalabteilungen beigetragen. Der folgende Beitrag erläutert in der Praxis erprobte neue Methoden des digitalen Employer Branding, des Online-Recruiting und des Onboarding. Sie haben sich in Zeiten von Corona bereits bewährt und dienen als Handlungsempfehlungen für die digitale Entwicklung der Personalgewinnung. Abgerundet wird dieses Kapitel durch folgende aktuelle Praxisbeispiele:

- Die Karriereseiten der DRK Kliniken Berlin **Praxisbeispiel 1**
- Die Karriereseite der Verkehrsbetriebe Zürich mit einem Chatbot **Praxisbeispiel 2**
- Cultural Fit Tests und Online Assessments der CYQUEST GmbH **Praxisbeispiel 3**
- Personalisierte Videos im Rahmen der Bewerberkommunikation der Schweizer Helvetia Versicherung **Praxisbeispiel 4**

Mit diesem Beitrag wollen wir Unternehmen dazu ermutigen, ihr Employer Branding und ihr Recruiting umfassend zu digitalisieren. Damit werden das kontaktlose Einstellen und das Onboarding neuer Mitarbeiter reibungsloser und rascher möglich. Die Vorteile liegen auf der Hand und können durch empirische Daten und die Praxisbeispiele untermauert werden.

6.1 Vorbemerkung

Das Finden neuer Mitarbeiter, die tatsächlich auf eine zu besetzende Stelle und zu einem Unternehmen passen, wird immer komplexer und zeitintensiver. Für uns stellt sich die Situation derzeit so dar: Einerseits erhalten *große* Unternehmen, wie zum Beispiel der Ausbildungsbereich von EDEKA oder REWE, tausende von Bewerbungen. Diese müssen effizient bearbeitet werden, um tatsächlich die besten Bewerber »herauszufischen«. Hier helfen nur digitale Tools, wie Online-Self-Assessment-Tests auf Karriereseiten, Selfie-Video-Bewerbungen bzw. Voice-Bewerbungen ohne Anschreiben und Lebenslauf, Onlinetests und Chatbots auf Karriereseiten zur Reduktion der Bewerberanzahl auf die wirklich passenden Kandidat*innen. Das Ziel solcher Großunternehmen ist es also, die Anzahl von *nicht* zum Unternehmen passenden Bewerbern zu reduzieren, die Zahl der *kompatiblen* Bewerber*innen jedoch zu erhöhen.

Andererseits gibt es aber auch hochspezialisierte, eher *kleinere* Firmen, deren Bewerber-Zielgruppe sehr klein ist. Stellenbesetzungen sind deshalb sehr personal- und zeitintensiv, weil infrage kommende Menschen zunächst »mühsam« über »Active Sourcer«, zum Beispiel mithilfe von Business Netzwerken wie LinkedIn und XING, aufgespürt werden müssen. Auch diese – oftmals IT-Firmen – benötigen einen digitalen Recruiting-Prozess, um Interessierte im Sinne eines digitalen Employer Branding und Recruiting für sich zu gewinnen. Alle Bewerber*innen, also auch die am besten geeigneten, wollen einen reibungslosen digitalen Auswahlprozess durchlaufen. Auch hochspezialisierte Unternehmen müssen deshalb Online Employer Branding umsetzen und digitale Recruiting-Tools erfolgreich einsetzen.

Darüber hinaus sind auch mittelständische Unternehmen, die *KMU*, vom demografischen Wandel und dem resultierenden Fachkräftemangel betroffen, wenn sie »*normale*« Stellen besetzen wollen. Dies gelingt ihnen ebenfalls am besten, wenn sie – aufgrund ihrer exzellenten Unternehmenskultur – einen Employer Brand aufbauen und ein bekannter attraktiver Arbeitgeber in ihrer Region sind: Mit ansprechenden Onlinekarriereseiten, einem Instagram Account, einer bewerberzentrierten Onlinekommunikation und einem reibungslosen digitalen Auswahlprozess sind sie am Puls der Zeit und erhöhen die Wahrscheinlichkeit, zum KMU passenden und guten Nachwuchs zu finden.

Die in diesem Kapitel beschriebenen Maßnahmen, die je nach Unternehmensgröße und Bewerberzielgruppe notwendig sind, um neues Personal zu finden, erscheinen zunächst recht kostenintensiv. Zumal die Auswahl in der Regel nur zu *einem* geeigneten Kandidaten führen soll.

Auf lange Sicht wirkt sich die Digitalisierung des Recruiting-Prozesses aber sicherlich ressourcensparend aus. Wir sind deshalb der Überzeugung, dass ein kleines Budget für neue Stellenbesetzungen heute längst nicht mehr ausreicht. Investitionen sind notwendig, um in Unternehmen Einstellungsprozesse zu digitalisieren, damit sie auch zukünftig mit ausreichend Personal ausgestattet sind. Dazu braucht es verschiedene Stellen in Personalabteilungen, die das Employer Branding, das Personalmarketing via Social Media, das Recruiting, das Active Sourcing und das Talentmanagement umfassend abdecken.

6.2 Employer Branding und Recruiting während der Covid-19-Pandemie

Unternehmen müssen in Pandemiezeiten und sicherlich – im Zuge der zunehmenden Digitalisierung – auch danach neue Mitarbeitende soweit als möglich *kontaktlos* einstellen. Sie müssen sich von der Vorstellung verabschieden, Bewerberinnen und Bewerber aufgrund eines via E-Mail übermittelten Anschreibens nebst Lebenslauf und einem persönlichen Vorstellungsgespräch vor Ort einzustellen. Statt des persönlichen Kontaktes, der bisher im Vordergrund beim Auswahlprozess eines neuen Mitarbeiters stand, kann heute die Candidate Journey ausschließlich digital stattfinden. Es ist möglich, neue Mitarbeitende – ohne Qualitäts- und Reibungsverluste – komplett kontaktlos einzustellen, wenn sowohl das Employer Branding als auch der Recruiting-Prozess (von der Karriereseite mit den Stellenanzeigen über das Vorstellungsgespräch bis hin zu eignungsdiagnostischen Tests und dem Onboarding im Homeoffice) digital stattfinden.

Insbesondere Bewerberinnen und Bewerber der Generationen Y und Z, die mit Smartphone und mobilem Internet aufwuchsen, haben ganz andere Erwartungen an einen Bewerbungsprozess und an Arbeitsplätze als ihre Elterngeneration. Vor allem dann, wenn es um den Wunsch nach Informationen zum Unternehmen, die Bekanntmachung offener Stellen und den Ablauf des Auswahlprozesses geht. Im Zuge des demografischen Wandels – geschätzte drei Millionen offene Stellen im Jahr 2030 – und des daraus resultierenden Fachkräftemangels müssen Unternehmen die Erwartungen dieser jungen Leute – auch nach der Pandemie – kennen und mehr und mehr erfüllen, wenn sie ihren Nachwuchs – und damit ihre Zukunft – sichern wollen (vgl. Lüthy, 2021).

Unternehmen müssen jetzt lernen, wie sie

- ihr Employer Branding und den Recruiting-Prozess digital gestalten können,
- glaubwürdige Unternehmensinformationen auf den Karrierewebseiten bereitstellen,
- ihre Unternehmenskultur mit eigenen Mitarbeiterinnen und Mitarbeitern über Instagram kommunizieren,
- kreative, emotionale und ansprechende Stellenanzeigen formulieren,
- vielfältige digitale Bewerbungsmöglichkeiten, Onlinetests und Online Assessment-Center anbieten und
- ein angenehmes Remote Onboarding für neue Kolleginnen und Kollegen »in's Homeoffice hinein« gestalten können.

Sich online zu bewerben, ist zwar seit einigen Jahren bei vielen Unternehmen schon möglich, allerdings oft noch umständlich, »nervig« und wenig nutzerfreundlich. Die technologischen Voraussetzungen für Onlinebewerbungen sind bereits rudimentär vorhanden, wie zum Beispiel Onlinestellenanzeigen mit Onlinebewerbungsformularen, die ein Bewerber im besten Fall nur ausfüllen und per Mausklick absenden muss. Auch Bewerbungen via Selfie-Video oder per Whatsapp-Sprachnachricht, Vorstellungsgespräche über Zoom oder Onlinetest bzw. Assessment-Center sind schon im Einsatz. Chatbots auf Karriereseiten, die über künstliche Intelligenz (KI) gesteuert werden und fundiert erste Fragen von Bewerber*innen zur ausgeschriebenen Stelle beantworten, können problemlos zum Einsatz kommen.

All diese »kontaktlosen« Möglichkeiten des Employer Branding und des Recruiting werden aber noch viel zu selten von Unternehmen optimal angeboten bzw. miteinander verknüpft eingesetzt. Wir sehen mindestens die drei folgenden Vorteile für Bewerber*innen sowie Unternehmen:

1. Digitale Employer-Branding- und Recruiting-Maßnahmen sparen den Personalabteilungen massiv Ressourcen ein, wenn sie auf ihren Karriereseiten bereits authentische Videoclips von den im Unternehmen arbeitenden Menschen zeigen, Cultural Fit bzw. Eignungstests anbieten, ansprechende Onlinebewerbungsformulare vorhalten, Möglichkeiten bieten, sich per Videoclip oder Sprachnachricht zu bewerben und Chatbots einsetzen, die Fragen zur ausgeschriebenen Stelle beantworten.
2. Bewerber*innen müssen nicht mehr zwangsweise persönlich ins Unternehmen kommen, wenn der Bewerbungsprozess digital abläuft. Dies spart sowohl den Unternehmen als auch den Bewerber*innen Zeit und Geld. Globales Sourcing neuer Mitarbeiter*innen wird problemlos möglich.
3. Eine digitale Candidate Journey erlaubt, dass Employer Branding und Recruiting – zum Beispiel während einer Pandemie – komplett aus dem Homeoffice der Recruiter stattfinden können.

Wir sind der Meinung, dass der Nutzen eines persönlichen Kontaktes zu Bewerber*innen vor Ort, also im eigenen Unternehmen, nach wie vor überschätzt wird. Ein Umdenken – gerade für Entscheider, die größtenteils analog aufgewachsen sind – scheint sehr schwer zu sein. Unternehmen zögern deshalb immer noch zu oft, vorhandene digitale »kontaktlose« Möglichkeiten konsequent umzusetzen und wollen nach wie vor Kandidat*innen »persönlich und vor Ort« kennenlernen.

6.3 Sechs Erfolgsfaktoren für eine gelungene Candidate Journey

Die folgenden sechs Erfolgsfaktoren führen zu einem Bewerbungsprozess, der sowohl für Recruiter in Personalabteilungen als auch für Bewerber*innen als »angenehm« erlebt wird, obwohl er ohne persönlichen Kontakt stattfindet.

Erfolgsfaktor 1: Glaubwürdige Unternehmenswebseiten, Karriereseiten, Instagram und Chatbots

Interessierte Bewerber*innen möchten die verschiedenen Facetten ihrer potenziellen Arbeitgeber zunächst im virtuellen Raum so authentisch wie möglich kennenlernen. Im nächsten Schritt wollen sie sich online und am liebsten per Mausklick bewerben – ohne Anmeldung oder Registrierung, ohne Datenvolumenbeschränkungen oder sonstigen Auflagen.

Deshalb müssen Unternehmenswebseiten und Onlinekarriereseiten, die am Anfang des Bewerbungsprozesses eines jeden Stellensuchenden stehen, kreativ, transparent und ansprechend gestaltet sein. Sie müssen das Interesse wecken, sich für die ausgeschriebene Position bewerben zu wollen. Dies gelingt am besten, wenn Menschen aus dem Unternehmen – die zukünftigen Chefs und die Kolleginnen und Kollegen des Neuen – im Sinne eines digitalen Employer Branding sich selbst und ihr Arbeitsumfeld glaubwürdig und realistisch, z. B. mit kurzen Videoclips und Bildern, vorstellen.

Es muss Bewerber*innen sehr leicht gemacht werden, den potenziellen Arbeitgeber »auf den ersten Blick« möglichst intensiv virtuell kennenzulernen. Dieses Kennenlernen findet auf den Unternehmenswebseiten, den Karriereseiten **und** den einschlägigen Social-Media-Kanälen, wie Instagram und YouTube, statt.

Die Ergebnisse einer Befragung von n = 100 Studierenden im Mai 2020 an der TH Brandenburg belegen nämlich, dass über 90 % der Befragten bei ihrer Arbeitgeberrecherche die Karriere-Webseite und die Stellenanzeigen am wichtigsten finden und ihre Recherche auf Social-Media-Kanälen fortsetzen.

Noch viel zu selten erhalten Bewerber*innen auf den Web- und Karriereseiten lebensechte Einblicke ins Unternehmen, Angaben zum Gehalt, zum Arbeitsplatz, zum Kollegenteam oder zum zukünftigen Chef. Auf Negativbeispiele soll an dieser Stelle verzichtet werden.

Nahezu drei Viertel der von der TH Brandenburg befragten 100 Studierenden der Generation Y wünschen sich auf der Karriereseite Links zu Social-Media-Kanälen, um dort ihre Recherche zum potenziellen Arbeitgeber fortzuführen. Mit Abstand am wichtigsten ist den Befragten Instagram gefolgt von YouTube.

Dies ist sicherlich für Unternehmen überraschend, die noch gar nicht darauf vorbereitet sind, zusätzlich zu Informationen auf ihrer Karriereseite auch Einblicke in ihre Unternehmenskultur über Instagram und YouTube anzubieten. Auf Instagram und YouTube wollen die im Mai 2020 befragten Studierende insbesondere:

- einen glaubwürden Blick hinter die Kulissen des Unternehmens werfen, z. B. auf Teamevents, Meetings, die Kaffeeküche oder den Arbeitsalltag,
- einen guten Einblick in die Unternehmenskultur bekommen, z. B. die Werte und die Visionen über Videoclips und Bilder etc. auch emotional spüren,
- Mitarbeiter des Unternehmens, sogenannte »Corporate Influencer«, kennenlernen, die als Botschafter ihres Unternehmens von ihren Jobs und ihren Arbeitsplätzen erzählen und als Ansprechpartner zur Verfügung stehen (vgl. Lüthy, 2020),
- Fotos anschauen, auf denen potenzielle Kolleg*innen, Teams und die zukünftigen Chefs in »Real-life-Situationen« abgebildet sind.

Twitter ist übrigens nur einem Viertel der 100 befragten Studierenden wichtig. Blogs und Podcasts mit Unternehmensinformationen finden knapp 20 % der Befragten wichtig.

TikTok und Snapchat beurteilen nur rund 5% als wichtig. Dies liegt wahrscheinlich daran, dass nicht Vertreter der Generation Z, sondern ausschließlich Studierende mit einem Durchschnittalter von rund 23 Jahren der Generation Y befragt wurden (vgl. Roedenbeck Schäfer, 2017, 2020).

Um die Zielgruppe der Generation Z zu erreichen, spielen sicherlich TikTok und Snapchat eine wichtige Rolle. Ausführungen zu Employer Branding via TikTok würden den Rahmen dieses Kapitels jedoch sprengen. Deshalb empfehlen wir allen Leserinnen und Lesern, sich unter folgender Webadresse das kostenlose Whitepaper der Jobufo GmbH mit dem Titel: »TikTok – Tipps zur Nutzung in Personalmarketing & HR«.

Um rund um die Uhr Bewerberfragen beantworten zu können, möchte fast jeder Zweite der 100 befragten Studierenden mit einem Chatbot kommunizieren. Deshalb sollten Chatbots zukünftig auf Karriereseiten eine feste Ergänzung zu Stellenanzeigen sein (vgl. das Praxisbeispiel Nummer 2 weiter unten in diesem Kapitel: Die Karriereseite der Verkehrsbetriebe Zürich mit einem Chatbot).

Erfolgsfaktor 2: Kreative Stellenanzeigen, die Lust auf die offene Stelle erzeugen
Stellenanzeigen befinden sich heute noch oft sehr versteckt auf den Unternehmenswebseiten. Wir empfehlen, in der Hauptnavigationszeile eines jeden Unternehmens, das offene Stellen anbietet, den Menüpunkt »Jobs & Karriere« aufzuführen, damit ausgeschriebene Stellen tatsächlich gefunden werden. Formulierungen wie »... auf Sie wartet ein interessanter Job mit vielfältigen Aufgaben und einem netten Kollegenteam ...« reichen längst nicht mehr aus, um das Interesse für eine zu besetzende Stelle zu wecken. Im Gegenteil: Jobsuchende sollten sich heute auf den ersten Blick in die Karrierewebseite bzw. die Stellenanzeige verlieben, um sich sofort bewerben zu wollen (vgl. Schrodt, 2020).

Wir schließen uns Knabenreich (2019) an, der auch in einem Interview folgende Erfolgsrezepte für gelungene Stelleanzeigen nennt.

- Stellenanzeigen müssen Stellensuchende ansprechen und emotional abholen.
- Besonders wichtig ist der Einstiegstext. Henner Knabenreich sagt in einem Interview: »*Ist dieser nicht catchy formuliert, lesen Bewerber im Zweifel nicht weiter. Was gehört also ins Intro? Ein guter Einstiegstext orientiert sich an den Bedürfnissen und Gefühlen der Zielgruppe. Spannende Aspekte des Aufgabenfeldes sollten bereits im Einstieg erwähnt werden. Besonderheiten der Stelle sollten Firmen herausstellen. Auch die Werte des Unternehmens können im Intro-Text stehen.*«
- Eine Stellenanzeige sollte wie folgt aufgebaut sein: Aufgaben, Anforderungsprofil, Benefits und eine freundliche Bewerbungsaufforderung.
- Unternehmen sollten berücksichtigen, welchen Bewerbertyp sie mit der Anzeige ansprechen wollen. Einen Wirtschaftswissenschaftler spricht ein Unternehmen beispielsweise mit anderen Formulierungen und Stellenbeschreibungen an als

einen Produktionsmitarbeiter. Für einen Arbeiter ist es interessant, zu wissen, was er vom Job hat. Wie setzt sich das Team zusammen, was verdient er und wie sicher ist der zu besetzende Arbeitsplatz?

- Im Idealfall geht man vor der Formulierung der Stellenanzeige in die Teams, in denen Unternehmen Mitarbeiter*innen suchen. Man spricht mit den Leuten, die die Stelle innehaben, und fragt sie, was ihre Aufgaben sind, was die Arbeit so spannend, so reizvoll macht, aber auch, was nicht so angenehm ist, wie z. B. regelmäßiges arbeiten in der Nacht.
- Danach filtert man heraus, was jemand zwingend mitbringen muss, um die Stelle besetzen zu können. Es geht nicht um das »Nice-to-have«, sondern um notwendige Eigenschaften für den Job. Die Kernaufgaben müssen möglichst realistisch beschrieben werden.
- In einer Stellenanzeige muss stehen, was die Stelle reizvollvoll macht, was der Stelleninhaber bewegen kann und wie sich das Team zusammensetzt. Aber auch Aspekte, die nicht so »toll« sind, wie zum Beispiel Schichtarbeit, Lärm oder Hitze am Arbeitsplatz sollten nicht verschwiegen werden. Es ist nicht sinnvoll, das Interesse eines Bewerbers zu wecken, eine Erwartungshaltung zu erzeugen, die am Ende nicht der Realität entspricht.

Hinsichtlich der Länge sagt Knabenreich: »Es heißt ja, dass eine zu lange Anzeige keiner liest. Ich sehe das anders. Wenn sich ein Bewerber für eine Stelle interessiert, freut er sich doch über jede Information, die er bekommt. Infos zu Aufgaben, Anforderungen, der Unternehmenskultur und vielleicht sogar zum Bewerbungsprozess sind wichtig. Es muss Spaß machen, die Anzeige zu lesen und es kommt auf relevante Inhalte an. Inhalte, die sich an den Bedürfnissen der Zielgruppe orientieren – nicht an der Länge des Textes. Natürlich gibt es Ausnahmen, aber grundsätzlich hängt auch hierbei alles von der Zielgruppe ab.« (vgl. https://www.growsmarter.de/gibt-es-das-erfolgsrezept-fuer-stellenanzeigen, abgerufen am 15.3.2021).

Neben jeder kreativ formulierten Stellenanzeige sollten Stelleninhaber*innen in kurzen Videosequenzen von sich und ihrer Tätigkeit berichten und als Ansprechpartner im Vorfeld der Bewerbung zur Verfügung stehen (vgl. auch das Praxisbeispiel Nummer 1 weiter unten, die Karriereseiten der DRK Kliniken Berlin).

Erfolgsfaktor 3: Niedrige Hürden für Bewerber*innen, um sich ganz leicht und problemlos online zu bewerben.

Es ist nicht mehr zeitgemäß, ein Anschreiben und einen separaten Lebenslauf in Form von PDF-Dateien von Bewerber*innen einzufordern. Die digitale Transformation im Recruiting kann im ersten Schritt über einen Button, der neben der Stellenanzeige zu einem digitalen Online Bewerbungsformular führt, umgesetzt werden.

Onlineformulare sollten einfach gestaltet sein, angelehnt an Amazon Bestellformulare. Neben den Onlineformularen müssen Bewerbern weitere Möglichkeiten angeboten werden, um sich unkompliziert zu bewerben, bzw. ein erstes Signal im Sinne von »Ich habe Interesse an der ausgeschriebenen Position« abzusenden:

- ein persönlicher Ansprechpartner, der über Telefon oder WhatsApp erreichbar ist,
- die Möglichkeit, ein Selfie-Video für eine persönliche »Live«-Vorstellung einzureichen,
- die Möglichkeit, sich über eine Sprachnachricht zu bewerben,
- die Möglichkeit, eine E-Mail zu senden,
- die Möglichkeit, sich über eine sogenannte »One-Click-Bewerbung« mit dem eigenen LinkedIn oder XING Profil zu bewerben.

Erfolgsfaktor 4: Ein solides Bewerbermanagementsystem, zeitnahe Einladungen zu Onlinetests und Video-Vorstellungsgesprächen

Spätestens nach sieben Tagen wollen gerade jüngere Bewerber*innen erfahren, ob sie für eine zu besetzende Stelle überhaupt infrage kommen, bzw. ob sie zu einem Interview eingeladen werden. Sie erwarten eine transparente Aufklärung über den Einstellungsprozess und eine rasche Versendung der Links zu Onlinetests, sofern diese vor dem Vorstellungsgespräch stattfinden.

Um rasch die digitalen Bewerbungsunterlagen zu analysieren bzw. zu »screenen«, damit passende Kandidat*innen zeitnah zu Interviews eingeladen werden, brauchen Personalabteilungen gute Bewerbermanagementsysteme. Diese müssen alle digitalen Formate (z.B. Selfie-Videoclips, Sprachnachrichten oder Business-Netzwerk-Profile) sofort in digitale Personalakten einpflegen, damit alle am Auswahlprozess beteiligten Personen sie jederzeit – im Idealfall über eine Bewerbermanagementsystem-App – komplett (auch mobil) abrufen können.

Wenn es nicht möglich ist, digitale Formate wie Selfie-Videoclips oder Business-Netzwerk- Profile in digitalen Personalakten einzupflegen, ergeben sich Schnittstellenprobleme, die Recruiter alleine nicht lösen können, weshalb sie dann letztlich an traditionellen Formaten festhalten.

Da aus den LinkedIn und XING Accounts der Bewerber*innen sämtliche Informationen ihres beruflichen Werdegangs sowie ihre Kompetenzen hervorgehen, vereinfachen sie auch den Auswahlprozess, da Analysen von Anschreiben und Lebensläufen überflüssig werden.

In rund 80% der von der TH Brandenburg im Mai befragten 151 Unternehmen ist zwar ein digitales Bewerbermanagementsystem vorhanden, aber rund 90% dieser Bewerbermanagementsysteme können Formate wie »Video- und Voice-Bewerbungen« sowie »One-Click-Bewerbungen« über LinkedIn/XING gar nicht integrieren.

Gerade Unternehmen, die sehr viele Bewerbungen in vielfältigen digitalen Formaten erhalten, sollten bald über digitale Personalmanagementsysteme verfügen, die eine Integration und Bearbeitung aller digitalen Bewerberdaten ermöglichen. Ziel sollte sein, den Auswahlprozess zu beschleunigen und sämtliche Bewerberdaten jederzeit für die am Einstellungsprozess beteiligten Personen zur Verfügung zu stellen.

Vorstellungsgespräche als Video Meetings müssen – zumindest in Pandemiezeiten – standardmäßig im HR-Portfolio integriert werden. Bisher ersetzen sie Präsenzinterviews mit Kandidat*innen.

Wenn der persönliche Kontakt vor Ort nicht möglich ist, kann auch die Eignungsdiagnostik problemlos kontaktlos stattfinden. Sie kann im Bewerbungsprozess auf der Karriereseite beginnen, mit dem sogenannten Self-Assessment. Darunter versteht man das Selbsttesten im Sinne eines »Realistic-Job-Preview-Verfahrens« zur Steigerung der Selbstauswahlfähigkeit potenzieller Bewerberinnen und Bewerber. Solche – auch »Cultural-Fit-Eignungstests« genannten – Verfahren bieten interessierten Bewerber*innen die Möglichkeit, selbst anhand eines Tests herauszufinden, ob sie überhaupt zur Kultur und den Werten des Unternehmens passen, bzw. ob sie sich grundsätzlich überhaupt dazu eignen, in dem Unternehmen tätig zu werden.

In diesem Zusammenhang berichtet Maximilian Mendius, Leitung Talent Scouting, Personalauswahl und Compliancethemen bei der BMW Group, in einem Interview mit dem Bundesverband Employer Branding, Personalmarketing und Recruiting e. V., dass Kandidatinnen und Kandidaten, die sich initiativ bewerben, seit kurzem über ein »Initiativtool« eine sogenannte Überprüfung ihre »Kulturpassung« online vornehmen können. BMW möchte damit Bewerber*innen die Möglichkeit geben, für sich selbst herauszufinden, ob eigene »Handlungstendenzen« mit den BMW-Firmenwerten übereinstimmen. Es gehe darum, die Selbstreflektion der sich initiativ Bewerbenden anzuregen und nicht nur einseitig (BMW-seitig) auszuwählen. Dazu nutzt BMW sogenannte »Situational-Judgement-Tests«. Sie funktionieren in etwa so: »Stell dir bitte vor, du kommst in folgende Situation ... Wie würdest du handeln?« Im Anschluss sollen die Testabsolventen aus mehreren Alternativen auswählen, wie sie selbst vorgehen würden. Der Bewerber bekommt sofort ein Feedback, wie Mitarbeiter*innen im Sinne der Werte bei BMW vorgegangen wären. Das neue Tool helfe, innerhalb kürzester Zeit sowohl die Leistung von Bewerber*innen einzuschätzen als auch deren Passung zu den BMW-Kompetenzbedarfen zu prüfen.

So sei BMW in der Lage, schnelles Feedback zu geben und rascher zu entscheiden, wer in die engere Auswahl komme. Kandidat*innnen mit **nicht** (auf aktuell ausgeschriebene Stellen) passenden Profilen könnten schneller Absagen zugestellt werden. Bewerber*innen erhalten ebenfalls eine schnelle Rückmeldung und BMW hat in Bezug auf den Datenschutz keine zweckfrei verwahrten personenbezogenen Daten.

Alle erhalten ihren eigenen Testreport mit einem ausführlichen Feedback, möglichen Einsatzfeldern und einer Detailerklärung der eigenen Leistung in den kognitiven Testskalen. Eine ausführliche Leistungstestung ist oftmals mit hohen Kosten verbunden, sodass hier alle Bewerberinnen und Bewerber etwas für sich mitnehmen können, ohne dafür irgendeine Verpflichtung einzugehen. Durch die Möglichkeit, nach der Reporterstellung die Initiativbewerbung nicht einzureichen, habe BMW die Möglichkeit zum angstfreien Selbst-Assessment geschaffen (vgl. https://www.queb.org/blog/bmw-initiativbewerbung/, abgerufen am 10.3.2021).

Wir sind der Meinung, dass es im Rahmen von kontaktlosen Bewerbungsprozessen immer üblicher werden wird, Bewerbern Links zu Self-Assessment-Tests oder Online-Assessment-Centern zu senden, die problemlos online absolviert werden können. KI-unterstütze Tools zur unmittelbaren Auswertung der Tests beschleunigen die Eignungsdiagnostik bei Auswahlverfahren immens (vgl. auch das Praxisbeispiel Nummer 3 weiter unten in diesem Kapitel: Cultural Fit Tests und Online Assessments der Firma CYQUEST GmbH).

Erfolgsfaktor 5: Zusagen oder Absagen als Employer-Maßnahmen verstehen
In Zeiten, in denen Bewerber*innen bei kununu anonym den Bewerbungsprozess bewerten und frei beschreiben können, wie sie ihn empfunden haben, ist eine wertschätzende Kommunikation sehr wichtig für die Optimierung des Employer Branding. Dies ist natürlich insbesondere der Fall, wenn Absagen verschickt werden. Sie müssen den richtigen Ton treffen, damit Bewerber*innen das Unternehmen in guter Erinnerung behalten und sich möglicherweise auch via Social Media (als Botschafter) oder auf Arbeitgeberbewertungsportalen positiv äußern.

Die Art und Weise, wie Absagen formuliert und wann sie verschickt werden, spiegeln den Kommunikationsstil und somit einen Teil der Unternehmenskultur eines Unternehmens wider. Deshalb sind folgende drei Tipps sicherlich hilfreich, wenn es darum geht, Bewerber*innen freundlich mitzuteilen, dass die Wahl nicht auf sie gefallen ist:

- Absagen sollten sofort verschickt werden, wenn feststeht, dass der Bewerber nicht infrage kommt. Zeitnahes Reagieren des Unternehmens sollte selbstverständlich sein, weil man Bewerbende nicht unnötig warten lässt.
- Absagen sollten nicht standardisiert formuliert sein und keine Floskeln enthalten. Mit individuell formulierten Absagen erfahren Bewerberinnen und Bewerber Wertschätzung.
- Absagen sollten mindestens einen Grund der Entscheidung des Unternehmens kurz nennen. Jeder Bewerber möchte wissen, warum er nicht für die offene Stelle infrage kam. In der Regel sind es bestimmte Anforderungen/Qualifikationen, die nicht erfüllt worden sind, was dem Bewerber transparent mitgeteilt werden kann.

Dass Zusagen für eine Stelle sogar über personalisierte Videos erfolgen können, belegte im Jahr 2020 die HELVETIA Versicherung (vgl. Praxisbeispiel 4, weiter unten in diesem Kapitel: Personalisierte Videos im Rahmen der Bewerberkommunikation, Helvetia Versicherung, Schweiz).

Erfolgsfaktor 6: Abwechslungsreiches und kreatives Onboarding trotz Homeoffice
Auch ein gutes Onboarding gehört zu einem starken Employer Branding dazu. Wenn Kandidat*innen nach kurzer Zeit im Job wieder abspringen, weil sie feststellen, dass alles anders ist als erwartet, fängt die Suche nach einem neuen Mitarbeiter von vorne an und das kostet Zeit und Geld. Falsches Onboarding führt – insbesondere bei den wechselbereiten Vertretern der Generationen Y und Z – zu hohen »Drop.out«-Raten. Denn während der ersten sechs Monate ist die Kündigung ja recht kurzfristig und jederzeit möglich.

Onboarding kann mittlerweile auch sehr gut online aus dem Homeoffice heraus stattfinden. Bisher ist es allerdings noch ziemlich ungewöhnlich, Bewerbern während des Einstellungsprozesses mitzuteilen, wie der vielfältige Onboarding-Kommunikationsmix in »Homeoffice-Zeiten« aussieht:

- Es gibt einen festen Ansprechpartner als »Paten«, der gewährleistet, dass der Neue »rund um die Uhr« – wenn auch auf digitalem Wege – Fragen stellen kann.
- Es werden regelmäßig persönliche Telefonate geführt, sowohl mit dem Team als auch mit den Vorgesetzten.
- Es gibt regelmäßige persönliche Videokonferenzen, an denen die jeweiligen Kolleg*innen teilnehmen.
- Die neuen Mitarbeitenden werden in die entsprechenden WhatsApp-Gruppen, in den E-Mail-Verteiler und in die sonstigen Channel-basierte Kommunikationsplattformen, wie z. B. Slack, aufgenommen.
- Die Neuen nehmen an digitalen Afterwork und virtuellen Team Events teil.
- Neue Mitarbeiter führen regelmäßige Gespräche mit ihren Vorgesetzten, im Sinne einer guten Remote-Führung.
- Es wird eine Mitarbeiterkommunikations-App als Plattform für die umfassende interne Kommunikation genutzt, wie z. B. die von Beekeeper.

Wie können Arbeitgeber es anstellen, die Neuen im Unternehmen »freundlich und empathisch« zu begrüßen, wenn alle Mitarbeiter im Homeoffice sitzen, es keine Willkommensveranstaltungen geben kann und darf und der/die Neue die Kolleg*innen nur via Videoschalte oder per Telefon treffen kann?

Wir sind der Meinung, dass eine einwandfreie Integration neuer Kolleg*innen auch kontaktlos gut gelingen kann. Wir sind davon überzeugt, dass neue Kolleg*innen eine hohe Wertschätzung dem Unternehmen gegenüber entwickeln, wenn sie spüren, dass ihnen das Unternehmen auch in Krisenzeiten eine strukturierte digitale Einarbeitung, ein persönliches Kennenlernen des Teams und beste Arbeitsmöglichkeiten zu Hause (zum Beispiel ein neues Notebook für den Homeoffice-Gebrauch als Willkommensgeschenk) bietet.

»Onboarding« bedeutet, neue Mitarbeiter »an Board« des Unternehmens zu holen und sie persönlich, emotional und sozial zu empfangen sowie herzlich willkommen zu heißen. Sowohl in der analogen als auch in der digitalen Welt wollen neue Mitarbeiter eine Willkommenskultur spüren, also auch dann, wenn sie allein im Homeoffice sitzen. Der Onboardingprozess beinhaltet – analog und digital – insbesondere die fachliche Einarbeitung der Neuen. Darunter fallen auch die Einweisung in den Umgang mit Geräten, der Ablauf von Prozessen sowie betriebliche Gepflogenheiten, wie z. B. die Pausenregelung oder die Handhabung von Krankmeldungen. Hierzu ist eine kontinuierliche Kommunikation auf den oben genannten Kanälen notwendig, da das Ziel eines guten Onboarding-Programms grundsätzlich ist, neue Mitarbeiter mühelos und auf angenehme Weise in ihr Team zu integrieren und ihnen den Arbeitsplatz und die Arbeitswelt Schritt für Schritt nahezubringen – und das in einem zeitlich vorgegebenen Rahmen (meistens einige Wochen bis einige Monate).

Es zahlte sich im März 2020 zu Beginn der Covid19 Pandemie aus, dass technologisch versierte Unternehmen »nur noch« ihre Onboarding-Konzepte aus der Schublade holen und überlegen mussten, wie sie am besten die einzelnen Schritte der Einarbeitung in ihre bestehende virtuelle Arbeitswelt überführen sollten.

Auch in der virtuellen Welt muss eine kreative Abwechslung dafür sorgen, dass Neue rasch »an Board« geholt werden: Hochfrequente persönliche Meetings mit den Teamkollegen und Kolleginnen in Video-Konferenzen, Webinare mit Filmclips zu Prozessabläufen, Chatrooms bei Slack, WhatsApp-Gruppen und die interne Mitarbeiter-App bieten sich an.

Letztlich müssen in den ersten Tagen und Wochen all diejenigen Informationen über das Unternehmen digital kommuniziert werden, die für ein gelungenes Ankommen und einen erfolgreichen Start im Unternehmen benötigt werden. Pandemiezeiten zwingen Unternehmen dazu, die Einführungstage neuer Mitarbeiter digital anzupassen. Die Inhalte des Onboarding sind zwar gleich geblieben, aber es erfolgt eben alles online.

Praxisbeispiel 1: Die Karriereseiten der DRK Kliniken Berlin

Die DRK Kliniken Berlin haben zum 1.1.2020 die Stelle »Leiterin Strategisches Recruitment« geschaffen. Maja Schäfer entwickelte in Zusammenarbeit mit einer Agentur innerhalb von wenigen Monaten sehr ansprechende Karriereseiten. Wir empfehlen jeder Leserin und jedem Leser diese Karriereseiten zu besuchen, um sich selbst einen Eindruck zu verschaffen.

Auf der Startseite heißt es beispielsweise: »Eine große Pizza für alle am Ende der Schicht bestellen. Für ein Team Selfie vor unseren nagelneu beklebten LKW posieren. Gemeinsam ein Musikvideoprojekt in der Kreativwerkstatt auf die Beine stellen: Unsere Mitarbeitenden halten zusammen. Auf der Arbeit und danach. In den Videointerviews kannst Du Deine neuen KollegInnen kennenlernen.« (vgl. https://karriere.drk-kliniken-berlin.de/, abgerufen am 10.3.2021)

Aus diesen Sätzen lässt sich die neue Employer Brand »Wir bedeuten einander etwas« leicht herleiten. In ihrem Blog »Recruiting2 go« berichtet Maja Schäfer sehr ausführlich, wie die DRK-Karriereseiten trotz Pandemie in einer unglaublich kurzen Zeit online gingen. Der Kickoff war im März 2020, das GoLive im Juli 2020 und die Meilensteine lassen sich wie folgt zusammenfassen:

- Zusätzlich zur Schaffung der neuen Employer Brand »Wir bedeuten einander etwas« wurden innerhalb von vier Monaten sehr viele »handgemachte«, authentische Mitarbeitervideos gedreht und ein Karriereblog von hoher Qualität ins Leben gerufen.
- Der Bereich Bewerbungsprozess wurde ausgebaut und mit vielfältigen modernen Bewerbungsmöglichkeiten per WhatsApp – 517 Bewerberkontakte in 9 Monaten – als Schnellbewerbung und der Möglichkeit der »Voice Bewerbung« ergänzt.
- Das Karriereportal wurde im zweiten Halbjahr 2020 ständig weiterentwickelt und um einem ChatBot/digitalen Assistenten für Recruiting und Onboarding erweitert.
- Neben zahlreichen Videoclips sind die Gehälter für sämtliche zu besetzenden Stellen angegeben.
- Unter dem Motto: »Recruiting is everybody's job« soll zukünftig jeder Mitarbeitende mithelfen, passende Kolleg*innen für freie Stellen in den Teams zu finden. Es werden ab Mai 2021 interne Fortbildungen angeboten, um Arbeitgeberbotschafter*innen auszubilden. In diesen Fortbildungen lernen die BotschafterInnen, Stellenanzeigen in den sozialen Netzwerken zu teilen, Arbeitgeberbewertungen in Arbeitgeberbewertungsportalen zu schreiben, beim internen »Mitarbeiter werben Mitarbeiter«-Programm mitzumachen, sich für Personalmarketing Fotos und Videos zur Verfügung stellen und vieles mehr (vgl. https://karriere.drk-kliniken-berlin.de/werde-arbeitgeberbotschafterin-fortbildung-fuer-mitarbeitende/, abgerufen am 14.3.2021).

Die konkreten Erfolgskennzahlen sind beachtlich: Die »Cost per Hire« sanken rasch um 31 %, die Kosten für die Schaltung von Stellenanzeigen halbierten sich, die Bewerberzahlen stiegen um 116 %, von 3.248 auf 7.035 im November 2020. Die Pageviews auf der Karriereseite haben sich verdreifacht.

Maja Schäfer bezeichnet die neue Karrierewebsite als die wichtigste Maßnahme im Rahmen der Neuausrichtung des Recruitment der DRK Kliniken Berlin. Das Karriereportal gewann im November 2020 den Human Resources Excellence Award.

Dieser Preis wird einmal im Jahr von der Zeitschrift »Human Resource Manager« der Quadriga Media Berlin GmbH vergeben. Das Karriereportal-Projekt setzte sich sogar gegen Kampagnen der Deutschen Telekom und des Schweizer Softwareunternehmens Avaloq durch (vgl. https://recruiting2go.de/drk-kliniken-berlin/steigerung-der-bewerberzahlen-jetzt-sogar-um-116-prozent-und-ein-hr-excellence-award-fuer-die-drk-kliniken-berlin/#more-5425, abgerufen am 10.3.2021).

Praxisbeispiel 2: Die Karriereseite der Verkehrsbetriebe Zürich mit einem Chatbot

Die Verkehrsbetriebe Zürich (VBZ) starteten im September 2019 mit einer neuen Karriereseite (vgl. https://www.vbz.jobs/, abgerufen am 10.3.2021), die das Storytelling ins Zentrum aller Aktivitäten stellt. Die Zugriffe auf die Karriereseite haben sich seitdem bis heute mehr als verdreifacht: von 16.000 im September 2019 auf 50.000 im November 2020. Die Karriereseite wurde mehrfach ausgezeichnet – unter anderem mit dem Swiss HR Award sowie dem German Design Award. Über sogenanntes »Storytelling« werden auf der Karriereseite parallel zu den Stellenanzeigen komplexe Berufsbilder, wie z. B. das des Trampiloten (in Deutschland »Straßenbahnführer« genannt), mit einer Mischung aus Fakten und Emotionen verständlich und humorvoll u. a. über Videoclips kommuniziert.

Um Kandidat*innen rund um die Uhr relevante Informationen zu liefern, die im Rahmen einer Bewerbung als Trampilot notwendig sind, wurde ein Chatbot implementiert. Dieser kann jederzeit Fragen der Bewerber*innen beantworten, sofern sie sich auf den Arbeitsplatz des VBZ-Trampiloten beziehen. Ziel war es, mithilfe des Chatbot die Rekrutierungsquote von 5 % (75 Einstellungen bei 1500 Bewerbungen) zu erhöhen.

Nach einem Jahr Chatbot-Einsatz zieht Florian Schrodt, Leiter Personalmarketing der VBZ, folgende Bilanz:

- Die Möglichkeit, sich aufgrund der Antworten des Chatbot für oder gegen einen Einstieg als Trampilot zu entscheiden, hat dazu geführt, dass die Bewerberanzahl zwar um 20 % *gesunken*, die Einstellungsquote *jedoch um 30 % gestiegen* ist.
- Außerdem schneiden die Bewerber seit Einführung des Chatbot beim kognitiven Einstellungstest um 20 % besser ab. Aufgrund der passgenaueren Bewerber*innen erhöhte sich die Quote derjenigen, die den Test bestehen, von 70 % auf 90 %.
- Der VBZ-Chatbot lieferte mittlerweile Daten von fast 5.000 aktiven Chatbot-Usern, die allerdings bis heute noch nicht publiziert worden sind. Spannend sind die Einblicke, die der Chatbot zu den Informationsbedürfnissen der Bewerber*innen liefert. Die beiden inhaltlichen Themengebiete, zu denen potenzielle Bewerber die meisten Fragen stellen, stammen aus den Berei-

chen »Höhe des Gehaltes« und »Ablauf des Bewerbungsprozesses«. Darüber hinaus werden Informationen zur Altersgrenze, zur verlangten Qualifikation, zu den Arbeitszeiten, zur Schichtarbeit und zum tariflichen Urlaub abgefragt.

- Die Automatisierung mittels Chatbot sparte dem Recruiting-Team binnen der ersten sechs Monate insgesamt 170 Arbeitsstunden ein. Insgesamt konnten fast 80 % aller Fragen automatisiert beantwortet werden. Außerdem bekommen Recruiter über den Chatbot die für Bewerber*innen relevanten Fragen und können sofort in Echtzeit die Antworten anpassen.

Dieses Praxisbeispiel belegt, dass Chatbots, die Fragen zum Unternehmen und zur ausgeschriebenen Stelle beantworten, sowohl für Bewerber*innen als auch für Unternehmen attraktiv sind. Sie stellen eine sinnvolle ergänzende Serviceleistung auf Karriereseiten dar, erhöhen die Recruiting-Effizienz und verringern den Arbeitsaufwand von Recruiter*innen.

Praxisbeispiel 3: Cultural Fit Tests und Online Assessments der Cyquest GmbH

Wie können Bewerber*innen schon frühzeitig überprüfen, ob sie überhaupt zum Unternehmen passen und für die ausgeschriebene Stelle geeignet sind? Wie ist es möglich, die Eignung für einen Job in Zeiten zu überprüfen, in denen Tests besser kontaktlos anstatt vor Ort stattfinden sollten?

Joachim Diercks, Gründer und Geschäftsführer der Cyquest GmbH, beantwortete uns diese Fragen in einem Interview Ende November 2020.

*»Antworten auf diese beiden Fragen zu finden, war für die Deutsche Post DHL Group im Jahr 2020 – gerade vor der Weihnachtssaison – eine große Herausforderung. Generell sind mehr als 100.000 Bewerbungen jährlich zu bearbeiten, aus denen eine fünfstellige Anzahl an Neueinstellungen resultiert. Ein schneller Auswahlprozess und ein hoher Employee-Employer-Fit sind deshalb sehr wichtig. Der von uns konzipierte JobCheck ist eine Kombination aus spielerischem Test plus Videos aus dem Job-Alltag von Paketzusteller*innen und kann innerhalb von wenigen Minuten (völlig freiwillig) online absolviert werden. Sobald ein(e) Bewerber*in die Bewerbung auf der Karriereseite abgeschlossen hat, erhält sie/er direkt auf der Seite und zusätzlich per E-Mail einen Zugangslink zum JobCheck. Dieser besteht aus zwei Teilen. Der erste Teil ist ein fünfminütiger spielerischer Test. Die Bewerber/innen bekommen in schnellem Wechsel eine große Menge an Adressetiketten vorgesetzt, die sie dahingehend vergleichen müssen, ob sie gleich oder unterschiedlich sind. Der zweite Teil des Tests besteht aus zwei Jobvideos, die in animierter Form einen realistischen Einblick in den Berufsalltag von Paket-, Brief- und Verbundzustellern geben.*

Der JobCheck testet nicht nur die Eignung von Bewerber/innen, sondern vermittelt parallel einen realistischen (digitalen) Einblick in den Job-Alltag. Das Testverfahren ist mobil-optimiert und deshalb von allen Endgerätetypen gleichgut nutzbar.«

Der JobCheck wurde im November 2020 für den HR Excellence Award sowie den PMI Award nominiert und kam auf die Shortlist.

Praxisbeispiel 4: Personalisierte Videos im Rahmen der Bewerberkommunikation, Helvetia Versicherung, Schweiz

Die Schweizer Helvetia Versicherung musste coronabedingt Anfang 2020 ihre geplanten Employer-Branding-Aktivitäten neu entwickeln, da u. a. Messe-Auftritte und persönliche Vorstellungsgespräche nicht mehr stattfanden. Martin Maas, Leiter Employer Branding und Nachwuchsprogramme bei Helvetia, ist mit einem personalisierten Videokonzept einen neuen Weg gegangen.

Ziel war es, dass das Bewerben um eine neue Stelle Spaß machen und der digitale Recruiting-Prozess so gestaltet werden soll, dass er für Kandidatinnen und Kandidaten zu einem angenehmen Erlebnis wird.

Seit Mitte 2020 werden kurze, humorvolle und personalisierte Videos im Recruiting eingesetzt. »Keiner erwartet von einer Versicherung ein personalisiertes Video mit launigen Dialogen, wenn er oder sie sich bewirbt«, erzählt Martin Maas.

Jeder Bewerber und jede Bewerberin erhält im Verlauf des Recruiting Prozesses drei zweiminütige Videoclips, in denen zwei künftige Kollegen der Helvetia Versicherung den Neuen/die Neue in humorvoller Art durch das Unternehmen führen und die Bewerberinnen dabei persönlich mit Vor- und Zunamen ansprechen. Den ersten Videoclip erhalten Bewerber*innen als Eingangsbestätigung der Bewerbung, die über ein Onlineformular von der Karriereseite aus abgeschickt wird. Humorvoll und mit einem Augenzwinkern wird darin eine kurze Story erzählt, wie sich das Unternehmen auf die neue Mitarbeiterin oder den neuen Mitarbeiter freut. »Wir melden uns so schnell wie möglich bei dir«, lautet die persönliche Botschaft am Ende.

Das zweite Video enthält die Einladung zum Vorstellungsgespräch, wobei wieder dieselben beiden »echten« Kollegen aus dem ersten Videoclip moderieren. Falls der Bewerber eingestellt wird, bekommt er einen dritten Filmclip, in dem ihm die Zusage sehr euphorisch kommuniziert wird. Falls der Bewerber aber die Stelle nicht bekommt, erhält auch er einen dritten Filmclip, allerdings nicht als personalisiertes Video. Darin wird ihm die Absage mitgeteilt, die sehr wertschätzend und freundlich von den aus den ersten beiden Videoclips bekannten Helvetia-Kollegen überbracht wird.

In einem persönlichen Interview sagt Martin Maas:

»Durch Zufall hatte ich das Thema »Personalisierte Videos« bei einem bekannten Entertainmentpark gesehen, die solche Videos an ihre Hotelgäste kurz vor Beginn des Besuchs verschicken und damit zumindest bei mir emotional und auf der Überraschungsebene gepunktet haben. Da hat es nur wenige Sekunden gedauert, bis der Gedanke kam, dass man diese Technologie ja genauso gut auch für Bewerber einsetzen könne. Auf der Suche nach gelungenen Beispielen im Bereich Recruiting hatte ich nach intensiver Recherche absolut nichts gefunden. ... Die Idee entstand im Januar 2020 und sollte im April/Mai 2020 umgesetzt sein – dann kam Corona und wir konnten 4 Monate lang keine Dreharbeiten durchführen – das haben wir in der zweiten Juliwoche 2020 nachgeholt und sind am 06.08. live gegangen. Neben den filmtechnischen Herausforderungen galt es vor allem, die verschiedenen Systeme miteinander zu verbinden, so dass jeder Bewerber zum richtigen Zeitpunkt sein personalisiertes Video in der richtigen E-Mail und der richtigen Sprachversion, von denen wir drei haben – bekommt.

Wir gehen davon aus, dass wir jährlich ca. 52.000 personalisierte Videobotschaften aussenden werden – und das zum Glück ohne manuellen Zusatzaufwand, aber hoffentlich mit einem bleibenden, positiven Eindruck bei unseren Bewerbern.«
(vgl. https://blog.recrutainment.de/2020/08/07/helvetia-ueberrascht-mit-video-schmankerl-im-recruitingprozess/, abgerufen am 11.3.2021).

Darüber hinaus hat sich die Helvetia für das virtuelle Onboarding neuer Mitarbeiterinnen und Mitarbeiter, die sich in ihrem Homeoffice aufhalten, eine lustige Aktion einfallen lassen. Der Welcome Day findet seit Beginn der Pandemie über ein Videokonferenz-Tool statt. Um den Start auf Distanz »schmackhaft« zu machen, hat die Helvetia Versicherung an einem dieser Welcome-Tage allen neuen Mitarbeitern/innen, die sich gerade zur selben Uhrzeit in einer Onlinekonferenz befanden, überraschend eine Pizza nach Hause liefern lassen. Die Mitarbeiter/innen waren von diesem Onlineevent, dem gemeinsamen Homeoffice-Lunch im Team, begeistert und Martin Maas sagt in einem Interview am 28.11.2020: *»Angesichts des Rückzuges in die eigenen vier Wände, müssen Unternehmen ein Couch-Ökosystem schaffen, damit die Menschen zu Hause angesprochen werden können. Der persönliche Kontakt muss auch – oder gerade besonders – in Krisenzeiten aufrechterhalten werden«.*

Für seine Personalmarketing-Aktionen wurden Martin Maas und die Helvetia im November 2020 mit fünf Preisen ausgezeichnet: 1. Platz HR Excellence Awards

2020 für die Innovation des Jahres mit personalisierten Videos in der Kandidatenkommunikation, 1. Platz Trendence Institut Awards in der Kategorie »Candidate Experience« für die personalisierten Videos, 1. Platz Queb – Bundesverband für Employer Branding, Personalmarketing und Recruiting e. V. »HR Innovation Award« für die Innovation des Jahres einer Social Give-Away Maschine, 1. Platz bei den pmi Awards – Martin Maas (Leiter Employer Branding & Nachwuchsprogramme) wurde als Personalmarketing-Innovator des Jahres 2020 ausgezeichnet, 1. Platz für das People Attraction Team in der Kategorie »Allbranchenversicherungen« bei den BEST RECRUITERS Awards.

6.4 Fazit und Ausblick

Unsere These ist, dass HR-Abteilungen und insbesondere die Bereiche Employer Branding und Recruiting enorm von der Digitalisierung profitieren. Wir argumentieren, dass ein kompletter Online-Recruiting-Prozess, der bis vor Kurzem nur **möglich** war, im Zuge der COVID 19-Pandemie **notwendig** geworden ist. Wir sind der Meinung, dass jede HR – Abteilung sich darüber im Klaren sein muss, dass das kontaktlose Finden und Einstellen neuer Mitarbeiter nicht mehr ein »nice to have«, sondern ein »must have« sein sollte. Dafür müssen digitale Prozesse von A bis Z gedacht, konsequent umgesetzt und nutzerfreundlich gestaltet sein.

Die Praxisbeispiele in unserem Beitrag belegen, dass es möglich ist, den Recruiting-Prozess online so zu gestalten, dass ein persönliches Zusammenkommen (wie es jahrzehntelang üblich und selbstverständlich war) nicht mehr zwingend stattfinden muss. Sowohl Hochschulabsolventen als auch Recruiter sind dafür bereit, wie die Ergebnisse der beiden oben erwähnten empirischen Befragungen von Studierenden und Recruitern zeigen (vgl. Lüthy, 2021 b).

Außerdem sind wir der Meinung, dass das Jahr 2020 eine Zäsur bildete, was die Digitalisierung von Employer Branding und Recruiting betrifft. Bei fortschreitender digitaler Entwicklung ist abzusehen, dass im Jahr 2030 Bewerber*innen hauptsächlich über Spracheingabe nach Stellen suchen bzw. via »Voice-Systeme« Informationen zu potenziellen Arbeitgebern abrufen werden.

Wir sind der Überzeugung, dass 75 % aller Karriereseiten im Jahr 2030 rund um die Uhr die Möglichkeit bieten, mit einem Chatbot individuelle Termine für Vorstellungsgespräche zu vereinbaren, bzw. direkt Vorstellungsgespräche zu führen. Bewerberinterviews werden bereits heute bei der REWE Group für Berufseinsteiger im Einzelhandel von einem Chatbot – wenn auch rudimentär – geführt (vgl. den Vortrag »Voice – Sage mir, dass du dich bewirbst!« von Christopher Gandaa, REWE Group am 30.10.2020 Social Recruiting Days in Berlin).

Quellen

Knabenreich, H. (2019): Karriere-Websites mit Wow! Effekt: Wie Sie Karriereseiten gestalten, denen kein Bewerber widerstehen kann. Springer Gabler.

Lüthy, A. (2021 a): Vom Leitbild zur werteorientierten Unternehmensführung. In: Lange, J. (Hrsg.): Werteorientierte Führung in Theorie und Praxis. Springer Gabler, 1. Auflage.

Lüthy, A. (2021 b): in: Harvard Business Manager, März 2021, S. 74-78.

Lüthy, A. (2020) Recruiting und Employer Branding mit den Mitarbeitern: Corporate Influencer als Unternehmensbotschafter. In: Dannhäuser, R. (Hrsg.): Praxishandbuch Social Media Recruiting. Springer Gabler. 4. Auflage.

Roedenbeck Schäfer, M. (2017): Recruitung to go für Gesundheits- und Sozialeinrichtungen: Sofort umsetzbare Ideen, Tipps und Tools zur zeitgemäßen Personalgewinnung. Walhalla Verlag.

Roedenbeck Schäfer, M.: (2020): Generation Z to go für Sozial- und Pflegeeinrichtungen: Sofort umsetzbare Ideen, Tipps und Tools zur Nachwuchsgewinnung und -bindung. Walhalla Verlag.

Schrodt, F. (2020): Die Lagerfeuerparabel. In: Verhoeven, T. (Hrsg.): Digitalisierung im Recruiting. Springer Gabler. 1. Auflage.

7 Künstliche Intelligenz und Algorithmen im Recruiting – Bestandsaufnahme aktueller Anbieter, Mehrwert für Unternehmen und datenschutzrechtliche Vorgaben

Michel Hoffmann und Hannah Surmund

Die Neuheiten der Arbeitswelt 4.0 halten auch im Recruiting immer mehr Einzug. Zahlreiche Unternehmen positionieren sich auf dem Markt, werben mit einem vereinfachten und schnellen Bewerbungsprozess, vor allem aber mit dem Versprechen, die geeignetste Bewerberin oder den geeignetsten Bewerber finden zu können – ganz ohne menschliche Vorurteile, objektiver sozusagen als jede Personalerin bzw. jeder Personaler.

Der vorliegende Beitrag soll aufzeigen, welche Einsatzmöglichkeiten es für künstliche Intelligenz (KI) und Algorithmen im Bewerbungsprozess tatsächlich gibt bzw. geben kann, welche gesellschaftlichen Vorbehalte existieren und – häufig von den Anbietern stark vernachlässigt – welche rechtlichen Rahmenbedingungen für den Einsatz bestehen.

7.1 Zunahme von KI und Algorithmen in der Personalarbeit

Laut einer aktuellen Studie der Universität Bamberg gibt die Mehrzahl der Unternehmen an, dem Thema KI sehr offen gegenüberzustehen. So verwendet jedes zwanzigste Top-1.000-Unternehmen bereits heute KI im Personalwesen und ebenso viele Unternehmen planen die Verwendung von KI im Personalwesen in der Zukunft (Centre of Human Recources Information Systems, Digitalisierung und Zukunft der Arbeit, Universität Bamberg, 2020, S. 21). In einer Umfrage des Bundesverbands der Personalmanager vom März 2019 gaben schon 15,9 % der befragten Unternehmen an, bereits heute KI-Anwendungen in der Personalarbeit einzusetzen, knapp 74 % beschäftigen sich mit der Einführung.

7.2 Was bedeutet KI?

Da die Terminologie »KI« in diesem Zusammenhang häufig ohne weitere Differenzierung genutzt wird, ist es erforderlich, ein (möglichst) konsensfähiges Begriffsverständnis festzulegen. Ohne Anspruch auf Vollständigkeit soll für die Zwecke dieses

Beitrags auf die Definition des SAP Analytics Teams zurückgegriffen werden, wonach KI »der Überbegriff von Anwendungen ist, bei denen Maschinen menschenähnliche Intelligenzleistungen wie Lernen, Urteilen und Problemlösen einbringen. Die Technologie des maschinellen Lernens – ein Teilgebiet der künstlichen Intelligenz – lehrt Computer aus Daten und Erfahrungen zu lernen und Aufgaben immer besser auszuführen. Ausgefeilte Algorithmen können in unstrukturierten Datensätzen wie Bildern, Texten oder gesprochener Sprache Muster erkennen und anhand dieser Entscheidungen selbstständig treffen«.

Solche dem Menschen ähnliche Intelligenzleistungen erbringen allerdings bislang noch die wenigsten Anwendungen. Gleichwohl hat sich auch für Algorithmen der (ungenaue) Begriff KI nach und nach etabliert. Die Bundesregierung spricht in ihrem Strategiepapier zur KI daher von »schwacher« und »starker« KI. Danach bedeutet »starke« KI, dass KI-Systeme die gleichen intellektuellen Fertigkeiten wie der Mensch haben oder ihn darin sogar übertreffen können. Die »schwache« KI ist fokussiert auf die Lösung konkreter Anwendungsprobleme auf Basis der Methoden aus der Mathematik und Informatik, wobei die entwickelten Systeme zur Selbstoptimierung fähig sind. Dazu werden auch Aspekte menschlicher Intelligenz nachgebildet und formal beschrieben bzw. Systeme zur Simulation und Unterstützung menschlichen Denkens konstruiert.

Bei den im Folgenden besprochenen Anwendungen handelt es sich (noch) ausschließlich um schwache KI. Gleichwohl sind auch deren Ergebnisse nicht zu unterschätzen. Speist beispielsweise ein Unternehmen die Daten aller Beschäftigten in ein solches System ein, kann die KI durch Analyse der Daten automatisch herausfinden, welche Eigenschaften die Beschäftigten auszeichnen oder aufgrund welcher Parameter es in der Vergangenheit häufiger Probleme gab. Die gewonnenen Erkenntnisse können helfen, neue Mitarbeiter*innen auszuwählen, die zu dem Unternehmen und der Unternehmensphilosophie passen. Die automatische Durchführung des Recruiting unter Einsatz von KI wird häufig auch als Robot-Recruiting bezeichnet.

7.3 Konkrete Einsatzbereiche von KI im Recruiting

Der Einsatz von KI ist in allen Phasen des Bewerbungsprozesses möglich, wobei nach wie vor kritische Stimmen vor der mangelnden Verlässlichkeit der Ergebnisse warnen (vgl. etwa Betz, Automatische Sprachanalyse zum Profiling von Stellenbewerbern, ZD 2019, 148, 150). Durch den Einsatz von sog. People-Analytics-Anwendungen kann eine Vorauswahl der Bewerber(innen) auf Grundlage der eingereichten Bewerbungsunterlagen getroffen werden. Andere KI-Anwendungen, wie beispielsweise die Software des Unternehmens Meffert Recruiting Solutions, werten alle öffentlich zugänglichen Informationen der Bewerbenden in den sozialen Medien, wie etwa LinkedIn oder Xing, aus und fassen die Analyseergebnisse mit Blick auf ihre berufliche Relevanz zusammen.

Ferner lassen sich Persönlichkeitsprofile durch den Einsatz von KI erstellen. In der Praxis werden derzeit vor allem Softwaresysteme zur Text- bzw. Sprachanalyse verwendet. Wird ein Bewerbungsgespräch aufgezeichnet oder das Gespräch sogar von einer KI-Anwendung geführt, ist ein sog. Stimmanalyseverfahren möglich. Dabei wird der Gebrauch der Sprache der Bewerberin oder des Bewerbers in seine digitalen Bausteine zerlegt und mit Datensätzen verglichen, wodurch die Ermittlung von psychologischen und kommunikationsbezogenen Eigenschaften möglich ist. Es erfolgt eine Analyse in Bezug auf Merkmale wie Intonation, Dialektik, Satzbau, Wortschatz oder Melodie der Stimme. Dies lässt Rückschlüsse auf die Persönlichkeitsstruktur und auf Persönlichkeitsmerkmale der Bewerber*innen zu, beispielsweise auf deren Extrovertiertheit/Introvertiertheit.

Konkret wirbt etwa das Aachener Unternehmen *Precire Technologies GmbH* damit, dass ihre Software Precire bereits nach einem 15-minütigen (Bewerbungs-)Gespräch ein zutreffendes umfangreiches Persönlichkeitsprofil der Bewerberinnen und Bewerber anlegen kann. Das amerikanische Unternehmen *HireVue* kombiniert die Sprachanalyse mit einer Videofunktion und ermöglicht so außerdem die Analyse von sog. Mikroexpressionen im Gesicht, die Rückschlüsse auf den Gemütszustand zulassen sollen. Das finnische Start-up *DigitalMinds* geht noch einen Schritt weiter und möchte das Bewerbungsverfahren durch eine automatische Analyse des privaten E-Mail-Postfaches sowie der Accounts in sozialen Netzwerken vereinfachen. Bewerberinnen und Bewerber geben während des Bewerbungsprozesses ihre Nutzernamen und Passwörter heraus. Durch die Verwendung einer Analysesoftware kann im Folgenden der Kommunikationsstil der Bewerberinnen und Bewerber aufgeschlüsselt und analysiert werden (vgl. AlgorithmWatch, Automating Society Report 2019, Taking Stock of Automated Decision-Making in the EU, S. 63). Das Unternehmen erhält ein automatisch erstelltes Persönlichkeitsprofil der Bewerberin bzw. des Bewerbers, während im Gegenzug als (zweifelhafter) Vorteil, der Bewerberin bzw. dem Bewerber ein Bewerbungsschreiben, ein ausführliches Bewerbungsgespräch oder das Ausfüllen von Fragebögen erspart bleiben soll.

Schließlich gibt es auch Anwendungen, die gezielt Diskriminierungen im Recruiting-Prozess adressieren sollen und u. a. eine automatische Anonymisierung der Bewerbungsunterlagen anbieten. Das Start-Up *Taledo* bietet etwa einen digitalen Filter an, durch den die Bewerbungsfotos automatisch unkenntlich gemacht werden und der Name der Bewerberin oder des Bewerbers auf die Initialen gekürzt wird. So soll eine Bestenauswahl der Bewerbenden möglich sein – ohne Berücksichtigung des Geschlechts, des ethnischen Hintergrunds oder der Religion.

7.4 Akzeptanz von KI-basierten Anwendungen unter den Bewerberinnen und Bewerbern

Für das Recruiting und die Beliebtheit des Unternehmens ist von zentraler Bedeutung, dass der (offene) Einsatz solcher Anwendungen auf breite Akzeptanz stößt und hochqualifizierte Bewerberinnen und Bewerber nicht verschreckt. Neben den bestehenden – häufig eher diffusen – Ängsten vor KI und Algorithmen kann der vermehrte Einsatz von KI-basierten Anwendungen auch als Chance angesehen werden, in Zukunft objektiver und ohne Vorurteile bewertet zu werden. So kann ein automatisches Analyseverfahren für die Bewerber*innen unter Umständen als angenehmer empfunden werden als eine lange persönliche psychologische Begutachtung durch ein menschliches Gegenüber (so etwa Betz, Automatisierte Sprachanalyse zum Profiling von Stellenbewerbern, ZD 2019, 148, 150).

Laut einer Umfrage der Universität Bamberg stehen sechs von zehn der befragten Kandidat*innen dem Thema KI im Personalwesen sehr offen gegenüber (Centre of Human Recources Information Systems, Digitalisierung und Zukunft der Arbeit, Universität Bamberg, 2020, S. 22). Eindeutig ist die Datenlage aber nicht. In einer Umfrage von bitkom vom 28.09.2020 haben 49 % der Befragten geantwortet, sie befürchten, dass ein Algorithmus ihre Bewerbung ohne sachlichen Grund ablehne. Diese Bedenken hatten 44 % der Befragten jedoch auch bei einem menschlichen Recruiter.

Wollen Unternehmen KI-basierte Anwendungen offen im Bewerbungsverfahren nutzen, dürfte die Kommunikation der Schlüssel zum Erfolg sein. Bewerber*innen sollten für das Thema sensibilisiert und die Vorteile sollten im Einzelnen offengelegt werden, sodass die Akzeptanz steigt und damit – zumindest temporär – auch ein Alleinstellungsmerkmal des Unternehmens besteht.

7.5 Diskriminierungsrelevante Effekte

Durch den Einsatz von KI soll das Bewerbungsverfahren nicht nur effizient durchgeführt werden, sondern auch unvoreingenommen und neutral. Im Gegensatz zum Menschen spricht man KI die Fähigkeit zu, ohne Emotionen und damit lediglich auf Basis von Fakten entscheiden zu können.

Dies ist jedoch nur der Fall, wenn der zugrunde liegende Algorithmus in seiner Konstruktion und Wirkweise nicht selbst diskriminierend ist. Diskriminierende Effekte können also immer dann entstehen, wenn die zugrunde gelegten Daten selbst diskriminierende Inhalte aufweisen, weil Algorithmen mit der Bildung von Gruppenwahrscheinlichkeiten und Gruppenzuordnungen arbeiten (Freyler, Robot-Recruiting, NZA 2020, 284, 285). Werden Algorithmen mit falschen oder bereits diskriminierenden Trainingsdaten gespeist, wird der Algorithmus auf Basis dieser Daten seine Entscheidungen treffen bzw. seine Ergebnisse auswerfen. Hat ein Unternehmen in der Vergangenheit beispielsweise überwiegend Männer eingestellt und analysiert der Algorithmus diese Daten zu Trainingszwecken, wird er den Faktor »Mann« positiv berücksichtigen und in Zukunft männliche Bewerber bevorzugen (Dzida/Groh, Diskriminierung nach dem AGG beim Einsatz von Algorithmen im Bewerbungsverfahren, NJW 2018, 1917).

In Bezug auf eine mögliche Sprachanalyse besteht die Gefahr, dass Menschen mit Dialekten oder Akzenten eine negative Bewertung erhalten, weil der Algorithmus die Sprechgewohnheiten nicht kennt oder nicht einordnen kann. Selbst bei dem scheinbar neutralen Kriterium der emotionalen Gemütslage könnte es vorkommen, dass Personen mit psychischen Beeinträchtigungen häufiger als emotional instabil bewertet werden und so mittelbar diskriminiert werden (Freyler, Robot-Recruiting, NZA 2020, 284, 287).

Festgehalten werden kann: Algorithmen selbst sind grundsätzlich weder gut noch schlecht. Es kommt vielmehr auf die genaue Programmierung sowie auf die Daten an, mit denen sie trainiert werden. Es muss sichergestellt werden, dass sowohl die Programmierung als auch die verwendeten Daten frei von (mittelbaren) Diskriminierungen sind und diesen aktiv entgegengesteuert wird. Grundvoraussetzung hierfür bleibt, dass die Unternehmen selbst einen ausreichenden Einblick in die Strukturen des jeweiligen Programms haben und bei der Erstellung der relevanten Datensätze die Möglichkeit diskriminierungsrelevanter Effekte stets im Hinterkopf behalten.

7.6 Rechtliche Rahmenbedingungen

In der Diskussion um Vor- und Nachteile von KI und Algorithmen, ihre zukünftige Bedeutung für die Gesellschaft und moralische sowie ethische Bedenken geht häufig unter, dass die (strengen) europarechtlich determinierten Vorgaben des Datenschutzrechts weitreichende Einschränkungen der Einsatzmöglichkeiten von KI mit sich bringen. Viele der am Markt bestehenden Angebote sind – ihren tatsächlichen Mehrwert einmal außen vor gelassen – bereits mit bestehenden datenschutzrechtlichen Vorgaben nicht zu vereinbaren.

1. Datenschutzrechtliche Anforderungen

Beachtet man die Funktionsweise von KI, wird schnell deutlich, dass KI mit Daten trainiert werden muss, um valide Ergebnisse liefern zu können. Erst durch die kontinuierliche Einspeisung von Datensätzen kann KI lernen, Korrelationen zu knüpfen und belastbare Schlussfolgerungen zu treffen.

Den Maßstab für die Zulässigkeit der Datenverarbeitung zur Begründung eines Beschäftigungsverhältnisses in datenschutzrechtlicher Hinsicht bilden das Bundesdatenschutzgesetz (BDSG) sowie die Datenschutz-Grundverordnung (DS-GVO).

a) Anforderungen des BDSG

Nach §26 Abs. 1 S.1 Var. 1 BDSG muss die Datenverarbeitung für die Entscheidung über die Begründung eines Beschäftigungsverhältnisses erforderlich sein. Eine solche Erforderlichkeit liegt nach der Rechtsprechung der (Arbeits-)Gerichte vor, wenn die Datenverarbeitung

1. geeignet ist, das mit ihr gewünschte Ziel zu erreichen,
2. kein weniger belastender Eingriff zur Verfügung steht und schließlich
3. die Interessen des Unternehmens die Persönlichkeitsrechte der Beschäftigten bzw. Bewerbenden überwiegen.

Dies lässt sich wie folgt veranschaulichen:

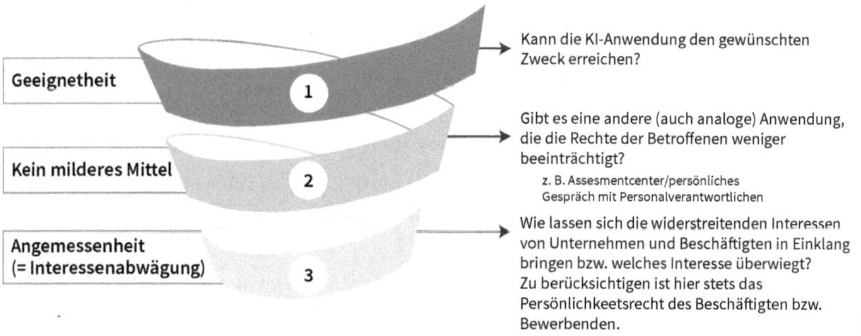

Abb. 1: Erforderlichkeit der Datenverarbeitung

Im Ergebnis bedarf es also stets einer umfangreichen Abwägung der widerstreitenden Interessen und Rechtsgüter im Einzelfall, was die Beurteilung der abstrakten Zulässigkeit erschwert. Die Gerichte haben in der Vergangenheit aber deutlich gemacht, dass in die Persönlichkeitsrechte der Betroffenen nicht tiefer eingegriffen werden darf, als es zur Begründung oder Durchführung des Beschäftigungsverhältnisses zwingend notwendig ist, und hierbei insgesamt einen sehr restriktiven Ansatz vertreten. So wurde einem Unternehmen etwa die Verwendung von Arbeitszeiterfassungssystemen untersagt, die mittels Fingerabdrucks der Beschäftigten bedient wurden. Das Landesarbeitsgericht Berlin-Brandenburg verneinte die Erforderlichkeit mit dem Hinweis darauf, dass die Arbeitszeiterfassung bisher auch anders, z.B. durch den Einsatz von Chipkarten und damit ohne tiefgreifenden Eingriff in die Persönlichkeitsrechte der Beschäftigten, möglich war. Das Interesse, einem möglichen Missbrauch des Zeiterfassungssystems entgegenzuwirken, überwiege die Interessen der Beschäftigten nicht

(LAG Berlin-Brandenburg v. 04.06.2020 – 10 Sa 2130/19). Auch die Aufsichtsbehörden lassen eine Tendenz dahingehend erkennen, dass durch die automatisierte Erhebung und Auswertung von Daten der Bewerbenden erheblich stärker in das Recht auf informationelle Selbstbestimmung als bisher eingegriffen werde, was regelmäßig gegen die Erforderlichkeit der jeweiligen Datenverarbeitung spreche (vgl. Joos, Einsatz von künstlicher Intelligenz im Personalwesen, NZA 2020, 1216, 1218 f.).

Unabhängig von §26 Abs. 1 BDSG ist die Datenverarbeitung aber möglich, wenn eine **Einwilligung** der Bewerbenden vorliegt, §26 Abs. 2 BDSG. Eine Einwilligung ist die unmissverständliche Erklärung bzw. eine eindeutig bestätigende Handlung, mit der Datenverarbeitung einverstanden zu sein. Die Einwilligung muss **freiwillig** erfolgen. Von Freiwilligkeit kann jedoch nur ausgegangen werden, wenn die Bewerberin bzw. der Bewerber in der Lage sind, die Einwilligung zu verweigern, ohne einen Nachteil zu erleiden. Dies dürfte im Bewerbungsverfahren regelmäßig aber nicht der Fall sein, da der Bewerbende bei Ablehnung des vorgesehenen Bewerbungsprozesses befürchten muss, gar nicht erst als künftige Arbeitnehmerin oder als künftiger Arbeitnehmer in Betracht gezogen zu werden. Schon im Rahmen der Gesetzesbegründung wurde darauf hingewiesen, dass bei der Einstellung regelmäßig eine besondere Drucksituation vorliegt, welche die Freiwilligkeit einer Einwilligungserklärung grundsätzlich ausschließen wird (Bundestag-Drucksache 18/11325, S. 97). Etwas anderes wird man nur dann annehmen können, wenn man den Bewerbenden als gleichberechtigte Optionen sowohl den klassischen Bewerbungsprozess als auch einen Bewerbungsprozess unter Einsatz von KI (mit detaillierter Erläuterung) anbietet und deutlich macht, dass die Auswahl keinen negativen Einfluss auf das Verfahren hat. Ein solches Vorgehen dürfte praktisch aufgrund des erheblichen Mehraufwands aber kaum in Betracht kommen.

b) Anforderungen der DS-GVO

Art. 22 Abs. 1 DS-GVO ergänzt die vorstehenden Anforderungen dahingehend, dass eine Entscheidung, die gegenüber einer betroffenen Person rechtliche Wirkung entfaltet oder sie in ähnlicher Weise erheblich beeinträchtigt, nicht ausschließlich durch »automatische Verarbeitung« erfolgen darf. Die Ausübung der menschlichen Freiheiten soll nicht ungeprüft einer Maschine oder einem Algorithmus überlassen werden. Die genannten und bisher am Markt verfügbaren Programme und Tools dienen aber lediglich der Vorbereitung einer Entscheidung durch die Personalverantwortlichen und sind daher mit Blick auf Art. 22 Abs. 1 DS-GVO grundsätzlich nicht zu beanstanden.

Ähnlich wie im Rahmen von §26 BDSG sieht Art. 22 Abs. 2 DS-GVO Ausnahmen vor, wenn die automatisierte Entscheidung für den Abschluss eines Vertrages erforderlich ist oder mit ausdrücklicher Einwilligung der betroffenen Person erfolgt. Hinsichtlich der Überprüfung der Erforderlichkeit für den Abschluss eines Vertrages und auch für die Anforderungen an eine Einwilligung kann auf die obigen Ausführungen verwiesen werden.

Die DS-GVO normiert zudem umfassende Betroffenenrechte. Nach Art. 13 DS-GVO müssen die Bewerber*innen über den bevorstehenden Einsatz von automatisierten Verfahren informiert werden. Sie müssen aussagekräftige Informationen über die involvierte Logik des Algorithmus und die Tragweite der Datenverarbeitung erhalten. Gleiches gilt auch im Hinblick auf eine bereits erfolgte Datenverarbeitung und den für Arbeitnehmer*innen bestehenden Auskunftsanspruch gemäß Art. 15 DS-GVO, der aktuell vielen Unternehmen vor allem im Nachgang eines Arbeitsverhältnisses zusetzt, da dieser mittlerweile regelmäßig als Druckmittel zur Durchsetzung anderweitiger Ziele (z. B. einer höheren Abfindung) »missbraucht« wird. Die Unterscheidung zwischen beiden Rechten liegt im zeitlichen Horizont der Geltendmachung begründet. Art. 13 DS-GVO ist hierbei auf die Zukunft, Art. 15 DS-GVO auf die vergangene Datenverarbeitung gerichtet (zum Gesamten Joos, Einsatz von künstlicher Intelligenz im Personalwesen, NZA 2020, 1216, 1218).

Für die Unternehmen wird die Erfüllung dieser Informationspflichten regelmäßig mit ganz erheblichen Schwierigkeiten verbunden sein, da die KI-Anwendung in der Regel extern bezogen wird und die Hersteller kein Interesse an der Offenlegung der Programmlogik haben werden. Die einzelnen Mechanismen und zum Einsatz kommenden Algorithmen werden meist dem Geschäftsgeheimnis des Herstellers unterliegen, sodass es der Arbeitgeberin bzw. dem Arbeitgeber schon deshalb kaum möglich sein dürfte, substantiiert über die involvierte Logik des Algorithmus zu unterrichten. Gleichwohl bleibt das Unternehmen (und nicht etwa der Hersteller) als Verantwortlicher für die Datenverarbeitung Adressat dieser Verpflichtungen (Art. 2 Abs. 1, Art. 4 Nrn. 1, 7 DS-GVO).

2. Datenschutzrechtliche Bedenken bei der Anwendung von KI im Recruiting

Die vorstehenden Ausführungen zeigen sehr klar, dass die Anwendung von KI im Recruiting (aktuell) häufig an den hohen Anforderungen des Datenschutzes scheitern dürfte. Es wird selten gelingen, die Erforderlichkeit für die Begründung des Beschäftigungsverhältnisses darlegen zu können. Teilweise ist schon unklar, ob solche Analyseverfahren überhaupt dazu in der Lage sind, valide Ergebnisse zu liefern. In der Regel wird es aber alternative Maßnahmen geben, die ebenso geeignet, aber weniger einschneidend für die Bewerbenden sind. Das Unternehmen wird konkret darlegen müssen, weshalb die üblichen Assessment-Center sowie wirtschaftspsychologische Untersuchungen hierfür nicht ausreichend sind. Schließlich hat das Unternehmen im Rahmen der Interessenabwägung nur ein berechtigtes Interesse an der Feststellung von Fähigkeiten der Bewerberin oder des Bewerbers, die für die jeweilige Stelle von Bedeutung sind. Das heißt, Fragen und Auswertungen, die im Rahmen eines originären Bewerbungsverfahren nicht gestellt bzw. vorgenommen werden dürfen, dürfen auch nicht durch automatisierte Datenverarbeitung und -erhebung gestellt bzw. vorgenommen werden.

a) Unzulässigkeit der Erstellung umfassender Persönlichkeitsprofile

Wenn eine Software wie *Precire* bzw. *HireVue* ein umfassendes Persönlichkeitsprofil der Bewerbenden erstellt, erfolgt weder eine Begrenzung auf die Analyse von berufsspezifischen Informationen noch erfolgt eine Begrenzung auf einzelne tragende Persönlichkeitszüge, die für das Aufgabenfeld der jeweils ausgeschriebenen Arbeitsstelle besonders bedeutsam sind. Im Rahmen der durchzuführenden Interessenabwägung wird die Erstellung von Persönlichkeitsprofilen durch KI-Anwendungen im Ergebnis regelmäßig nicht angemessen im Sinne des § 26 Abs. 1 BDSG sein, da die weitgehende Ausforschung persönlicher Handlungsweisen und -routinen der Bewerbenden nicht mit gleichwertigen Unternehmensinteressen gerechtfertigt werden kann. Es entspricht zudem der ständigen Rechtsprechung der Arbeitsgerichte, dass auch analoge psychologische Tests nicht ohne Weiteres umfassende Persönlichkeitsprofile erstellen dürfen, sondern auf Ausnahmen beschränkt sein müssen, in denen die Zuverlässigkeit, Belastbarkeit und das Verhalten in Krisensituationen zum Schutze Dritter und damit für die konkrete Stelle von besonderer Relevanz sind (BAG v. 13.02.1964 – 2 AZR 286/63; Bausewein, Arbeitgeber-Persönlichkeitstests, ZD 2014, 445). Vor diesem Hintergrund wird die unternehmensweite, flächendeckende Erstellung von Persönlichkeitsprofilen beim Einstellungsprozess nicht in Einklang mit § 26 Abs. 1 BDSG zu bringen sein.

b) Verbot der Totalüberwachung

Besondere Vorsicht ist hinsichtlich der Analyse privater E-Mail-Postfächer von Bewerbenden geboten, wie es etwa die Software DigitalMinds anbietet. Diese mag zwar Rückschlüsse auf die Persönlichkeit der Bewerbenden erlauben und Auskunft über Kommunikationsgeschick, Empathie oder Teamgeist geben, allerdings auch persönliche Einstellungen zu Politik oder Gesellschaft offenbaren. Zwar können diese Informationen dem Unternehmen fraglos dabei helfen, zu entscheiden, ob die Bewerberin oder der Bewerber auf die ausgeschriebene Stelle passt, allerdings ist eine solche (uferlose) Durchleuchtung der Persönlichkeit der Bewerbenden generell unzulässig. Eine solche Totalüberwachung der Bewerbenden lässt sich datenschutzrechtlich unter keinem Gesichtspunkt rechtfertigen.

Das Verbot der Totalüberwachung wird aus dem allgemeinen Persönlichkeitsrecht der Bewerbenden hergeleitet und schützt diese vor Anpassungs- und Überwachungsdruck (BAG v. 29.06.2004 – 1 ABR 21/03). Es soll kein »Gefühl des Überwachtwerdens« und damit kein Einschüchterungseffekt entstehen, der die Bewerbenden in der Ausübung von Grundrechten beeinträchtigen könnte (BVerfG v. 11.03.2008 – 1 BvR 2074/05, NJW

2008, 1505). Die Analyse privater E-Mail-Postfächer bezieht sich auf sämtliche (auch private) Teile des Lebens der Bewerberinnen und Bewerber und würde – die Zulässigkeit einer solchen Analyse unterstellt – zu erheblichem Anpassungsdruck hinsichtlich der privaten Lebensführung und der Korrespondenz via E-Mail führen.

c) Auswertung öffentlich zugänglicher Daten als Datenschutzverstoß?

Auch bei KI-Anwendungen, die Informationen aus den sozialen Medien analysieren, wie beispielsweise die Software des Unternehmens *Meffert Recruiting Solutions,* handelt es sich um Datenverarbeitung im Sinne des Art. 4 Nr. 2 DS-GVO, sodass – auch hier – das Merkmal der Erforderlichkeit erfüllt sein muss, um einer rechtlichen Überprüfung standzuhalten. Allerdings dient die Anwendung (lediglich) einer schnelleren Analyse und Erfassung von Daten, die öffentlich zugänglich sind und auch durch die analoge Recherche von Personaler*innen erfasst werden könnten. Die Anwendung greift daher grundsätzlich nicht signifikant tiefer in den Rechtskreis und die Interessen der Bewerbenden ein, als es eine analoge Internetrecherche tun würde.

Auch aus Art. 9 Abs. 2 e) DS-GVO ergibt sich ein gemindertes Schutzniveau für personenbezogene Daten, wenn die Betroffenen sie offensichtlich öffentlich zugänglich gemacht haben, was bei Veröffentlichungen in sozialen Netzwerken durchaus der Fall sein kann. Dies gilt jedenfalls dort, wo die Daten von vornherein öffentlich für alle zur Verfügung gestellt wurden (Gola/Schulz, Datenschutz-Grundverordnung, 2. Auflage 2018, Art. 9 DS-GVO Rdn. 26).

Bewerber*innen sind sich in berufsbezogenen sozialen Netzwerken darüber bewusst, dass sie ihre Äußerungen in einem professionellen und nicht etwa in einem privaten Kontext tätigen. Soziale Netzwerke wie LinkedIn oder Xing dienen als digitale Visitenkarte, in denen die Nutzer*innen ausgewählte Informationen teilen, nicht nur, um mit Kolleginnen und Kollegen unternehmensübergreifend zu interagieren, sondern auch, um anderen Unternehmen, Headhuntern oder Dritten ihre beruflichen Interessen und Fachkenntnisse mitzuteilen. Wenn die Betroffenen die Daten freiwillig herausgeben und die Darstellung dieser Daten selbst steuern können, kann die Interessenabwägung ergeben, dass die KI-basierte Sammlung öffentlich zugänglicher berufsbezogener Informationen angemessen und damit zulässig ist.

Dieses Ergebnis entspricht auch der Wertung des deutschen Gesetzgebers in seinem letztlich nicht umgesetzten Entwurf eines Gesetzes zur Regelung des Beschäftigtendatenschutzes (Bundestag-Drucksache 17/4230 vom 15.12.2010). § 32 Abs. 6 S. 2 u. 3 BDSG-E lauteten: »Wenn der Arbeitgeber den Beschäftigten vor der Erhebung hierauf hingewiesen hat, darf der Arbeitgeber allgemein zugängliche Daten ohne Mitwirkung des Beschäftigten erheben, es sei denn, dass das schutzwürdige Interesse des Beschäftigten an dem Ausschluss der Erhebung das berechtigte Interesse des

Arbeitgebers überwiegt. Bei Daten aus sozialen Netzwerken, die der elektronischen Kommunikation dienen, überwiegt das schutzwürdige Interesse des Beschäftigten; dies gilt nicht für soziale Netzwerke, die zur Darstellung der beruflichen Qualifikation ihrer Mitglieder bestimmt sind.«

d) Die Anonymisierung von Daten der Bewerbenden

Wenn eine KI-Anwendung, wie die des Start-ups *Taledo,* Bewerbungsbilder automatisch unkenntlich macht und die Namen der Bewerber(innen) auf ihre Initialen kürzt, bestehen keine Bedenken an der datenschutzrechtlichen Zulässigkeit. Auch wenn Bewerbende unter Umständen ein Interesse haben, einen umfassenden Eindruck bei der potenziellen Arbeitgeberin bzw. dem potenziellen Arbeitgeber zu machen, d. h., zu ihren Bewerbungsunterlagen mit vollem Namen und Bewerbungsbild erscheinen wollen, überwiegt das Interesse an einem diskriminierungsfreien Bewerbungsprozess, bei dem lediglich die Leistungen der einzelnen Bewerberinnen und Bewerber zählen.

e) Ergebnis

Generell lässt sich sagen, dass bei der Verwendung KI-basierter Anwendungen stets die Gefahr besteht, dass – je nach Analyseverfahren – deutlich mehr Daten erhoben und verwendet werden, als für die jeweilige Stelle von Bedeutung sind, und daher eine datenschutzkonforme Verwendung von KI-basierten Anwendungen im Recruiting oftmals nur schwer zu rechtfertigen sein wird.

Bei einem Verstoß gegen die Anforderungen der DS-GVO drohen beträchtliche Bußgelder, die – ausdrücklich – abschreckend sein sollen, Art. 83 DS-GVO. In jüngster Vergangenheit ist nicht nur in Großbritannien, Frankreich oder Spanien die Höhe der verhängten Bußgelder stetig gestiegen, sondern auch in Deutschland. In öffentlich bekannt gewordenen Einzelfällen wurden durchaus siebenstellige Beträge als Bußgelder verhängt. Zudem erfolgt eine konsequentere Durchsetzung der Vorschriften, um den Schutz der Rechte betroffener Personen sicherzustellen und die Verantwortlichen zur Einhaltung der Datenschutzvorgaben zu veranlassen.

7.7 Fazit

KI hält immer mehr Einzug in die Personalarbeit und wird zukünftig vor allem im Recruiting eine zentrale Rolle einnehmen. Mehr und mehr Unternehmen stoßen auf den Markt, die mit unterschiedlichen Methoden und Anwendungen um die Akzeptanz bei Arbeitgebern, aber auch bei Bewerber*innen werben. Auch wenn noch lange nicht alle Anbieter halten, was sie versprechen, bieten KI-basierte Anwendungen großes Potenzial für einen schnellen, diskriminierungsfreien und zielorientierten Einstellungsprozess, der bei vielen Bewerbenden durchaus positiv gesehen wird.

Unbedingt zu beachten sind allerdings datenschutzrechtliche Rahmenbedingungen. Es ist ein weitverbreiteter Irrglaube, dass KI im Recruiting stets zur Begründung des Beschäftigungsverhältnisses erforderlich und damit zulässig sei. Je detaillierter die KI ein (vollumfängliches) Persönlichkeitsprofil des Bewerbenden erstellt, desto schwerer wird es, die Erforderlichkeit der Datenverarbeitung zu begründen. Die Arbeitsgerichte haben sich bisher nur am Rande mit diesen Aspekten beschäftigt, dabei aber eine sehr restriktive Haltung vertreten. Vor dem Hintergrund der auch in Deutschland zunehmend hohen Bußgeldzahlungen bei Verstößen gegen datenschutzrechtliche Vorgaben sind bestehende Tools im HR-Bereich dringend zu überprüfen bzw. ist bei deren Einführung datenschutzrechtlichen Fragestellungen entsprechend hohe Priorität einzuräumen. Wünschenswert wäre es schließlich, wenn der Gesetzgeber zeitnah mit praxistauglichen und ausgewogenen Regelungen verbindliche Leitlinien schafft, die die Entwicklung von KI und Algorithmen nicht über Gebühr bremst.

Neue Räume – Neue Organisation – New Work

Gegen Zielsetzung ist nichts einzuwenden, sofern man sich dadurch nicht von interessanten Umwegen abhalten lässt.
Mark Twain

Unternehmen, die es nicht schaffen, mit den sich rapide verändernden Märkten Schritt zu halten, bleiben auf der Strecke. Wie ein Mantra wurden solche Vorhersagen »vor Corona« gepredigt und sind doch oft ungehört verhallt. Wie ein Accelerator, ein Brandbeschleuniger oder ein Brennglas hat Corona auf die organisatorische Veränderung der Arbeitswelt gewirkt – so zumindest ist das Gefühl, wenn man sich mitten in der Zeit der Krise befindet. Was davon bleibt wird sich zeigen. Dass es nicht reicht, bloß die Lederschuhe gegen Sneaker einzutauschen oder einen Obstkorb aufzustellen, ist angekommen (erst recht, seit der Obstkorb im verwaisten Office vor sich hin fault). Unternehmen sind ständig und immer schneller in Bewegung. Die Menschen, die in ihnen arbeiten und sie vorantreiben, verändern sich ebenfalls permanent. Veränderung und Umdenken basieren somit zum einen auf den harten Fakten der betrieblichen Situation, zum anderen auf den Charakteren, die an den Veränderungen beteiligt sind.

Noch bleiben viele Veränderungen oberflächlich, aus der Not geboren, zufällig. Wir müssen aber langfristig zum Ziel haben, die Unternehmenskultur zu verändern.

Miriam Lerch weiß, dass wir die digitale Transformation dafür nutzen können, den Menschen mehr in den Mittelpunkt zu rücken und somit stupide, »sinnleere« Arbeitsprozesse obsolet zu machen. Ihr integrales Mitarbeiterzentrum ist der Dreh- und Angelpunkt von New Work.

Eine Anziehungskraft geht von einer innovativen Organisation dann aus, wenn sie von innen leuchtet, statt nur von außen zu glänzen. Davon ist Katharina Lutermann überzeugt, denn am intensiven Strahlen sind alle gemeinsam beteiligt – nicht nur eine HR-Abteilung, die ein paar äußere Leuchteffekte sendet.

Um die ganze Welt sind Anna und Nils Schnell gereist, um New Work zu erleben. Ihr Ziel ist es, jedem Unternehmen auf einer individuellen Stufe Mut zu New Work zu machen – damit wir handlungsfähig werden, statt einen Trend zu verheizen.

Myrle Dziak-Mahler und Maria Boos schieben gleich zwei Mammuts: das der Bildung und das der öffentlichen Verwaltung. Und sie bekommen sie bewegt – nichts ist unmöglich, wenn wir HR neu denken. »Das haben wir schon immer so gemacht« ist für sie an der Universität zu Köln genauso wenig Gesetz wie die vermeintliche Veränderungsresistenz öffentlicher Institutionen und ihrer Arbeitsweisen.

Auch Britta Redmann macht ein solches Mammut agil: den Betriebsrat. Oft als Hemmschuh von Innovation und Veränderung in Unternehmen verstanden nimmt sie ihn im Dreiklang mit Unternehmensleitung und Mitarbeitenden in die Verantwortung als Initiator von New Work. Mit großer Selbstverständlichkeit zeigt sie anhand des Arbeitsrechts – das alles andere als starr und rückwärtsgewandt ist – die Möglichkeiten zu Mitbestimmung und Veränderung auf.

Vom Individuum zur Organisation: Marc Wagner führt das fort mit der Vision einer ganzheitlichen Sicht auf die Gestaltung eines optimalen Arbeitsumfeldes für Mitarbeiter*innen. Wir brauchen Kompetenz- statt Funktionsorientierung. Und dafür müssen wir nicht mehr und nicht weniger als die Erfahrungen der Mitarbeiter nutzen – davon ist Marc Wagner überzeugt. Klingt einfach – ist aber ein Paradigmenwechsel.

Kathrin Hartmann und Marc Eichborn nehmen den Arbeitsplatz ins Visier. Kathrin Hartmann aus rechtlicher Sicht – wann und wo dürfen und müssen wir arbeiten, welche Mythen gehören wirklich endlich und endgültig in die Mottenkiste (oder das Hängeregister) und welche Chancen bieten diese neu gewonnenen Gestaltungsmöglichkeiten?

Was machen wir aus den »Zwangs-Homeoffice-Erfahrungen« in Zukunft? Das Büro neu denken! … schließt Marc Eichborn hier an. Es wird nicht das »Entweder-oder« sein. Er skizziert Erprobungsflächen als hybride Arbeitstrainingsorte. HR neu gedacht ist hybrid und methodenorientiert anstatt lokal und arbeitsplatzorientiert.

8 New Work needs New HR – von HR zum integralen Mitarbeitszentrum

Miriam Lerch

Unternehmen und unsere Gesellschaft befinden sich in einem tiefgreifenden Wandel. Ausgehend von den Veränderungen, die die vierte industrielle Revolution mit sich bringt und die das Wort VUCA (Volatility, Uncertainty, Complexity und Ambiguity) treffend zusammenfasst, wird spürbar, dass Arbeit von Grund auf neu gedacht werden muss. Der Begriff »New Work« wird hier zu einer Aufgabe und einem Ziel für Unternehmensentwicklung.

Schauen wir uns die aktuelle Unternehmenslandschaft an, sehen wir vorwiegend hierarchische Organisationsformen sowie Aufgaben- und Rollenbeschreibungen, die auf den Arbeitsweisen und Prozessen der ersten industriellen Revolution beruhen. Erste Personalabteilungen oder auch Human Resources entstanden in Zeiten des Taylorismus im 19. Jahrhundert aus genau diesem leistungsorientierten Menschenbild heraus: Menschen begleiten oder füllen eine ganz bestimmte Rolle aus im Unternehmen. Arbeit wird zur Tätigkeit, die einem Zahnrad im Unternehmensgetriebe gleicht.

Schauen wir auf »New Work«-Organisationen, die sich in ihrer Haltung in Richtung einer Purpose-Orientierung bewegen, so verändert sich damit auch der Blick auf Arbeit. Arbeit wird nicht als »Mittel zum Zweck« (= Geld verdienen) gesehen, sondern als erfüllende Tätigkeit, die einem höheren, gemeinsamen Sinn (Purpose) dient. Die individuelle und kollektive Entfaltung des Potenzials der einzelnen Mitarbeiter rückt damit in den Mittelpunkt. Entsprechend wandelt sich die Funktion von HR als »Personalentwicklung zur Rollen- oder Zielerreichung« hin zu einer »Personalentwicklung als Persönlichkeitsentwicklung«.

Doch wie muss ein New HR gestaltet werden, das auf die Herausforderungen der heutigen Zeit reagiert und New Work in Unternehmen ermöglicht? Und wie kann das integrale Modell dabei helfen, diese Veränderungen zu verstehen und angemessen zu begleiten? Und wie kann das Bild eines solchen integralen Mitarbeitszentrum aussehen? Darum wird es in diesem Kapitel gehen.

8.1 Auf der Suche nach der neuen (Zusammen-)Arbeit

Durch meine Tätigkeit als Agile Coach habe ich einige Teams begleitet, die agil und/oder selbstorganisiert zusammenarbeiten wollen. Diese Menschen spüren, dass sie neue Werkzeuge und gemeinsame Werte brauchen für eine gelungene Kooperation und Innovation schaffende Co-Kreativität. Außerdem erlebe ich solche Teams, die bereits neue Zusammenarbeitsformen und demokratische Entscheidungsprozesse wie den Konsent etabliert haben und deren Zusammenarbeit von einer gemeinsamen Vision getragen wird. Solche Teams und die dahinterstehenden Organisationen suchen Möglichkeiten und Wege, wie sie personell wachsen – also ihre Mitarbeiterzahl erhöhen – und gleichzeitig eine passende HR-Strategie entwickeln können, die den neuen Werten und Arbeitsweisen gerecht wird.

Gleichzeitig erlebe ich aktuell eine Generation junger Erwachsener, die kluge Fragen stellt. Nach Ökologie und Ökonomie. Nach Sinn und Verantwortung. Auf einem Workshop mit Gerald Hüther im Herbst 2020 erlebte ich junge Menschen, die mit beiden Beinen im Leben stehen, die sich selbst bestens kennen und einschätzen können und (vielleicht genau deshalb) damit hadern, den Weg aus dem freien Studenten- oder Schülerdasein in eine Ausbildung oder Angestelltentätigkeit zu gehen. Viele dieser 18- bis 29-Jährigen machen sich Gedanken zum Klimawandel, Umweltschutz und Konsum (Deloitte Millennial Survey 2020), während sie gleichzeitig in der medialen Welt aufwachsen, in der jeder etwas sein und darstellen kann. Mancherorts wird von einer »Generation Y« (Generation Why, damit sind die von 1981-1995 geborenen Erwachsenen gemeint) und »Generation Z« (1995-2010 Geborene) gesprochen (Scholz 2014). Die Leitwerte dieser Generation Z, der heutigen 10- bis 25-Jährigen, sind Unabhängigkeit, soziale Gemeinschaft, Neugierde und Sinnerfüllung. Wir sprechen hier also von einem Wertewandel der Generationen, denen Status und Habitus – und damit auch Attraktivitäten und Boni wie Jahresprämien oder ein Firmenwagen – weniger wichtig sind als den Generationen davor. Stattdessen wünscht sich diese Generation Freiräume für Familie und persönliche Entwicklung (Albert, M.: Shell Jugendstudie 2019).

Wenn wir also sehen, dass diese neuen Generationen auf den Arbeitsmarkt strömen, mit ihren Wünschen und Bedürfnissen, und wenn wir auf die Teams in Organisationen schauen, die co-kreativ zusammenarbeiten wollen, so muss sich auch Arbeit verändern und neu ausrichten. Hierfür ist in den letzten Jahren der »New Work«-Begriff populär geworden. Doch was meint New Work eigentlich genau?

8.2 New Work – eine Begriffsklärung

Unter New Work wird je nach Kontext sehr Verschiedenes verstanden. Die einen fassen darunter alle jene Rahmenbedingungen, die sich mit Digitalisierung und Dezentralisierung von Arbeit beschäftigen (remote work, mobile work) und bis vor Kurzem unter Arbeit 4.0 zusammengefasst wurden. Andere wiederum verstehen darunter die neue Ausstattung von Büros, auch Smartoffices oder Smart Working Spaces genannt. Schauen wir uns den Ursprung des New-Work-Begriffs an wird deutlich, dass wir tiefer gehen müssen.

Der New-Work-Begriff ist auf den Philosophen Frithjof Bergmann zurückzuführen. Er ist der Begründer der New-Work-Bewegung, die in den 1970er Jahren in Flint/Michigan ihren Anfang nahm.

Die Fabriken von General Motors mussten wegen umfangreicher Automatisierungsprozesse und dem zunehmenden Einsatz von Computern in der Produktion ihre Belegschaft neu sortieren. Massenentlassungen standen bevor. Der Philosophieprofessor Bergmann und sein »Zentrum für neue Arbeit« erarbeiteten deshalb einen unkonventionellen Vorschlag für den Automobilkonzern: Statt die Hälfte der Arbeiter zu entlassen und damit die »halbe Stadt arbeitslos und die andere Hälfte überarbeitet« zu machen, sollte GM lieber einen »horizontalen Schnitt« wagen:

Alle Mitarbeiter dürfen bleiben, reduzieren aber ihre Arbeit am Fließband auf nur noch sechs Monate im Jahr. In den anderen sechs Monaten, so Bergmann, sollten die Fabrikarbeiter einer Arbeit nachgehen, die sie erfüllt und ausreichend Einnahmen zum Überleben sichert. Das Zentrum für Neue Arbeit würde sie deshalb dabei unterstützen herauszufinden, »was sie wirklich wirklich tun wollen«.

Bergmanns Idee dahinter: Klassische Lohnarbeit ist nur so alt wie die Industrielle Revolution (200 Jahre) und deshalb keinesfalls ein Naturgesetz. Da Lohnarbeit jetzt nicht mehr funktioniere, sei die Zeit für ein neues Konzept gekommen: **die Neue Arbeit**. Bei der Lohnarbeit, so schreibt es Bergmann in seinem Buch »Neue Arbeit. Neue Kultur« (Bergmann 2004), war »die zu erledigende Aufgabe das Ziel«. Der Mensch nutzt dafür »sich selbst als Werkzeug, als Mittel zur Verwirklichung dieses Zwecks«. Der Mensch unterwirft sich also der Arbeit. Die Neue Arbeit möchte diesen Zustand umkehren: Arbeit sollte, laut Bergmann, nicht wie eine »milde Krankheit« sein, die irgendwann vorübergeht und die Rente nicht das erstrebenswerte Ziel.

Das tun, was man wirklich, wirklich will

Eine Säule der Neuen Arbeit – neben der Lohnarbeit und Selbstversorgung – ist die Arbeit, die die Menschen »wirklich, wirklich machen wollen«. Bergmann geht davon aus, dass Arbeit grundsätzlich niemals endet, wenn man Arbeit generell und als über das Lohnarbeitssystem hinausgehend definiert. Sie ist ein menschliches Bedürfnis des Schaffens und Gestaltens. Selbstverwirklichung und Sinn für die eigene Tätigkeit stehen hier im Zentrum.

New Work ist auch in Lohnarbeit möglich.

Und hier grenze ich mich etwas von Bergmanns Utopie und Definition von »New Work« ab und behaupte, dass auch Lohnarbeit ein »wirklich wirklich Wollen« ermöglichen sollte. Ich meine damit nicht eine »alte, rollenbasierte Arbeit« mit einer fancy und kommunikativen Büroausstattung und flexiblen Arbeitszeiten. Das New Work, das Unternehmen anstreben sollten, ist vielmehr eine Angestellten-Arbeit, die eine sinnvolle Tätigkeit und Mitgestaltung oder gar Selbstverwirklichung erlaubt. Ihr oberstes Ziel sollte sein, talentierte Menschen für die eigene Firma zu begeistern und zu halten – in einem freiheitlichen Sinn. Und damit ist New Work oder Neue Arbeit gar kein Prozess und auch keine Handlungsanleitung für die Zukunft von Unternehmen, sondern eine Frage der Haltung, der Kultur und der Führung.

Doch wie kann New Work in Unternehmen gelingen? Wie können Mitarbeiter neue Arbeit als Lohnarbeit erleben?

Organisationsentwicklung mit Spiral Dynamics

Hierfür lohnt es sich zu schauen, inwieweit sich Unternehmen als Organisationen seit Beginn der Industriellen Revolution im 19. Jahrhundert entwickelt haben. Ein bekanntes Modell für die Betrachtung von Organisationsentwicklung ist das Spiral-Dynamics-Modell von D. E. Beck und C. C. Cowan, dem entwicklungspsychologische Modelle u. a. von Clare Graves und Jane Loevinger zugrunde liegen. Die Entwicklungspsychologie versteht die menschliche, evolutionäre Entwicklung als Bewusstseins- und Haltungserweiterung. Ein Mensch entwickelt sich schrittweise in Stufen von einem Bewusstseinsraum – einer Ebene – zum nächsten. Die Entwicklungsebene, die erreicht wird, bleibt dauerhaft verfügbar. Wenn wir einmal eine bestimmte Entwicklung – z. B. Lesen und Schreiben – gemacht oder eigene Vorstellungen vom Leben entwickelt haben, wie es in der Pubertät geschieht, dann verlieren wir unter normalen Umständen diese Fähigkeiten und Wahrnehmungsebene nicht mehr.

Die Entwicklung des menschlichen Bewusstseins im Laufe des Lebens lässt sich auch auf Organisationen bzw. Unternehmen übertragen. Diese durchlaufen ebenfalls eine Entwicklung oder auch Evolution, in der sie stufenweise ihren Bewusstseinsraum erweitern und immer fähiger werden, Aspekte ihres Umfelds zu integrieren (Beck, Cowan, 2007). Sobald eine Organisation in ihrem aktuellen Zustand an die Grenzen ihrer Möglichkeiten gerät, geschieht idealerweise eine Transformation hin zur nächsthöheren Ebene, die eine höhere Komplexität und mehr Lösungen erlaubt und dadurch langfristig erfolgreicher sein kann. Durch diese Transformation können Unternehmen zunehmend gesellschaftlich und ökologisch verantwortungsvoll agieren.

Die sogenannte »Evolution von Organisationen« anhand des Spiral Dynamics Modell mit den verschiedenen Ebenen ist in der folgenden Abbildung von Bernd Oestereich dargestellt:

Abb. 1: Evolution menschlicher Organisationsformen, Quelle: Bernd Oestereich, Claudia Schröder (https://kollegiale-fuehrung.de)

Wenn sich Unternehmen also transformieren und ihre organisationalen Werte, denen der gemeinschafts- und sinnsuchenden Bewerber*innen oder Mitarbeiter*innen angleichen möchten, dann wird New Work in diesen Unternehmen möglich und erlebbar. Purpose-orientierte Unternehmen, in denen die Persönlichkeit des einzelnen Mitarbeiters einen hohen Stellenwert erfährt und Ko-Kreation für Innovation genutzt wird, können neue Arbeit ermöglichen.

8.3 Das integrale Modell als Analyse-Tool für HR

Einer der vier Grundpfeiler des Spiral Dynamics Modell ist das integrale Modell von Ken Wilber et al. (Wilber 2007). Ken Wilber verwendet in seinem Modell die vier Quadranten:

- Individuum innen (Denken, Fühlen, Haltung)
- Individuum außen (Wissen, Fähigkeiten, Verhalten)
- Gemeinschaft innen (Werte, Kultur, Beziehung)
- Gemeinschaft außen (Strukturen, Prozesse, Produkte)

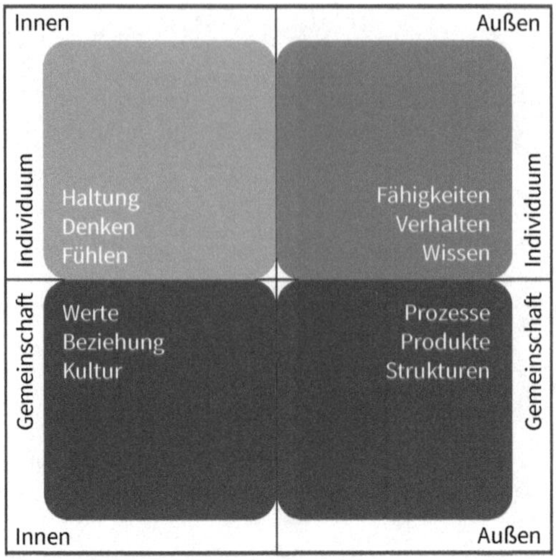

Abb. 2: Das integrale Modell nach K. Wilber und Co.

Das integrale Modell verdeutlicht, dass Organisationen durch eine **individuelle, kollektive, subjektive** und/oder **objektive »Brille«** betrachtet werden können. Jeder dieser vier Quadranten spiegelt die Wirklichkeit in einer einzigartigen und wertvollen Art und Weise wider. Um ein vollständiges Bild der Realität zu erhalten, müssen alle vier Teile berücksichtigt werden. In einer Organisation gibt es die beiden unteren Quadranten jeweils nur einmal, die oberen hingegen prinzipiell für jedes Mitglied der Organisation.

Die Erkenntnis, dass alle Quadranten von Bedeutung sind, ist wertvoll, um Veränderungsprozesse und Entwicklungsprogramme zu verstehen und passende Maßnahmen zu initiieren, damit das gewünschte Ergebnis erzielt werden kann. Deshalb ist das integrale Modell ein wertvolles Analyse-Instrument für die Organisationsentwicklung. Es macht sichtbar, worauf Personen oder Organisationen viel oder wenig Aufmerksamkeit richten und verdeutlicht, warum die Dinge nur gelingen, wenn alle Aspekte berücksichtigt werden. Das Vier-Quadranten-Modell zeigt zudem, dass unternehmerische Veränderung immer von der Persönlichkeitsentwicklung sowie dem Lernen der Führungskräfte und Mitarbeiter abhängt. Im Alltag einer Organisation wird durch das Vier-Quadranten-Modell erkennbar, wie sehr einzelne Menschen einen Einfluss auf die Arbeitsatmosphäre und den Unternehmenserfolg haben und wie beides sich umgekehrt wiederum auf den einzelnen Menschen auswirkt.

Für Unternehmen, die sich hin zu einer gemeinwohlorientierten, integralen oder Purpose-orientierten Organisation entwickeln möchten, kann das Instrument helfen, den aktuellen Standort und die momentane Zielrichtung zu bestimmen. Genauso kann das integrale Modell benutzt werden, um den aktuellen Stand der Personalentwicklung zu betrachten.

Welche Entwicklungsstufen kann HR gehen? Und welchen Beitrag kann HR zur Ermöglichung von New Work in Unternehmen leisten?

8.4 HR zur Potenzialentfaltung

Die Aufgaben- und Arbeitsbereiche von HR können beispielsweise sein:

- Führung
- Weiterbildung und Lernen
- Recruiting und Onboarding
- Mitarbeiterentwicklung

Verwenden wir das integrale Modell für diese einzelnen Bereiche und binden die sechs Entwicklungsebenen des Spiral-Dynamics-Modells (beginnend in der Mitte) mit ein, lässt sich erkennen, welchen Reifegrad die individuellen HR-Aufgaben wie Weiterbildung und Mitarbeiterentwicklung im Unternehmen erreicht haben. Im oberen rechten Quadranten auf der nachfolgenden Abbildung ist das beispielhaft skizziert. Aspekte von Führung und Verantwortungs(er)teilung, die die ganze Gemeinschaft betreffen, finden sich im unteren rechten Quadranten:

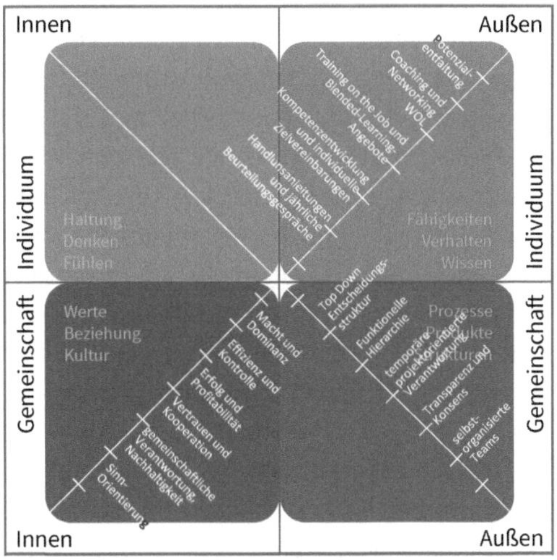

Abb. 3: Das integrale Modell für HR

Schauen wir nun darauf, was gemeinwohlorientierte, humanzentrierte Unternehmen brauchen, dann rückt Personalentwicklung weg von der Mitarbeiterförderung und

Entwicklung im Sinne einer funktionellen Anpassung und der Leistungsmessung, hin zu einer menschen- und persönlichkeitszentrierten »Ermöglichungshilfe«. In neuer Arbeit geht es darum, einander als »Subjekt« zu begegnen und wertschätzende Räume für Zusammenarbeit und Entwicklung zu ermöglichen, in der jeder sich ganzheitlich einbringen kann (Hüther 2015). Und damit rückt die Potenzialentfaltung aller Individuen eines Unternehmens ins Zentrum von New HR. Eine zentrale Aufgabe besteht dann darin:

- die individuellen Potenziale aller Mitarbeiter(innen) zu erkennen und wertzuschätzen,
- ein Umfeld zu schaffen, das die Entfaltung dieses Potenzials ermöglicht, sowie
- die vielfältigen Fähigkeiten und Talente, die aus diesem Potenzial erwachsen, in Projekten und Teams zusammenzubringen, damit alle gegenseitig von der Diversität profitieren.

Das Personal einer New HR-Abteilung muss hierfür entsprechend geschult und ausgebildet werden, damit es Mitarbeiter*innen auf dieser Entwicklungsreise bestmöglich begleiten und ihnen auch passende externe Angebote empfehlen kann. HR übernimmt damit die Rolle einer internen Coaching-Einheit und wird zum Ausgangspunkt für Lernen und Entwicklung – nicht nur des Einzelnen, sondern der ganzen Organisation.

8.5 HR für Teamentwicklung

Auch um Selbstorganisation in Teams und/oder agile Zusammenarbeitsformen zu ermöglichen bzw. Teams dahingehend zu entwickeln, braucht es Hilfe eines Coaches und Begleiters, der bspw. den Teams hilft, sich über Werte, Interessen und Bedürfnisse jedes Einzelnen bewusst zu werden (Breidenbach, Rollow, 2019). HR kann hier als Coaching-Einheit agieren, die Teams auf ihrem Weg mit Teamentwicklungsmethoden und -instrumenten unterstützend begleiten und bei Bedarf externe Unterstützung mit einbinden. Der Traum davon, Teams Regularien und Hindernisse wegzunehmen und damit Selbstorganisation und Co-Kreation automatisch freizusetzen, basiert auf einem Irrtum, dem leider einige Unternehmensleitungen aufgesessen sind. Denn leider sind New Work und Selbstorganisation keine Selbstläufer, die aus der Freiheit allein erwachsen. Verteilte Verantwortung oder Führung bedarf Legitimation, Autonomie und einer gemeinsamen Ausrichtung. Erst wenn Mitglieder eines Teams die Reifegrade bzw. Entwicklungsstufen Grün oder Gelb (vgl. Abb. 1: »Evolution menschlicher Organisationsformen«) erreicht haben, kann auch das Team als Ganzes selbstorganisierte und co-kreative Arbeitsweisen praktizieren.

Es gilt im Teamentwicklungsprozess Fragen zu klären, wie:

- Welche Leitwerte definieren wir aus dem Team heraus?
- Welche Potenziale und Kompetenzen hat jeder Einzelne?

- Wie treffen wir Entscheidungen?
- Wie kontrollieren wir die Qualität unserer Arbeit?
- Wie behandeln wir Konflikte?
- Wie lernen wir als Team/Organisation und entwickeln uns weiter?
- Oder auch: Wie bestimmen wir Gehälter? (Breidenbach, Rollow, 2019)

Human Resources dockt mit der Unterstützung von Teamentwicklungsprozessen eng an die Organisationsentwicklung an. In kleineren und mittleren Unternehmen sollten die beiden Kernkompetenzen Personalentwicklung und Organisationsentwicklung eng miteinander verknüpft sein oder an einer Stelle verortet werden. Denn wie das integrale Modell verdeutlicht, bedingen beide Bereiche sich gegenseitig.

Nach der Betrachtung der Aufgaben von New HR am Beispiel der Potenzialentfaltung (Individuum) und Zusammenarbeit (Gemeinschaft) stellt sich nun die Frage, wie ein New HR in der Praxis aussehen kann. Welche Merkmale hätte dieses New HR, das New Work ermöglicht? Welche Räume bräuchte es dafür und wie könnten diese aussehen?

8.6 Merkmale von New-Work-Unternehmen

Schauen wir auf Unternehmen, die sich in Richtung einer systemisch-autonomen oder holistischen Organisation entwickelt haben (Entwicklungsstufe Gelb, Türkis, vgl. Abb. 1: »Evolution menschlicher Organisationsformen«), dann finden wir dort folgende Merkmale von neuer Arbeit wieder:

Mitarbeiter können als ganzheitlicher Mensch in der Arbeit erscheinen
Eine offene, wertschätzende Arbeitsatmosphäre, in der sich jeder sicher fühlt, ermöglicht es den Mitarbeitern zudem, authentisch aufzutreten und sich mit allen Facetten und Schattierungen als Mensch zu zeigen. Dies bedeutet auch, die bisher oft vollzogene strikte Trennung zwischen beruflichem und privatem Auftreten aufzuheben und privaten Erlebnissen und Gedanken Raum im Arbeitsprozess zu geben. »Authentizität ist dabei kein Selbstzweck, sondern Voraussetzung dafür, dass Mitarbeiter genug voneinander wissen, um effektiv selbstorganisiert zu arbeiten.« (Breidenbach, Rollow, 2019: 71)

Herz und Verstand, Erfahrungen und Fachwissen wird eins
Wenn Mitarbeiter*innen ihr ganzes Wesen in die Arbeit einbringen können, dann wird Emotio gleich wichtig wie Ratio. Fachliches Wissen erhält den gleichen Stellenwert wie Erfahrungen. Partizipative und innovationsförderliche Entscheidungsinstrumente ermöglichen eine Beteiligung an und die Übernahme von Verantwortung – unabhängig vom Karriere-Status oder der Rolle. Ethisch-nachhaltige Unternehmensentwicklung braucht diese Ganzheitlichkeit und eine Gleichgewichtung aller Ebenen des integralen Modells.

Mitbestimmung und Selbstorganisation als Leitplanken für Zusammenarbeit
In einer gelb-türkisen Entwicklungsebene (vgl. Abb. 1: »Evolution menschlicher Organisationsformen«) verfolgen Unternehmen einen Unternehmenszweck, der einem evolutionär-gemeinwohlorientierten Purpose dient und für die Menschen im Unternehmen sinnstiftend ist. Demokratische Beteiligungsprozesse und Strukturen sind dabei wichtige Instrumente, die Selbstbestimmung erlauben und sinnstiftende Arbeit erlebbar machen. Partizipative und situative Führung ermöglichen eine flexible Machtverteilung und geben Raum für Kreativität und Selbstorganisation.

8.7 Lebenslanges Lernen im Zentrum

Unternehmen, die New Work im Bergmannschen Sinne ermöglichen, verknüpfen Arbeit eng mit Leben und Lernen. Lernen wird ein essenzieller Bestandteil von unternehmerischer Arbeit, »Always Beta« ein möglicher Slogan für das Prinzip der Weiterentwicklung in kleinen Schritten und die ständige Reflexion des Bestehenden. Lebenslanges Lernen ist hier nicht nur ein Stichwort, sondern Teil der Unternehmenskultur. Dazu gehört auch, dass Lernzeit ein fester Bestandteil des Arbeitsalltags ist und kein extra Zeitkontingent erfordert, aber möglicherweise trotzdem einen Budgetrahmen. Individuelles Lernen und Potenzialentfaltung werden essenziell für gute, kreative Arbeit und die persönliche Weiterentwicklung. Gemeinsames Lernen im Team ermöglicht das Wachsen als Gemeinschaft und daraus folgernd Kreativität und Innovation.

8.8 New HR als integrales Mitarbeitszentrum

Wenn HR nun diese Entwicklung zum New-Work-Unternehmen begleiten und Mitarbeiter*innen bei dem dafür wichtigen individuellen Entwicklungsprozess unterstützen möchte, dann kann es als integrales Mitarbeitszentrum agieren. Mit der Unterstützung dieses Zentrums können sich Mitarbeitende menschlich und persönlich weiterentwickeln und damit ihr Bestmöglichstes zur gemeinsamen Wertschöpfung des Unternehmens beitragen. Schließen wir die Augen und stellen uns vor:

Anstelle der HR-Abteilung mit Büroarbeitsplätzen und einem Trainingscenter, finden wir ein Zentrum in der Mitte des Unternehmens als Ort der Begegnung und des Austausches. Integrale oder systemische Coaches und Organisationsentwickler*innen sind dort verfügbar, wirken aber auch vor Ort an und in den verschiedensten Unternehmensbereichen. Sie ermöglichen Einzelnen, sich selbst in der Entwicklung des eigenen Bewusstseins und ihrer Werte wahrzunehmen und den nächsten Schritt aktiv und mutig zu vollziehen. Gleichzeitig unterstützen sie Teams und Projektgruppen dabei, gelingende Zusammenarbeit zu ermöglichen. Im integralen Mitarbeitszentrum finden sich Räume für lebendige Kollaboration und Ko-Kreation. Es gibt dort Plätze zum ruhigen, individuellen Lernen, aber auch zum konstruktiven Diskurs in der Gruppe und kooperativen Lernen. Räume und Angebote für gemeinsames Lernen und Entwickeln bilden verschiedene Zukunftswerkstätten, Bar-Camps und World-Cafés. Individuelle Angebote können Meditations-, Supervisions-Kreise und/oder Erfahrungsräume für Spiritualität sein. Einzelne Mitarbeiter*innen oder Gruppen können selbst Formate und Angebote initiieren und andere zur Teilnahme einladen.

Das integrale Mitarbeitszentrum muss den Fokus nicht nur nach innen richten, sondern kann sich auch nach außen öffnen für Kooperationspartner, Kunden, Lieferanten und andere Beziehungspartner und diese dazu einladen, an verschiedenen Angeboten teilzunehmen und gemeinsam zu lernen.

8.9 Zusammenfassung und Ausblick

Ich bin der Überzeugung, dass sich Unternehmen – mit Blick auf die nachfolgende Generation am Arbeitsmarkt und in der Auseinandersetzung mit einem zukunftsfähigen, nachhaltigen und ethischen Wirtschaftsmodell – darüber Gedanken machen müssen, wie sie Mitarbeiter*innen gewinnen, halten und ein »New Work« im Bergmannschen Sinne etablieren können. Die Human-Resources-Einheit muss in diesen Transformationsprozess umfassend mit eingebunden werden und ihre Kompetenzen und Angebote entsprechend erweitern. New HR kann dann in einem »integralen Mitarbeitszentrum« sichtbar werden und dort Entwicklungs- und Begegnungsräume für Individuen und Teams schaffen.

Möchten sich Unternehmen und deren HR-Mitarbeiter*innen auf den gemeinsamen Weg in Richtung New Work machen, würde das bedeuten:

- Digitale Transformation dafür zu nutzen, den Menschen mehr in den Mittelpunkt zu rücken und somit stupide, »sinnleere« Arbeitsprozesse obsolet zu machen.
- Jedem erforderlichen Arbeitsprozess, der durch einen Menschen ausgeführt werden muss, einen ganzheitlichen Sinn zu geben.
- Ein völlig neues, freiheitliches Verständnis für die Arbeitgeber- Arbeitnehmer-Beziehung zu bekommen (sich als Unternehmen attraktiv machen, anstatt zu binden).
- Das Business mit den Mitarbeiter*innen gemeinsam zu entwickeln und nicht davon abgekoppelt Jobpositionen zu kreieren, die dann jemand funktionell erfüllen muss; Recruiting also völlig neu zu denken.
- Das wirklich, wirklich Wollen bzw. die Visionen der Unternehmensmitarbeiter*innen und die Unternehmensvision immer wieder neu auszuloten.

- Experimentier- und Lernräume bereitzustellen, die Mitarbeiter*innen ermöglichen, sich auszuprobieren und ihre persönlichen Potenziale zu entdecken.
- Gemeinsam mit jedem Mitarbeitenden immer wieder zu schauen, ob die aktuelle Tätigkeit noch zu ihm/ihr passt und genügend Entwicklungs- und Entfaltungsmöglichkeiten bietet, auch wenn das Ergebnis dieser Analyse getrennte Wege zur Folge haben kann.

Damit verbunden ist gleichzeitig auch eine persönliche Selbstverantwortung jedes Mitarbeitenden, für sich selbst einzustehen und eigene Sehnsüchte und Wünsche im Blick zu haben.

So wird ein kooperatives Feld der Potenzialentfaltungs- und Gestaltungsmöglichkeiten im Unternehmen geschaffen, dem sich selbstbestimmte Menschen verbunden fühlen und aus dem heraus evolutionäre Entwicklung möglich wird. Arbeit, Leben und Lernen wird dann eins und echtes New Work wird möglich. Wirtschaftlicher Erfolg ist nicht mehr das Leitziel, sondern wird zum Nebenprodukt, der aus diesem Prozess heraus einfach »passiert«.

Also wir haben nicht trotzdem wirtschaftlichen Erfolg, sondern deswegen. Es ist wichtig und interessant, wie viele Menschen immer sagen trotzdem, aber nein, es ist deswegen.
Götz Werner, Gründer der Drogeriekette DM über die Mitarbeiter-zentrierte Unternehmenskultur im Film »Die stille Revolution«

Quellen

Albert, M. et. al. Deutsche Shell Holding GmbH (Hrsg.) (2019): 8. Shell Jugendstudie. Jugend 2019. Beltz Verlag.

Beck, Don Edward; Cowan, Christopher C. (2007): Spiral Dynamics – Leadership, Werte und Wandel: Eine Landkarte für Business und Gesellschaft im 21. Jahrhundert. Kamphausen Media GmbH.

Bergmann, Frithjof (2004): Neue Arbeit, Neue Kultur. arbor Verlag.

Breidenbach, Joana; Rollow, Bettina (2019): New Work needs Inner Work. Vahlen.

Deloitte Millennial Survey 2020: https://www2.deloitte.com/de/de/pages/innovation/contents/millennial-survey.html (abgerufen am 20.12.2020).

Gründling, Kristian (2018): DIE STILLE REVOLUTION: der Kinofilm zum Kulturwandel in der Arbeitswelt. mindjazz pictures Köln.

Hüther, Gerald (2015): Videostatement zur Potentialentfaltung: https://www.akademiefuerpotentialentfaltung.org/potentialentfaltung (abgerufen am 27.12.2020).

Oestereich, B.; Schröder, C. (2016): Das kollegial geführte Unternehmen. Ideen und Praktiken für die agile Organisation von morgen. Vahlen-Verlag.

Scholz, Christian (2014): Generation Z: Wie sie tickt, was sie verändert und warum sie uns alle ansteckt. Wiley-VCH Verlag.

Wilber, Ken (2007): Eine kurze Geschichte des Kosmos. Amerikanische Erstausgabe 1996 unter dem Titel »A Brief History of Everything«, Frankfurt am Main: Fischer Taschenbuch Verlag, 8. Auflage.

9 Weniger glänzen, mehr leuchten. Warum echtes Employer Branding über die Schauseite der Organisation hinausgeht

Katharina Lutermann

Es ist in aller Munde. Es beschäftigt Vorstände, Kommunikations- und Personalabteilungen. Es klingt fancy und hat die große Chance, zum Buzzword zu verkommen: Die Rede ist vom Employer Branding. Für viele Verantwortliche erschöpft sich Arbeitgebermarkenbildung leider noch immer, je nach Digitalisierungsgrad, in bunten Out-of-home- oder Performance-Marketing-Kampagnen. Dabei ist die interne Perspektive deutlich relevanter: Denn wer Mitarbeitende wirklich binden will, sollte intern Organisationsentwicklung betreiben, anstatt nur extern ein austauschbares Zielbild zu verkaufen.

9.1 (Internes) Employer Branding für exzellente Arbeitgeber

Das Geheimnis der Freude an der Arbeit ist in einem Wort enthalten: Exzellenz.
Zu wissen, wie man etwas gut macht, bedeutet, es zu genießen.
Pearl S. Buck

Schauen wir uns die gängigen Definitionen von Employer Branding an, so geht es zumeist darum, ein attraktives wie glaubwürdiges Image des eigenen Arbeitgebers aufzubauen. Darüber hinaus besteht der Anspruch, differenzierend gegenüber dem Wettbewerb aufzutreten. Die Abgrenzung erfolgt über die eigenen Werte, Angebote und Alleinstellungsmerkmale, die sprachlich gekonnt in Employer Value Propositions (Arbeitsgebermarkenversprechen) verpackt werden. So könne Employer Branding zum Bindeglied zwischen externem Personalmarketing und interner Mitarbeiterbindung werden (vgl. Kanning 2017, S. 3).

Als studierte Kommunikationsmanagerin möchte ich die Macht strategischer Kommunikation gar nicht infrage stellen, aber gerne den Blick erweitern: Für mich ist Employer Branding keine reine Kommunikationsstrategie, sondern eine Strategie zur Entwicklung eines attraktiven wie exzellenten Arbeitgebers. Exzellenz: im Ernst? Ja durchaus, auch wenn Ulrich Bröckling (2009, S. 422) dazu bereits ausführte: »Exzellenz ist das, von dem erstens alle ständig reden, das zweitens alle erreichen wollen, das aber drittens niemand sicher sein kann, tatsächlich erreicht zu haben, und von dem schließlich und vor allem viertens niemand genau sagen kann, was das eigentlich ist.« Nach Tom Peters' und Robert H. Watermans Bestseller »In Search of Excellence« von 1982 wurde der Begriff der Exzellenz zum Renner in der Managementliteratur. War er zu Beginn noch sehr stark mit Innovation und Adaptionsfähigkeit verbunden, fand er recht schnell seinen Weg in zahlreiche Qualitätsmanagement-Programme wie die universitäre Exzellenzinitiative oder das EFQM-Modell, ein Qualitätsmanagementsystem für Business Excellence.

Ich möchte in diesem Kontext Exzellenz sowohl als Ergänzung zur Attraktivität eines Arbeitgebers sehen als auch in Abgrenzung zur Perfektion. Aus meiner Sicht sollte es im Employer Branding nicht allein um die Attraktivität eines Arbeitgebers gehen. Attraktivität bedeutet erst einmal nur Anziehungskraft: Um Bewerber anziehen zu können, reicht im ersten Schritt gut gemachtes Personalmarketing, also eine Bearbeitung der organisationalen Schauseite, aus. Wenn wir die Oberfläche hübsch genug aufpolieren und nach außen hin glänzen, werden wir kurzfristig Erfolge erzielen können. Eine langfristige und nachhaltige Strategie sieht jedoch anders aus. Mitarbeiterbindung werden wir nur erreichen können, wenn wir von innen leuchten, also mit unseren formalen wie informalen Strukturen überzeugen können.

Und hier kommt für mich Exzellenz ins Spiel. Exzellenz ist im Gegensatz zur Perfektion auf Entwicklung ausgelegt: Perfektion ist statisch, Exzellenz dagegen berücksichtigt die gegebenen Ressourcen genauso wie die Erwartungen der relevanten Stakeholder. Ein exzellenter Arbeitgeber schafft es, aus dem zur Verfügung stehenden Kapital das Beste herauszuholen und dabei die Bedürfnisse der Mitarbeitenden zu erfüllen. Mit Kapital meine ich neben dem Finanz- und Sachkapital auch das »Humankapital«, auf dem lange der Fokus des »Human Resources Management« lag. Wenn wir die Bedeutung von menschenzentrierter Unternehmensführung aber ernst nehmen, muss sich dieser Fokus vom Human- zum Sozialkapital der Organisation verschieben. Sozialkapital umfasst dabei unter anderem die internen Netzwerke, gelebte Organisationswerte, den erlebten Sinn der eigenen Aufgabe und das Führungsverhalten.

Exzellenz werden wir nur erreichen, wenn Lokomotion, also Zielerreichung, mit Kohäsion, also Identifikation und Zusammenhalt, einhergeht. Exzellente Arbeitgeber fokussieren das Mitarbeiterengagement anstatt sich auf KPIs wie die Fluktuationsrate oder eine Time to Hire zu beschränken. »Wir sind, was wir wiederholt tun«, wusste schon Aristoteles: »Exzellenz ist also keine Handlung, sondern eine Gewohnheit.« Diese Gewohnheit, in unserem Kontext auch informale Struktur oder Organisationskultur genannt, kann nicht direkt verändert oder neu entschieden, sondern nur indirekt bearbeitet werden. Genau hierfür benötigen wir internes Employer Branding.

9.2 Die Trüffel der Organisation finden

Das Neue ist selten das Gute, weil das Gute nur kurze Zeit das Neue ist.
Arthur Schopenhauer

Diesen Satz habe ich vor ein paar Jahren von einem älteren Chefarzt zu hören bekommen. Zuerst habe ich dahinter die häufige Angst vor sowie Ablehnung von Veränderungen vermutet, was wiederum direkt meine Ablehnung provozierte. Als ich mich jedoch etwas länger damit auseinandergesetzt hatte, wurde mir der wahre Kern dieser Aussage bewusst. Genau wie jeder Mensch einzigartig, aber niemals perfekt ist, ist es auch jede Organisation. Es gibt immer Dinge, die gut funktionieren: Eine Veränderung um der Veränderung willen ergibt keinen Sinn. Vielmehr gilt es wertzuschätzen, was war und ist. Jede Organisationskultur hat sich als Reaktion auf bestehende formale Strukturen herausgebildet (vgl. Kühl 2018, S. 44) und füllt die Lücken oder Widersprüchlichkeiten, die sich aus der Formalstruktur ergeben haben. Um also eine Employer Brand zu etablieren, bei der sich die eigenen Mitarbeitenden nicht vor den Kopf gestoßen, sondern verstanden und wertgeschätzt fühlen, müssen die Suchscheinwerfer auf das Verhältnis von Formalität und Informalität in der Organisation gerichtet werden.

Wenn ich den Kontakt zu Kolleginnen und Kollegen suche, die richtigen Fragen stelle und gut zuhöre, habe ich die Chance, auf die echten Trüffel der Organisation zu stoßen. Damit meine ich die Merkmale, die uns schon jetzt als Arbeitgeber attraktiv und exzellent machen. Fragen wie »Erzählen Sie mir doch mal von Ihrem ersten Arbeitstag hier: Was hat Sie überrascht?«, »Welche ungeschriebenen Gesetze gelten hier untereinander?« oder »Was muss man hier tun, um einen guten Stand bei den Kollegen/beim Chef zu haben?« (vgl. Kühl 2018, S. 45) führen direkt hinein in eine genauere Betrachtung der Organisationskultur.

Ergänzend dazu ist es sinnvoll, gezielt zu analysieren, was über uns als Arbeitgeber geredet wird. Hierzu eignen sich die sozialen Netzwerke und Arbeitgeberbewertungsportale sehr gut. Ein regelmäßiger Blick auf die kununu Bewertungen sowie die Einschätzungen Ihrer Kolleginnen und Kollegen innerhalb des kununu Kulturkompasses können dabei sehr aufschlussreich sein. Auch wenn sich hier besonders die Personen zu Wort melden, deren Erwartungen gnadenlos enttäuscht oder übertroffen wurden: Es lohnt sich, die genannten Stärken in jedem Fall bei der Ausgestaltung der eigenen Employer Brand mit einzubeziehen.

Natürlich handelt es sich bei den Employer Value Propositions (EVP) immer um ein schönes Beispiel für eine polierte Organisationsfassade. Wichtig ist jedoch, dass diese Schauseite auf Akzeptanz bei den Mitarbeitenden stößt, anstatt nur Zynismus hervorzurufen. Dafür sollte der Fokus der Employer Brand auf die Trüffel der Organisation gerichtet sein und die bestehenden informalen wie formalen Strukturen als Grundlage immer mitgedacht werden. Darüber hinaus bietet eine gute Employer Brand natürlich auch die Chance, als Fixstern für eine gewünschte Veränderung zu dienen. Wichtig ist jedoch, den Hebel für diese Veränderung nicht rein auf der Schauseite der Organisation oder in der Organisationskultur zu suchen, sondern in den formalen Strukturen der Organisation.

9.3 Veränderungen ermöglichen

Für Wunder muss man beten, für Veränderungen arbeiten.
Thomas von Aquin

Um hier direkt einer möglichen Enttäuschung vorzubeugen: Es wird uns nicht gelingen, einmal die optimalen Formalstrukturen zu »entdecken« und uns dann zurückzulehnen. Zum einen werden wir uns immer verändern müssen, um uns auf wandelnde Stakeholder-Interessen einstellen und diese adäquat bearbeiten zu können. Exzellenz ist auf Entwicklung angelegt. Zum anderen können auch die am besten geplanten Veränderungen in der Formalstruktur nicht intendierte Folgen auf der Seite der Organisationskultur nach sich ziehen. Menschliche Reaktionen sind nun einmal nicht vollständig plan- oder vorhersagbar. So besteht zum Beispiel die Gefahr, dass entformalisierte Kommunikationswege dazu führen, dass sich sehr schnell informale Rangordnungen bilden, die keinen festgeschriebenen Spielregeln der Organisation mehr folgen. Wo also mehr Gleichberechtigung oder Partizipation das Ziel waren, stellt sich unter Umständen ein darwinistisches »survival oft he fittest« heraus (vgl. Kühl 2018, S. 51, 53). Trotzdem oder gerade deshalb gilt, was Peters und Waterman schon 1982 in ihrem Klassiker »In Search of Excellence« schrieben: »Eine gute Struktur, die den menschlichen Faktor unberücksichtigt läßt, gibt es einfach nicht.« (1982, S. 31).

Dieser »menschliche Faktor« bedeutet für mich, menschliche Bedürfnisse in den Blick zu nehmen. Um exzellente Leistungen zu erreichen, benötigen wir Mitarbeiterengagement. Die Realität in deutschen Unternehmen sieht nach dem Gallup Engagement Index 2019 jedoch anders aus: So haben 16 % der Beschäftigten schon innerlich gekündigt und ganze 70 % machen nur noch Dienst nach Vorschrift. Bei der Suche nach den wichtigen Faktoren für Engagement und Motivation kann uns die Selbstbestimmungstheorie (Self-Determination Theory, SDT) von Deci und Ryan gute Dienste leisten. Nach der SDT gilt es, unsere psychologischen Grundbedürfnisse nach Autonomie, sozialer Eingebundenheit und Kompetenz zu erfüllen. Kompetenz meint, sich fähig zu fühlen sowie die eigene Effizienz wie Effektivität (oder Exzellenz) zu erleben. Autonomie bezeichnet hier ein Gefühl der Freiwilligkeit und der Kontrolle, welche wir bei der Erfüllung unserer Aufgaben wahrnehmen. Und soziale Eingebundenheit schließlich meint die Bedeutung, die andere Menschen für mich haben, und vice versa.

Beachten wir die Erkenntnisse der SDT in unserem internen Employer Branding, so können wir nicht nur mit besseren Leistungen rechnen. Vielmehr beinhaltet ein höheres Mitarbeiterengagement auch Zugewinne an Wohlbefinden und Gesundheit. Wenn wir in dem, was wir tun, auf Exzellenz setzen, steigen unsere Chancen, Freude daran zu haben. Gleichzeitig müssen wir im Auge behalten, dass sehr hohe Exzellenznormen innerhalb einer Organisation auch zu Stress und Leistungsdruck führen können. Hier liefern uns Scholl et al. (2019) aus ihrer Forschung im Kontext von Universitäten der Exzellenzinitiative Kompensationsmöglichkeiten. Als hilfreich stellte sich heraus, wenn die mit Exzellenz verbundenen Chancen stärker kommuniziert sowie Anstrengungen unternommen wurden, dass Studierende sich ausreichend zu ihrer Universität zugehörig fühlten und sich mit ihr identifizierten, also eine emotionale Bindung erlebten. Aus meiner Sicht finden hier zwei zentrale psychologische Bedürfnisse der SDT Anklang: zum einen die Autonomie, dass mir der Fokus auf Exzellenz neue *Möglichkeiten* eröffnet, die ich ergreifen *kann*, zum anderen die soziale Eingebundenheit, eine der Hauptfaktoren für eine emotionale Bindung zur Organisation.

Wenn wir als HR-Repräsentanten die Zukunftsfähigkeit unserer Profession und unserer Organisation sicherstellen wollen, sollten wir unseren Beitrag zu einem attraktiven wie exzellenten Arbeitgeber leisten. Die Zeiten, in denen HR sich auf die reine Verwaltung von Personalprozessen fokussieren konnte, sind vorbei. Aber auch die hehren Ansprüche vieler Personalentwicklungs- oder Kulturprogramme, das Mindset der Mitarbeitenden umpolen zu müssen, um die Organisation verändern zu können, haben sich aus meiner Sicht nicht bewährt.

Ein Kulturwandel kann immer nur »über Bande« gespielt werden: Wir können unseren Kolleginnen und Kollegen beispielsweise nicht verordnen, jetzt doch mal endlich vertrauensvoll zusammenzuarbeiten, sondern müssen die formalen Strukturen so ändern, dass eine vertrauensvolle Zusammenarbeit nahegelegt und damit wahrscheinlicher wird. Hilfreich können dabei zum Beispiel digitale Kollaborationstools sein, die für offenere und transparentere Kommunikationswege sorgen. Eine andere Möglichkeit wäre in diesem Fall die Einführung neuer Zielvereinbarungen, die sich nicht nur an harten finanziellen Kennzahlen, sondern auch am Grad der Kooperation und schnittstellenübergreifenden Zusammenarbeit orientieren.

Als weiteres Beispiel möchte ich die Bedeutung der Führung betonen. So konnte ich innerhalb meiner Masterthesis zum Thema »Führung in der Pflege« herausarbeiten, dass Führung weniger vom Mindset oder Skillset der Führungskräfte abhängt als von den formalen Strukturen. Führungskräfte brauchen unterstützende Strukturen wie sinnvolle Organigramme, vollständige Stellenbeschreibungen und möglichst widerspruchsfreie Zielsysteme. Denn Führung muss man nicht nur können und wollen, sondern auch dürfen. Trotz aller Formalstrukturen kommt natürlich den Menschen in unserer Organisation eine hohe Bedeutung zu. Personalentscheidungen sind und bleiben ein wichtiger Hebel dafür, welche Entscheidungen in Organisationen getroffen werden (vgl. Kühl 2018, S. 18). Aber ich denke, dass ein Blick darauf lohnt, wie sehr Menschen von den formalen und informalen Strukturen beeinflusst werden, in denen sie tätig sind. Diese Strukturen nach bestem Wissen und Gewissen so zu gestalten, dass unsere Mitarbeitenden Autonomie, Kontrolle und soziale Eingebundenheit erleben, sollte unser Ziel sein. Denn wenn wir als Personalverantwortliche nicht die Experten für Menschen- und Beziehungsarbeit sind, wer dann?

9.4 Neue Narrative

Exzellenz ist für mich ein älterer weißhaariger Mann, der eine große Ordensspange auf der Brust trägt.
Dr. Roman Herzog

Meiner Meinung nach benötigen die Begriffe »Employer Branding« und »Exzellenz« ein Rebranding – oder, anders ausgedrückt, ein neues Narrativ. Ebenso wie Exzellenz nicht der ältere weißhaarige Mann ist, handelt es sich bei Employer Branding nicht um eine reine Kommunikationsstrategie. Wenn wir Employer Branding als Methode verstehen, alle drei Seiten einer Organisation (formale Strukturen, informale Strukturen, Schauseite) zu bearbeiten, eröffnen sich für uns Personalverantwortliche ganz neue Dimensionen. Unser Ziel sollte ein exzellenter Arbeitgeber sein – abhängig von unseren Ressourcen und den Erwartungshaltungen und Bedürfnissen unserer Stakeholder.

Und gleichzeitig liegt hier auch der Schlüssel zu mehr Wertschätzung: Menschen haben das Bedürfnis, sich selbst als wirksam, autonom und zugehörig zu erleben. Wie können wir unseren Mitarbeitenden mehr Wertschätzung entgegenbringen, als unsere formalen Strukturen wie HR-Prozesse, IT-Programme oder Kommunikationswege genau daran auszurichten? Ich bin davon überzeugt, dass uns ein Employer Branding, das einen exzellenten Arbeitgeber als Zielbild hat, auch in der externen Kommunikation ganz neue Möglichkeiten bietet. So wird die Anziehungskraft der Organisationen, die von innen leuchten, anstatt nur von außen zu glänzen, deutlich erhöht sowie weitaus nachhaltiger sein.

Menschen die Möglichkeit zu eröffnen, gemeinsam exzellente Leistungen zu erbringen, kann sich somit positiv auf die Nachwuchsgewinnung, das Mitarbeiterengagement und den Unternehmenserfolg insgesamt erweisen. Die Personalarbeit der Zukunft wird diese Herausforderungen annehmen und an einer Arbeitswelt bauen müssen, in der unsere psychologischen Bedürfnisse befriedigt und Exzellenz möglich wird. Nein, nicht müssen: Personalverantwortliche dürfen an dieser neuen Arbeitswelt bauen – und werden dabei auch für sich selbst die Macht von (Selbst-)Wirksamkeit, Autonomie und Wir-Gefühl erleben.

Quellen

Bröckling, U. (2009). Von den Exzellenzen zur Exzellenz – Genealogie eines Schlüsselbegriffs. Forschung & Lehre, 16(6), S. 422-424.

Deci, E. L., Ryan, R. M. (2000): Self-Determination Theory and the Facilitation of Intrinsic Motivation, Social Development and Well-Being. American Psychologist 55. S. 68-78.

Kanning, U. P. (2017). Personalmarketing, Employer Branding und Mitarbeiterbindung – Forschungsbefunde und Praxistipps aus der Personalpsychologie. Springer, Berlin/Heidelberg.

Kühl, S. (2018). Organisationskulturen beeinflussen. Springer VS, Wiesbaden.

Lutermann, K. (2019). Führung in der Pflege – Strukturelle Ansätze zur Stärkung der Pflege auf Fachabteilungsebene am Beispiel eines Krankenhauses. Unveröffentlicht, Osnabrück.

Peters, T. J., Waterman, R. H. (1982). In search of excellence: Lessons from America's best-run companies. Harper & Row, New York.

Scholl, A., Sassenberg, K., Pfattheicher, S. (2019). Pressured to be excellent? Social identification prevents negative affect from high university excellence norms. Journal of Experimental Social Psychology, 84, Article 103796.

10 Spannungsfeld-Modell New Work

Anna & Nils Schnell

New Work gilt mittlerweile nicht nur als Megatrend, es läuft auch Gefahr, sich zu einem Containerbegriff zu entwickeln, in dem alles und doch nichts »neues Arbeiten« sein kann. In vielen Unternehmen fehlen noch immer eine klare Definition sowie Orientierungspunkte, um New-Work-Maßnahmen zielgerichtet aufzubauen und nachhaltig zu implementieren.

Das Spannungsfeld-Modell New Work ermöglicht Unternehmen, eine erste Status-quo-Analyse vorzunehmen, um darauf aufbauend modernes und neues Arbeiten durchdacht im Unternehmen einzuführen. In diesem Artikel erfahren Sie, wie das Spannungsfeld-Modell New Work aufgebaut ist und welche Kategorien zur Selbsteinschätzung von New Work herangezogen werden.

Betrachtet man die New-Work-Landschaft nicht nur in Deutschland, sondern weltweit ist zunächst festzustellen, dass keine einheitliche Einigung darüber besteht, was New Work eigentlich ist. Auf der #modernworktour (einer Arbeitsreise, mit der wir über 15 Monate geschaut haben, welche modernen Arbeitsformen weltweit gelebt werden) haben wir 48 Interviews in 34 Ländern mit Gründern, Geschäftsführern, Führungskräften und Teamleads geführt: Während in vielen Ländern der Ansatz New Work noch gar kein Begriff ist und eher von der Zukunft der Arbeit gesprochen wird, erlebt New Work in Deutschland (und teilweise auch in anderen europäischen Ländern) einen auffälligen Trend. Dabei werden häufig Begriffe wie Agiles Management oder Methoden wie Design Thinking mit New Work gleichgesetzt bzw. synonym verwendet. Sichtbar wird dieser Trend ebenfalls mit der Einkehr von New-Work-Coaches, New-Work-Managern oder New-Work-Skills in den Unternehmen – und das branchenübergreifend. Das Business-Netzwerk XING wird in Hamburg von seinem Mutterkonzern betrieben, das sich 2019 in NEW WORK SE umbenannt hat. Eine solche Entwicklung erzielt zwar eine breite Aufmerksamkeit, vereinfacht aber die praktische und vor allem erfolgreiche Umsetzung von New Work nicht unbedingt.

In vielen Fällen besteht bei Personalverantwortlichen und Change Managern eine große Unsicherheit darüber, was unter New Work eigentlich zu verstehen ist und welche Aspekte von New Work im Unternehmen überhaupt eingesetzt werden sollen. Die gegenwärtige COVID-19 Pandemie verstärkt lediglich die Notwendigkeit dafür, dass Arbeit in Deutschland neu gedacht und die Rahmenbedingung dafür noch geschaffen werden müssen. Das legt wiederum den Verdacht nahe, dass Branchen und Unternehmen unterschiedliche Reifegrade besitzen, um modernes Arbeiten zu implementieren. Das beginnt mit einem eigenen Verständnis von New Work, das aufs Unternehmen übertragen werden kann und zur Unternehmenskultur passt, geht weiter mit einer Selbsteinschätzung des Unternehmens in Bezug auf New Work und endet mit einer gezielten Auswahl von New-Work-Maßnahmen, die nicht nur zum Unternehmen, sondern vor allem zu den Menschen in den Unternehmen passen. Denn New Work ist kein Selbstzweck, sondern soll denen, die darin arbeiten, dienen.

10.1 Worum geht es beim Spannungsfeld-Modell New Work?

Das Spannungsfeld-Modell New Work setzt an dieser gerade beschriebenen Unsicherheit an und ermöglicht es Unternehmen, in eine Selbsteinschätzung zu gehen, um passend zum Status quo der eigenen Organisationsentwicklung Initiativen herauszuarbeiten. Die Ausgangslage lehnt sich an den Grundgedanken von New Work als freiheits-philosophischer Denkansatz seines Begründers Frithjof Bergmann aus den 1970er-Jahren an. Entwindet man dem New-Work-Ansatz sein Deckmäntelchen, unter dem das Lohnsystem überwunden werden soll, fokussiert New Work darauf, Menschen sinnstiftende Arbeit zu ermöglichen und eine solche Arbeit zu fördern. Die Grundannahme besteht in dem Anspruch, dass Arbeit den Menschen in der Ausführung seiner Tätigkeit grundsätzlich stärken und nicht schwächen soll. Besonders weil sich in der heutigen Zeit Unternehmen zunehmend moderner aufstellen und im Zuge der schnell voranschreitenden Digitalisierung und Automatisierung modernste Technologien zum Einsatz kommen, kann und darf Arbeit nicht nur auf der rein strukturellen Ebene betrachtet werden. Die Arbeit der Menschen in Unternehmen verändert sich durch die neuen Technologien, weshalb nicht nur deren Einführung, sondern auch der Umgang und das Arbeiten mit ihnen begleitet werden muss.

Es ist zum Beispiel häufig nicht sinnvoll, wenn die Berater direkt nach der Einführung von Office 365 das Unternehmen verlassen, denn genau dann setzt die eigentliche Arbeit ein und die Menschen verhalten sich zu diesen neuen Arbeitsformen im Unternehmen und entwickeln einen neuen Umgang mit ihnen. Es ist demnach sogar schädlich für das Unternehmen, Führungsebenen einfach abzubauen, wenn die Teams und Menschen bisher nicht gelernt haben, selbstorganisiert zu arbeiten. Das fängt damit an, dass Entscheidungen über die Art und Weise, wie im Team gearbeitet wird, von der Führungskraft vorgegeben werden. Fällt die Rolle der Führungskraft weg, entsteht lediglich Chaos. Es geht darum, Machthierarchie gegen Entscheidungshierarchien auszutauschen, wozu New-Work-Formate und -Frameworks durchaus in der Lage sind, wenn sie durchdacht und mit Bezug auf die eigene Unternehmenskultur ausgewählt, erarbeitet und implementiert werden.

Es hat einen Grund, weshalb sich Unternehmen im Sinne von New Work verändern und damit auch erfolgreich sind. Eine solche Änderung setzt voraus, was für alle Veränderungsprozesse gilt: dass die Bedingungen für New Work erfüllt sind und der Organisationszweck dafür passend ist. Eine bewusste Entscheidung gegen New-

Work-Maßnahmen ist ebenso berechtigt wie deren Befürwortung, wenn eine Analyse des gegenwärtigen Status quo das für sinnvoll hält. Sind diese Voraussetzungen gegeben, ist es ratsam, New Work konsequent mit Blick auf das eigene Unternehmen und vor allem die Menschen darin einzuführen: Das kann sowohl im Kleinen durch das Ausprobieren von Retrospektiven aus dem Agilen Projektmanagement als auch im Großen erfolgen, wenn ein Unternehmen gängige Managementpraktiken hinterfragt, um selbstorganisierte Strukturen und Entscheidungsprozesse aufzubauen. Ein solches Vorgehen ermöglicht New Work bisher zu wenig, weshalb viele gut gemeinte und durchaus berechtigte New-Work-Initiativen im Sande verlaufen.

Das Spannungsfeld-Modell New Work bietet mit diesem Grundverständnis von New Work zunächst eine Rahmung für die Selbsteinordnung an. Bei New-Work-Transformationen, die wir begleiten, basieren alle Umsetzungsmaßnahmen und Veränderungen im Unternehmen in der Regel auf einem gemeinsam erarbeiteten Verständnis von New Work, dem gegenwärtigen Ist-Zustand im Spannungsfeld sowie der Ableitung von messbaren Wirkfaktoren als Soll-Zustand.

Das Spannungsfeld New Work haben wir auf Grundlage der über 120 besuchten Unternehmen auf der #modernworktour ermittelt und unterscheiden hier zwischen drei Reifezuständen in Unternehmen: (1) New Work Explorer, (2) New Work Performer und (3) New Work Shaper. Durch die Beantwortung von Selbsteinschätzungsfragen kann eine Zuordnung erfolgen, die Überlegungen für eine zielgerichtete Implementierung erlaubt.

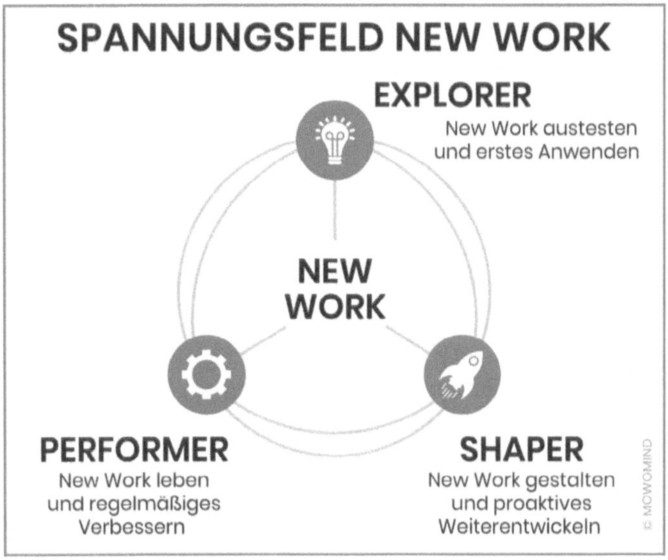

Abb. 1: Spannungsfeld New Work

Das Ziel beim Einsatz des Spannungsfeld-Modells New Work ist es, auf Grundlage einer selbstständigen Zuordnung anschlussfähige Initiativen zur Weiterentwicklung im Unternehmen aufzusetzen. Wichtig ist dabei, dass die Wirksamkeit von New-Work-Maßnahmen erhöht wird und die Implementierung im Unternehmen erfolgreicher sein kann, wenn vorab die Menschen, die dann im New Work arbeiten sollen, befragt wurden. Das schließt alle Managementebenen ein, wodurch das Spannungsfeld-Modell New Work einen Bezugsrahmen schafft, innerhalb dessen gemeinsam mit den Menschen im Unternehmen zur Unternehmenskultur passende und für das Unternehmen realistische Initiativen aufgesetzt werden.

Die drei Reifezustände New Work Explorer, New Work Performer und New Work Shaper können im Spannungsfeld-Modell New Work dabei nicht trennscharf voneinander betrachtet werden, weshalb sie vielmehr als zirkuläres Modell angelegt sind und keine Bewertungsstufen besitzen. Es kommt sogar vor, dass innerhalb eines Unternehmens oder auch innerhalb eines Teams unterschiedliche Reifegrade vorzufinden sind, die die Bereitschaft für und den Einsatz von New Work je nach Kontext und Persönlichkeitsausprägung beeinflussen. Es geht darum, eine möglichst klare Zuordnung vorzunehmen, um New Work nicht im luftleeren Raum zu lassen.

10.2 New Work Explorer

Im Spannungsfeld New Work werden New Work Explorer dadurch charakterisiert, dass sie auf Entdeckungsreise gehen, um modernes Arbeiten besser kennenzulernen. Es ist die Intention der New Work Explorer, die bisherige Art und Weise von Arbeit verändern zu wollen. Diese Absicht muss nicht aus einer Not heraus entstehen, sondern kann ebenso der Wahrnehmung, dass sich Arbeit verändert, entspringen. Dieser intrinsisch motivierte Wunsch nach Veränderung der gemeinsamen Arbeitsweisen und damit auch des Arbeitskontextes ist bei New Work Explorern ein häufiger Anlass dafür, sich mit New Work auseinanderzusetzen.

New Work Explorer werden in dieser Aufbruchsstimmung, die um sie herum herrscht, motiviert, etwas zu verändern, wenn auch noch viel Unsicherheit darüber besteht, was eigentlich im Sinne von New Work zu verändern ist. Im Zentrum steht die Frage, welche Arbeitsweisen für das Unternehmen und die Menschen Sinn ergeben bzw. inwiefern ihnen eine Bedeutsamkeit zugeschrieben werden kann. Dabei müssen und sollten nicht in erster Linie berühmte und bekannte Unternehmen zum Vorbild genommen werden. Der New Work Explorer möchte eine Veränderung, für die auch andere Teams im Unternehmen als Inspirationsquelle dienen können. Es geht tatsächlich um die Exploration im Unternehmen, um die eigene Arbeit zu hinterfragen und weiterzuentwickeln.

Charakteristisch für New Work Explorer ist, dass erste Experimente rund um neue Formen der Zusammenarbeit ausprobiert werden, um sich dem Thema New Work zu nähern und erste Erfahrungen zu machen. Gerade der Experimentiercharakter steht bei New Work Explorern im Vordergrund und macht es möglich, direkt dort anzusetzen, wo einzelne Personen oder Teams proaktiv etwas bewegen möchten. New Work Explorer wollen damit auch unnötige Kosten oder breit angelegte Veränderungen im Unternehmen, die nur schwer wieder rückgängig gemacht werden können, vermeiden.

Gleichzeitig reift bei New Work Explorern auch eine tieferliegende Chance zur Veränderung, da im Rahmen eines neuen Lernprozesses das Reflektieren über den eigenen Status quo angeregt wird und so konkrete Veränderungsmöglichkeiten ermittelt werden. Dass die eigenen sowie unternehmensinternen Arbeitsweisen hinterfragt werden dürfen, gehört zu einer proaktiven Unternehmensführung und Auseinandersetzung mit der ganz eigenen Unternehmenskultur. New Work Explorer treffen dadurch nicht nur bewusst Handlungsanleitungen, sondern werden von der Neugierde und dem Wunsch auf Veränderung für neues Arbeiten angeregt.

Wichtig zu beachten für New Work Explorer
Die ersten Schritte von New Work Explorern in Richtung New Work sind vor allem in klassischen Arbeitskontexten zunächst nicht einfach. Die Abwehr und Skepsis steigen deswegen, weil Bekanntes und Gängiges hinterfragt werden. In diesen Unternehmen sollten besonders die Menschen befragt und ins Gespräch geholt werden. Ihnen die Möglichkeit des Experimentierens zu geben, scheint wichtig, um nach den ersten Erfahrungen auch zurück zum Altbewährten kehren zu dürfen. In kleinen Iterationen Anpassungen vorzunehmen, vermittelt die Sicherheit, die Explorer vielleicht nicht brauchen, aber die Menschen im Unternehmen in diesen Phasen einfordern. Aus diesem Grund ist es ebenso wichtig, Verbündete für New Work im Unternehmen zu finden und den Entdeckergeist zu fördern, neue Ansätze auszuprobieren. Schließen sich mehrere New Work Explorer im Unternehmen zusammen, lässt dies eine interne Erkundungsreise attraktiver werden.«

Das **Ziel von New Work Explorern** besteht darin, erste New-Work-Initiativen oder -Ansätze im Unternehmen Einzug halten zu lassen. New Work Explorer möchten dazu beitragen, dass sich Arbeitsweisen verändern, weil sie als sinnvoller und sinnstiftender wahrgenommen werden und damit einen spürbaren Mehrwert für die Menschen im Unternehmen bringen. Ferner geht es darum, sich auszuprobieren und herauszufinden, welche New-Work-Methoden und -Formate tatsächlich im eigenen Kontext und für die jeweiligen Teams funktionieren.

10.3 New Work Performer

Im Spannungsfeld New Work haben New Work Performer bereits Initiativen rund um modernes und sinnstiftendes Arbeiten im Unternehmen integriert. Die Intention der New Work Performer besteht darin, die neu integrierte Art und Weise von Arbeit zunehmend zur Routine zu machen und auch weiterzuentwickeln. Das geschieht in der Regel durch Anpassungen und die Weiterentwicklung von Formaten sowie Initiativen, die noch stärker zur Unternehmenskultur passen als die bisherigen. Der intrinsisch motivierte Wunsch nach Veränderung ist bei New Work Performern weiterhin vorhanden, wird aber um die Erkenntnis erweitert, dass Veränderungen ein stetiger Bestandteil der Arbeit sein sollten und man sich dessen möglichst kontinuierlich bewusst sein sollte.

Bei New Work Performern bestehen bereits Routinen und Prozesse, die überdacht und mit der Zeit proaktiv entwickelt worden sind. So können die Menschen im Unternehmen bereits institutionalisiert auf neue Weise arbeiten und sind dabei stärker selbstorganisiert ausgerichtet. Im Zentrum steht hier die Frage, inwiefern die eingerichteten Arbeitsweisen für das Unternehmen und die Menschen weiterhin Sinn ergeben. Hier geht es darum, dass New Work Performer Einfluss nehmen können und ihre Kompetenzen bewusst einbringen, um der Arbeit weiterhin eine Bedeutsamkeit zuzuschreiben.

Das bedeutet, dass bei New Work Performern in der Regel eine sich stetig wiederholende Reflexion im Arbeitsprozess stattfindet, um die eigene Tätigkeit kontinuierlich weiterzuentwickeln. Charakteristisch für New Work Performer ist, dass Entscheidungswege verkürzt worden sind, so dass Mitarbeitende mehr Freiheit in ihren Arbeitsweisen und der Umsetzung von New-Work-Initiativen haben. Sie sind dadurch in der Lage, grundlegend Einfluss auf das Unternehmen und damit auch auf die eigene Arbeit zu nehmen, was ein selbstbestimmtes Mitgestalten fördert. Bei New Work Performern werden Arbeitsweisen nicht übergestülpt oder aus der historischen Unternehmensentwicklung beibehalten, sondern stetig betrachtet, angepasst und weiterentwickelt. Die gemeinsame Kommunikation und Interaktion hat sich verändert, da das Unternehmen und die Teams ein konstruktives Miteinander gefunden haben und somit weniger Ego und weniger Macht Einfluss auf Vorgehensweisen und Entscheidungen für New-Work-Initiativen nehmen. Der Schwerpunkt liegt in der Auseinandersetzung der Menschen mit der eigenen Arbeit, was nicht bedeutet, dass keine Unsicherheiten oder Skepsis vorhanden sind. New Work Performer begegnen diesen ideologiefrei und bieten weiterhin Experimentierräume sowie Rahmenbedingungen an, um New Work im Unternehmen weiter lebendig zu halten. New Work Performer haben dadurch nicht nur etablierte und auf ihre Unternehmenskultur ausgerichtete Formate. Sie wissen auch, welche Wirkungsfaktoren die neue Arbeit in ihrem Unternehmen beeinflussen. New-Work-Maßnahmen werden bei New Work Performern regelmäßig reflektiert und überprüft.

Wichtig zu beachten für New Work Performer

Die größte Herausforderung für New Work Performer besteht darin, die im Unternehmen oder in Teams implementierten Arbeitsweisen lebendig zu halten und regelmäßig weiterzuentwickeln. Um sinnstiftendes Arbeiten zu etablieren, braucht es eine wertschätzende und konstruktive Feedbackkultur im Unternehmen.

Nicht vergessen darf man zudem, dass die über die Zeit entstandenen neuen Arbeitsweisen nicht nur Sinn und Freude gestiftet, sondern häufig auch viel Kraft gekostet haben. Muster und Systeme sind bei New Work Performern durchbrochen worden und es musste ein Umgang mit Gegenwehr gefunden werden. Entscheidend ist nun, in einem reiferen Zustand weiterzumachen und die Arbeit immer wieder auf ihren Sinn hin zu prüfen. Bei New Work Performern werden demnach weiterhin neue Methoden und Formate ausprobiert und die New-Work-Transformation wird iterativ fortgeführt.

Das **Ziel von New Work Performern** besteht darin, eine gesunde Balance aus Weiterentwicklung und »normaler« Durchführung der eigenen Arbeitsweisen zu finden. Die neu gewonnen Routinen und Prozesse sollen nicht zur Last werden, sondern weiterhin Mehrwert und Sinn bringen, weshalb es wichtig sein wird, mit dem Kennen des Ist-Zustands einen realistischen Soll-Zustand zu formulieren. Auf diese Weise wird sichergestellt, dass ein Unternehmen oder Team mit der Zeit nicht aus Überforderung oder Erschöpfung stagniert. Ein proaktiver Austausch über die eigenen Arbeitsweisen kann dabei helfen, von anderen Seiten Anerkennung zu erhalten und Inspiration nach außen zu tragen. Bei New Work Performern entsteht hierdurch eine neue Qualität ihrer Arbeit, da die Weitergabe von Erfahrungen sowie die interne Wissensvernetzung durch z. B. reflexive Schleifen neue Erkenntnisse und Impulse schafft.

10.4 New Work Shaper

Im Spannungsfeld New Work zeichnen sich die New Work Shaper durch eine konsequente Handlungsweise im Sinne von New Work und deren sinnstiftenden Einsatz aus. Die Intention von New Work Shapern besteht darin, die proaktive Weiterentwicklung im Unternehmen oder in Teams zu fördern und weiter auszubauen. Es ist nicht nur normal geworden, die eigenen Arbeitsweisen regelmäßig zu reflektieren und weiterzuentwickeln, sondern auch proaktiv neue Formen der Zusammenarbeit entstehen zu lassen.

Damit sind New Work Shaper diejenigen, die New Work übergeordnet weiterentwickeln und tatsächlich neue Lern- und Arbeitsformate hervorbringen. Somit dienen sie ebenso als Inspirationsquelle für andere Unternehmen, weshalb es ein Anliegen ist, sich bewusst über die Grenzen des Unternehmens hinaus zu vernetzen. Auf diese Weise bewirken die neuen Methoden, Formate und Vorgehensweisen, dass New

Work Shaper zum Vorbild für andere werden und sich ihre Strahlkraft über das eigene Unternehmen und die eigenen Teams hinweg ausweitet. Charakteristisch für New Work Shaper ist also, dass sie mit aller Konsequenz die Art und Weise zu arbeiten über den eigenen Kontext hinaus weiterentwickeln und formen. Sie bringen also nicht nur neue Ideen ein, sondern tauschen sich auch regelmäßig aus und fragen nach neuen Ansätzen.

New Work Shapern gelingt es, kreative Neuschöpfungen und Weiterentwicklungen auf Basis der vorangegangenen Erfahrungen zu gestalten und Möglichkeitsräume zu eröffnen. Auf diese Weise können erfolgreiche Ansätze auch in anderen Unternehmen Einzug halten, die gemeinsamen Arbeitsweisen und viele Menschen positiv inspirieren und beeinflussen. New Work Shaper besitzen also etablierte und auf ihre Unternehmenskultur ausgerichtete Arbeitsweisen, die stetig weiterentwickelt werden. Sie kennen aber auch die unternehmensinternen Wirkungsfaktoren neuer Arbeit und behalten sie im Blick. Weil sie mit den Wirkungsfaktoren vertraut sind, können New Work Shaper aufgrund dieser Erfahrungswerte New-Work-Maßnahmen überprüfen und schnell adaptieren. Es gelingt ihnen aber auch, dieses Wissen innerhalb und außerhalb des Unternehmens weiterzugeben.

Wichtig zu beachten für New Work Shaper

Eine Herausforderung liegt für New Work Shaper darin, sich in ihrer Weiterentwicklung stetig gemeinsam im Unternehmen anzuspornen und Inspiration über den eigenen Arbeitsbereich hinaus zu erschaffen. So kann der Arbeit eine große Bedeutsamkeit zugeschrieben werden und es entsteht eine extrem hohe Intensität der New-Work-Maßnahmen. Aus diesem Grund ist es für New Work Shaper wichtig, dass die neuen Arbeitsweisen nicht zum Standard verkommen und nichts anderes mehr akzeptierbar ist. Es kann in diesem Reifegrad wichtig werden, Ruhephasen im Sinne von Besinnungsphasen einzuplanen, in denen die neuen Errungenschaften durchgeführt und zelebriert werden. So bleibt es möglich, dass die neu entstandenen Initiativen tatsächlich im Unternehmen gelebt werden und nicht nur inspirierend nach außen hin wirken. New Work Shaper sehen es als ihre Aufgabe an, nicht nur die eigenen Arbeitsweisen verbessern zu wollen, sondern sinnstiftende Arbeit über die Grenzen des eigenen Kontextes hinaus zu verändern. Diese Balance zum konstruktiv-kritischen Reflektieren zu bewahren, wird als ein wichtiger Baustein der New Work Shaper gesehen.

Das **Ziel von New Work Shapern** besteht darin, Arbeit grundsätzlich neu zu gestalten und als Inspiration für andere zu fungieren. Die Multiplikatorenfunktion kann so echte Veränderungen in der Arbeitswelt ermöglichen. Gleichzeitig wird es zur unternehmensinternen Zielsetzung, die eigenen neu entwickelten Arbeitsweisen weiterzuleben und aktiv zu halten. Der Spielraum der New Work Shaper liegt in der Balance zwischen Anspruch, Innovation und Weiterentwicklung von New Work.

Das Spannungsfeld-Modell New Work soll eine eigene Zuordnung in der doch sehr einheitlichen New-Work-Landschaft ermöglichen, da luftleerer Aktionismus dem Ansatz von New Work nicht entsprechen sollte. Deutlich wurde aus den obigen Beschreibungen, dass sich sowohl New Work Explorer wie auch New Work Performer und New Work Shaper stets mit dem Thema Arbeit auseinandersetzen müssen, um neues Arbeiten anzuregen. Die folgenden Reflexionsfragen geben Orientierung bei der eigenen Auseinandersetzung mit New Work:

- Wo verorte ich mich, mein Team und mein Unternehmen in Bezug auf modernes Arbeiten im Spannungsfeld New Work?
- An welchen Aspekten mache ich die Zuordnung fest und wie würde ich mich, mein Team oder mein Unternehmen in der jeweiligen Dreiteilung des Spannungsfelds New Work beschreiben?
- Welche neuen Initiativen können New Work anschlussfähig im Unternehmen entstehen lassen? Inwiefern passen die Maßnahmen zu der wahrnehmbaren Unternehmenskultur?
- Gibt es demotivierende Faktoren bezüglich gemeinsamer Arbeitsweisen, die gemindert oder beseitigt werden können, und wenn ja, wie konkret?
- Wenn ich mich im Unternehmen für eine neue und sinnstiftende Initiative, die zu einer wirksameren Arbeitsweise führt, entscheide, welche wäre das und wie würde ich diese konkret umsetzen?

Die Art und Weise, wie man modernes und neues Arbeiten gestalten kann, hängt nicht nur von den Initiativen, die im Unternehmen abgeleitet werden, ab. Der jeweilige Kontext, die Persönlichkeiten bzw. die Menschen im Unternehmen sowie deren Bereitschaft und Reifezustand sind wesentliche Einflussfaktoren für erfolgreiche New-Work-Transformationen. Entscheidend ist dabei ein gemeinsames New-Work-Verständnis zu entwickeln und darauf aufbauend einen Ist- und Soll-Zustand zu formulieren. Erst danach ist es entscheidend herauszufinden, wie anschlussfähige Initiativen für eine sinnstiftende Arbeit im Sinne von New Work abgeleitet werden können. Strukturelle Maßnahmen sollten nie Ziel von New Work werden, sondern die Förderung von sinnstiftender Arbeit. New Work dient nicht dem Selbstzweck, sondern den Menschen in Unternehmen.

Hierfür wird es wichtig, den eigenen Kontext und Reifegrad zu reflektieren und besser zu verstehen. Das Spannungsfeld-Modell New Work bietet einen Rahmen, um New Work zielgerichtet und effektiv zu implementieren.«

Gleichzeitig braucht es mutige und inspirierende Personen im Unternehmen, die gerne Neues ausprobieren, keine Angst vor dem Hinfallen haben, sondern sich zutrauen, wieder aufzustehen, und die verstehen, dass die Vernetzung von Wissen und das Teilen von gelernten Erfahrungen mit anderen zu Innovation führt.

Das Spannungsfeld-Modell New Work ist kein Bewertungsrahmen, sondern bietet Orientierung, weshalb es nicht darum geht, dass sich alle Unternehmen zu New Work Shaper entwickeln müssen. Vielmehr leistet das Spannungsfeld-Modell New Work seinen Beitrag dazu, dass sich jedes Unternehmen dazu entscheidet, proaktiv und bewusst die eigenen Arbeitsweisen, Prozesse und Strukturen zu überdenken, neu zu gestalten und weiterzuentwickeln. Dies erfolgt auf eine systematische und zielorientierte Weise, sodass Menschen im Unternehmen gestärkt werden bzw. sich selbst (gegenseitig) stärken.

Arbeitszeit wird immer mehr zur Lebenszeit, weshalb Unternehmen aufgefordert sind, den Mitarbeitenden eine konstruktive und wertschätzende Zusammenarbeit zu bieten, um damit modernes Arbeiten für die Zukunft zu gestalten.

11 Wie man ein Mammut schiebt – New Work im öffentlichen Dienst

Myrle Dziak-Mahler und Maria Boos

Abb. 1: Mammut schieben (© Hemker 2020)

An der Universität zu Köln studieren rund 50.000 Studierende. 14.000 dieser Studierenden absolvieren ein Lehramtsstudium. Um die Lehramtsstudierenden optimal zu begleiten, wurde 2011 das Zentrum für LehrerInnenbildung (ZfL) der Universität zu Köln gegründet. Das ZfL versteht sich als eine Einrichtung, deren Zusammenarbeitsstruktur und -kultur eng am Diskurs um »New Work«[1] orientiert ist. Zentrales Anliegen ist die bestmögliche Vorbereitung aller Lehramtsstudierenden der Universität zu Köln für die Schule von morgen und übermorgen. Um das zu gewährleisten, setzt sich das ZfL einerseits aktiv mit Themen der Veränderung in der Gesellschaft und der Arbeitswelt auseinander und andererseits arbeiten die knapp 100 Kollegen und Kolleginnen[2] agil und partizipativ.

Organisationsentwicklung wird im Sinne von Schiersmann & Thiel (2018) als ein kontinuierlicher Veränderungsprozess unter Beteiligung aller Kollegen und Kolleginnen

1 Ein kurzer und prägnanter Überblick über den Begriff »New Work« findet sich unter https://www.haufe.de/thema/new-work/ (letzter Zugriff: 13.12.2020).

2 Sprache schafft Wirklichkeit, deshalb sprechen wir in unserem ZfL-Alltag beispielsweise nicht von Mitarbeitern und Mitarbeiterinnen, sondern von Kollegen und Kolleginnen.

verstanden. Organisations- und Personalentwicklung gehören eng zusammen, bedingen einander und werden daher im ZfL konsequent gemeinsam gedacht.

Das Leitmotiv lautet: »Wir wollen, dass Menschen bei uns größer werden«. Um diese spezifische Art der Zusammenarbeit und die daraus resultierenden speziellen Anforderungen abzubilden, wurden zwei Modelle entwickelt: das *Vier-Gewinnt-Organisationsmodell* und das *Fly-Yourself-Personalentwicklungsmodell.*[3]

In einem ersten Schritt wird das Vier-Gewinnt-Modell[4] beschrieben.

11.1 Das Vier-Gewinnt-Modell als Grundlage für Organisationsentwicklung am ZfL

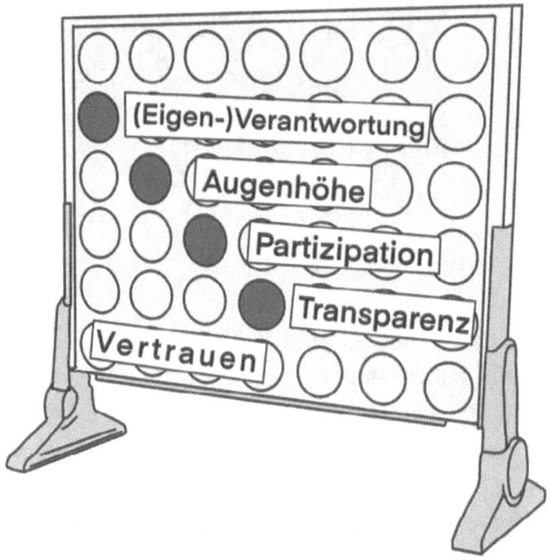

Abb. 2: Vier-Gewinnt-Modell (©Dziak-Mahler/Hemker 2015)

3 Die Modelle unserer Zusammenarbeit haben wir z. T. bereits in den folgenden Artikeln vorgestellt: Eine ausführliche Beschreibung, wie das Vier-Gewinnt-Modell auch in der Schulentwicklung genutzt werden kann, findet sich in Dziak-Mahler, M. (2020): Führen nach der Krise. In: Himmelrath, A. & Egbers, J. (Hrsg.): Das Schuljahr nach Corona – Was sich nun verändern muss. Bern: hep Verlag
Konkrete Beispiele aus dem Arbeitsalltag finden sich in Dziak-Mahler, M. & Boos, M. (2021): Agil und auf Augenhöhe – Organisationsentwicklung nach dem Vier-Gewinnt-Modell. In: Kantereit, T. et al (Hrsg.): Agilität und Bildung. Karlsruhe: Visual Books.

4 Das Vier-Gewinnt-Modell wurde von Myrle Dziak-Mahler entwickelt und wird am ZfL umgesetzt und weiterentwickelt. Weitere Informationen zur Umsetzung unter https://zfl.uni-koeln.de/das-zfl/profil/personalentwicklung, abgerufen am 13.12.2020.

Fünf Leitbegriffe bestimmen die Art und Weise, wie im ZfL miteinander gearbeitet wird:

- Eigenverantwortung,
- Augenhöhe,
- Partizipation,
- Transparenz und
- Vertrauen.

Das Fundament des Modells ist Vertrauen. Mit Reinhard Sprengers Worten: »Vertrauen führt«[5]. Die Grundvoraussetzung dafür ist, dass die Führungskräfte ihren Mitarbeitern und Mitarbeiterinnen vertrauen. Somit geht die Leitung in Vorleistung – und damit in Führung. Auf diese Weise lernen die Mitarbeiter und Mitarbeiterinnen ihren Vorgesetzen und ihren Kollegen und Kolleginnen zu vertrauen. Es handelt sich um eine *voraussetzungslose Vorschussleistung*, die die Führungspersonen erbringen müssen.

Das Vertrauen kann dann wachsen, wenn die folgenden Komponenten berücksichtigt werden:

Stufe 1: Transparenz

Die erste Stufe – und damit die Basis für alle weiteren – ist Transparenz.

Transparenz ermöglicht gleichberechtigte Kommunikation, fördert Verständnis und sorgt dafür, dass alle mitsprechen und vor allem mitentscheiden können. Funktionierende Transparenz bedeutet, dass

- das vorhandene Wissen geteilt wird und
- für jeden und jede sichtbar ist, woran gerade gearbeitet wird.

Bei der Einführung und Durchsetzung transparenten Handelns sind die Führungskräfte besonders gefordert. Zum einen gilt es, durch transparentes Handeln Vorbild zu sein, und zum anderen setzt Transparenz voraus, dass es keine »Kultur der Bestrafung« bei Fehlern gibt. Denn gelebte Transparenz bedeutet schlussendlich, eine Fehlerkultur zu schaffen, deren Ziel es ist, Fehler als eine Quelle der Inspiration zu nutzen. Die Suche nach Schuldigen, Vorwürfe und kontrollierendes Mikromanagement ist dabei kontraproduktiv. Eine positive Fehlerkultur kann hingegen durch das Zulassen von Fehlern sowie das Fördern und Vorleben einer Fehleranalyse (mit dem Ziel besser zu werden) geschaffen werden.

5 Über die Bedeutung von »Vertrauen« in Führung: Sprenger, R. (2007): Vertrauen führt – Worauf es im Unternehmen wirklich ankommt. Frankfurt a. M.: Campus Verlag.

Stufe 2: Partizipation

Partizipation ist nur dann möglich, wenn hinreichend aufbereitete Informationen zur Verfügung gestellt werden. Von gelingender Partizipation kann gesprochen werden, wenn

- Entscheidungen gemeinsam getroffen werden und
- Entscheidungen Wirkungen zeigen.

Dazu ist es hilfreich, Arbeitsformen zu etablieren, mittels derer die Kollegen und Kolleginnen in der Lage sind, erstens Ideen zu generieren und diese zu bewerten, zweitens Vorschläge auszuarbeiten, drittens über diese zu entscheiden und sie schlussendlich umzusetzen. Durch solche Arbeitsformen legen die Kollegen und Kolleginnen selbstständig ihre Aufgaben sowie die Vorgehensweisen fest und können autonom die erforderlichen Entscheidungen treffen.

Stufe 3: Augenhöhe

Die Begegnung in partizipativen Settings allein ist noch kein Garant für Augenhöhe. Erst wenn darüber bewusst nachgedacht und reflektiert wird, welche Rolle jede Person in der Organisation einnimmt, kann Augenhöhe gelingen. Zu dieser Rollenklarheit gehört es, neben der formalen (Macht-)Position auch die informellen Faktoren zu beachten. Dazu gehören u. a. Alter, Geschlecht, Dienstzugehörigkeit und Herkunft.[6]

Das Prinzip Augenhöhe ist bei der Einführung der Arbeitsstruktur nach dem Vier-Gewinnt-Modell eine erste Hürde, die es zu nehmen gilt. Das Wahrnehmen des Begriffs als »Worthülse« oder »Buzzword« verstellt den Blick auf die Wirkungsmacht, die das Prinzip freisetzen kann. In dem Moment, in dem es gelingt, sich in der Kommunikation *fachlich gleichberechtigt* zu begegnen, wird jeder Perspektive derselbe Wert und die gleiche Bedeutung beigemessen.

Augenhöhe ist eine über Hierarchiegrenzen nicht leicht herzustellende Haltung, die eine sehr hohe Rollenklarheit von allen Beteiligten erfordert. Sie kann immer nur von den in der Organisationshierarchie höher angesiedelten Kollegen und Kolleginnen hergestellt werden.

Augenhöhe gelingt, wenn eingedenk der tatsächlichen – hierarchischen und informellen – Unterschiede bewusst und gesteuert gleichberechtigte fachliche Kommunikation herbeigeführt wird.

6 Über die Bedeutung der informellen Hierarchien: Grochowiak, K. (2002): Ordnungen der Macht. Zum Download unter: https://docplayer.org/33400099-Ordnungen-der-macht-klaus-grochowiak.html, abgerufen am 23.12.2020.

Stufe 4: Eigenverantwortung
Wer eigenverantwortlich agiert, übernimmt für sein eigenes Handeln und die selbst getroffenen Entscheidungen vollumfänglich Verantwortung. Die Konsequenzen werden akzeptiert, ohne dass ein anderer, ggf. »Schuldiger« gesucht wird. Das Prinzip Eigenverantwortung ist bei der Einführung der Arbeitsstruktur nach dem Vier-Gewinnt-Modell die mit Abstand größte Herausforderung. In vielen beruflichen Kontexten wird auf die Entscheidungen der nächsthöheren Instanz im Top-down-System gewartet, ohne selbst Entscheidungen zu treffen. Sich mit Entscheidungen zu identifizieren, die so vorgegeben werden, ist oft nicht möglich und folgerichtig gibt es auch kein eigenverantwortliches Handeln. Verantwortung für Entscheidungen zu übernehmen, ist nur dann möglich, wenn die Entscheidungen von einem selbst bzw. unter angemessener Beteiligung der eigenen Person getroffen werden. Folglich ist die Voraussetzung für Eigenverantwortung, dass partizipative Formate geschaffen werden, in denen ein gemeinschaftlicher Entscheid möglich ist. Eine weitere Voraussetzung ist, dass die jeweilige Führungskraft die Rahmenbedingungen dafür schafft, dass die Kollegen und Kolleginnen Entscheidungen alleine treffen und umsetzen können.

Eine bedeutsame Frage im Hinblick auf das Vier-Gewinnt-Modell lautet deshalb: Was benötigen die Mitarbeiter und Mitarbeiterinnen, um erfolgreich und eigenverantwortlich agieren zu können? Damit alle Kollegen und Kolleginnen im ZfL ihren notwendigen Handlungsrahmen ausschöpfen können, haben wir ein weiteres Modell entwickelt – das Fly-Yourself-Modell.

11.2 Das Fly-Yourself-Modell als Grundlage für Personalentwicklung am ZfL

Personalentwicklung findet im ZfL grundsätzlich stärkenorientiert statt. Das bedeutet: Wir setzen bei den Stärken der einzelnen Personen an und wollen Bedingungen schaffen, durch die alle Kollegen und Kolleginnen ihre Stärken immer weiter ausbauen können. Damit Kollegen und Kolleginnen dies können, müssen sie eigenverantwortlich handeln (können).

Durch die verschiedenen Bausteine in unserer Personalentwicklung sollen die Kollegen und Kolleginnen lernen, »selbst zu fliegen«.

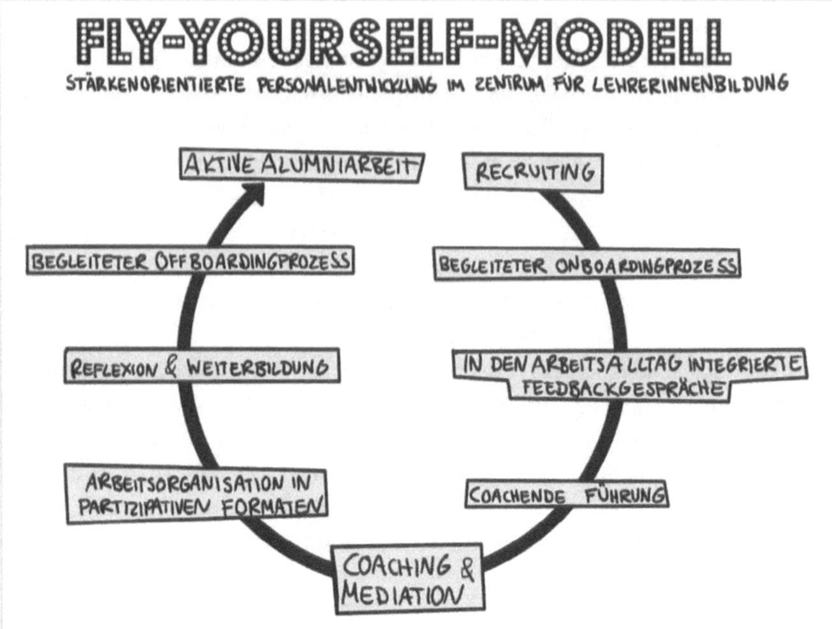

Abb. 3: Fly-Yourself-Modell (©Boos/Dziak-Mahler/Hemker 2020)

Der Prozess beginnt mit der Rekrutierung neuer Kollegen und Kolleginnen und durchläuft den kompletten Employee Lifecycle. Bereits beim Recruiting geht es darum, dass sich beide Seiten *aktiv* füreinander entscheiden. Es wird ein mehrstufiges Assessment-orientiertes Auswahlverfahren durchgeführt, an dem Kollegen und Kolleginnen aus unterschiedlichen Teams des ZfLs beteiligt sind. Wichtig ist uns, dass die Bewerber und Bewerberinnen einen transparenten und möglichst tiefen Einblick in die Unternehmensphilosophie des ZfL erhalten.

Wer dann neu startet, durchläuft einen intensiven begleiteten Onboardingprozess. Er oder sie bekommt einen Paten bzw. eine Patin. Das ist ein erfahrener Kollege oder eine Kollegin, der bzw. die

- für Fragen aller Art zur Verfügung steht,
- über Prozesse, Informations- und Austauschmöglichkeiten informiert und
- auch mal für ein gemeinsames Mittagessen Zeit hat.

Außerdem hat das ZfL eine Knowledge-Base aufgebaut, in der neue Kollegen und Kolleginnen alle relevanten Informationen finden können.

Von Beginn an spielen entwicklungsbezogene Feedbackgespräche eine große Rolle im ZfL – nach zwei Wochen, sechs Wochen, drei Monaten und sechs Monaten finden die strukturierten und wechselseitigen Feedbackgespräche statt. Auch nach Abschluss des Onboardings finden regelmäßige Feedbackgespräche mit der Teamleitung und auch mit Peers statt, weil Feedback schlussendlich das entscheidende Reflexionsinstrument zur persönlichen wie beruflichen Entwicklung ist. Wichtig ist, dass Feedbackgespräche generell konstruktiv sind. Sie sollen dabei helfen, dass sich eine Person weiterentwickeln kann und dass sie einen anderen Blick auf Dinge angeboten bekommt (Perspektivwechsel).

Neben Feedback ist Coaching ein weiteres zentrales Instrument in unserer Personalentwicklung. Das ZfL verfolgt generell eine coachende (= reflexiv-unterstützende) Grundhaltung im Umgang miteinander wie mit den Studierenden. Die Rolle der Führungskräfte ist es in erster Linie, den Boden dafür zu bereiten, dass Mitarbeiter und Mitarbeiterinnen eigenverantwortlich handeln, Verantwortung tragen, Innovationen einbringen und sich weiterentwickeln können. Dabei hat das ZfL auch für Führungskräfte Formate zur Weiterbildung, zum Austausch und zur Selbstreflexion ins Leben gerufen. Neben der Möglichkeit zu (externen) Coachings haben die Teamleiter und Teamleiterinnen z. B. Gelegenheit zum direkten Austausch in einem (extern begleiteten) Peer-Mentoring-Programm und in regelmäßigen Leadership Coffees, die dem internen Austausch untereinander dienen.

Führungskräfte und ein Großteil der Kollegen und Kolleginnen am ZfL werden außerdem zu »Fachcoaches LehrerInnenbildung«[7] ausgebildet, damit sichergestellt ist, dass die coachende Grundhaltung innerhalb der Organisation wie in unseren Services für die Studierenden (wie z. B. Beratung und Lehre) flächendeckend gelebt werden kann. Für Führungskräfte wie Mitarbeiter*innen hält das ZfL zudem Beratungsmöglichkeiten, Coachings, Mediationen, aber auch Teambegleitungsprozesse vor. Um das sicherzustellen, gibt es einen intern agierenden professionell ausgebildeten Coach und zwei zertifizierte Mediatoren sowie die Zusammenarbeit mit externen Beratern, Trainern und Coaches.

Der ständige Austausch untereinander begleitet auch die tagtägliche aufgabenorientierte Arbeit am ZfL. Deshalb wird viel Wert auf partizipative Formate gelegt. Beispielsweise finden die Teamsitzungen im Business-Circle-Format statt:

Das Meeting-Format Business Circle[8] ermöglicht eine neue Gesprächskultur und tatsächliche Partizipation. Der Kreis lässt Hierarchien und Machtgefüge verschwinden. Jede Person hat eine Stimme und jede Stimme ist es wert, gehört zu werden. »A Leader in every chair«, so beschreiben die amerikanischen Wiederentdeckerinnen der Kreis-

7 Die Ausbildung zum »Fachcoach LehrerInnenbildung« wurde von Myrle Dziak-Mahler und Julia Schwarzer-Wild (https://wild-consulting.de/) entwickelt. Eine Darlegung findet sich in dem Artikel: »Think outside the box« – Coachingbasierte Beratung am Zentrum für LehrerInnenbildung der Universität zu Köln. In: Boos, M., Krämer, A. & Kricke, M. (Hrsg.): Portfolioarbeit phasenübergreifend gestalten – Konzepte, Ideen und Anregungen aus der LehrerInnenbildung. Münster: Waxmann.

8 Eine ausführliche Darlegung der Kreismethodik findet sich in: Baldwin, C. & Linnea, A. (2014): Circle – Die Kraft des Kreises. Weinheim: Beltz.

arbeit, C. Baldwin und A. Linnea, das andere der Arbeit im Kreis gegenüber klassischer Besprechungsformate.

Die Merkmale des Business Circle sind:

- Geteilte Verantwortung für den (Gesprächs-)Prozess
- Rotierende Rollen
- Transparenz → Instant Dokumentation (keine klassischen Protokolle mehr)
- Intentionales Sprechen
- Aufmerksameres Zuhören
- Beitragen zum Wohl der Gruppe

Abb. 4: Setting im Business Circle (© Dziak-Mahler/Hemker 2020)

Um einen Business Circle durchzuführen, sind die folgenden neun Schritte hilfreich:

1. Vorbereitung des Raumes durch Gastgeber (Sitzkreis stellen, Mitte gestalten, Themenwand vorbereiten)
2. Ankommen (z. B. mit Musik)
3. Check-in-Runde (z. B. eine Frage vorbereiten, die alle beantworten)
4. Verteilen der Rollen:
   Hüter des Prozesses (achtet auf wertschätzende Kommunikation und darauf, dass alle zu Wort kommen) und Zeitwächter (achtet darauf, dass die Zeit eingehalten wird)
5. Agendasetting:
   Themensammlung reihum (mit realistischer Zeiteinschätzung) auf einer Metaplanwand und einem Brownpaper. Der Gastgeber schreibt auf dem Brownpaper mit.

Jedes Thema hat einen Themeneigner und einen Schreiber. Wenn alle Themen aufgeschrieben sind, wird hinsichtlich der aktuellen Priorität gemeinsam die Reihenfolge der Themen bestimmt und es wird überprüft, ob alle Themen zeitlich in die heutige Agenda passen. Bei jedem besprochenen Thema wird darauf geachtet, dass die gefassten Beschlüsse klar und verständlich mitgeschrieben werden. Wichtig ist zudem, konkret festzuhalten, wer für die Durchführung des Beschlossenen verantwortlich ist und bis wann die Umsetzung erfolgen soll.
6. Durchführung des Business Circles
7. Gastgeber für die nächste Sitzung festlegen
8. Check-out-Runde (z. B. eine Frage vorbereiten, die alle beantworten)
9. Versenden der Dokumentation durch Gastgeber

Regelmäßiger Austausch im täglichen Arbeiten wird darüber hinaus über Teamboards geschaffen und einmal im Jahr gibt es für jedes Team und zusätzlich für das gesamte ZfL einen Teamtag im Open-Space-Format. Auch das Open-Space-Format wird genutzt, um den Austausch aller Kollegen und Kolleginnen über Hierarchiegrenzen hinweg zu fördern. Das stellt zudem sicher, dass die Themen besprochen werden, die in der Gesamtorganisation (und nicht nur bei den Führungskräften) relevant sind. Weil – neben der eigentlichen Arbeit – auch der informelle Austausch wichtig ist, haben wir mit dem »Brownbag-Lunch« eine innovative Mittagspause ins Leben gerufen, in der man von Kollegen und Kolleginnen etwas über interessante Themen erfahren kann, die sie neben der Arbeit beschäftigen – vom Umweltschutz über Helene Fischer bis zum Yoga.

Wenn Menschen irgendwann das ZfL verlassen, findet ein umfangreicher Offboardingprozess statt und danach ist uns aktive Alumniarbeit wichtig, indem wir beispielsweise ehemalige Kollegen und Kolleginnen zu verschiedenen ZfL-Veranstaltungen einladen und mit ihnen zunehmend auch in Projekten kooperieren.

Um herauszufinden, wie die Umsetzung der beiden Modelle im Arbeitsalltag im ZfL funktioniert, finden regelmäßige Befragungen aller Kollegen und Kolleginnen statt. Die wichtigsten Ergebnisse aus den Jahren 2018 und 2020 werden im Folgenden vorgestellt.[9]

11.3 Ergebnisse der Mitarbeitendenbefragungen

Mitarbeitendenbefragungen gehören zu den Standardtools eines modernen und erfolgreichen Personalmanagements in der freien Wirtschaft und halten zunehmend auch Einzug im Bereich der Öffentlichen Verwaltung und in Hochschulen. Eine zeitge-

9 Ausführliche Berichte mit allen Ergebnissen der Mitarbeitendenbefragungen sind auf der ZfL-Homepage verfügbar: https://zfl.uni-koeln.de/das-zfl/profil/personalentwicklung, abgerufen am 12.12.2020.

mäße Führungs- und Zusammenarbeit ist ohne diese wertvollen Impulse nicht mehr denkbar (vgl. Domch & Ladwig 2013, S. 11). Durch die Nutzung von Mitarbeitendenbefragungen als Interventions- und Feedbackinstrument wird es möglich, relevante Kennzahlen und Stimmungsbilder in einer Institution systematisch zu ermitteln (vgl. Linke 2018, S. 3).

Im Frühjahr 2018 und im Sommer 2020 wurden alle Kollegen und Kolleginnen im ZfL gebeten, sich an einer freiwilligen Online-Fragebogenerhebung zu beteiligen. Der Fragebogen beinhaltete geschlossene und offene Fragen. Im Jahr 2018 lag die Rücklaufquote bei 86 % und im Jahr 2020 bei 81 %.

Die Arbeitssituation der Kollegen und Kolleginnen war an beiden Messzeitpunkten sehr unterschiedlich: Im Frühjahr 2018 arbeiteten alle Kollegen und Kolleginnen täglich i. d. R. in ihren Büros an der Universität zu Köln, 2020 arbeiteten die Kollegen und Kolleginnen hingegen aufgrund der Corona-Pandemie im Kern im Homeoffice.

Ziel der Befragungen war es herauszufinden, wie die Kollegen und Kolleginnen ihre Arbeitssituation einschätzen und wie hoch ihre Arbeitszufriedenheit ist.

Zusammenfassend wurde in beiden Befragungen deutlich, dass die Kollegen und Kolleginnen sehr zufrieden sind mit ihren Arbeitsbedingungen im ZfL.

	2018	**2020**
Ich werde von meinen Kolleg*innen unterstützt.	95	96
Ich fühle mich als Teil meines Teams/meiner Arbeitsgruppe.	98	95
Meine Arbeit im ZfL ist interessant.	94	94
Wir halten als ZfL zusammen.	92	88
Eigeninitiative und -verantwortung sind im ZfL wichtig.	94	98
Ich spreche offen mit meiner Teamleitung, wenn ich Schwierigkeiten bei der Arbeit habe.	88	91
Ich bekomme ausreichend Feedback zu meiner Arbeit.	68	82
Meine Arbeit belastet mein Familien- bzw. Privatleben.	25	14
Das Arbeitstempo ist für mich zu hoch.	10	14

Tab. 1: Faktoren der Arbeitszufriedenheit (Angabe in %)

Die Befragten konnten zwischen den folgenden fünf Antwortmöglichkeiten auswählen: trifft nicht zu, trifft eher nicht zu, trifft eher zu, trifft zu, Angabe nicht möglich. In der Tabelle 1 werden die Antworten der beiden Antwortmöglichkeiten »trifft zu« und »trifft eher zu« zusammengefasst.

Zu beiden Messzeitpunkten fühlten sich über 95% der Befragten als Teil ihres Teams und von ihren Kolleginnen und Kollegen unterstützt. 94% fanden ihre Arbeit interessant. Der Zusammenhalt ist durch die Monate im Homeoffice ein bisschen weniger geworden, aber mit 88% immer noch sehr hoch.

Im Jahr 2018 fanden bereits 94% der Befragten Eigeninitiative und Eigenverantwortung im ZfL wichtig, im Jahr 2020 waren dies sogar 98%. Eine Maßnahme, die aufgrund der Mitarbeitendenbefragung 2018 umgesetzt wurde, war, dass Feedback einen wichtigeren Stellenwert in der alltäglichen Arbeit im ZfL einnehmen sollte. Dies scheint durch interne Fortbildungen, aber auch durch das höhere Bewusstsein in der Organisation über die Bedeutung des Feedbacks, gut geklappt zu haben. Im Jahr 2020 sprachen über 90% der Befragten offen mit ihren Teamleitungen, wenn sie Schwierigkeiten bei der Arbeit hatten und über 80% erhielten – auch im Homeoffice – ausreichend Feedback zu ihrer Arbeit.

Im Jahr 2018 hatte jede vierte Person das Gefühl, dass das Privatleben durch die Arbeit belastet wurde, im Jahr 2020 waren dies nur noch 14%. Ein beachtliches Ergebnis, wenn man bedenkt, dass 2020 die generelle Belastung durch die Pandemie signifikant höher war. Dieses Ergebnis könnte damit zusammenhängen, dass zwischen den beiden Befragungszeitpunkten regelmäßig interne Fortbildungen zum Thema »Work-Life-Balance« und zum Thema »Arbeiten im Homeoffice in der Corona-Zeit« stattgefunden haben.

Darüber hinaus wurden die Kollegen und Kolleginnen gefragt, wie häufig die folgenden Dinge in den letzten vier Wochen passiert sind:

	2018	2020
… mit richtiger Freude gearbeitet	74	63
… durch deine Arbeit Anerkennung erhalten	47	60
… besonders mit dem ZfL verbunden gefühlt	53	53
… stolz auf deine Arbeit	61	64
… ein Arbeitsergebnis geliefert und positive Reaktionen darauf erhalten	59	73
… nach der Arbeit leer und ausgebrannt gefühlt	17	18
… auch in deiner arbeitsfreien Zeit nicht richtig von der Arbeit erholen konntest	26	28
… deine Arbeitssituation als frustrierend erlebt	12	9
… ein Arbeitsergebnis geliefert und negative Reaktionen darauf erhalten	1	1

Tab. 2: Die letzten vier Wochen (Angabe in %)

Die Befragten konnten zwischen den folgenden fünf Antwortmöglichkeiten auswählen: nie, manchmal, oft, sehr oft, Angabe nicht möglich. In der Tabelle 2 werden die Antworten der beiden Antwortmöglichkeiten »sehr oft« und »oft« zusammengefasst.

In den Ergebnissen wird deutlich, dass die Kolleg*innen im Sommer 2020 in den letzten vier Wochen vor der Befragung häufiger Anerkennung für ihre Arbeit und positive Reaktionen auf ein Arbeitsergebnis erhielten. Darüber hinaus sind sie ein bisschen stolzer auf ihre Arbeit gewesen. Nur 1% der Befragten erhielt 2018 und 2020 negative Reaktionen auf ihre Arbeitsergebnisse.

Die Verbundenheit mit dem ZfL ist zu beiden Messzeitpunkten identisch geblieben, obwohl sich die Kollegen und Kolleginnen im Sommer 2020 bereits seit drei Monaten nur noch in Videokonferenzen gesehen haben. Allerdings haben 2020 nur noch 63% der Befragten in den letzten vier Wochen mit richtiger Freude gearbeitet, im Jahr 2018 waren dies noch 74%. Dennoch haben 2020 weniger Kolleginnen und Kollegen ihre Arbeitssituation als frustrierend erlebt. Die Zahl der Befragten, die sich nach der Arbeit leer und ausgebrannt fühlten und sich auch in der arbeitsfreien Zeit nicht richtig von der Arbeit erholen konnten, ist im Jahr 2020 ein wenig gestiegen.

In der Befragung im Sommer 2020 gab es noch weitere Fragen zur Arbeitssituation, um zu eruieren, wie die Arbeit im Homeoffice für die Kollegen und Kolleginnen funktioniert:

Fragte man die Kolleg*innen danach, was gut läuft im Homeoffice, thematisierten mehr als die Hälfte der Befragten die Themen Absprachen, Kommunikation, Meetings und Zusammenarbeit im Team. Etwas weniger häufig, aber auch noch sehr präsent war das Thema effizientes und konzentriertes Arbeiten. Auch gaben die Kollegen und Kolleginnen an, dass es ihnen gut gelang, sich selbst zu organisieren und die Zeit frei einzuteilen. Die Flexibilität wird dabei positiv hervorgehoben. Daraus ergab sich auch, dass die Arbeit im Homeoffice den Kollegen und Kolleginnen im größeren Maße die Vereinbarkeit von Familie und Beruf ermöglichte. Positiv erwähnt wurde auch die Zeitersparnis durch den Wegfall der Anfahrtswege. Die Befragten stellten zudem fest, dass die digitalen Prozesse (»papierloses Arbeiten«) funktionierten. Darüber hinaus fanden auch die bereitgestellten technischen Möglichkeiten und der IT-Support im ZfL mehrere lobende Erwähnungen.

Die Kolleg*innen wünschten sich, dass auch nach der Corona-Pandemie die Arbeit im Homeoffice ermöglicht wird. Den meisten Personen ging es dabei nicht darum, ausschließlich im Homeoffice zu arbeiten. Viele Kollegen und Kolleginnen konnten sich hybride Arbeitsformen in Zukunft vorstellen: Digitale Formate sollen zumindest teilweise beibehalten werden, vor allem für kurze Absprachen, aber auch für Workshops,

Seminare und sonstige Veranstaltungen (beispielsweise Townhall-Meetings), Sprechstunden und Beratungen. Zudem wünschten sich die Kollegen und Kolleginnen, die digitalen Prozesse beizubehalten ebenso wie flexible Arbeitszeiten.

Als negative Aspekte der Arbeit im Homeoffice nannten die Kolleg*innen am häufigsten die fehlenden Flurgespräche und zufälligen Begegnungen, generell den persönlichen Austausch mit den Kollegen und Kolleginnen sowie die sozialen Kontakte. Einige Kolleg*innen sehen außerdem Verbesserungspotenzial beim teamübergreifenden Arbeiten und bei der digitalen, teamübergreifenden Kommunikation. Auch die erschwerten Bedingungen für die Einarbeitung neuer Kolleg*innen fanden Erwähnung. Die Befragten berichteten zudem auch von Herausforderungen im Hinblick auf die Abgrenzung von Freizeit und Arbeitszeit.

Fragt man die Kolleg*innen danach, was ihnen bei Dingen, die noch nicht gut laufen, helfen könnte, finden sich vor allem folgende Wünsche:

- gemeinsame Präsenztage,
- hybride Arbeitsformen,
- (digitale) Möglichkeiten der direkten Kommunikation und
- eine Reflexion darüber, wann ein Zoom-Meeting und wann ein Telefonat sinnvoller sein könnte.

Die Befragten richteten aber auch den Wunsch an sich selbst, ihre Selbstdisziplin in der Abgrenzung zu stärken und sich zu strukturieren. In diesem Sinne wünschten sie sich auch weitere Regeln zur Erreichbarkeit sowie zur (digitalen) Kommunikation im Allgemeinen.

Im Vergleich mit anderen Studien zum Thema »Arbeiten im Homeoffice während der Corona-Pandemie« (z. B. Blom et al. 2020, Fraunhofer-Institut 2020, Kunze 2020, Neumann et al. 2020) wird deutlich, dass die Arbeit im Homeoffice am ZfL sehr gut funktioniert und dass die Kollegen und Kolleginnen sehr zufrieden sind mit den Arbeitsbedingungen – wie auch schon in der Befragung zwei Jahre zuvor.

11.4 Wie wir zukünftig miteinander arbeiten wollen

Wir haben uns in den letzten Jahren viel mit der New-Work-Bewegung auseinandergesetzt. Und damit, wie man den »Wandel als Normalfall« in einer Einrichtung des öffentlichen Dienstes als Arbeitskultur festigen kann. Dabei bewegt sich das Zentrum für LehrerInnenbildung nicht in einem freien Raum, sondern ist in etablierte Strukturen der Universität eingebunden. Vieles wird im ZfL gemeinsam ausprobiert. Nach zehn

Jahren ZfL-Entwicklung gibt es acht wesentliche Erkenntnisse, die als Leitlinien für die zukünftigen Entwicklung gelten können:

1. Alle Menschen konstruieren ihre eigene Wirklichkeit. Das wissen wir schon lange aus der Theorie, aber im Führungsalltag erleben wir täglich, wie wichtig es ist, daraus Konsequenzen für die alltägliche Arbeit abzuleiten: Um wirklich herauszufinden, wie das Gegenüber eine Information verstanden hat, muss diese Person selber schildern, wie sie die Information verstanden hat. Diese Form der Kommunikation ist sehr hilfreich, um ein gemeinsames Verständnis von Aufgaben zu entwickeln, allerdings kostet sie viel Zeit.
2. Wir können nicht davon ausgehen, dass alle genauso arbeiten möchten wie wir selber. Für uns waren es daher »shocking news«, als wir verstanden haben, dass nicht alle Kollegen und Kolleginnen selbstständig und eigenverantwortlich arbeiten wollen und nicht alle regelmäßig reflektieren möchten.
3. Bei den meisten Themen reicht es nicht aus, sie ein- oder zweimal zu besprechen. Wenn Themen wirklich wichtig sind, müssen sie regelmäßig und immer wieder besprochen werden, damit sie bei allen ankommen. Deshalb sollten sich alle Führungskräfte merken: Ein Hoch auf die Redundanz!
4. Nur weil Führungskräfte denken, dass eine Veränderung für die Organisation hilfreich wäre, bedeutet es nicht, dass die Organisation bereits den Reifegrad für diese Veränderung hat. Damit die Veränderung von genügend Kollegen und Kolleginnen in der Organisation mitgetragen wird, ist es deshalb bei manchen Ideen zwar richtig, diese als Führungskraft einzubringen. Dann aber sollte sie Geduld haben, bis die Organisation in der Lage ist, sich mit dem Thema zu beschäftigen.
5. Da sich an den freiwilligen Mitarbeitendenbefragungen im ZfL bisher immer über 80 % aller Kollegen und Kolleginnen beteiligt haben, haben wir ein klares Bild über die Themen, die für die Organisation relevant sind. Das führt dazu, dass viele Diskussionen, die emotional von Einzelnen geführt und ggf. auch befeuert werden, versachlicht werden, weil die Auffassung der Mehrheit der Kollegen und Kolleginnen durch die Befragungen bekannt ist.
6. Durch den Austausch mit Führungskräften und Organisations- und Personalentwicklern aus anderen Unternehmen und Organisationen bei u. a. New Work Meet Ups, bei Konferenzen oder bei Twitter erhalten wir fast täglich neue Impulse, die uns bei der Weiterentwicklung unserer eigenen Organisationsentwicklung helfen.
7. Wir führen viele Diskussionen in der Organisation darüber, wie wir momentan und zukünftig zusammenarbeiten wollen, weil wir inmitten eines Systems (Universität) angesiedelt sind, das erst einmal per se nicht agil und auf Augenhöhe arbeitet. Manchmal fühlt es sich an, als würden wir ein Mammut schieben, aber nach zehn Jahren können wir sagen: Agiles Arbeiten in der Bildung und im öffentlichen Dienst ist möglich! Dafür sind unserer Meinung nach vier Dinge entscheidend: Haltung und Mut, aber auch Theorie und Methode.
8. Wie wir alle zukünftig miteinander arbeiten wollen, soll nicht alleine die Geschäftsführung festlegen, sondern in einem gemeinschaftlichen Prozess erarbeitet und

erprobt werden. Im ZfL wird folgendermaßen vorgegangen: Die Ergebnisse der Mitarbeitendenbefragung 2020 wurden zur Verfügung gestellt und im Townhall-Meeting besprochen. Als eine erste grundlegende Maßnahme soll gemeinsam ein Leitbild zum »Hybriden Arbeiten im ZfL« entwickelt werden. Dazu wird zunächst in den einzelnen Teams festgehalten, welche Themen in diesem Leitbild enthalten sein sollten. Aus jedem Team beteiligt sich dann eine Person an einer Arbeitsgruppe, in der

- ein Vorschlag für das Leitbild erstellt wird und
- Maßnahmen identifiziert werden, die zur Umsetzung der hybriden Zusammenarbeit notwendig und förderlich sind.

Das Ergebnis wird anschließend beim nächsten Townhall-Meeting diskutiert und es wird festgehalten, wer die Umsetzung welcher Maßnahmen übernimmt. Nachdem wir dann einige Monate mit diesem neuen Leitbild gearbeitet haben, werden wir auswerten, wie die Umsetzung funktioniert, und das Leitbild konsequent weiterentwickeln.

Quellen

Baldwin, C. & Linnea, A. (2014): Circle – Die Kraft des Kreises. Weinheim: Beltz.

Blom, A. G.., Wenz, A., Rettig, T., Reifenscheid, M., Naumann, E., Möhring, K., Lehrer, R., Krieger, U. Juhl, S., Friedel, S., Fikel, M. & Cornesse, C. (2020): Die Mannheimer Corona-Studie: Das Leben in Deutschland im Ausnahmezustand. Bericht zur Lage vom 20. März bis 09. Juli 2020. Online: https://www.uni-mannheim.de/media/Einrichtungen/gip/Corona_Studie/10-07-2020_Mannheimer_Corona-Studie_-_Bericht_zur_Lage_in_den_Tagen_20_Mrz-09_Jul_2020.pdf (letzter Zugriff: 24.08.2020).

Domsch, M. E. & Ladwig, D. (2013): Handbuch Mitarbeiterbefragung. 3. Auflage. Berlin, Heidelberg: Springer Verlag.

Dziak-Mahler, M. (2020): Führen nach der Krise. In: Himmelrath, A. & Egbers, J. (Hrsg.): Das Schuljahr nach Corona – Was sich nun verändern muss. Bern: hep Verlag, S. 153-167.

Dziak-Mahler, M. & Boos, M. (2021): Agil und auf Augenhöhe – Organisationsentwicklung nach dem Vier-Gewinnt-Modell. In: Kantereit, T. et al (Hrsg.): Agilität und Bildung. Karlsruhe: Visual Books.

Dziak-Mahler, M., Hemker, D. & Schwarzer-Wild, J. (2016): »Think outside the box« – Coachingbasierte Beratung am Zentrum für LehrerInnenbildung der Universität zu Köln. In: Boos, M., Krämer, A. & Kricke, M. (Hrsg.): Portfolioarbeit phasenübergreifend gestalten – Konzepte, Ideen und Anregungen aus der LehrerInnenbildung. Münster: Waxmann.

Fraunhofer-Institut für Angewandte Informationstechnik Presseinformation (2020): Fraunhofer-Umfrage »Homeoffice«: Ist digitales Arbeiten unsere Zukunft? Online: https://www.fit.fraunhofer.de/de/presse/20-07-07_fraunhofer-umfrage-homeoffice-ist-digitales-arbeiten-unsere-zukunft.html (letzter Zugriff: 24.08.2020).

Grochowiak, K. (2002): Ordnungen der Macht. Online: https://docplayer.org/33400099-Ordnungen-der-macht-klaus-grochowiak.html (letzter Zugriff: 13.12.20).

Kunze, F. (2020): Konstanzer Home Office Studie – Factsheet zu den wichtigsten Ergebnissen der Befragung. Online: http://www.uni-konstanz.de/broschueren/pdf/factsheet-homeoffice.pdf (letzter Zugriff: 24.08.2020).

Linke, R. (2018): Mitarbeiterbefragungen optimieren – Von der Befragung zum wirksamen Management-Instrument. Wiesbaden: Springer Fachmedien.

Neumann, J., Lindert, L., Seinsche, L., Zeike, S. & Pfaff, H. (2020). Homeoffice- und Präsenzkultur im öffentlichen Dienst in Zeiten der Covid-19-Pandemie. Ergebnisbericht August 2020. Universität zu Köln: Köln. Online https://kups.ub.uni-koeln.de/11744/1/Homeofficekultur%20im%20oeffentlichen%20Dienst%20in%20Zeiten%20von%20Corona_Ergebnisbericht.pdf (letzter Zugriff: 24.08.2020).

Schiersmann, C. & Thiel, H.-J. (2018): Organisationsentwicklung. 5. Auflage. Wiesbaden: Springer Verlag.

Sprenger, R. (2007): Vertrauen führt – Worauf es im Unternehmen wirklich ankommt. Frankfurt a. M.: Campus Verlag.

12 MaX: Employee Experience in action …

Marc Wagner

Probleme kann man niemals mit derselben Denkweise lösen,
durch die sie entstanden sind.
Albert Einstein

12.1 HR in der Dauer-Sinnkrise …

Lassen Sie mich, bevor ich in das eigentliche Thema Employee Experience einsteige, etwas ausholen. Ich beschäftige mich erst seit etwa 2013 mit HR- oder People-Themen – vorher waren es eher Themen rund um IT, Finanzen und Restrukturierungen, ferner ging es auch um die Begleitung diverser Transformationsprojekte. Somit stand ich, als ich 2013 erstmalig die Verantwortung für das Themenfeld HR und Transformation bei der Managementberatung Detecon erhalten habe, dem Ganzen eher skeptisch gegenüber. Zu viele softe Themen, zu viel scheinbar nicht greifbare Aspekte – da war die Welt der Zahlen und Bits & Bites irgendwie handfester.

Doch über die vergangenen 7 Jahre habe ich die enorme Bedeutung von Fragen rund um Leadership, neue Organisationsformen und Unternehmenskultur nicht zuletzt auch am eigenen Leib erfahren dürfen. Letztlich sind wir uns ja alle einige darüber (auch wenn es mittlerweile abgedroschen klingt): Der Mensch macht den Unterschied im digitalen Zeitalter. Technologie ist frei verfügbar – es sind die Intelligenz und Kombinationsgabe von Menschen, die daraus hoch profitable Geschäftsmodelle und unsere Zukunft zaubern. Damit müsste ja eigentlich die HR-Funktion, deren primärer Auftrag es ist, sich um dieses kostbare Gut Mensch zu kümmern, einen absoluten Höhenflug vollziehen und an allen strategischen Fragestellungen mindestens beteiligt sein. Der Gründer und CEO von SAS, Jim Goodnight, bringt es hier auf den Punkt: »95 percent of my assets drive out the gate every evening. It's my job to maintain a work environment that keeps those people coming back every morning.«

Umso verwunderter war bzw. bin ich noch immer, in welcher Dauer-Sinnkrise der Bereich Human Resources steckt. Da klammert man sich noch heute an das 3-Rollen-Modell von Dave Ulrich, während sich dieser längst mit Ökosystem- und Netzwerkorganisationen beschäftigt. Da dominieren diejenigen die Geschicke von Unternehmen auf Vorstandsebene, deren Tätigkeit eigentlich am stärksten von Diskussionen rund um künstliche Intelligenz und Automatisierung betroffen sein sollte – die Finanzer und Controller (… dieses Statement sei mir erlaubt, letztlich schlägt in mir ja mindestens ein halbes Finanzerherz 😉). Und dies mit einem Selbstbewusstsein, dem viele HRler nur mit offenem Mund, Panik oder blankem Neid gegenüberstehen. Vor diesem Hintergrund beschäftige ich mich schon seit längerer Zeit mit der Frage: Was muss der Bereich Human Resources tun (angefangen mit der Bereichsbezeichnung), um endlich ein dominanter Player auf Augenhöhe mit dem Business zu werden. Letztlich wurdes dieses Ambitionsniveau ja bereits von Dave Ulrich formuliert.

12.2 HR ist tot ... es lebe Employee Experience ...

Doch lassen Sie mich die Frage etwas umformulieren: Was genau ist es, worin HR größtmöglichen Nutzen für das Business entfalten könnte? Oder noch präziser: Was muss durch HR getan werden, um ein Umfeld zu schaffen, in dessen Rahmen Mitarbeiter*innen Ihr Potenzial voll im Sinne des Unternehmens entfalten und größtmöglichen Kundenwert schaffen können? Und was muss HR tun, um all das zu entfernen, was von einer Fokussierung auf den Kunden abhält? Welche Hebel müssen hierbei optimalerweise zum Einsatz kommen? Die Erfahrungen aus unzähligen Transformationsprojekten bzw. Initiativen rund um produktive Arbeitskulturen haben gezeigt, dass die Kombination der folgenden Dimensionen entscheidend für den Umsetzungserfolg ist:

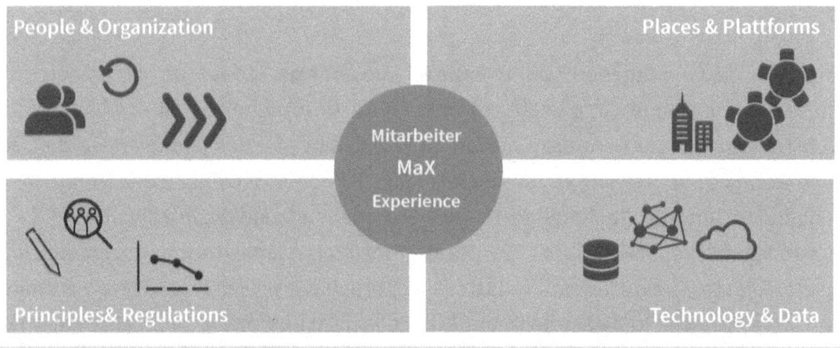

Abb. 1: Mitarbeiter Experience als harmonisches Zusammenspiel von 4 Dimensionen

Die Grafik zeigt die vier Dimensionen:

- People & Organization
- Places & Plattforms
- Principles & Regulations
- Technology & Data

Eine große Herausforderung in all diesen Veränderungsprozessen war dabei, dass jede dieser Dimensionen in mindestens einem Silo gekapselt war. Dies führte nicht nur zu enormen Abstimmungsaufwänden und Reibungsverlusten. Vielmehr verfolgte jedes Silo eine eigene Agenda, verwendete eine eigene Sprache (... die u. a. zum Aufbau von Herrschaftswissen dient) und bewegte sich zudem in einer eigens geschaffenen Prozess- und Regulatorienwelt. Das führte zu einer unglaublichen Komplexität, die optimale Lösungen im Sinne der jeweiligen Mitarbeiter*in nahezu unmöglich macht und letztlich auch ein Grund dafür ist, dass sich viele Beratungsunternehmen die Hände reiben, weil sie solche Veränderungsvorhaben intensiv begleiten dürfen.

Von daher liegt es eigentlich auf der Hand, alle mitarbeiterbezogenen Themen in einer eigenständigen Einheit zu bündeln und optimal aufeinander abzustimmen.

12.3 Von AIRBNB zur Fiducia & GAD IT AG …

Erstmals konfrontiert mit einem entsprechenden Ansatz war ich, als ich 2017 in den USA Mark Levy von AIRBNB treffen durfte. Er trug den Titel Chief Employee Experience Officer und war nicht nur für klassische HR-Funktionen, wie z. B. Recruiting, Talentmanagement oder HR-Services, verantwortlich. Vielmehr erweiterte sich das Aufgabenspektrum um Facilitymanagement, Gesundheitsfragen und weitere Funktionen, die zur »Workplace as an experience«-Vision beitrugen mit der Zielsetzung: »A job here should not be like a job but like a hobby.«

Internes Silodenken oder funktionale Medienbrüche: Fehlanzeige. Vielmehr werden Mitarbeitererlebnisse ganzheitlich gestaltet und optimale Lösungen durch die Kombination unterschiedlicher Kompetenzen erzielt – ganz im Sinne agiler Prinzipien: maximale Priorisierung von Kundenwert bei gleichzeitiger Vermeidung von Verschwendung. Dieser völlig neue Blick prägte von da an mein Verständnis von »Best-Practice-HR« und half mir bei der Beantwortung der Frage: Wie kann HR größtmöglichen Impact für ein Unternehmen erzeugen?

Umso begeisterter war ich, als ich Anfang 2020 von Jörg Staff, dem CHRO von Fiducia & GAD IT AG, angesprochen wurde, ob ich nicht den Job des Head of Employee Experience und den Aufbau eines entsprechenden Bereichs übernehmen wolle. Für mich eröffnete sich damit die Chance, die oben beschriebene Vision einer ganzheitlichen Sicht auf die Gestaltung eines optimalen Arbeitsumfeldes für Mitarbeiter*innen zum Leben zu erwecken. Hinzu kam, dass sich das Unternehmen gleichzeitig eine agile Organisation aufbaut – damit ergab sich auch ein optimaler organisatorischer Rahmen für die Etablierung des neuen Bereichs.

12.4 Die Geburtsstunde von MaX

Zunächst einmal haben wir unseren Bereich MaX genannt, als Kurzform für »Mitarbeiter Experience«. Ein Name, der zu vielen Wortspielen einlädt und schnell die Runde macht. Im Servicefeld MaX wurden nun entlang der Employee Journey aus der aktuellen Linienorganisation folgende Bereiche in Form von sog. agilen Tribes gebündelt, welche die jeweilige inhaltliche Produktverantwortung übernehmen:

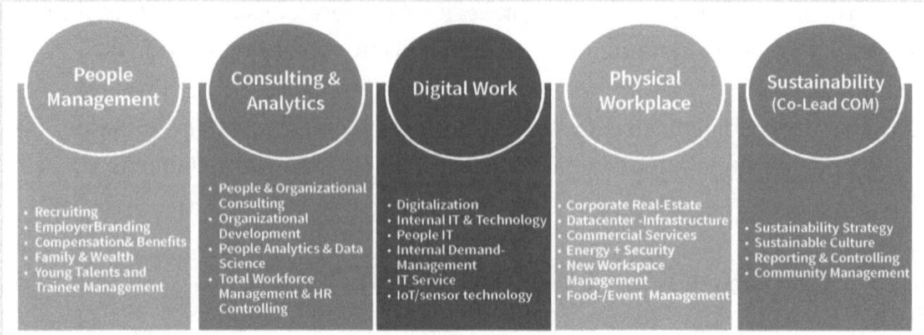

Abb. 2: Mitarbeiter Experience Themenschwerpunkte (Tribes)

- **Altorganisation**: Funktionen/Abteilungen: HR, Facility Management, Interne IT, Organisationsentwicklung
- **Neuorganisation**: Tribes: People Management, Consulting & Analytics, Facility Management, Digital Work (Chapter + Squads horizontal verbindend)

Die Tribes agieren nach einem agilen Kooperationsmodell mit der Zielsetzung, alle Kompetenzen des Servicefeldes zur ganzheitlichen Lösung von Fragestellungen einzubringen. Dabei werden alle Instrumente der zuvor dargestellten vier Dimensionen vollumfänglich abgebildet – von der Gestaltung des physischen über den digitalen Arbeitsplatz bis hin zur Ablauf- und Auflauforganisation. Als weiterer, wesentlicher Bestandteil wurde zudem das Thema »Nachhaltigkeit« (im Co-Lead mit dem Kommunikationsbereich) aufgenommen. Zielsetzung ist es, Nachhaltigkeit als Teil der Arbeitsabläufe und DNA der Organisation zu verankern.

Die enorme Power dieser Konstellation wurde jetzt bereits in den ersten Monaten sichtbar. Ein Beispiel dafür ist unser Deutschland Campus 2020 Projekt, in dessen Rahmen einheitliche New-Work-Leitplanken definiert und räumlich umgesetzt werden sollen. An diesem Projekt arbeiten Vertreter aller Tribes in einem interdisziplinären Team, das sowohl auf Digitalisierungs-, auf People- als auch auf Immobilienkompetenzen zurückgreifen kann. In der Vergangenheit wurde im jeweiligen Silo nach einer Lösung gesucht, ohne dabei nach rechts oder links zu schauen. Heute steht die Lösung von Mitarbeiterproblemen im Vordergrund.

Neben der Bildung der Tribes stand die Definition von Leitplanken und deren Implementierung für die zukünftige Zusammenarbeit im Fokus: vom Übergang aus der klassischen in die agile Organisation bis hin zur neuen Arbeitsrealität unter Covid-19 – auch hier ohne Rücksicht auf funktionale Bereichsgrenzen. Letzteres ist ganz entscheidend für das Verständnis der Strukturen des Bereichs: Die Tribes bilden die

Kompetenzheimat für Mitarbeiter*innen im Bereich Mitarbeiter Experience. Der Fokus der Zusammenarbeit liegt klar in der übergreifenden Kombination von Kompetenzen der unterschiedlichen Tribes über ein agiles Zusammenarbeits- und Steuerungsmodell. Initiativen, die die Kompetenzen ausschließlich eines Tribes erfordern, sind dabei die Seltenheit.

12.5 Employee Experience: Prinzipien

Doch gehen wir einen Schritt zurück: Was sind die zentralen Prinzipien, auf denen die Arbeit des MaX Bereichs aufbauen? Dies war die zentrale Frage, als wir uns Mitte 2020 erstmal im Leadership-Team getroffen haben. Dabei war es uns wichtig, uns von bestehenden Strukturen und Ansätzen wie z. B. einem 3-Rollen-Modell oder auch von Strukturvorschlägen aus agilen Modellen wie z. B. SAFE zu lösen. Stattdessen galt es, Prinzipien abzuleiten, die auf die spezifische Situation der Fiducia & GAD passen.

Neben einer intensiven internen Diskussion war es uns zudem wichtig, zusätzlich eine externe und möglichst wissenschaftliche Perspektive mit einfließen zu lassen. Daher wurden wir von Prof. Jutta Rump begleitet. Lassen Sie mich im Folgenden auf die Prinzipien des MaX Bereichs im Einzelnen eingehen.

Ambidextrie im Zentrum

Ein ganz zentrales Element sind Strukturen und Abläufe, die dem Prinzip der sog. Ambidextrie folgen. Was konkret verbirgt sich dahinter? Ambidextrie bzw. »Beidhändigkeit« bezeichnet die Fähigkeit von Unternehmen, gleichzeitig Ihr bestehendes Geschäft und Ihren bestehenden Betrieb laufend zu optimieren und immer effizienter zu gestalten (exploit) und dabei gleichzeitig in der Lage zu sein, radikale, innovative Produkte und Dienstleistungen hervorzubringen, die gegebenenfalls sogar das bestehende Geschäft infrage stellen (explore). Nahezu alle erfolgreichen Unternehmen im digitalen Zeitalter zeichnen sich durch Strukturen aus, die diese »Beidhändigkeit« beherrschen – eine riesige Leadership-Aufgabe, gilt es doch die dabei entstehenden Widersprüche und Zielkonflikte nicht nur zu akzeptieren, sondern sogar zu fördern. Ambidextrie ist im Übrigen auch ein ganz wesentliches Prinzip des sog. Company-ReBuilding-Ansatzes, durch den große Unternehmen in agile Kompetenznetzwerke transformiert werden. Diesen Ansatz zu erklären, würde allerdings den Rahmen hier sprengen. Einen Hinweis dazu, wo Sie mehr zum Thema Company ReBuilding erfahren können, finden Sie bei den Literaturangaben am Ende dieses Beitrags.

Das Prinzip der Ambidextrie lässt sich auch auf Service-Einheiten wie MaX anwenden, gilt es auch hierbei, die bestehenden Services immer effizienter zu gestalten und dabei gleichzeitig innovative Ansätze zu implementieren.

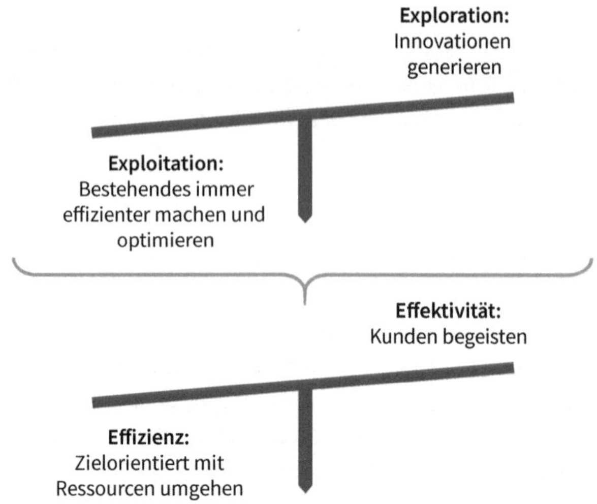

Abb. 3: Ambidextrie übertragen auf das Servicefeld MaX

Übertragen auf unseren Bereich MaX bedeutet dies, dass alle unsere Aktivitäten auf folgende Fragen ausgerichtet sind:

- Wie kann das Bestehende optimiert und weiterentwickelt werden?
- Wie lassen sich Ressourcen zielorientiert einsetzen?
- Wo und wie lassen sich Ressourcen sparen?

Zusammengefasst: Wie lässt sich Bestehendes effizienter gestalten (Exploitation)?

- Was schafft einen hohen Mehrwert für den Kunden?
- Was begeistert Kunden?
- Wo und wie lässt sich Neues erschließen?
- Wo und wie können wir uns neu erfinden?

Zusammengefasst: Was schafft Kundenbegeisterung (Exploration)?

Das strategische Ziel von MaX hat demnach zwei Ausrichtungen:

- Effizienzsteigerung und zielorientierter Ressourceneinsatz

Kundenbegeisterung durch hohe Qualität und Innovationen Diese Zielsetzung spiegelt sich auch in der **übergreifenden Vision von MaX** wider:

Wir möchten ein Arbeitsumfeld schaffen, in dem unsere Kollegen*innen Ihr Potenzial optimal einbringen und sich zu 100 % auf den Kunden konzentrieren können.

Unsere Mission ist daher zum einen, jede Art von »Zeitfresser« oder »Verschwendung« konsequent aufzuspüren und zu beseitigen. Zum anderen gilt es, die Arbeit so zu gestalten, dass unsere Kollegen*innen jeden Morgen von Neuem begeistert in den Tag starten und stolz darauf sind, Teil der Fiducia & GAD zu sein.

12.6 Employee Experience: Faktoren für einen erfolgreichen Start und eine erfolgreiche Umsetzung

Soweit, so gut. Die Frage, die sich nach dieser Zielformulierung gestellt hat: Wie konkret erfolgt die Operationalisierung und worauf ist bei der Umsetzung zu achten. Wichtig war dabei für uns, möglichst pragmatisch vorzugehen und uns nicht in endlosen Powerpoint-Konzeptorgien zu verlieren (eine kleine Randnotiz: wir haben von Anfang an bewusst auf lange Powerpoint-Präsentationen verzichtet und uns dabei an einem Statement von Steve Jobs orientiert: »People who know what they are talking about don't need Powerpoint.«).

Nachfolgend einige der wesentlichen Erfahrungen, Umsetzungshilfen und Erfolgsfaktoren, die wir auf unserer bisherigen MaX Reise haben sammeln können.

1. Akkulturation
Eine der größten Hürden in der Zusammenarbeit ist häufig der jeweilige fachspezifische Jargon, den unterschiedliche funktionale Bereiche für sich entwickelt haben. Doch gerade in deren übergreifender Zusammenarbeit liegt ja die große Stärke des Employee-Experience-Ansatzes. Investieren Sie darum von Beginn an ausreichend Zeit, damit ein gegenseitiges sich Verstehen möglich ist. Am besten gelingt dies im Rahmen der kooperativen Umsetzung von Projekten, in der ein Hauptaugenmerk darauf gerichtet ist, sich die unterschiedlichen Herangehensweisen gegenseitig zu erläutern. Hilfreich ist hierbei der gezielte Aufbau von Wissensdatenbanken, um Know-how und Fähigkeiten abrufbar und vermittelbar zu halten. Zur Entwicklung einer ganzheitlichen Sicht kann darüber hinaus auch die Modellierung von Employee Journeys (Jonke, Buesing: 2020) dienen.

2. Fokussierung
Ein großer Fehler besteht darin, sich beim Aufbau eines Employee-Experience-Bereichs an klassischen HR-Organisationen zu orientieren. Entscheidend ist vielmehr, die Schaffung von Kundenwert ins Zentrum zu stellen und dabei konsequent das Prinzip der Ambidextrie abzubilden. Wie oben beschrieben bedeutet dies, für die Kolleg*innen im Unternehmen ein Umfeld zu schaffen, in dem sie sich maximal auf den Endkunden konzentrieren können, und gleichzeitig alle die Aktivitäten zu minimieren,

die sie davon abhalten. Ferner sollte man gleichzeitig Ansätze implementieren, welche die »Kunden- und Mitarbeiterbegeisterung« ins Zentrum stellen. Interessant ist in diesem Kontext z. B. die folgende einfache Frage: »Welche Meetings und Prozesse schaffen einen spezifisch messbaren Kundenwert?« Lautet die Antwort: »Keiner oder kaum einer«, sollten Sie schnelle Unterstützung dabei finden, diese Formate zu modifizieren oder abzuschaffen. Denn die produktive Zeit für den Endkunden entscheidet über den Erfolg von Unternehmen.

3. Habitus

Querschnittsfunktionen sind Servicefunktionen. Umso verblüffender, dass gerade das Thema »Serviceorientierung« in vielen funktionalen Bereichen nicht sonderlich ausgeprägt ist. Sofern dieses Versäumnis vorliegt, ist es schnellstmöglich zu korrigieren. Gerne verwende ich hier ein Statement aus der Hotellerie und Gastronomie: Den größten Erfolgsfaktor bildet das Service-Verständnis der Mitarbeiter. Dies gilt es in jedem Employee-Experience-Bereich gemeinsam mit dem Team zu entwickeln und zu verinnerlichen.

4. Values

Eine der für mich (noch immer) größten Herausforderungen jedes Employee-Experience-Bereiches besteht in der enormen Komplexität – insbesondere während der Set-up-Phase. Immerhin kommen hier Fragen und Inhalte aus vormals fünf eigenständigen funktionalen Bereichen zusammen. Da geht schnell der Überblick verloren. In der Folge geraten Rang und Wirkungsgrad einzelner Vorgänge aus den Augen. Deshalb haben wir uns zu Beginn dafür entschieden, alle Aktivitäten der Tribes entlang einer Value-Matrix (vgl. Blue Ocean Strategy, ERRC GRID) zu clustern und als Grundlage für die Definition neuer/gemeinsamer Produkte zu nutzen. Dies trägt zusätzlich dazu bei, stets auf den Kundenwert zu achten.

Eine weitere wesentliche Facette stellt für uns in diesem Kontext die Einführung von sog. OKRs (Objectives & Key-Results) dar. Objectives sind dabei sehr ambitionierte und inspirierende Ziele, die sich sehr gut in den Einklang mit einer agilen und iterativen Vorgehensweise bringen lassen. Unterlegt werden diese Objectives mit sog. Key-Results. Diese ermöglichen es, wertorientiert und Outcome-bezogen zu messen, wieweit das durch die Objectives formulierte Ambitionsniveau erreicht wurde. Wir haben unsere OKRs dabei so formuliert, dass sie gleichermaßen auf die Themenfelder »Kundenbegeisterung« und »Effizienzsteigerung« einzahlen. Letztlich müssen alle Aktivitäten des MaX Bereichs auf das Erreichen der OKRs einzahlen. OKRs stellen somit einen wesentlichen Beitrag zur Fokussierung auf konkrete Kundenwerte dar.

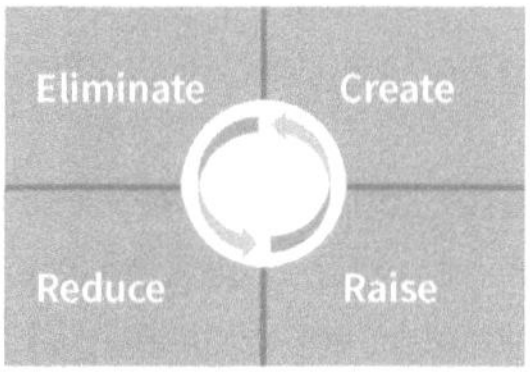

Abb. 4: Value-Matrix

5. Exekution

Ein ganz entscheidender Erfolgsfaktor besteht darin, sich möglichst schnell auf die Realisierung von Quick-Wins zu konzentrieren. Übergreifende Konzepte und Powerpoint-Schlachten führen gerade bei einem komplexen Ansatz wie Employee Experience dazu, dass große Erwartungen aufgebaut werden, die sich aber häufig nicht materialisieren. Das ist der Killer insbesondere für neu geschaffene Einheiten. Von daher gilt auch hier: Start small, but start.

Bitte unterschätzen Sie nicht, dass es einige Zeit dauern wird, bis der Employee-Experience-Ansatz wirklich substanzielle und messbare Ergebnisse liefern wird – und auch wir befinden uns ja noch in dieser spannenden Aufbauphase. Da gilt es, entsprechendes Erwartungsmanagement zu betreiben. Insbesondere auch, damit die Mitarbeiter*innen des neu geschaffenen Bereichs nicht abgehängt werden und Frustrationen entstehen. Daher ist es ganz entscheidend, der Veränderung und den daraus resultierenden Fragen und teilweise auch Ängsten der Mitarbeiter*innen Raum und Zeit zu geben – sei es durch geeignete Kommunikationsplattformen oder durch eine Vielzahl von Einzelgesprächen. Gelingt es Ihnen, hier realistische Erwartungen zu setzen und die oben beschriebenen Erfolgsfaktoren zu beachten, wird der ganzheitliche Employee-Experience-Ansatz der entscheidende Baustein von Next HR sein und damit einen wesentlichen Beitrag zur Wertschöpfung des Unternehmens liefern.

Quellen

Jonke, Alexander u. Buesing, Tim (2020): *Mitarbeiter als Kunden betrachten und genauso behandeln*: https://digitaleweltmagazin.de/2020/07/30/produktivitaet-im-fokus-der-digitalen-transformation-mitarbeiter-als-kunden-betrachten-und-genauso-behandeln/

Meister, Jeanne (2015): *Airbnb Chief Human Resource Officer Becomes Chief Employee Experience Officer*. GP Strategies: https://blessingwhite.com/airbnb-chief-human-resource-officer-becomes-chief-employee-experience-officer/

Morgan, Jacob (2017): *The Employee Experience Advantage*. John Wiley & Sons, Hoboken. Seiten 304.

Staff, Jörg (2019): *Warum HR als Silo keine Zukunft hat.* Humanresources Manager: https://www.humanresourcesmanager.de/news/kolumne-joerg-staff-logbuch-einer-transformation-warum-hr-als-silo-keine-zukunft-hat.html

Ulrich, Dave (2019): *Reinventing the Organization: How Companies Can Deliver Radically Greater Value in Fast-Changing Markets*. Harvard Business Review Press, Boston. Seiten 336.

Vinke, Verena u. Wagner, Marc (2019): *ReBuilding@HR – oder wird HR im Kontext von Company ReBuilding überhaupt noch benötigt?* LinkedIn: https://www.linkedin.com/pulse/rebuildinghr-oder-wird-hr-im-kontext-von-company-%C3%BCberhaupt-wagner

Wagner, Marc (2020): *Auswege aus der Effizienzfalle – wie »Transformationen« scheitern oder auch nicht*. LinkedIn: https://www.linkedin.com/pulse/auswege-aus-der-effizienzfalle-wie-transformationen-scheitern-wagner/

Wagner, Marc et alii (2017): *New Work: Auf dem Weg zur neuen Arbeitswelt*. Springer Gabler, Wiesbaden. Seiten XIV, 234.

Witter, Ben (2019): *Employee Experience: Develop a Happy, Productive and Supported Workforce for Exceptional Individual and Business Performance*. Kogan Page, London. Seiten 208.

13 Agilität und Mitbestimmung

Britta Redmann

Entscheidet ein Unternehmen, sich in seiner Organisationsform hin zu einer agilen – meist flacheren und flexibleren – Arbeitsorganisation zu verändern (oder besser: zu transformieren), kann dies schon einmal zu der einen oder anderen Herausforderung führen.[1] Das betrifft oft die Zusammenarbeit mit einem ggf. im Unternehmen bestehenden Betriebsrat. Die Bewältigung – und vor allem auch die gemeinsame Bewältigung – dieser Veränderung in der Arbeitsbeziehung zwischen Unternehmen, Mitarbeitern und auch Betriebsräten stellt gerade das Arbeitsrecht vor neue Herausforderungen.

Unser Arbeitsrecht stammt aus einer Zeit, zu der die Idee der Agilität noch gar nicht in der Welt war. Das heutige Arbeitsrecht enthält auch keine Elemente, die extra für Agilität entwickelt worden sind. Damit agile Spielräume so weit wie möglich mit dafür überhaupt nicht konzipierten arbeitsrechtlichen Instrumenten erschlossen werden können, ist es aber wichtig, gerade diese rechtlichen Rahmenbedingungen zu kennen und zu beachten, in denen sich Arbeitgeber bewegen dürfen und auch müssen. Auch wenn deren Anwendung auf agile Konzepte dem unbefangenen Betrachter »störrisch« erscheinen mag. Das Ziel soll und muss ja auch eine rechtssichere Gestaltung der neuen agilen Organisation sein. Sind diese rechtlichen Rahmenbedingungen allen maßgeblichen Handlungsträgern bekannt, kann eine agile Organisation und das angestrebte agile Arbeiten schöpferisch und rechtssicher gestaltet werden.

Einer alleine kann hier wenig bewegen: Eine agile Transformation lebt und vollendet sich durch »das Gemeinsame« und im Rahmen der Gemeinschaft der betrieblichen Akteure. Genauso wie Personaler sind daher auch Betriebsräte wichtige Funktionsträger und Mitgestalter in Unternehmen und Organisationen. Und genauso wie für Personaler ist es auch wesentlicher Teil der Aufgabe eines Betriebsrates, auf rechtliche Konformität zu achten. Und natürlich geht es auch beim agilen Arbeiten um rechtliche Belange, die Arbeitsverhältnisse von Mitarbeitern und Mitbestimmungsangelegenheiten von Betriebsräten betreffen. Veränderungen in den Tätigkeiten und Organisationseinheiten, Einführung von mobilem Arbeiten, Auflösung von z. B. Einzelbüros zugunsten einer anderen Raumgestaltung und/oder auch die Anwendung bestimmter Arbeitsmethoden wie z. B. Scrum oder Design Thinking können rechtliche Auswirkungen sowohl für den einzelnen Arbeitnehmer (individualrechtlich) als auch bezogen auf Mitbestimmungsrechte des Betriebsrates (kollektivrechtlich) haben.

1 Siehe auch Edelkraut/Mosig, Schnelleinstieg Agiles Personalmanagement, Haufe 2019, S. 229 ff.; Rheinhard, Mitbestimmung 4.0 selbst gestalten, ArbRB 5/2019, S. 154 ff.; Hoffmann – Remy, Arbeitsrechtliche Herausforderung bei der Agilen Transformation von Unternehmen, DB 2018, 2757.

Der Trend bei agilen Organisationsgestaltungen führt von einer hierarchischen Form hin zu einer Netzwerkbildung. Dies ist oftmals verbunden mit einer erweiterten Verantwortungsübernahme in den Teams selbst – Stichwort: Selbstorganisation. Damit einher geht auch die Selbstführung in den Teams, was gleichzeitig weniger Führungsaufgaben bei einzelnen Führungskräften zur Folge hat.

Das alles bleibt nicht ohne Auswirkung auf die Rolle von Arbeitgebern und Mitarbeitern und damit auch auf die Rolle der Betriebsräte: Die bisherigen Konturen der klassischen Rollen beginnen sich aufzulösen.

Somit macht bei der Einführung einer agilen Organisationsgestaltung oder der Einführung von Agilität dieses Thema auch beim Betriebsrat nicht halt, sondern wirkt sich direkt auf ihn und seine Tätigkeiten aus.

Insgesamt gibt es in diesem Zusammenhang vier Themenbereiche, die den Betriebsrat besonders betreffen:

- Die Mitbestimmungsrechte des Betriebsrates, die bei der Einführung bzw. Anwendung von agilem Arbeiten tangiert sind.
- Ein agiles Zusammenwirken zwischen Betriebsrat und Arbeitgeber in einer agilen Organisation.
- Nutzung agiler Frameworks und Events und damit agiles Arbeiten in der Betriebsratsarbeit selbst.
- Der Betriebsrat als Gestalter von Agilität und damit auch von New Work.

13.1 Mitbestimmungsrechte des Betriebsrats bei der Einführung bzw. Anwendung von agiler Arbeit

1. Was ist Agile Arbeit?

Agile Arbeit ist eine besondere Erscheinungsform von Zusammenarbeit in einer Organisation. Was aber ist Agilität in diesem Kontext? Es gibt nicht »die eine Form von Agilität« und keine anerkannte Definition des Begriffs, die für alle Unternehmen gleichermaßen passt.[2] Beschreiben lässt sich agiles Arbeiten als eine »Weiterentwicklung von starren und beständigen Arbeitsstrukturen hin zu einer flexiblen und ständig neu zu manifestierenden Organisation von Arbeit. Bestehende Hierarchiestufen sind dafür aufzubrechen, um eine Zusammenarbeit in flachen Hierarchien zu ermöglichen. Dazu werden anlassbezogen eigenverantwortliche Teams konstituiert, die funktions- und bereichsübergreifend an vorgegebenen Sachverhalten und Projekten arbeiten sollen. Die Idee des agilen Arbeitens besteht darin, den einzelnen Mit-

2 Eufinger/Burbach, DB 2019, 1147 ff.; Redmann, Agile Arbeit rechtsicher gestalten, Haufe, 2019, S. 33.

arbeitern und den immer wieder neu zu bildenden »Arbeitsteams« ein hohes Maß an Eigenverantwortung und Entscheidungsfreiheit zu gewähren. Durch die Abkehr von herkömmlichen Arbeitsstrukturen, die feste Fachabteilungen, Verantwortlichkeiten, detaillierte Arbeitsanweisungen oder Berichtswege vorsehen, entsteht so auch eine ganz neue Führungskultur. In diesem Rahmen werden wichtige Entscheidungen z. B. demokratisch getroffen und das Führungspersonal in regelmäßigen Abständen durch die Mitarbeiter selbst gewählt. Mit dem Einsatz von hierarchiefreien und selbstverantwortlichen Teams sollen die Produktivität der Arbeitsleistung erhöht und Entscheidungswege verkürzt werden. So ist die Schaffung von agilen Strukturen letztendlich kein Selbstzweck, sondern dient der Erhöhung der Wettbewerbsfähigkeit und der Ausschöpfung von wirtschaftlichen Potenzialen«.[3]

Im Zusammenhang mit einer agilen Softwareentwicklung bringt das »agile Manifest« die Werte und Prinzipien von agiler Arbeit auf einen kleinsten gemeinsamen Nenner:

- Menschen und Interaktionen stehen über Prozessen und Werkzeugen.
- Funktionierende Software steht über einer umfassenden Dokumentation.
- Zusammenarbeit mit dem Kunden steht über der Vertragsverhandlung.
- Reagieren auf Veränderung steht über dem Befolgen eines Plans.

Viele herkömmliche Managementmethoden und -lehren orientieren sich an den Erfahrungen der Vergangenheit, an Stabilität und fester Planbarkeit. Agilität dagegen ist absolut zukunftsorientiert und lehrt den Umgang mit Unsicherheiten. Soweit agile Arbeit in einem Unternehmen gelebt werden soll, ist die Umstellung und Aufrechterhaltung als ein ganzheitlicher, anhaltender Prozess anzuerkennen, an dem alle Mitarbeiter mitwirken. Das gelingt durch eine besondere Form der Kooperation zwischen Funktionen, Teams und Führungskräften, zu der alle aktiv beitragen müssen.[4]

Betrachtet man die Arbeitsprozesse agilen Arbeitens, lassen sich folgende Merkmale erkennen, die agiles Arbeiten auszeichnen und es fördern:

- Kurze Zyklen
- Testläufe
- Transparenz
- Reflexion
- Vernetzung[5]

Agile Arbeitsmethoden sind eine Möglichkeit für die sich im immer schnelleren (technischen) Wandel befindliche Arbeitswelt, in der es für Unternehmen immer stärker auf

3 Eufinger/Burbach, DB 2019, 1148; Schulze/Volk, Agile Arbeitsmethoden und Mitbestimmung, ArbRAktuell, 2019, 404.
4 Redmann, a. a. O., S. 34.
5 Siehe zum Ganzen Redmann, a. a. O. S. 143 ff.

flexible Entwicklungsprozesse ankommt, auf veränderte Kundenbedürfnisse schnell und direkt zu reagieren.[6]

Die sehr häufig genutzte Arbeitsmethode ist Scrum. Charakteristika von Scrum sind:

- Das Team agiert eigenverantwortlich (Selbstorganisation).
- Dabei ist das Team mit den erforderlichen (unterschiedlichen) Kompetenzen ausgestattet (crossfunktionale Besetzung).
- Es gibt drei wesentliche Rollen: den Produktverantwortlichen (Product Owner), den Scrum Master und das Team.
- Es finden regelmäßige Meetings zu festen Terminen und zu bestimmten Zwecken statt (Dailys, Reviews, Retrospektiven, Plannings …).
- Es wird in iterativen, kurzen Zyklen mit klarem Fokus gearbeitet (Sprints, Backlog, inkrementelle Produktentwicklung).
- Dadurch wird schon in einem frühen Stadium Funktionalität geliefert.
- Gleichzeitig wird damit Transparenz erzeugt.
- Kundenanforderungen werden priorisiert und direkt in das Projekt integriert.

Das Team ist bei Scrum der eigentliche Hersteller und Lieferant des Produktes. Es setzt sich im Idealfall aus allen Personen zusammen, die für die Herstellung des Produktes erforderlich sind. Es ist autorisiert, alles Zielführende zu tun, damit das angestrebte Ergebnis erreicht wird.

Scrum und auch agile Methoden werden nicht nur in der Softwareentwicklung eingesetzt. Mittlerweile greifen immer mehr Unternehmen diese Methoden auch in anderen Bereichen wie z. B. Forschung und Entwicklung, HR, Legal, Marketing und Sales etc. auf.[7]

Sofern sich also Unternehmen ganz oder in einzelnen Einheiten agil aufstellen, hat dies auch Auswirkungen auf bestehende Organisationsstrukturen und das Selbstverständnis von »Rollen« im Unternehmen. So ist die Aufgabe und Rolle einer Führungskraft in einer agilen Struktur anders definiert als in einer klassischen Aufbauorganisation.[8] Die Bewältigung dieser Veränderungen in der Arbeitsbeziehung zwischen Unternehmen, Mitarbeitern und Betriebsräten stellt das Arbeitsrecht vor neue Herausforderungen.[9]

6 Schulze/Volk, Agile Arbeitsmethoden und Mitbestimmung, ArbRAktuell, 2019, 404; Günther/Böglmüller: Einführung agiler Arbeitsmethoden – was ist arbeitsrechtlich zu beachten?, NZA 2019, 273, 274, Redmann, a. a. O., S. 138.

7 Günther/Böglmüller: Einführung agiler Arbeitsmethoden – was ist arbeitsrechtlich zu beachten?, NZA 2019, 273, 275.

8 Günther/Böglmüller: Einführung agiler Arbeitsmethoden – was ist arbeitsrechtlich zu beachten?, NZA 2019, 273, mwN.

9 Redmann, a.a.O, S. 41 mwN.

2. Mitbestimmungsrechte bei Agiler Arbeit
Ändert sich eine Arbeitsorganisation in ein agiles Format, werden mitunter Beteiligungsrechte des Betriebsrates ausgelöst.

Etwaige Mitbestimmungsrechte finden sich in folgenden Tatbeständen des Betriebsverfassungsrechts und sind dementsprechend zu prüfen:

a. Mitbestimmungsrechte bei Agiler Arbeit gem. § 87 BetrVG

1) § 87 Abs. 1 Nr. 1 BetrVG

2) § 87 Abs. 1 Nr. 2 BetrVG

3) § 87 Abs. 1 Nr. 6 BetrVG

4) § 87 Abs. 1 Nr. 7 BetrVG

5) § 87 Abs. 1 Nr. 10, 11 BetrVG

6) § 87 Abs. 1 Nr. 13 BetrVG

b. Mitbestimmungsrechte bei Agiler Arbeit aus § 94 Abs. 2 BetrVG

c. Mitbestimmung in personellen Angelegenheiten

1) Versetzung § 99 BetrVG

2) Auswahlrichtlinien § 95 BetrVG

d. Mitbestimmungsrechte bei Betrieblicher Bildung, Qualifizierung gem. §§ 96 ff. BetrVG

e. Mitbestimmungsrechte bei Betriebsänderung gem. §§ 111, 112 BetrVG

Zu a: Mitbestimmungsrechte aus § 87 Abs. 1 BetrVG

1) § 87 Abs. 1 Nr. 1 BetrVG

Es kann sich ein Mitbestimmungsrecht aus § 87 Abs. 1 Nr. 1 BetrVG ergeben, soweit mit der Einführung von Agiler Arbeit Regeln verbunden sind, die das Ordnungsverhalten der Mitarbeiter im Betrieb betreffen. Gemeint sind mit Ordnungsverhalten Fragen, die die Ordnung des Betriebes und das Verhalten der Arbeitnehmer betreffen.[10] So können z. B. die Regelungen, die das betriebliche Zusammenwirken und Zusammenleben betreffen, durch vorgegebene »agile« Werte oder »agile« Verhaltensleitlinien mitbestimmungspflichtige Verhaltensregeln darstellen. Regelungen zur Ausgestaltung agilen Arbeitens müssen aber nicht automatisch ein mitbestimmungspflichtiges Ordnungsverhalten im Sinne von § 87 Abs. 1 Nr. 1 BetrVG darstellen. Denn Vorgaben zur Gestaltung von Dokumentationen, Terminen, Informationen und Beratungen oder Besprechungen konkretisieren lediglich die Arbeitspflichten.

Grundsätzlich darf der Arbeitgeber im Rahmen seiner sich aus Art. 12 Abs. 1 GG und Art. 14 Abs. 1 GG ableitenden Organisationsbefugnis die Ordnung und damit das Verhalten von Mitarbeitern bestimmen.[11] Reines Arbeitsverhalten von Mitarbeitern, das in der Erfüllung der Arbeitspflicht liegt, ist mitbestimmungsfrei.[12] Ebenso sind arbeitstechnische Fragen dazu, wie der Betrieb sein Unternehmensziel erreicht, nicht von der Mitbestimmung umfasst.[13] Agile Arbeitsmethoden, soweit sie das Arbeitsverhalten betreffen, sind daher mitbestimmungsfrei.

2) § 87 Abs. 1 Nr. 2 BetrVG

Agile Arbeit bietet mehr Freiheit und Eigenverantwortung der Mitarbeiter/des Teams was die Gestaltung der Arbeitszeit anbelangt. Agile Arbeitsweisen orientieren sich am konkreten (Kunden-)Projekt und können daher situativ unterschiedlich sein. Betriebliche Arbeitszeitmodelle können so auf den Prüfstand kommen.

Daher hat der Betriebsrat auch bei einer agilen Organisation immer über die Lage und die Verteilung der Arbeitszeit nach § 87 Abs. 1 Nr. 2 mitzubestimmen.

3) § 87 Abs. 1 Nr. 6 BetrVG

Bei der Verwendung von IT-gestützten Systemen, Tools und (kollaborativen) Plattformen über die und mit denen agil zusammengearbeitet wird, kann ein Mitbestimmungsrecht nach § 87 Abs. 1 Nr. 6 BetrVG greifen. Das kann von Systemen zur Raumbelegung für die Realisierung von Desk-Sharing bis zur Nutzung modularer Software reichen, die eine agile Personalplanung/Teambesetzung umsetzt.[14] Soweit jedoch technische Systeme im Rahmen von agiler Arbeit eingesetzt werden, hat der Betriebsrat ein Mit-

---

10 BeckOK ArbR/Werner, 51. Ed. 01.12.2018, BetrVG § 87 Rn. 26–31.
11 BeckOK ArbR/Werner, 51. Ed. 01.12.2018, BetrVG § 87 Rn. 26–31.
12 Richardi, BetrVG/Richardi, 16. Aufl. 2018, BetrVG § 87 Rn. 196–199.
13 BeckOK ArbR/Werner, 51. Ed. 01.12.2018, BetrVG § 87 Rn. 26–31.
14 Schulze/Volk: Agile Arbeitsmethoden und Mitbestimmung, ArbRAktuell 2019, 553, 554.

bestimmungsrecht, was die Einführung, die Art der Nutzung, die Verwendung und die Grenzen der Datenerhebung anbelangt.[15]

4) § 87 Abs. 1 Nr. 7 BetrVG

Dieses Mitbestimmungsrecht wird dann relevant, wenn mit der Einführung agiler Arbeitsmethoden auch weitere Maßnahmen umgesetzt werden, wie z. B. die Umgestaltung der Büroräume (z. B. in ein »open-space-office«). Hier können ggf. Lärm/Licht oder sonstige Beeinträchtigungen dann gesundheitliche erhöhte Risiken entstehen lassen, z. B. durch die Nutzung von Desksharing oder gemeinsamen Betriebsmitteln etc.[16]

Auch bei der Veränderung des Arbeitsumfeldes wie z. B. durch den Einsatz einer neuen Technik oder Methode können sich gesundheitliche Auswirkungen auf Mitarbeiter ergeben.[17] Dies erfordert aufgrund der möglichen physischen und psychischen Belastung für die Mitarbeitenden die Durchführung einer mitbestimmungspflichtigen Gefährdungsbeurteilung nach § 3 ArbStättV. Nach § 87 Abs. 1 Nr. 7 BetrVG hat der Betriebsrat ein Mitbestimmungsrecht bei betrieblichen Regelungen über den Gesundheitsschutz, die der Arbeitgeber aufgrund von gesetzlichen Vorschriften zu beachten hat.[18]

5) § 87 Abs. 1 Nr. 10, 11 BetrVG

Soweit es um Vergütung geht, sind grundsätzlich Mitbestimmungsrechte des Betriebsrates zu beachten. In Betracht kommt hier die Mitbestimmung bei der Lohngestaltung gem. § 87 Abs. 1 Nr. 10 und Nr. 11 BetrVG.

Diese Mitbestimmungsrechte beziehen sich auf alle leistungs- und tätigkeitsrelevanten Vergütungsbestandteile von Mitarbeitern.[19] Im Gesetz aufgeführt sind »Entlohnungsgrundsätze« und »Entlohnungsmethoden«. Gegenstand der Mitbestimmung ist die Verteilungsgerechtigkeit und – dies wird häufig verkannt – nicht die konkrete Höhe einer Vergütung. Das Mitbestimmungsrecht bezieht sich auch nur auf kollektive Tatbestände. Ein kollektiver Tatbestand liegt vor, wenn der Grund und die Höhe der Zahlung von allgemeinen Merkmalen abhängig gemacht werden, die von einer Mehrzahl der Arbeitnehmer des Betriebes erfüllt werden können.[20]

15 Redmann a. a. O, S. 158, mwN.
16 Günther/Böglmüller: Einführung agiler Arbeitsmethoden – was ist arbeitsrechtlich zu beachten? NZA 2019, 417, 421.
17 Schulze/Volk: Agile Arbeitsmethoden und Mitbestimmung, ArbRAktuell 2019, 553, 554; Redmann, a. a. O. S. 75.
18 BAG 15.1.2002 – 1 ABR 13/01; Richardi, BetrVG, 16. Aufl. 2018, BetrVG § 87 Rn. 556 – 563; ErfK/Wank, 20. Aufl. 2020, ArbSchG § 3 Rn. 1-5.
19 Richardi, BetrVG/Richardi, 16. Aufl. 2018, BetrVG § 87 Rn. 749, 750.
20 BAG 22.06.2010 – 1 AZR 853/08 = BAGE 135, 13, Richardi, BetrVG/Richardi, 16. Aufl. 2018, BetrVG § 87 Rn. 750–753.

Agile Rollen wie z. B. der Product Owner oder der Scrum Master sind möglicherweise nicht in bestehenden Vergütungsgruppen abgebildet. Daher sollten die Tätigkeiten der Mitarbeitenden so beschrieben werden, dass eine Zuordnung zu ihren neuen agilen Rollenprofilen möglich ist. Neue Stellen müssen definiert und in das vorhandene Entgeltschema eingefügt werden.[21]

Weiterhin ist zu beachten, dass § 87 Abs. 1 Nr. 10 BetrVG auch dann betroffen ist, wenn im Zuge einer Umgestaltung auf agiles Arbeiten bislang in einer Betriebsvereinbarung geregelte variable Vergütungssysteme überarbeitet werden sollen. In agilen Teams liegt der Fokus auf dem Gruppenergebnis, das die Teammitglieder eigenverantwortlich gemeinsam erarbeiten. Es ist daher bereits praktisch schwierig, die Leistung des einzelnen zu bewerten. Bonusmodelle sind in agilen Unternehmen daher häufig nicht auf individuelle Ziele, sondern auf Unternehmensziele ausgelegt. War dies in der Vergangenheit anders, sind möglicherweise Betriebsvereinbarungen anzupassen.[22]

6) § 87 Abs. 1 Nr. 13 BetrVG

Agile Arbeit ist Teamarbeit. Diese Teams setzen sich meist aus Mitarbeitenden unterschiedlicher Bereiche oder Hierarchiestufen zusammen und finden sich immer wieder neu für die jeweilige zu leistende Aufgabe zusammen. Die Entscheidung, ob und in welchen Betriebsteilen, in welchem Umfang oder für wie lange in Gruppen gearbeitet wird, obliegt dagegen allein dem Arbeitgeber.[23] Der Betriebsrat hat jedoch ein Mitbestimmungsrecht, was die Aufstellung von Grundsätzen und die Durchführung – also die Art und Weise – der Gruppenarbeit anbelangt.[24] Wenn das Mitbestimmungsrecht greift, müssten agile Teams eine Gruppe im Sinne des Gesetzes darstellen. Hier kommt es insbesondere darauf an, ob eine Gruppe eigenverantwortlich arbeitet. Bei »agilen Teams« kann dies bejaht werden: Hier steht die Selbstbestimmung hinsichtlich dessen, wie Tätigkeiten erledigt werden, im Vordergrund. Klassische Führungsrollen gibt es innerhalb von agilen Teams nicht. Bestimmte Rollen, wie Scrum Master oder Product Owner, steuern den Prozess, nehmen aber keine Führungsaufgaben wahr.

Soweit agile Arbeitsmethoden nicht nur einmal kurz ausprobiert werden, ist Teamarbeit ein fester Bestandteil einer agilen Arbeitsweise. Hierbei kommt es dann auch nicht mehr auf eine kurze oder längere Verweildauer in der Gruppe an. Denn darauf dürfte es letztendlich nicht ankommen, weil für die Mitgestaltung der Durchführung

21 Schulze/Volk: Agile Arbeitsmethoden und Mitbestimmung, ArbRAktuell 2019, 553, 554; Redmann, a. a. O. S. 107 ff.

22 Günther/Böglmüller: Einführung agiler Arbeitsmethoden – was ist arbeitsrechtlich zu beachten? NZA 2019, 417, 421, 422.

23 ErfK/Kania, 19. Aufl. 2019, BetrVG § 87 Rn. 134, 135.

24 ErfK/Kania, 19. Aufl. 2019, BetrVG § 87 Rn. 134, 135.

von Gruppenarbeit weniger auf die einzelne Gruppe als auf die Zusammenarbeit in einer Gruppe insgesamt abzustellen ist.

Zu b: Mitbestimmungsrechte bei Agiler Arbeit aus § 94 Abs. 2 BetrVG

Durch einen beständigen Austausch im Team oder darüber hinaus mit anderen Kollegen oder Dritten gelingt es den Mitarbeitern bei einer agilen Zusammenarbeit, das eigene Verhalten immer wieder neu zu reflektieren, daraus Erkenntnisse zu ziehen und, wenn notwendig, auch Anpassungen vorzunehmen.[25]Aus der korrigierten Verhaltensänderung soll eine verbesserte Leistung und Zusammenarbeit hervorgehen. Leistung und Zusammenarbeit können damit kontinuierlich angepasst und im besten Fall optimiert werden. Um diese agile Performance zu fördern, gibt es »agile Performance-Instrumente«, die von ihrem Charakter her eher Feedback-Systemen und nicht Beurteilungssystemen entsprechen.[26]

Soweit es um die Bewertung von Mitarbeitern geht, sind grundsätzlich Mitbestimmungsrechte des Betriebsrates zu beachten. Und auch bei der Aufstellung von Regeln im Rahmen von Beurteilungsgrundsätzen kann sich ein Mitbestimmungsrecht des Betriebsrates aus § 94 Abs. 2 BetrVG ergeben. Beurteilungsgrundsätze sind stets auf die Person eines oder mehrerer Arbeitnehmer bezogen. Entschließt sich also ein Arbeitgeber im Rahmen agilen Arbeitens, allgemeine Regeln für eine Beurteilung oder auch ein Verfahren zu einer Beurteilung einzuführen, hat der Betriebsrat deren Inhalte mitzubestimmen.

Zu c: Mitbestimmungsrechte bei Agiler Arbeit in personellen Angelegenheiten

1) Versetzung, § 99 BetrVG

Wird der Aufgabenbereich z. B. durch die Übernahme neuer Tätigkeiten oder auch durch die Anbindung an ein anderes, neues Team verändert, kann dies für den Mitarbeitenden den Tatbestand einer Versetzung erfüllen. § 95 Abs. 3 BetrVG definiert die Versetzung als »die Zuweisung eines anderen Arbeitsbereichs, die voraussichtlich die Dauer von einem Monat überschreitet, oder die mit einer erheblichen Änderung der Umstände verbunden ist, unter denen die Arbeit zu leisten ist«.

Eine Versetzung kann sowohl durch einen räumlichen Wechsel als auch durch eine inhaltliche Änderung der Tätigkeit gegeben sein.[27] Das Gesamtbild der Tätigkeit muss

25 Nink, »Wie Millennials wirklich und warum die Führungskraft zum Coach werden muss«, in »Kompetenzen der Zukunft – Arbeit 2030«, Haufe, 2018.

26 Gloger/Häusling, Erfolgreich mit Scrum – Einflussfaktor Personalmanagement, S. 98.

27 ErfK/Kania, 20. Aufl. 2020, BetrVG § 99 Rn. 13-18.

sich so verändert haben, dass es sich für einen Beobachter, der mit den Arbeitsabläufen des Betriebs vertraut ist, als eine andere Tätigkeit darstellt.[28] Dies kann sich aus dem Wechsel des Inhalts der Arbeitsaufgaben und der mit ihnen verbundenen Verantwortung ergeben, kann aus einer Änderung der Art der Tätigkeit, also der Art und Weise, wie die Arbeitsaufgabe zu erledigen ist, folgen und kann mit einer Änderung der Stellung und des Arbeitsortes des Arbeitnehmers innerhalb der betrieblichen Organisation durch Zuordnung zu einer anderen betrieblichen Einheit verbunden sein.[29]

2) Auswahlrichtlinien § 95 BetrVG

Sofern der Arbeitgeber Auswahlkriterien für die Besetzung der neuen agilen Rollenprofile festlegt, hat er das Mitbestimmungsrecht des Betriebsrats aus § 95 BetrVG zu beachten. Als Auswahlrichtlinien sind alle Grundsätze anzusehen, die im Rahmen von personellen Einzelmaßnahmen der Entscheidungsfindung bei der Auswahl zwischen verschiedenen Mitarbeitenden dienen.[30]

Zu d: Mitbestimmungsrechte bei betrieblicher Bildung, Qualifizierung gem. §§ 96 ff BetrVG

Soweit Mitarbeiter über das notwendige Know-how zum agilen Arbeiten nicht bereits verfügen, besteht ein Qualifizierungsbedarf.[31] Auch Kenntnisse im Bereich Moderation oder Coaching können Gegenstand einer Weiterbildung sein.[32] Grundsätzlich obliegt es dem Arbeitgeber, ob Maßnahmen zur betrieblichen Bildung durchgeführt werden. § 97 Abs. 2 BetrVG beinhaltet jedoch ein erzwingbares Mitbestimmungsrecht bei der Durchführung von Weiterbildungsmaßnahmen, sofern die vom Arbeitgeber geplanten Maßnahmen dazu führen, dass die bisherigen Kenntnisse und Fähigkeiten bei den Mitarbeitenden nicht mehr zur Erfüllung der geschuldeten Arbeitsleistung ausreichen.[33] Ein Qualifikationsmangel besteht dabei nicht erst dann, wenn die Beschäftigten ihren arbeitsvertraglichen Pflichten nicht mehr nachkommen können, sondern schon dann, wenn ein Auseinanderfallen der Qualifikation des Mitarbeiters mit seiner Tätigkeit droht.[34]

Durch den Einsatz von Methoden wie Scrum aber durch neue Rollen mit neuen Verantwortlichkeiten in einem agilen Team ändern sich die Anforderungen für Mitarbeiter.

---

28 Richardi BetrVG/Thüsing, 16. Aufl. 2018, BetrVG § 99 Rn. 116.
29 Richardi BetrVG/Thüsing, 16. Aufl. 2018, BetrVG § 99 Rn. 116; BAG 17.06.2008 – 1 ABR 38/07.
30 BAG 26.7.2005, NZA 2005, 1372.
31 Günther/Böglmüller, Einführung agiler Arbeitsmethoden – Risiken des Einsatzes von Fremdpersonal sowie betriebliche Mitbestimmung, NZA, 2019, 417, 422.
32 Günther/Böglmüller, Einführung agiler Arbeitsmethoden – Risiken des Einsatzes von Fremdpersonal sowie betriebliche Mitbestimmung, NZA, 2019, 417, 422.
33 ErfK/Kania, 20. Aufl. 2020, BetrVG § 97 Rn. 6-8.
34 ErfK/Kania, 20. Aufl. 2020, BetrVG § 97 Rn. 6-8; BeckOK ArbR/Mauer, 54. Ed. 1.12.2019, BetrVG § 97 Rn. 2; Schulze/Volk: Agile Methoden und Mitbestimmung, ArbRAktuell 2019, 404, 406.

Es geht nicht mehr allein um fachliche Skills, sondern ebenso um erweiterte Kompetenzen in einem agilen Team wie z. B. eigenverantwortliches Handeln, Veränderungsbereitschaft, ausgeprägte Reflexionsbereitschaft, hohe Kommunikationsfähigkeit, Empathie, Selbststeuerung etc.[35] Die Haltung/Einstellung eines Mitarbeiters im Rahmen von einer erfolgreichen Teamarbeit wird viel wesentlicher werden als bisher. Auch wenn jemand fachlich seine Arbeit bisher gut geleistet hat, entstehen durch diese neuen erweiterten Anforderungen mögliche Qualifikationsdefizite.

Der Betriebsrat hat hier nicht nur bzgl. des »Ob« einer Qualifizierungsmaßnahme – nach §97 Abs. 2 BetrVG –, sondern auch hinsichtlich des »Wie«, also der Art und Weise der Durchführung – nach §98 BetrVG – mitzubestimmen.

Zu e: Mitbestimmungsrechte bei Betriebsänderung §§ 111, 112 BetrVG

Durch die Einführung agiler Arbeitsmethoden kann ggf. der Tatbestand einer Betriebsänderung gem. §§ 111, 112 BetrVG erfüllt sein.

Danach ist ein Unternehmer verpflichtet, den Betriebsrat über geplante Änderungen rechtzeitig und umfassend zu unterrichten und sich mit ihm zu beraten.[36]

Soweit in einem Unternehmen Systeme, Strukturen oder Methoden eingeführt werden, die eine Vereinheitlichung oder Optimierung von Arbeitsprozessen sowie deren Rationalisierung zum Ziel haben, kann das eine Betriebsänderung auslösen.[37] Es kommt insoweit aber auf die konkreten Maßnahmen und deren Umsetzung an.

Änderungen könnten sich zum einen dadurch ergeben, dass mit agilem Arbeiten sowohl »Gruppenarbeit« als auch neue Methoden eingeführt wird. Damit läge sowohl der Tatbestand einer Umgestaltung in der Betriebsorganisation (§ 111 Nr. 4 BetrVG) als auch die Einführung einer neuen Arbeitsmethode (§ 111 Nr. 5 BetrVG) vor. Beides ist qua Gesetz grundsätzlich als Betriebsänderung anerkannt und kann somit die Pflicht zur Verhandlung eines Interessenausgleichs und Sozialplans auslösen.

3. Erfordernis einer Betriebsvereinbarung

Gerade in den in §87 Abs. 1 Nr. 1–13 BetrVG geregelten Angelegenheiten sollen die Arbeitnehmer vor einseitigen Anordnungen im Wege des Direktionsrechts des Arbeitgebers geschützt werden.[38]

35 Redmann, a.a.O, S. 29; Schulze/Volk: Agile Methoden und Mitbestimmung, ArbRAktuell 2019, 404, 406.
36 Richardi, BetrVG/Annuß, 16. Aufl. 2018, BetrVG § 111 Rn. 1–7.
37 BAG 22.03.2016 – 1 ABR 12/14, NZA 2016, 894.
38 ErfK/Kania, 20. Aufl. 2020, BetrVG § 87 Rn. 1-3.

Grundsätzlich haben Arbeitgeber und Betriebsrat die Wahl, mitbestimmungspflichtige Tatbestände durch den Abschluss einer Betriebsvereinbarung oder einer Regelungsabrede bzw. durch formlose Absprachen zu klären.[39] Insofern hängt von der Entscheidung oder auch dem jeweiligen Willen ab, ob die Regelung normative Wirkung in die einzelnen Arbeitsverhältnisse der Mitarbeitenden entfaltet.[40] Eine Betriebsvereinbarung bietet insofern den Vorteil, dass sie direkte Wirkung entfaltet, wohingegen Regelungsabreden die Betriebsparteien nur schuldrechtlich binden.[41] Das Wahlrecht, ob eine Betriebsvereinbarung oder eine Regelungsabrede abzuschließen ist, obliegt sowohl dem Arbeitgeber als auch dem Betriebsrat.[42]

13.2 Agile Zusammenarbeit zwischen den Betriebspartnern

Bisherige Rollen und das Selbstverständnis von Führungskräften, Mitarbeitern und Betriebsräten verändert sich durch einen agilen Transformationsprozess. Das hat wiederum Auswirkungen auf die Personalabteilungen: Diese müssen Führungskräfte und Mitarbeiter im Prozess zu einer agilen Organisation begleiten, stärken und emotionale Impulse behutsam und wertschätzend aufnehmen. Und sie müssen mit Betriebsratsmitgliedern und einem Betriebsratsgremium zusammenarbeiten, welche sich ebenfalls auf einen – vielleicht auch nicht von allen gewollten – Wandlungsprozess einlassen müssen, dessen Endergebnis nicht detailliert bestimmbar erscheint.

Agilität schafft und braucht jedenfalls auch eine bestimmte Unternehmenskultur. Sofern sich Unternehmen also dafür entscheiden, agil zu arbeiten, ist das ein Einzahlen auf eine Vertrauenskultur. Und damit dieses Vertrauen belastbar wird, sind bestimmte rechtliche Gesichtspunkte zu beachten. Rechtliche Regelungen schaffen Transparenz und Verbindlichkeit. Sie erzeugen Verlässlichkeit und erlebte und erfahrene Verlässlichkeit schafft Vertrauen.

Die oben erwähnte große agile Gestaltungsfreiheit verlangt von allen betrieblichen Akteuren daher einen Mix aus besonderen Emotionen und Eigenschaften: Mut, Pioniergeist und mehr Kreativität zum Ausprobieren von praktischen Lösungen. Hier sind alle gefragt. Mitarbeiter, Personaler, Betriebsräte, Führungskräfte, Firmeninhaber.

Eine Organisation wird nicht von heute auf morgen »ganz agil«. Insofern empfiehlt es sich, die Themen zu priorisieren und ggf. auch abzuschichten. Es kann auch sinnvoll sein, einzelne Maßnahmenpakete zu verhandeln und mit Verfahrensvereinbarungen

39 ErfK/Kania, 20. Aufl. 2020, BetrVG § 77 Rn. 139-143; BeckOK ArbR/Werner, 54. Ed. 1.12.2019, BetrVG § 77 Rn. 73-82.
40 ErfK/Kania, 20. Aufl. 2020, BetrVG § 77 Rn. 139-143.
41 ErfK/Kania, 20. Aufl. 2020, BetrVG § 77 Rn. 139-143.
42 ErfK/Kania, 20. Aufl. 2020, BetrVG § 77 Rn. 139-143.

zu arbeiten.[43] Letztendlich wird so auch der Mitbestimmungsprozess zu einer »agilen Zusammenarbeit«.

Das wird dem einen leichter und dem anderen schwerer fallen: Wir sind alle Menschen und dem einen fallen Veränderungen oder Ideen für neue Herangehensweisen und auch die Gelassenheit, um etwas auszuprobieren, leichter als einem anderen. Dieser Umgang mit Veränderung hat meines Erachtens nichts mit der bisherigen Rolle eines Menschen im Unternehmen zu tun, sondern eher mit der Persönlichkeit. Umso wichtiger ist es in einem agilen Transformationsprozess, dass Unternehmensleitung und Personalbereich gemeinsam mit dem Betriebsrat die Veränderung angehen und als positive emotionale Vorbilder und Teile eines »agilen Transformationsteams« zusammenarbeiten und gestalten.

Für das erfolgreiche Gelingen einer »agilen Mitbestimmung« wird es also nicht ausreichen, nur die Strukturen zu ändern und die rein rechtlichen Anforderungen zu erfüllen. Damit sich der »agile Gedanke« auch bei der Zusammenarbeit mit dem Betriebsrat entfalten kann, wird es entscheidend darauf ankommen, dass die Zusammenarbeit von Arbeitgeber und Betriebsrat auch agilen Merkmalen entspricht – sich darin also folgende Merkmale wiederfinden:

- Kurze Zyklen
- Testen/Ausprobieren
- Transparenz/Sichtbarkeit
- Reflektieren/Lernen
- Eigenverantwortung des Teams

Was sind nun meine Erfahrungen, die ich in der Beratungspraxis und in der Arbeit mit Unternehmensleitung und Betriebsräten machen durfte?

Zuallererst braucht es auf beiden Seiten ein notwendiges gemeinsames Verständnis vom Nutzen und Sinn agilen Arbeitens im Unternehmen. Ist dies vorhanden, ist der nächste Schritt, sich auf eine »agile« Zusammenarbeit zu verständigen. Hier bietet es sich an, in kürzeren Austauschintervallen miteinander zu kommunizieren – also warum beispielsweise nicht ein »Weekly« einführen, genauso wie ein Review und sogar eine Retrospektive einzurichten, in dem man sich dann entsprechend austauscht und abstimmt. Themen, die anstehen, werden also gemeinsam sortiert und priorisiert. Die Umsetzung der Themen wird im Rhythmus eines Sprints geplant und für diesen werden Rahmenbedingungen festgelegt. Erfahrungen, die im Rahmen der Umsetzung erlebt werden, werden in der Retrospektive reflektiert und ggf. angepasst.

43 Siehe auch Haußmann, Arbeit 4.0 – Update Arbeitsrecht, RdA 2019, 131 ff.

Bei Bedarf gibt es eine (freiwillige) Betriebsvereinbarung, die genau dieses Vorgehen in der Zusammenarbeit beschreibt. Damit wird dem Willen, »agil zusammenzuarbeiten« noch einmal in besonderer Form Ausdruck verliehen und das beabsichtige Prozedere genau beschrieben. Zudem wird die für viele Menschen wichtige Verbindlichkeit geschaffen, sodass man sich hierauf auch immer wieder beziehen kann. Gleichzeitig kann diese – auch rechtliche – Verbindlichkeit psychologisch und kulturell helfen, um Bedenken von Personen aufseiten des Betriebsrates oder des Arbeitgebers, die einer agilen Transformation und den damit verbundenen Veränderungen skeptisch gegenüberstehen, angemessen begegnen zu können.

Sollte also eine Seite feststellen, dass das Vorgehen nicht fruchtet bzw. nicht die erwünschten Vorteile bringt, bietet eine freiwillige Betriebsvereinbarung – sofern keine Nachwirkung vereinbart wurde – immer die Möglichkeit, die Betriebsvereinbarung wieder aufzukündigen. Gerade dieser Aspekt der Reversibilität – die garantierte Möglichkeit des Rückzugs in die vermeintlich sichere Welt des BetrVG – kann sehr vertrauensfördernd wirken und der Geschäftsleitung wie auch dem Betriebsrat erlauben, sich offen und mit einem gegenseitigen Vertrauensvorschuss auf die neue Art der Zusammenarbeit einzulassen.

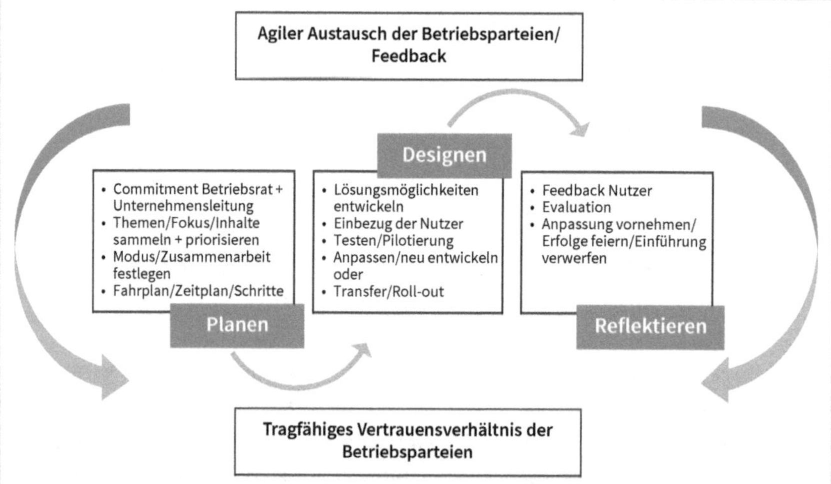

Abb. 1: Agiles Arbeiten rechtssicher gestalten, Quelle: B. Redmann, Haufe 2019

13.3 Der Betriebsrat arbeitet selbst agil

Der Betriebsrat ist ein etablierter Gremiumtyp der Old Economy und hat eine lange Historie. Doch genauso wie sich im Rahmen von neuer Arbeit traditionelle Arbeitgeber-/Arbeitnehmer-Rollen verändern, ändert sich auch die Rolle des Betriebsrates. Das bleibt in einer Arbeitswelt, die sich im Wandel befindet, gar nicht aus. Und unsere Arbeitswelt ist im Wandel: Hierarchien werden flacher oder fallen weg, Arbeitsweisen verändern sich und vor allem: Viele Mitarbeitende werden selbstbewusster, eigenverantwortlicher und wollen als Konsequenz mehr eigenen Entscheidungsraum in ihrem täglich Tun. Und auf der anderen Seite brauchen Unternehmen heutzutage in unserer sich immer aufs Neue und schnell drehenden Arbeitswelt genau solche Mitarbeiter, die Mit-Verantwortung übernehmen, Chancen erkennen, Risiken antizipieren und sich mit ihrem Tun im Unternehmen entfalten können.

Das gilt gleichermaßen dann für die Mit-Arbeit in einem Betriebsratsgremium und betrifft damit auch die Zusammenarbeit in diesem. Auch für Betriebsräte kann daher agiles Zusammenarbeiten eine Option sein, wie sie ihre eigene Gremienarbeit gestalten. Denn Innovationsdruck und Komplexität wirken genauso in die Tätigkeit des Betriebsrats hinein und fordern ihn auf, damit umzugehen.

Wie wirkt sich dieser Wertewandel auf die Arbeit des Betriebsrates aus?
Dass sich der Betriebsrat an manchen Stellen selbst neu erfinden muss, passt doch nur zu gut in diesen Prozess des Wandels – denn er »testet« Transformationen an sich selbst und wer ausprobiert darf mitreden! Sitzungen des Betriebsrates, Betriebsversammlungen und das Fassen von Beschlüssen waren »vor Corona« nicht digital möglich, sondern nur mit physischer Anwesenheit. Das passt nicht zur Realität moderner Unternehmen. Ein virtuell beschlussfähiger Betriebsrat hingegen ist ein Unterstützungsgremium, das neue Arbeitsformen zwar kritisch hinterfragen muss, aber eben nicht per se verhindern darf. Er kann altes und neues Arbeiten miteinander verbinden und dann ist er ein unglaublich starkes, innovatives Gremium. Das wiederum passt perfekt zu einer Phase der Veränderung in Unternehmen, in der nicht alles Alte weg muss und durch Bällebad und Tischkicker ersetzt wird. Das heißt in der Konsequenz: Auch der Betriebsrat arbeitet als Gremium agil.

Wie kann dies aussehen? Der Betriebsrat kann sich beispielsweise projektbezogen mit Mitarbeitern vernetzen und gemeinsam mit ihnen Fragen erarbeiten. Dabei können agile Werte und Prinzipien aus dem Agilen Manifest adaptiert werden und eine gemeinsame Haltung zur Basis für eine vernetzte Zusammenarbeit gemacht werden. Denn klar ist auch hier: Eine agile Haltung ist die Grundlage dafür, dass Agilität gelebt wird und gelingt. Nur das Anwenden von Formaten (also das reine »doing agile«) schafft noch kein agil sein (»being agile«). Wenn eine positive Einstellung vorhanden ist, die sich auf Basis der gemeinsamen Werte und Prinzipien trägt, dann kann sie z. B. durch agile Events weiter gestärkt und gefördert werden.

Agile **Werte** sind:
- Fokus*
- Commitment*
- Respekt*
- Mut*

- Offenheit*
- Transparenz
- Kommunikation
- Einfachheit
- Feedback

*agile Werte aus dem Scrum

Agile **Prinzipien** sind:

1. Unsere höchste Priorität ist es, den Kunden durch frühe und kontinuierliche Auslieferung wertvoller Software zufriedenzustellen.
2. Heiße Anforderungsänderungen selbst spät in der Entwicklung willkommen. Agile Prozesse nutzen Veränderungen zum Wettbewerbsvorteil des Kunden.
3. Liefere funktionierende Software regelmäßig innerhalb weniger Wochen oder Monate und bevorzuge dabei die kürzere Zeitspanne.
4. Fachexperten und Entwickler müssen während des Projektes täglich zusammenarbeiten.
5. Errichte Projekte rund um motivierte Individuen. Gib ihnen das Umfeld und die Unterstützung, die sie benötigen und vertraue darauf, dass sie die Aufgabe erledigen.
6. Die effizienteste und effektivste Methode, Informationen an und innerhalb eines Entwicklungsteams zu übermitteln, ist im Gespräch von Angesicht zu Angesicht.
7. Funktionierende Software ist das wichtigste Fortschrittsmaß.
8. Agile Prozesse fördern nachhaltige Entwicklung. Die Auftraggeber, Entwickler und Benutzer sollten ein gleichmäßiges Tempo auf unbegrenzte Zeit halten können.
9. Ständiges Augenmerk auf technische Exzellenz und gutes Design fördert Agilität.
10. Einfachheit – die Kunst, die Menge nicht getaner Arbeit zu maximieren – ist essenziell.
11. Die besten Architekturen, Anforderungen und Entwürfe entstehen durch selbstorganisierte Teams.
12. In regelmäßigen Abständen reflektiert das Team, wie es effektiver werden kann und passt sein Verhalten entsprechend an.

So schaffen dann agile Events bzw. Formate wie Dailys oder Weeklys, genauso wie Reviews oder Retrospektiven, Transparenz untereinander und ermöglichen stetige Weiterentwicklung. Agile Frameworks ermöglichen vernetzte Informationen, einen Austausch und damit auch, dass Wissen geteilt und ein Lernen untereinander praktiziert wird. Letztendlich ermöglicht dies alles einen leichteren Umgang mit Komplexität und führt dazu, dass man noch kreativer agieren kann.

Viele agile Meeting-Formate (z. B. auch Lean Coffee, World-Cafe, Fishbowl …) sind meistens sehr partizipativ angelegt und ermöglichen es, dass Themen aus verschiedenen Perspektiven betrachtet werden können und dass sich unterschiedliche Persönlichkeitstypen gleichberechtigt und einfacher einbringen können.

Mit eigenen agilen Arbeitsweisen wird der Betriebsrat selber zum mutigen Pionier neuer Formen der Zusammenarbeit und macht sein Gremium als Gestalter von Verantwortlichkeiten attraktiv.

13.4 Der Betriebsrat als Gestalter von Agilität und Neuer Arbeit

In neu gegründeten Start-ups gibt es tatsächlich in der Regel keine Betriebsräte. Meistens finden sie sich in tradierten Organisationen. Jetzt sind diese zwar nicht unbedingt die Vorreiter von Agiltät und New Work – jedoch beschäftigen sich immer mehr Unternehmen mit der Frage, wie es gelingen kann, agiler zu werden, anders zusammenzuarbeiten, mehr Freiraum für Mitarbeitende zu schaffen und dadurch mehr Flexibilität und auch Innovation zu erreichen. Wenn ich Unternehmen sage, meine ich hier in erster Linie Arbeitgeber – vereinzelt auch Mitarbeiter. Eher seltener werden diese Veränderungsprozesse von Betriebsräten angestoßen.

Dabei sind Betriebsräte das Sprachrohr der Belegschaft. Betriebsräte können damit auch Themen offenlegen, die dann angegangen werden können und die damit auch agiles Arbeiten leichter machen.

Eine vertrauensvolle Zusammenarbeit ist dabei die Grundlage; eine Grundlage, die für eine erfolgreiche agile Zusammenarbeit die Basis darstellt. Diese Basis des Vertrauens in der Zusammenarbeit ist – wenn man so will – bereits als ein Gebot im Betriebsverfassungsgesetz verankert: § 2 Abs. 1 BetrVG achtet darauf, dass zum Wohl des Betriebes und zum Wohl der Belegschaft zusammenzuarbeiten ist. Beide – Arbeitgeber und Betriebsrat – haben daher (gemeinsam) die Aufgabe, beide Aspekte immer im Blick zu haben. Hierzu gehört auch, die Interessen des Kunden im Blick zu haben – weil das auch wiederum im Interesse des Betriebes ist.

In der Praxis ist es oft tatsächlich so, dass die Arbeitgeber nur die eine Seite beleuchten, und der Betriebsrat nur die andere. Dabei stehen sich beide Parteien als jeweils ein Vertreter einer Seite »gegenüber«. Die gesetzliche Aufgabe umfasst jedoch, beide Seiten zu berücksichtigen. Beide Aspekte sind jeweils zu verbinden und damit ist ein Miteinander zu gestalten, das ein Unternehmen als Ganzes weiterbringt. Ein anderes Ziel darf es gar nicht geben. Und unter diesem Gesichtspunkt gehören auch neue Arbeitsformen wie z. B. agiles Arbeiten dazu oder auch Formen der Zusammenarbeit, wie sie bei New Work gelebt werden.

Betriebsräte bekleiden hier eine wichtige begleitende Funktion: Mitarbeiter, die eher vorsichtig sind und sich noch einmal anders austauschen wollen als vielleicht beim Vorgesetzen oder der Personalabteilung, bieten sie ein »Ohr« und können eine Vertrauensfunktion wahrnehmen. Dadurch können sie Ängste lindern, z. B. davor, dass

Mitarbeitende ausgebeutet werden und Belange wie Gesundheit und andere Bedürfnisse von Mitarbeitenden keine Berücksichtigung und kein Gehör finden. Gerade durch diese Funktion tragen Betriebsräte stark zu einer Sicherheit in der Veränderung bei.

Der Betriebsrat kann Fehlentwicklungen bremsen, genauso wie er eben auch gute Entwicklungen fördern und begleiten kann. Er wirkt als Stakeholder – was sich dann letztendlich auch wieder positiv auf den Kunden auswirkt.

New Work – ein Auftrag für Betriebsräte aus dem Gesetz?

Mit neuen Arbeitsformen wie z. B. Agiles Arbeiten oder auch New Work wird dem Gesetz durchaus Rechnung getragen. So findet sich in § 75 Abs. 2 BetrVG die Maßgabe, dass Arbeitgeber und Betriebsräte die freie Entfaltung der Persönlichkeit der im Betrieb beschäftigten Arbeitnehmer zu schützen und zu fördern haben. Gleiches gilt für die Selbstständigkeit und Eigeninitiative: »Arbeitgeber und Betriebsrat sind zur Förderung der Selbständigkeit und Eigeninitiative der Arbeitnehmer verpflichtet.« Das heißt, dass den einzelnen Mitarbeitenden im Rahmen von arbeitsvertraglichen und betriebsverfassungsrechtlichen Vorgaben möglichst weitgehende Entscheidungsbefugnisse übertragen werden und ihnen Raum für kreative, selbstgestaltende und eigenverantwortliche Arbeit gelassen wird, die nicht von zu viel Weisungsgebundenheit eingeschränkt ist. Damit enthält diese Vorschrift nicht nur eine Schutzpflicht, sondern sogar eine Verpflichtung für Arbeitgeber und Betriebsräte, die Arbeitsbedingungen und das Umfeld positiv zu gestalten.

Genau das wird mit Agilität, New Work und neuen Arbeitsformen getan, indem man sich konkret damit beschäftigt, wie für Mitarbeitende ein bestmögliches Arbeitsumfeld und ein kollegiales, werteorientiertes Miteinander geschaffen werden kann, das natürlich auch immer dem Unternehmenszweck dient.

Denn es geht eben nicht darum, die gesamte Organisation auf größtmögliche Agilität zu trimmen. Stattdessen müssen Unternehmen lernen, den für sich perfekten Mix aus traditionellen und agilen Formen der Zusammenarbeit zu finden. Und ebenso wie für Arbeitgeber gibt es hierzu einen gesetzlichen Auftrag für Betriebsräte, mit agilem Arbeiten eine Entwicklung zu fördern, die gewollt ist und in diesem Sinne das Unternehmen mitzugestalten.

14 Corona als Chancengarant? – Sachstand, rechtliche Mythen und Chancen rund ums »Homeoffice«

Kathrin Hartmann

14.1 Sachstand

Anfang 2019 stellte eine Agentur auf einem Meetup[1] ihre Hacks[2] rund um die Frage »Wie entstehen Kreativität und Innovation?« vor. Einer dieser Hacks ging im Bericht der Impulsgeberin fast unter und wurde nur in einem Nebensatz erwähnt: »Und dann haben wir natürlich Homeoffice, aber das hat ja eh jeder.« Von wegen! Daher kündigte Arbeitsminister Hubertus Heil nahezu zeitgleich einen Gesetzesentwurf an, der einen Rechtsanspruch auf Homeoffice gewähren soll.

Schneller war SARS-CoV-2 (Corona). Zumindest zunächst. Im März 2020 sind Mitarbeitende von heute auf morgen von den Arbeitgebern ins Homeoffice geschickt worden. Eine unglaubliche Herausforderung für Arbeitgeber, Mitarbeitende und ihre Familien. Dies nicht nur in den Fällen, in denen Homeoffice von null auf hundert etabliert werden musste. Auch dort, wo Mobile-Office-Lösungen bereits vor Corona zum Alltag gehörten, stellte die Umstellung auf die ausschließliche Homeoffice-Zeit eine besondere Aufgabe dar. Nur noch zu Hause, in der Regel ohne ausgestattetes Büro am Küchentisch neben dem Partner, mit Kindern im Homeschooling – sind wir mal ehrlich: So vieles, was Corona mitgebracht hat, war für uns vor Corona unvorstellbar.

Doch als sich die Corona Zahlen in den Sommermonaten beruhigten, konnte man vielfach die Tendenz zur Rückkehr ins Unternehmen beobachten. Das, obwohl die SARS-CoV-2-Arbeitsschutzstandards des Bundesministeriums für Arbeit und Soziales (BMAS) vom 16.04.2020[3] nach wie vor Homeoffice dort, wo es möglich war, empfahlen. Und in der Hochphase im Winter 2020/2021 gab es trotz Lockdown genügend Mitarbeitende, die nach wie vor in den Büros ihre Präsenz zeigen mussten. Daher verpflichtete

1 Meetup ist ein Dienst (www.meetup.com), mit dem sich Gruppen online zusammenfinden und Veranstaltungen (persönlich oder virtuell) für Personen mit ähnlichen Interessen organisieren. Mittlerweile werden auch Veranstaltungen als Meetup bezeichnet. Typischerweise treffen sich dort Menschen, die sich häufig zuvor nicht kennen, zum Austausch, Netzwerken und Voneinander-Lernen.

2 Hacks sind Impulse, Tipps oder Strategien, um ein Problem zu lösen oder ein Ziel zu erreichen; dies häufig auf innovative, einfache oder ungewöhnliche Weise.

3 Ob die Arbeitsschutzstandards rechtlich bindend sind, ist nicht ganz geklärt. Möglich wäre das über § 4 Nr. 1 ArbSchG. Jedenfalls möglich sind Konkretisierungen über eine Betriebsvereinbarung, die über § 87 Abs. 1 Nr. 7 BetrVG in der Pandemie erzwingbar ist.

die befristet geltende SARS-CoV-2-Arbeitsschutzverordnung vom 21.01.2021 sodann Unternehmen zum Angebot von Homeoffice, doch tatsächlich war auch noch im März 2021 – mitten in der dritten Welle – nur ein Drittel der Beschäftigten im Homeoffice tätig (Der Spiegel, 31.03.2021). Auch wenn die Corona-Phase für viele Unternehmen der Anstoß war, über Mobile-Office-Regelungen (neu) nachzudenken und diese im Unternehmen auch für die Post-Corona-Zeit zu etablieren, fühlen sich andere Unternehmen bestätigt in ihrer Haltung, Homeoffice-Lösungen nach wie vor abzulehnen oder nur ganz eingeschränkt zuzulassen.

Dabei muss doch offensichtlich sein: Die Kluft zwischen den das Homeoffice verweigernden Unternehmen und den Mitarbeitenden, für die remote Lösungen eine Grundvoraussetzung für ihr Arbeitsleben darstellen, ist durch Corona nur größer geworden. Für Mitarbeitende hat die Corona-Zeit Klarheit darüber gebracht, wie und wie viel Arbeit außerhalb des Büros ihnen guttut, funktioniert und sowohl Berufs- als auch Lebensqualität erhöht. Skeptiker haben die Vorteile von Homeoffice kennengelernt. Mitarbeitende sind sicherer in dem, was sie wollen und von ihrem (zukünftigen) Arbeitgeber erwarten.

Dass der Gesetzgeber noch in dieser Legislaturperiode bis Ende September 2021 diese Diskrepanz auflöst, ist eher nicht zu erwarten. Dem im Herbst 2020 vom BMAS vorgelegten Referentenentwurf[4] wurde eine klare Absage erteilt. In den Unternehmen, in denen trotz der Corona Erfahrungen die Einführung oder Ausweitung von Mobile-Office-Lösungen abgelehnt wird, fragen sich Personaler und Mitarbeitende daher mehr denn je: Wie können wir unsere Unternehmensleitung überzeugen? Welche Chancen bietet mobiles Arbeiten?

14.2 Rechtliche Mythen

Trotz der zu Beginn der Corona-Krise gestiegenen Informationsflut im Internet halten sich Mythen rund um das Thema Homeoffice, die in der Ablehnungsargumentation regelmäßig bemüht werden, nachhaltig.

Die Arbeitsstättenverordnung

Schon der Begriff »Homeoffice« führt zu Schnappatmungen bei Personaler*innen und Geschäftsführer*innen. Denn über Jahre wurde auf Seminaren gelehrt: Bei Homeoffice

4 Der Referentenentwurf zum Rechtsanspruch sieht vor:
- Anspruch auf Veränderung des Arbeitsortes mit einem Ablehnungsrecht des Arbeitgebers bei nachvollziehbaren organisatorischen oder betrieblichen Gründen
- Anspruch für 24 Tage pro Jahr (bei einer 5-Tage-Woche)
- Pflicht zur Arbeitszeiterfassung
- Erzwingbare Mitbestimmung des Betriebsrats

ist die Arbeitsstättenverordnung[5] (ArbStättV) zu beachten, dafür müssten die Privatwohnungen kontrolliert werden; alles zu kompliziert, zu teuer, zu riskant – schwierig. Die Sorge ist durch die Corona-Phase gestiegen, denn kaum einer differenziert zwischen den Begriffen Homeoffice und mobiler Arbeit; alle scheinen sich im Homeoffice zu befinden.

Die ArbStättV selbst kennt und definiert nur den Begriff »Telearbeitsplatz«[6], für den die Verordnung gilt. Dieser ist gemeint, wenn im *juristischen Sprachgebrauch* der Begriff Homeoffice genutzt wird. Im *allgemeinen Sprachgebrauch* wird der Begriff Homeoffice dagegen regelmäßig verwendet, ohne den zugrunde liegenden Sachverhalt juristisch zu bewerten. Liegt kein Telearbeitsplatz vor, so gilt die ArbStättV nicht. So zum Beispiel bei der mobilen Arbeit. Beim Homeoffice im juristischen Sinn befindet sich der Arbeitsort in der Privatwohnung des Mitarbeitenden, wohingegen es dem Mitarbeitenden bei der mobilen Arbeit freisteht, wo er die Tätigkeit verrichtet (zu Hause, im Café, in einer Ferienwohnung u. s. w.). Der wesentliche Unterschied liegt also in der *Vereinbarung des Arbeitsortes.*

In der Praxis liegt meistens gar kein Homeoffice im Rechtssinn vor, sondern mobile Arbeit (nachfolgend wird daher auch diese oder eine ähnliche Formulierung gewählt). Die Verwendung des Begriffs »Homeoffice« im allgemeinen Sprachgebrauch führt nicht zu einer anderen Bewertung. Maßgeblich ist die Vereinbarung zwischen Arbeitgeber und Mitarbeitenden und wie diese Vereinbarung gelebt wird. Dem steht auch nicht entgegen, dass zu Corona-Zeiten die Arbeit faktisch zu Hause stattgefunden hat.[7]

Die Arbeitszeit

Ein weiterer Mythos ist, dass Mitarbeitende im Mobile Office arbeiten könnten, wann sie wollen. Während Corona haben viele Unternehmen Ausnahmen zugelassen, damit der Arbeit neben dem Homeschooling überhaupt nachgekommen werden konnte. Grundsätzlich gilt aber: Die gesetzlichen Grenzen der Arbeitszeit[8] sind auch bei

5 Die ArbStättV regelt, wie eine Arbeitsstätte eingerichtet und ausgestattet sein muss. Für den Telearbeitsplatz gilt nicht die gesamte Verordnung, wohl aber gelten z. B. die erforderlichen Maßnahmen zur Gestaltung von Bildschirmarbeitsplätzen wie Lichteinfall, Reflexionen, ergonomische Gestaltung des Arbeitsplatzes etc.

6 § 2 Abs. 7 S. 1 ArbStättV: Telearbeitsplätze sind vom Arbeitgeber fest eingerichtete Bildschirmarbeitsplätze im Privatbereich der Beschäftigten, für die der Arbeitgeber eine mit den Beschäftigten vereinbarte wöchentliche Arbeitszeit und die Dauer der Einrichtung festgelegt hat.

7 Die SARS-CoV-2-Arbeitsschutzregel vom 20.08.2020 von der Bundesanstalt für Arbeitsschutz und Arbeitsmedizin (BAuA) und dem BMAS stellt für die Corona-Zeit ausdrücklich klar, dass Homeoffice eine Form der mobilen Arbeit ist und für diese die ArbStättV nicht gilt.

8 Das Arbeitszeitgesetz regelt u. a.:
- tägliche Höchstarbeitszeit 8 Stunden – Erhöhung auf 10 Stunden möglich, wenn Ausgleich innerhalb von 6 Monaten erfolgt
- 30 Minuten Pause nach 6 Stunden, 45 Minuten bei mehr als 9 Stunden
- Ruhezeit 11 Stunden
- Verbot von Sonn- und Feiertagsarbeit
- Regelungen für Nachtarbeit

der mobilen Arbeit einzuhalten. Aber auch sonst darf der Mitarbeitende nicht für sich bestimmen, wann er arbeitet. Denn es gelten auch im Mobile Office genau die Arbeitszeiten, die im Betrieb gelten, sofern der Arbeitgeber nicht ausdrücklich oder stillschweigend für das mobile Arbeiten eine hiervon abweichende Regelung zulässt. Es empfiehlt sich, hinsichtlich der geltenden Arbeitszeit für Klarheit in den Unternehmen zu sorgen und auch hier von den Gestaltungsmöglichkeiten bewusst Gebrauch zu machen.

Der Low Performer

Als Argument gegen mobiles Arbeiten wird zudem regelmäßig die »Sorge« angeführt, die Mitarbeitenden würden zu Hause vieles tun, aber nicht arbeiten. Und dagegen könne man nichts ausrichten. Zugegebenermaßen gibt es hier einen wesentlichen Unterschied zwischen den Arbeitsformen, der sich nicht durch die Gestaltung von Arbeitsbedingungen ausgleichen lässt: Ob die Voraussetzungen einer verhaltensbedingten Kündigung[9] vorliegen, kann bei der sog. Nichtleistung im Büro besser als im Mobile Office nachgewiesen werden, weil man den Mitarbeiter im Büro »auf frischer Tat ertappen« kann.

Bei der Nichtleistung wird dem Mitarbeitenden vorgeworfen, während der Arbeitszeit nicht die geschuldete Arbeitsleistung zu erbringen, sondern sich mit anderen Dingen beschäftigt zu haben. Das ist – sowohl im Mobile Office als auch im Büro – zum Beispiel bei privater Internetnutzung oder nicht erfasster und erlaubter Raucherpausen während der Arbeitszeit der Fall. Liegen die weiteren rechtlichen Voraussetzungen vor, kann das unter Umständen sogar eine außerordentliche Kündigung rechtfertigen.

Unzweifelhaft ist das Verhalten – egal ob im Büro oder remote – nicht duldbar, vielleicht sogar ein versuchter Arbeitszeitbetrug, wenn – wie in den meisten Unternehmen – die Vergütung an der zu erbringenden Arbeitszeit gemessen wird. Doch sind wir mal ehrlich: Wie oft gibt es dieses vorwerfbare Verhalten *in den Betrieben* wirklich und wie oft mündet es dann in einer verhaltensbedingten Kündigung? Wird mobiles Arbeiten wegen der Sorge vor Low Performern abgelehnt, will man damit wohl kaum den (eigenen!) Mitarbeitenden dieses schädigende Verhalten unterstellen, im Mobile Office zudem unter Ausnutzung der Beweisführungsschwierigkeiten.

Was also steht hinter der Sorge vor der mangelnden Disziplin der Mitarbeitenden im Mobile Office? *Rechtliche* Unterschiede zwischen den Voraussetzungen und der Ahndung des Low Performers bestehen bei der sog. Minderleistung (der Mitarbeiten-

9 Eine Kündigung kann auf verhaltensbedingte, personenbedingte oder betriebsbedingte Gründe gestützt werden. Vor Ausspruch der verhaltensbedingten Kündigung ist regelmäßig eine Abmahnung erforderlich.

de arbeitet zwar zeitlich durchgehend, die Quantität der Arbeit liegt aber unter dem eines vergleichbaren Kollegen)[10], der Schlechtleistung oder weiteren rechtlichen Kategorien, in die ein Low Performer eingeordnet werden kann, jedenfalls nicht.

14.3 Chancen

Bei der »Low Performer« Argumentation hilft in der Regel der offene und zuweilen auch mutige Blick darauf, welche Sorge sich jenseits des dem Mitarbeitenden vorwerfbaren Verhaltens tatsächlich hinter der ablehnenden Haltung gegenüber Mobile Office verbirgt: Ist ein Produktivitätsabfall erst durch das mobile Arbeiten entstanden oder bestand das Problem schon vorher? Wer die (erwartete) Ursache untersucht, findet die Lösung: Liegt der Produktivitätsabfall bei der Arbeit außerhalb des Büros vielleicht an den Prozessen, an zu vielen oder fehlenden Absprachen und Meetings, an einer mangelnden Digitalisierung? Haben Mitarbeitende Schulungsbedarf oder in den Anfängen einfach noch Schwierigkeiten mit der neuen Form der Arbeit und benötigen Unterstützung?[11] Dies zu erkennen, erfordert einen guten Kontakt unter Mitarbeitenden und Führungskräften. Nicht im Zusammenhang mit der mobilen Arbeit stehende Minderleistungen können ihre Ursache auch im Recruiting, der Unternehmenskultur und der Führung haben.

Mobiles Arbeiten kann damit zunächst schmerzlich aufdecken, wo im Bereich Führung, Kommunikation, Digitalisierung, persönlicher Weiterentwicklung und Unternehmenskultur Handlungsbedarf besteht. Sich davor nicht zu scheuen, sondern dies als Chance zu begreifen, lohnt. Sorgen und Argumente gegen mobiles Arbeiten bieten die Chance, genau hinzusehen und Lösungen zu entwickeln, die mobiles Arbeiten nicht nur möglich machen, sondern die (Zusammen-)Arbeit erheblich verbessern und damit das gesamte Unternehmen auf die nächste Ebene heben. Es lohnt sich, wenn das Unternehmen für sich klärt: Was steht konkret der mobilen Arbeit entgegen? Welcher Regelung oder Entwicklung bedarf es, um dem zu begegnen?

Denn wie Sie bereits bei den Möglichkeiten zur Vereinbarung von Arbeitsort und Arbeitszeit gesehen haben, bestehen bei der mobilen Arbeit Gestaltungsspielräume.[12] Es gibt nicht die eine Regelung, daher sollten Standardformulierungen und -empfeh-

---

10 Bei der sog. Minderleistung kann ein personen- oder betriebsbedingter Grund vorliegen (die Nichtleistung ist verhaltensbedingt). Bei einer langfristigen Abweichung von mindestens 1/3 der durchschnittlichen Normalleistung eines vergleichbaren Mitarbeitenden ist eine personenbedingte Kündigung zulässig.

11 Egal, ob im Betrieb oder außerhalb gearbeitet wird: Eine Kündigung wegen Minderleistung setzt weiter voraus, dass Arbeitsanweisungen klar und unmissverständlich erteilt und für die Nachweisbarkeit neben den Vorwürfen dokumentiert werden. Der Grund für die Minderleistung ist zu erforschen, Hilfestellungen sind anzubieten (Grundsatz der Verhältnismäßigkeit).

12 Aktuell besteht kein Rechtsanspruch auf mobiles Arbeiten. Erforderlich ist eine Vereinbarung zwischen Mitarbeitenden und Arbeitgeber. Die Ausgestaltung wird regelmäßig vom Arbeitgeber vorgegeben.

lungen keinesfalls ungeprüft übernommen werden. Von den rechtlichen und tatsächlichen Gestaltungsmöglichkeiten kann und sollte so Gebrauch gemacht werden, dass sie zum Unternehmen sowie zu den Mitarbeitenden im konkreten Zeitpunkt passen und zudem bestehenden Sorgen begegnen: Die für die Präsenzkultur sprechenden Argumente wie die Verfügbarkeit und Erreichbarkeit lassen sich z. B. durch eine entsprechende Gestaltung der Arbeitszeit im Mobile Office sowie durch Anforderungen an die Erreichbarkeit während bestimmter Zeiten erzielen. Der Sorge vor einer mangelnden Disziplin[13] kann zudem durch Hilfestellungen in der Arbeitsorganisation oder durch ein entsprechendes Empowern der Mitarbeitenden und durch ein Arbeiten an der Führungskultur begegnet werden. Durch die technischen Möglichkeiten lassen sich auch virtuell zahlreiche Meeting- und Kollaborationsmöglichkeiten einsetzen, die nicht nur die persönliche Kommunikation äquivalent ersetzen, sondern vielleicht sogar erleichtern. Kommt das Unternehmen zu dem Ergebnis, dass für bestimmte Arbeiten tatsächlich das persönliche Zusammentreffen erforderlich ist, lässt sich auch dies gestalten.

Die Auseinandersetzung mit den Gestaltungsmöglichkeiten bietet zudem die Chance hinzusehen: Wo stehen wir? Wollen wir das noch so? Wo wollen wir hin? Sie bietet die Chance zu fragen: Was brauchen wir, damit (mobile) Arbeit gut funktioniert? Wie kommunizieren wir miteinander? Was erwarten wir von dem einzelnen Mitarbeitenden, den Kollegen, der Führungskraft? Welche Arbeitsleistung ist von wem zu erbringen und welche Bedeutung hat die Arbeitszeit? Was erwartet der Einzelne für sich und wie erlebt er Arbeit? Was wird benötigt, um produktiv, gesund und glücklich zu arbeiten? Eingespielte Abläufe können hierbei hinterfragt und auf den Prüfstand gestellt werden. Die überlegte Einführung und Weiterentwicklung von mobiler Arbeit bietet so die Chance, sich mit Themen zu beschäftigen, die im Unternehmensalltag oft untergehen, aber enorm wichtig sind für die Digitalisierung, Produktivität, Effektivität, Zufriedenheit der Mitarbeitenden und damit für die Entwicklung des Unternehmens an sich. Die auftretenden Fragen nicht nur für das mobile Arbeiten zu beantworten, eingespielte Annahmen und Verhaltensweisen zu hinterfragen und eine gemeinsame Haltung und Zielrichtung einzunehmen, bringt nicht nur den Mitarbeitenden Klarheit, sondern fördert die Unternehmenskultur und Zusammenarbeit insgesamt.

Es ist dabei nicht erforderlich, dass sämtliche Fragen beantwortet und von heute auf morgen große Veränderungen herbeigeführt werden. Die großen Themen lassen sich oft schon durch kleine Hacks positiv und vor allem wirkungsvoll entwickeln. So ist z. B. die bewusste Auseinandersetzung mit der Durchführung von Meetings oder die Kommunikation über die Zusammenarbeit im Team schon ein erheblicher Hebel für die Entwicklung der Unternehmenskultur und das Empowerment der Mitarbeitenden.

13 Von Mitarbeitenden kann die Erstellung von Arbeitsberichten und -dokumentationen verlangt werden.

Auch die Gestaltungsmöglichkeiten der rechtlichen Rahmenbedingungen lassen kleine Schritte und damit ein gesundes, nachhaltiges Wachstum zu.

Mobiles Arbeiten ist damit aus sich heraus eine Chance für die Unternehmen. Die extreme Corona-Homeoffice-Phase serviert diese Chance auf dem Silbertablett. In dieser extremen Zwangs-Test-Phase mobiler Arbeit hat sich in den Unternehmen (und bei den Mitarbeitenden) so viel Wissen zu den hier aufgeworfenen Fragen angehäuft, wie nie zuvor.[14] Die Phase hat offenbart, wie mobiles Arbeiten für das Unternehmen gestaltet werden kann, was Mitarbeitende persönlich und beruflich benötigen und wünschen, wo es im Unternehmen hapert, wie es um die Digitalisierung, aber auch die Führungs- und Unternehmenskultur steht. Warum setzen wir dieses Wissen nicht bewusst ein und gestalten damit die Zukunft?

Aus Erfahrungen zu lernen und sie in die Zukunft zu transformieren, ist nicht nur im Zusammenhang mit Homeoffice und Corona Chancengarant, sondern hilft als von HR der Zukunft verstandene Aufgabe der nachhaltigen, stetigen Unternehmensentwicklung hin zu einer attraktiven Arbeitgebermarke und erfolgreichen Mitarbeiterbindung.

14 Zur Reflexion lassen sich auch Fragen aus der Scrum Retrospektive einsetzen:
- Was haben wir richtig gut gemacht?
- Was haben wir gelernt?
- Was müssen wir in der Zukunft anders machen?
- Was haben wir noch nicht verstanden?

15 Wir müssen das Büro neu verhandeln!

Marc Eichborn

15.1 Wie Corona die Ausgangslage verändert hat

Corona im Frühling 2020, das ist der Brandbeschleuniger der Digitalisierung in Unternehmen auf der ganzen Welt.

Tausende von neuen Headsets und Notebooks werden bestellt und Kollaborationstools eingeführt. Viele Unternehmen sind sich sicher, dass damit die für sie notwendige Implementierung der Digitalisierung erreicht sei. Die meisten Menschen arbeiten, soweit das in ihrer Tätigkeit möglich ist, zu Hause und fühlen sich dort wohl. Vereinzelt wird das Büro noch genutzt, um mal einen Tapetenwechsel zu haben und sich gezielt mit Kollegen zu treffen, denen es ähnlich geht.

Währenddessen ist in den Bürogebäuden nahezu weltweit eine mehr oder minder große Leere entstanden, die neu gestaltet werden kann oder sagen wir besser, neu gestaltet werden muss.

Kurz gesagt: Das Büro muss neu verhandelt werden!

Das Bild der heutigen Arbeit lässt sich schön auf das Leben eines 16-Jährigen übertragen: Sein soziales Leben führt er derzeit über die sozialen Netzwerke und z. B. über seine Spielekonsole. Das Homeoffice des 16-Jährigen ist heute schon das gemeinsame Spielen über die Distanz, was ihm fehlt ist die Party am Wochenende mit seiner Peergruppe. Wie sich das verändern kann, sehen wir im weiteren Verlauf dieses Beitrags.

Viele Mitarbeiterinnen und Mitarbeiter in den Unternehmen sind heute schon in der Lage, im Homeoffice zu arbeiten. Der Begriff des Homeoffice ist zu unterscheiden von dem der Remote-Arbeit. Homeoffice ist der etablierte, aber auch überkommene Begriff für die Arbeit zu Hause oder sagen wir, nicht im Büro. Meine Definition von Remote-Arbeit ist die Arbeit außerhalb des Büros. Diese Arbeit ist ortsunabhängig und in der Regel mobil. Die Remote-Arbeit wird zukünftig im Fokus stehen und Homeoffice nur eine Örtlichkeit, nicht aber eine Tätigkeit beschreiben.

Unternehmen mit ihren Mitarbeiterinnen und Mitarbeitern sind als Gestalter gefragt, um das alte Büro in eine neue Arbeitswelt zu überführen und die entsprechenden äußeren Rahmenbedingungen und Regelungsgrundlagen in Form von Verträgen oder Betriebsvereinbarungen zu schaffen.

Standardmäßig haben alle Mitarbeiterinnen und Mitarbeiter derzeit einen festen Arbeitsplatz im Büro, in ihrem Bereich bei ihren Kolleginnen und Kollegen. Ein Familienfoto steht auf vielen Tischen und an jedem Arbeitstag kommen die Mitarbeiterinnen und Mitarbeiter selbstverständlich dort hin. Shared-Desk-Konzepte sind bisher überwiegend nur in Beratungs- oder Vertriebsunternehmen implementiert und damit noch kein ausdrücklicher Standard in deutschen Unternehmen.

Der schnelle Wechsel ins Homeoffice zu Beginn der Pandemie im Jahr 2020 hat überraschend reibungslos geklappt und viele Mitarbeiterinnen und Mitarbeiter gehen ihrer Arbeit mit sehr großer Zufriedenheit in der neuen Umgebung nach. Damit hat sich die Situation für die Unternehmen gewandelt, die bisher das Büro als Zentrum der Leistungserbringung betrachtet haben. An diesem Punkt die Arbeit im Büro, aber auch insgesamt die Arbeit neu zu gestalten und aus den heute definierten Regelungen des Homeoffice zu neuen Büroflächen für Kollaboration, Meeting, Onsites und Socializing zu kommen, ist ungefährlich und eine einmalige Chance für alle Beteiligten.

15.2 Remote Arbeiten, Homeoffice – Wie aber kommen die Mitarbeiterinnen und Mitarbeiter wieder dazu, auch im Büro arbeiten zu wollen?

Der 16-Jährige hat in der Regel das Gefühl, etwas zu verpassen, wenn er am großen Festabend auf der Kirmes nicht teilnimmt und mit seiner Peergroup nicht »am Start« ist.

Die regelbehaftete Arbeit ist zukünftig nicht mehr Remote-Arbeit oder Arbeit im Office, sondern eine Kombination von beidem. Insbesondere durch die guten Erfahrungen und Ergebnisse im Pandemie-Homeoffice sind Mitarbeiterinnen und Mitarbeiter nicht geneigt, wieder dauerhaft im Büro zu arbeiten.

Die Mitarbeiterinnen und Mitarbeiter erkennen oftmals selbst das Bedürfnis nach sozialer Interaktion und dem Zusammenhalt in der Gruppe. Dieses Bedürfnis kann über eine Vielzahl von digitalen Tools aufgebaut werden, die zwischenmenschliche Interaktion bleibt aber auf der Strecke, sodass der Wille, zurück ins Büro zu kommen sicher auch zeitnah entstehen wird.

Um dieses Gefühl zu stärken und die Vorteile aus der Arbeit im Büro gerade für intensive Zusammenarbeit herauszuarbeiten, ist das Unternehmen gefordert, Arbeitsmodelle zu schaffen, die dieses Gefühl stärken.

Die Arbeit im Büro sollte das Gefühl einer Art »Incentivierung für die Mitarbeiterin oder den Mitarbeiter« vermitteln. Arbeiten im Office heißt, sich mit den Kollegen zu treffen, an einem Thema weiterarbeiten zu können, das die örtliche Zusammenarbeit erfordert, und in Projekten eingesetzt zu werden, die nur durch diese Zusammenarbeitsformen erfolgreich werden können. Diese Arbeiten sind für die Mitarbeiterinnen und Mitarbeiter besondere Herausforderungen, aber auch willkommene Tätigkeiten, um sich im Unternehmen zu präsentieren.

Die mögliche Zukunft des Arbeitens ist also ein hybrides Modell, ein Teil arbeitet remote, ein anderer Teil im Büro. Die Mitarbeiterinnen und Mitarbeiter wechseln zwischen den beiden Arbeitsformen zumeist tageweise oder in größeren Arbeitsblöcken. Einzelbüros der Führungskräfte und die Zweier- und Vierer-Büros der heute aktuellen Bürogebäude haben zu großen Teilen ihre Berechtigung dann verloren, wenn die Arbeit der Mitarbeiterinnen und Mitarbeiter nicht nur aus dem Abarbeiten von Prozessen und dem Erledigen von fest definierten Tätigkeiten besteht.

Die Spielräume für die Umgestaltung der bereits vorhandenen Flächen in neue, dem hybriden Arbeitsmodell angepasste Flächen sind riesig und beinhalten zwei Komponenten: die Arbeitsflächen und notwendige Rückzugsflächen.

Die Arbeitsflächen bieten Raum für gemeinsames Arbeiten in Teams nahezu jeder Größe. Allerdings wird die Zusammenarbeit in Teams mit über 20 Personen erfahrungsgemäß durch Teilung und Koordination der Aufgaben in Teil-Teams geprägt sein, sodass diese Arbeitsflächen hinreichend flexibel, in der Ausstattung variabel sein sollten und über eine Fassungsgröße von 20 bis 30 Mitarbeiterinnen und Mitarbeitern nicht hinausgehen müssen.

Die Rückzugsflächen bieten in einer Büroumgebung Platz für konzeptionelles Arbeiten, fokussiert auf ein Thema, allein und unterbrechungsfrei. Diese Form der Arbeit wird sich über die nächsten Monate und Jahre mehr auf das Remote Arbeiten verlagern.

Ein Wechsel der Mitarbeiterinnen und Mitarbeiter zwischen Arbeits- und Rückzugsfläche findet am Arbeitstag dauerhaft und immerwährend auf die konkrete Arbeit bezogen statt.

Die Tätigkeiten in den Unternehmen sind methodisch heute nicht mehr nur termin- und anwesenheitsgesteuert. Die Arbeit fließt zwischen Termin/Meeting, Chat auf einer Kollaborations-Plattform und dem Austausch in der Kaffeeküche hin und her. Natürlich gibt es nach wie vor Jours fixes und es gibt auch Lenkungsausschüsse oder Rücksprachetermine, aber eben nicht mehr im Büro, weil diese Art von Zusammenarbeit standardisiert ist und häufig nur der Wissensvermittlung und der Abarbeitung von Entscheidungsvorlagen dient.

15.3 Erprobungsflächen als geschützte Räume

Um nicht nur die Büroflächen neu zu gestalten, sondern auch die Methoden des hybriden Arbeitsmodells zu implementieren, bieten sich geschützte Räume innerhalb des Unternehmens an. Diese geschützten Räume nenne ich im Weiteren Erprobungsflächen, die ganz unterschiedliche Namen tragen können, wie zum Beispiel Testlabor, Innovation Lab oder Arbeitskulturwerkstatt.

Diese Erprobungsflächen sind komplexe Gebilde, die sich äußerlich leicht kopieren lassen, aber der Kern des Konzepts liegt in der Methode, die Mitarbeiterinnen und Mitarbeiter so in ihrer täglichen Arbeit zu begleiten, dass die Nutzung der neuen Flächen, der neuen Tools und Methoden selbstverständlich wird und vollständig integriert ist. Dann können der neue Raum und das neu verhandelte Büro leben, vor Ort, remote oder im Homeoffice.

Mit diesen neuen Flächen, zu deren Gestaltung ich später noch komme, erproben die Mitarbeiterinnen und Mitarbeiter die Methoden in ihrem konkreten Arbeitsalltag und können so Vorbehalte durch eigenes Erfahren abbauen. »Das ist nichts für mich und meine Abteilung…«, dieser oft gehörte Satz hält nur so lange, wie das Team nicht auf der Fläche gearbeitet hat. Erprobungsflächen machen auch für die kritischsten Teams erlebbar, was veränderte Arbeitsmethoden bringen können und schnell wollen die Mitarbeiter und Mitarbeiterinnen nicht mehr zurück in die alte Welt.

Teams erhalten in Ihrer Gänze eine Begleitung auf dem Weg zu neuen Arbeitsmethoden durch die Analyse der eigenen Situation mit dem Coach und die Zeit, Methoden zu erlernen, die das Arbeiten in einem hybriden Arbeitsmodell ermöglicht. Die mögliche Überforderung mit zu vielen unterschiedlichen Kollaborations-Tools, zu vielen Kanälen, mit sozialer Isolation fangen die Erprobungsflächen auf und Coaches machen auf diesen Flächen Angebote.

Teams benötigen zwischen vier und sechs Wochen Zeit, um diese Veränderung als neue Gewohnheit in den individuellen und gemeinsamen Arbeitsalltag zu integrieren. Das menschliche Gehirn lässt sich hier auch nicht ablenken und Veränderungen müssen tiefer wurzeln, damit nicht im nächsten Moment wieder in den »alten Trott« zurückgefallen wird. Eine Trennung der Erprobungsfläche von den übrigen Büros ist erforderlich, um dem Lernprozess Raum zu geben. Die Teams ziehen mit ihren Aufgaben aus dem Daily Business in die Erprobungsflächen, um dort ihren Aufgaben nachzukommen. Der Unterschied ist die Begleitung und der neue Raum, der den Veränderungsprozess pusht.

Die neuen Methoden entfalten ihre Wirkung dann auch bei den anderen Mitarbeitern, wenn die Teams aus den Erprobungsflächen zurückgehen in ihre alten Büros und ihre eigenen Arbeitsumgebungen an das Gelernte anpassen. Die übrigen Kollegen beobachten die neue Gestaltung und die damit einhergehende veränderte Nutzung der Fläche sowie der Zusammenarbeit im Team. Mit der in der Regel positiven Grundstimmung und der veränderten Arbeitsweise der Kollegen kann der Funke auf anderen Teams überspringen

15.4 Graswurzelbewegung – Architektenpläne für neue Arbeitsumgebungen

Nimmt man die strenge Definition von Graswurzelbewegung, dann ist die im Folgenden geschilderte Vorgehensweise keine Graswurzel. Allerdings finde ich den Weg, aus der Belegschaft heraus andere anzustiften, von der Sache zu berichten und in einem klassischen Bottom-up-Stil vorzugehen, sehr charmant, sodass ich die Analogie gern heranziehe.

Wenn die Mitarbeiter vom hybriden Arbeitsmodell überzeugt sind und die Räume selbst anpassen wollen oder bereits angepasste Räume umfassend nutzen, dann wächst im Unternehmen eine Bewegung.

Dafür muss der restliche Raum der Unternehmen an die Methode und die Anforderungen der neuen Arbeitswelt angepasst werden. Die Arbeit entwickelt sich nicht im vorhandenen Raum, sondern der Raum muss der Arbeit folgen und sich anpassen! Ein vorschnelles Abmieten von vorhandenen Flächen, wie es bei einigen Unternehmen heute schon gelebte Praxis ist, ist sicherlich kein hinreichend durchdachtes Zukunftskonzept. Die reine Flächenreduzierung wird nicht Kernelement der neuen Arbeit, sondern nur ein Nebeneffekt sein. Es bedarf eines ausgereiften, auf das Unternehmen angepassten und allgemein im Unternehmen akzeptierten Modells der Flächengestaltung. Denn deutlich weniger Fläche bedeutet im Umkehrschluss, weniger Fläche für die Arbeitsformen der Zukunft.

Die Empfehlung für Unternehmen kann auch nicht lauten: Hier ist ein Architektenplan für Erprobungsflächen, bitte räumt die Fläche frei und wir fangen an. Die Start-up-Welt stellt Tischkicker auf, richtet eine Lounge-Ecke und Sporträume ein. Das zu kopieren, ist nicht das Allheilmittel für den Umbau des Büros. Die Erfahrungen eines Innenarchitekten sollten einbezogen werden, der gleichzeitig mit der Methode vertraut ist und am besten auch die Erprobungsflächen mitgestalten.

Mit dem klaren Kundenfokus auf die Mitarbeiterinnen und Mitarbeiter als Nutzer und deren frühzeitige Einbeziehung entstehen Flächenpläne, in welche die aus den zugrunde liegenden Methoden abgeleiteten Anforderungen implementiert werden. Die

Mitarbeiterinnen und Mitarbeiter geben im Rahmen des Entwicklungsprozesses Feedback und beeinflussen die Planung damit nachhaltig.

Eine nutzerfreundliche, an den Belangen der Belegschaft orientierte neue Arbeitsumgebung entsteht.

Dabei orientieren sich die Flächennutzungspläne an den neuen Arbeitsmethoden und nicht an den Arbeitsvorlieben der Mitarbeiterinnen und Mitarbeiter. Hier ist der Grat zwischen Wünsch-dir-was und der Vision neuer Arbeitsmethoden schmal und die erfahrenen Gestalter im Unternehmen und die Innenarchitekten müssen hier sensibel vorgehen.

Die Verhandlung mit den Mitbestimmungsorganen ist erforderlich. Je früher sie einbezogen werden, desto leichter ist es, sie zu überzeugen und eine Allianz für das Unternehmen zu ermöglichen. Gute Argumente, Lösungen im Sinne des Arbeitnehmers und gemeinsam entwickelte Konzepte können mögliche Vorbehalte von Mitbestimmungsorganen lösen und den gemeinsamen Weg in die Zukunft ebnen. Hier wird sich die Mitbestimmung nicht auf Dauer gegen die Veränderung der Arbeitsrealität stemmen können, da die Mitarbeiterinnen und Mitarbeiter angesichts der Erfahrungen, die sie während der Pandemie gemacht haben, Flexibilität einfordern werden.

15.5 Ein Vertrag als Grundlage für eine gemeinsame Zukunft

Eine neue Betriebsvereinbarung oder ein Letter of Understanding oder sogar ein Vertrag der Belegschaft mit der Unternehmensführung für das gemeinsame Verständnis aller Beteiligten im Unternehmen zum hybriden Arbeitsmodell und den zugehörenden Räumen bindet beide Seiten und schafft die notwendige gemeinsame Darstellung der Vision und Mission: Neue Arbeit im Unternehmen umsetzen! Diese Vereinbarung wird integraler Bestandteil aller Arbeitsverträge und bei Neueinstellungen als Unterschriftsvoraussetzung von beiden Vertragspartnern, also vom Unternehmen und den neuen Mitarbeiterinnen oder Mitarbeitern akzeptiert.

Definiert ist der Rahmen der Arbeit – vom Raum über die Methode und Zusammenarbeit bis hin zum Führungsverständnis auf allen Ebenen.

Eine Umsetzung im Unternehmen wird notwendigerweise in parallelen Strängen erfolgen müssen, da die Erprobungsfläche nicht alle Mitarbeiter »durchschleusen« kann. Für diese Transitionsphase ist es erforderlich, Unterstützer im Unternehmen zu akquirieren, als Kommunikatoren auszubilden und den Teams aus den Erprobungsflächen im Unternehmen Sichtbarkeit zu verschaffen. Es braucht Zeit und wertschätzende Kommunikation im gesamten Unternehmen!

Eine Randnotiz aus der Politik zum Thema Homeoffice: Je mehr die Unternehmen eigenverantwortlich das Büro neu verhandeln und mit den Tarifpartnern gemeinsame Ideen umsetzen, desto weniger ist der Staat gefordert, Regelungen zu treffen. Wie tief die Veränderung in unser Arbeitsleben eingreift, zeigt sich, wenn der Gesetzgeber das Thema regeln möchte. Der Entwurf des gesetzlichen Anspruchs auf Homeoffice ist noch nicht verabschiedet (Stand 01.2021), zeigt aber, dass es ernst wird mit dem Thema.

Das Büro wird neu verhandelt! Hybrid und methodenorientiert ist die Grundlage für die Arbeitsräume der Zukunft und nicht lokal und arbeitsplatzorientiert.

Methoden für die Mitarbeiterinnen und Mitarbeiter und die Kollaboration derselben stehen im Mittelpunkt des neuen Büros. Die Festschreibung der gemeinsamen Zukunft in einem Vertrag kann durch das Management angestoßen, aber nicht bestimmt, sondern nur kooperativ gestaltet werden. Der 16-Jährige bekommt seine Karte für den Festabend und ist dabei, wenn die Party beginnt, die restliche Zeit zockt er mit seinen Freunden auf der Spielkonsole und in den sozialen Netzwerken.

Führung & Mitbestimmung

Wer Menschen führen will, muss hinter ihnen gehen.
Laotse

Kaum ein Thema ist so umstritten im Kontext des Wandels der Arbeitswelt wie das der Führung. Allein die Anzahl an Führungsmodellen und -methoden lässt erahnen, wie sehr sich Menschen (und die Forschung) darüber Gedanken machen, welche Art der Führung erfolgreich ist. Braucht es Führung überhaupt noch? Oder muss nicht der Chef dem Kollektiv weichen, die Vorgabe der Selbstorganisation, die Macht des Einzelnen der Ermächtigung vieler?

Führung per se kann niemals überflüssig sein – in keiner Situation des Lebens, denn wir alle brauchen immer einmal denjenigen, der uns den Weg vorgibt, und umgekehrt können und müssen wir es auch selbst sein, im beruflichen wie im privaten Kontext. Führung ist eine Art der Kommunikation und Kommunikation ist komplex.

Führung neu zu denken bedeutet, sie menschlich zu denken. Beherrscht Ihr die Giraffensprache? Wenn nicht, dann nehmen Tobias Grewe und Christa Stienen Euch mit auf eine Reise durch die Welt der empathischen und Orientierung gebenden Führung.

Mit Torsten Schröders Beitrag folgt der Reise ein Tanz – kaum ein Sport kann Führung besser visualisieren. Das oft stark hierarchisch geprägte Führen im Tanz setzt er in Beziehung zur Arbeitswelt und aus diesen vermeintlichen Gegensätzen können wir viel für den ganz eigenen Führungsstil ableiten.

Führen kann man nur allein? An der Spitze wird es einsam? Julia Collard und Sven Schnitzler denken um vom Alleinherrscher zur kollektiven Führung. Warum man nicht nur in Krisen zusammen weniger allein ist und wann Führung ein Match sein kann erläutern sie in ihrem Beitrag.

16 Gegen den blinden Fleck in der Führung

Tobias Grewe & Christa Stienen

Die Lehre aus Corona: Mitarbeiter wollen als Menschen, nicht als Funktionsträger wahrgenommen werden.
Christa Stienen

Können Sie die Giraffensprache? Nun, wir auch nicht. Aber wir können uns Giraffenohren aufsetzen und versuchen, so zu tun. Mit diesem simplen Kniff, basierend auf Marshall Rosenbergs Konzept der Gewaltfreien Kommunikation, sorgten wir vor einiger Zeit bei einer Videokonferenz mit Führungskräften für ungläubiges Staunen.

Nach anfänglicher Skepsis, was sich HR denn nun schon wieder hat einfallen lassen, kam die Botschaft an – und brachte uns kurz darauf das begeisterte Feedback eines Managers. Er habe sich mit der Methode auseinandergesetzt und sie selbst in seiner Familie ausprobiert: »Das war das Beste, was ich je erlebt habe.«

Die Giraffensprache ist nach dem Landtier mit dem größten Herzen benannt, heißt deshalb auch Sprache des Herzens und ist ein Symbol für lebendige Kommunikation. Sie schafft eine Verbindung zwischen dem eigenen Herzen und dem der anderen, indem strikt getrennt wird zwischen Beobachtung und Bewertung der Beobachtung. Aber auch indem man auf seine Gefühle achtet und sich die dahinterliegenden Bedürfnisse bewusst macht. In der Giraffensprache respektiert man die Bedürfnisse aller und achtet genauso auf die Gefühle anderer wie auf seine eigenen. Es gibt kein Schubladendenken und kein Abschieben der Verantwortung für seine Handlungen. Durch aktives Zuhören, den anderen wie auch sich selbst, können wir eine tragfähige Verbindung aufbauen. Mit »Giraffenohren hören« bedeutet, Kritik und Lob in etwas Konstruktives umzuwandeln, das heißt radikales Umwandeln des Denkens und des Sprechens.

Mit dem Aufsetzen der Giraffenohren während eines Meetings wollten wir unseren Führungskräften bewusst machen, dass sie gerade in Zeiten von Corona ihr wichtigstes Führungsinstrument noch gezielter einsetzen müssen: die einfühlsame Kommunikation mit ihren Teams. Es ist nämlich ein himmelweiter Unterschied, ob man den Mitarbeiter*innen Tag für Tag persönlich begegnet oder ob jeder für sich zu Hause arbeitet und die Kollegen nur im virtuellen Raum trifft.

Schon jetzt ist absehbar, dass es nach dem Ende der Pandemie – wann auch immer das sein wird – kein »Back to Normal« geben wird, sondern wir im »Neuen Normal« bereits angekommen sind, in dem persönliche Termine zur begründeten Ausnahme werden. Wie bereits im vorhergehenden Beitrag beschrieben wurde, muss das Büro »neu verhandelt werden«. Neben dem Homeoffice müssen neue Bürokonzepte her, mit denen der Raum um die Arbeit herum entwickelt wird, und nicht umgekehrt. Nur so können Räume für Menschen entstehen, in denen sich Mitarbeiter*innen als Mensch fühlen und weiterentwickeln können. Eng damit verknüpft ist die Frage, was Führung während und vor allem nach der Pandemie-Zeit bedeutet. Denn, dass sie sich angesichts der Veränderungen und neuen Rahmenbedingungen, wie gearbeitet wird, sowie durch die drohende Vereinzelung im betrieblichen Alltag verändern muss, dürfte uns allen durch unsere eigenen Erfahrungen inzwischen klar geworden sein.

Wirtschaftlicher Erfolg hängt nicht nur von den betrieblichen Strukturen und Abläufen ab, sondern vor allem vom inneren und äußeren Engagement der Betriebsangehörigen. Ein Unternehmen kann vorbildlich organisiert sein und seine Prozesse auf Topniveau getrimmt haben – wenn Führungskräfte und Mitarbeiter*innen nicht aufrichtig miteinander oder eher aneinander vorbeireden, werden Arbeitsleistung und Ergebnisse unweigerlich hinter den Erwartungen zurückbleiben. Führung ist Beziehungsarbeit. Geleistet wird sie über eine achtsame und wertschätzende Kommunikation, die in der Mitarbeiter*in mehr als einen funktionalen Teil der Organisation sieht. Diese Beziehung muss gestaltet werden. Dazu muss Führung einen Raum kreieren, wo Führungskräfte nicht Chefin oder Chef sind, sondern selbst Mensch. Ein Raum, in dem man sich so zeigen kann, wie man ist. Seit Jahrzehnten wird das mehr oder weniger eindringlich in jedem Führungsseminar thematisiert. Doch viele Manager lernten erst durch das verordnete Workplace Distancing, wie unglaublich schwer diese Führungsaufgabe über die räumliche Trennung hinweg zu erfüllen ist.

16.1 Wie geht Führung nach Corona?

Persönliche Termine mit physischer Anwesenheit werden zur begründeten Ausnahme. Und das Zurückgeworfensein auf virtuelle Tools hat dramatische Konsequenzen. Gute Führung setzt Offenheit und gegenseitiges Vertrauen voraus. Mitten in der schwersten Krise der Nachkriegszeit mussten Führungskräfte emotionale Haltestellen und Stabilitätsanker sein: »Leader to lean on«, »Shoulder to cry on«. Viele Unternehmen haben hier sehr intuitiv agiert und sich am Menschlichsein orientiert. Es gab allerdings auch viele Unternehmen, in denen Mitarbeiter keine beruhigenden Informationen bekamen; woher sollte das Management auch wissen, wann und wie genau es weitergehen würde? In ihrer Hilflosigkeit wandten sich die Mitarbeiter*innen an die Personalabteilung, oft lediglich, um mit ihren Sorgen nicht allein zu sein. So wurde HR zu einem festen Bindeglied in der Meldekette zwischen Management und Belegschaft. Und wir gewannen tiefe Einblicke, wie die Mitarbeiter*innen ticken, was sie in einer Ausnahmesituation brauchen und wie sie ihre jeweiligen Führungskräfte während der Krise erlebten: als wortgewaltig, doch zum Teil als beistandsschwach. Dabei hätte oft ein einziger Satz genügt, um Nähe und Bindung herzustellen: »Ich bin ein Mensch. Ich weiß nicht alles.«

Was sich in dieser Krise erneut bestätigt hat: Je weniger informiert wird, desto stärker wächst die Unsicherheit unter den Mitarbeiter*innen. Sie äußert sich teils in konkreten und nachvollziehbaren Fragen, teils in diffusen Ängsten, die genährt werden durch das Gefühl, dass die Vorgesetzten ihren Fragen ausweichen. Wenngleich das verständlich und nachvollziehbar ist, trägt es nicht dazu bei, Menschen durch emotional schwierige Situationen zu begleiten. Und dazu gehört, sich menschlich zu zeigen und transparent zu sein. Studien belegen, dass Mitarbeiter*innen in Zeiten einer Pandemie genau das erwarten – sie möchten nicht nur wissen, was das Unternehmen oder die Führungskraft wissen, sondern auch, was sie nicht wissen – völlig zu Recht. Wir sind in der VUCA-Welt angekommen und Corona hat lediglich unter das Brennglas gelegt, was wir verändern müssen, um im »New Normal« bestehen zu können.

Noch verstehen zu wenige Führungskräfte diese höchst menschliche Seite ihrer Tätigkeit. Oder sie wollen es nicht wahrhaben, dass dies eine eigene Disziplin im Führungsalltag ist, die beherrscht sein will. Denn dieser Teil der Job Description macht Mühe. Aber wer hat gesagt, dass Führung einfach ist? Jetzt, wo vieles in den digitalen Raum verlegt wurde, Stimmungen und Flurfunk nicht mehr so einfach zu erspüren sind, ist klar geworden, dass sich nach der Corona-Krise kein Manager mehr diesen blinden Fleck leisten kann. Denn die räumliche Entfernung birgt die Gefahr zunehmender menschlicher Distanz zwischen Führenden und Geführten sowie den Kolleg*innen untereinander. Ohne emotionale Bindungen aber sinkt die Loyalität der Mitarbeiter*innen für ihr Unternehmen. Mitarbeiter*innen, die enttäuscht sind, könnten bei nächster Gelegenheit das Weite suchen. Umgekehrt binden kommunikationsstarke und empathische Führungskräfte ihre Leute an sich und das Unternehmen – und zufriedene Arbeitnehmer*innen empfehlen ihren Arbeitgeber weiter. Sobald die Pandemie überwunden ist, die Wirtschaft wieder anspringt und die Belegschaft aufgestockt werden soll, macht sich die gefestigte Beziehung zu den Mitarbeiter*innen doppelt bezahlt: weil sie bleiben und weil sie werben.

Empathie gewinnt: Mit empathischer Führung lassen sich auch Konflikte leichter bewältigen. Deren Zahl und Intensität nimmt mit vermehrtem Stress aufgrund von Personalknappheit, zusammengestrichenen Budgets und der außergewöhnlichen Belastungen der Corona-Pandemie zu. Richtig vorbereitet darauf sind die wenigsten Manager. Die meisten schauen weg statt hin und vertrauen auf die Selbstheilung über die Zeit. Gewiss, es fordert Aufmerksamkeit, um Konflikte zu entdecken, und man muss sich selbst zurücknehmen, um den Mitarbeiter*innen bei der Bewältigung zur Seite zu stehen. Zumal in neun von zehn Fällen der Konflikt dadurch entsteht, dass Menschen aneinander vorbeireden. Eine gute Führungskraft exploriert den Sachverhalt ohne Wertung – nicht umsonst lautet die Regel: Wer fragt, der führt. Oft findet sich schon im ersten Gespräch ein vernünftiger Lösungsansatz. Wie tragfähig dieser letztlich ist, entscheidet die einfühlsame Moderation.

16.2 Vulnerable Leadership oder: »Menschlichkeit« bringt uns alle weiter

An einer menschlichen Führung, die sich nicht vor der Beziehungsarbeit scheut, führt zukünftig kein Weg vorbei. »Vulnerable Leadership« heißt für Manager*innen, ihr hochgerüstetes Ego an der Tür abzulegen und ohne »Chefin oder Chef« zu sein als Mensch mit Empathie, die Befindlichkeit und die Bedürfnisse ihrer Mitarbeiter*innen zu spüren und deren Grenzen zu respektieren. Niemand muss dazu Giraffenohren aufsetzen. Aber man sollte an sie denken, um dann die Kommunikation offener und aufmerksamer zu gestalten.

Führung wendet sich an Menschen, und wer seine Beziehungen zu den Mitarbeitern analog nicht hinbekommt, wird es über die digitalen Kanäle erst recht nicht schaffen. Aus gutem Grund heißt es: Wer einen schlechten Prozess digitalisiert, erhält einen schlechten digitalisierten Prozess. Wer den Menschen in den Mittelpunkt rückt und menschlich führt, fördert nicht nur weiche Faktoren wie Motivation und Mitarbeiter*innenbindung, sondern auch das daraus entstehende Engagement und die Leistungsbereitschaft. Und das wirkt sich nachhaltig auf die KPIs aus, an denen Erfolge sichtbar werden.

Die Extremsituation der Pandemie wirkt wie ein Brennglas und legt eben Stärken und Schwächen von Führungskräften offen. Zu den Schwächen gehört, dass oft noch nicht verstanden wird, dass die Zeit von Command and Control definitiv vorbei ist. Wir sind im digitalen Zeitalter angekommen. Denen es in der Krise nicht gelingt, ihre Mitarbeiter*innen virtuell zu informieren und dabei auf ihre Stimmungen, Ängste und Bedürfnisse einzugehen, wird es in Zukunft schwer haben. Möglichweise wird man eines Tages vom Corona-Ausnahmezustand als dem größten Assessment-Center sprechen, das je in Unternehmen durchgeführt wurde: Die einen wachsen in der Krise über sich hinaus und empfehlen sich für größere Herausforderungen. Die anderen scheitern an dieser Bewährungsprobe.

Human Resources hat lange und intensiv argumentiert, Führung mit menschlichem Gesicht sei der erfolgreichere Ansatz, um Mitarbeiter*innen zu inspirieren und zu besseren Leistungen anzuspornen. Und doch fand der Ruf kein flächendeckendes Echo. Viele, zu viele hielten am traditionellen Ober-sticht-Unter-Prinzip fest. Ganz davon abgesehen, dass das Klammern an hierarchischen Do's und Don'ts der geforderten Agilität im Unternehmen diametral widerspricht, funktioniert es auf Distanz einfach nicht. Mit der Webcam als einzigem Verbindungsglied zwischen Führungskraft und Mitarbeiter*innen braucht es Vertrauen und Wertschätzung auf beiden Seiten, um

Leidenschaft- und Leistungskurven auf Kurs zu halten. Informierte und motivierte Mitarbeiter müssen nicht permanent daraufhin überwacht werden, ob sie gerade am häuslichen Schreibtisch sitzen oder zwischendurch die Wäsche bügeln. Die besten Ideen kommen nicht zwangsläufig, wenn man vor dem Laptop sitzt. Was zählt, sind das Ergebnis, Engagement und die Erreichbarkeit im Bedarfsfall.

Information und Transparenz statt Vogel-Strauß-Politik, Vertrauen statt Überwachung, Menschlichkeit statt funktionaler Kälte plus Inspiration und Moderation aus der Ferne – das alles ist in erster Linie eine Frage der Führungskultur und des Umgangs mit dem Team. Das Coronavirus hat in den Unternehmen einen Prozess der schöpferischen Zerstörung eingeleitet, bei dem traditionelle Denk- und Handlungsmuster über Bord gehen müssen, wir uns von altbewährten Führungsinstrumenten verabschieden müssen, damit Mitarbeiter sich zeigen können und neue, erfolgreichere Verhaltensweisen an ihre Stelle treten können. Diesen Übergang zu initiieren und zu begleiten, ist die wichtigste Aufgabe, die sich HR angesichts der Coronakrise stellt.

16.3 Was kann HR beitragen?

Dass HR in schwierigen Zeiten zum Rettungsanker werden kann, haben wir bei Ausbruch der Pandemie gesehen. Jahrelang haben wir Personaler über New Work und agiles Arbeiten gesprochen: Jetzt haben wir es im Zeitraffer umgesetzt. Bei uns im Unternehmen wurde im Krisenstab rechtzeitig festgelegt, dass die Geschäftsstellenleiter die Mitarbeiter vor Ort in Gruppen einteilen und informieren. Darüber hinaus haben wir alle bei uns tätigen Menschen in funktionale Zielgruppen eingeteilt, wie beispielsweise Betriebsratsmitglieder oder Ausbildungsbegleitende, und für jede Gruppe haben wir einen eigenen Kommunikationsfahrplan erstellt.

Morgens und abends habe ich als HR-Verantwortliche mit meinen direkten Mitarbeitern einen Call geführt, einmal am Tag mit den Produktverantwortlichen und zum Gesamtbetriebsratsvorsitzenden hatte ich gewissermaßen eine Standleitung. Unser Ziel war es, die anstehenden Themen möglichst schnell in die Belegschaft zu tragen – um die Unsicherheit abzubauen und Eigenverantwortlichkeit der Mitarbeiter zu stärken. Natürlich kommt man nicht allein mit guten Worten durch die Krise. Mitunter sind auch sehr deutliche Personalgespräche unausweichlich und verständlicherweise liegen angesichts der gesundheitlichen und wirtschaftlichen Risiken bei manchen die Nerven blank. Doch auch in schwierigen Gesprächen darf die Menschlichkeit nicht unter den Tisch fallen. Es weicht die Fronten auf und es kostet nichts, wenn man dem Gegenüber signalisiert, dass man seine und ihre Unruhe ernst nimmt.

Empathische Führung lässt sich nicht verimpfen. Und generelle Appelle, das hat man über all die Jahre gesehen, verpuffen im Tagesgeschäft. Helfen wir also den Führungskräften aus ihrer Zwickmühle heraus, denn einerseits stellt Corona sie vor neue Aufgaben, andererseits funktionieren die gewohnten Instrumente nicht mehr. HR kann die Manager aus diesem Dilemma herausführen, und zwar auf eben dem Weg, den diese anschließend selbst gehen sollen. Holen wir sie bei ihren Sorgen um die Steuerung ihrer Mitarbeiter ab! Hören wir ihnen aufmerksam zu und nehmen wir sie ernst, als Menschen, nicht als Funktionsträger! Gehen wir mit ihnen zusammen einen Teil des neuen Weges! Führung in der Krise heißt, von Mensch zu Mensch, der Lage entsprechend und mit viel Einfühlungsvermögen zu reden und zu handeln. Spielen wir das doch im Folgenden einmal gedanklich durch:

Aus aktuellen Befragungen wissen wir, dass überdurchschnittlich viele Führungskräfte gerade jetzt, ausgelöst durch die Corona-Krise und die anbrandende VUCA-Welle, mit Selbstzweifeln zu kämpfen haben. Denn sie wissen nicht, wie es für die Unternehmen und ihre Beschäftigten weitergeht. Dieser Situation lässt sich freilich weder mit Durchhalteparolen noch mit Schweigen angemessen begegnen, sondern nur mit aufrichtiger Kommunikation, nach Möglichkeit im persönlichen Gespräch. In der Führung sind Videokonferenzen allenfalls Second Best. Sollte auch das nicht möglich sein, greift man eben zum Telefonhörer. Die E-Mail als unpersönlichste Form der Kommunikation darf als Führungsinstrument nur im absoluten Notfall eingesetzt werden; oft schadet sie mehr, als sie nützt. Und warum sollte man als Team-, Abteilungs- oder Bereichsleiter*in nicht freimütig zugeben, dass man mit einer unerwarteten Situation konfrontiert ist, für die man **nicht** sofort eine Handlungsanleitung parat hat? Selbstzweifel sind in Situationen wie der Pandemie an der Tagesordnung. Zum einen finden sich in der Diskussion mit den Mitarbeitern oft probate Lösungsansätze. Zum anderen möchten sich die meisten Mitarbeiter ja gerne einbringen und zur Lösung beitragen. Wenn HR konsequent hierfür ein nachhaltiges Bewusstsein schafft, dürften Vorbehalte und Selbstzweifel der Führungskräfte schwinden. Sie erinnern sich an die Übung mit den Giraffenohren? »Das war das Beste, was ich je erlebt habe.«

16.4 Mit Human Resources zurück zur Menschlichkeit

Das Tückische an der Coronapandemie ist: Sie torpediert den dringend notwendigen Kulturwandel in den Chefetagen gerade dadurch, dass sie die Führungskräfte dazu zwingt, ihre Kommunikation vom persönlichen in den virtuellen Raum zu verschieben. Indem sich die HR-Abteilung dieses Problems bewusst ist und die Manager unterstützt, kann sie in dieser Krise eine sehr wichtige Rolle einnehmen.

Ein einfaches Beispiel zeigt, was damit konkret gemeint ist: Im Gespräch von Angesicht zu Angesicht nimmt man Mimik, Tonalität und Körpersprache des Gegenübers viel genauer wahr. Bei Videokonferenzen mit verdichtetem Informationsaustausch muss man daher noch sorgfältiger auf alle Anzeichen achten, die Aufschluss darüber geben, wie es im Moment um den Gesprächspartner bestellt ist. Virtuelle Führung verlangt mithin eine besonders hohe Aufmerksamkeit, um selbst schwache Signale aufzuspüren und darauf angemessen reagieren zu können. Wir gehen sogar so weit, dass Führungskräfte in der Zukunft kuratierte emotionale Erlebnisse schaffen, um ein »wie geht's« nicht nur als Floskel zum Gesprächseinstieg zu nutzen, sondern darum, gezielt digitale Formate zu kreieren, die zur Unternehmenskultur passen, um Erfahrungen auszutauschen, Wahrnehmungen zu teilen und am Ende zu wissen, wie es den Mitarbeiter*innen wirklich geht.

Gewiss wird die Pandemie überwunden, aber der durch sie erreichte Durchbruch der Digitalisierung mit Homeoffice und Videokonferenzen wird bleiben. Das bedeutet, dass Vorgesetzte ihre Aufgabe künftig anders als gewohnt erfüllen müssen – und das gelingt im digitalen Zeitalter nur über Führung mit menschlichem Gesicht. HR kann diesen Prozess unterstützen, indem es den Führungskräften zeigt, wie es geht und sie ausprobieren lässt. Menschlich sein ist – wie wir in dieser Zeit alle selber erlebt haben – eine unglaublich kraftvolle Quelle für neue Ideen, wie man auch in der virtuellen Welt menschlich interagiert und als Führungskraft digital neue Räume und Begegnungsorte schafft, die zur Unternehmenskultur passen, wenn es das berühmte »Schwätzchen an der Kaffeemaschine« einfach nicht mehr gibt. Reden ist gut, selbst tun ist besser und Erfolg zu haben mit der neuen Führungsweise überzeugt auf ganzer Linie. Denn Menschlichkeit im Feedback, aktives Zuhören und Empathie setzen Kreativität und Leistungsbereitschaft der Mitarbeiter*innen frei und wirken sich positiv auf die Wertschöpfung aus.

Die Corona-Krise bietet HR die einmalige Chance, die nach Orientierung suchenden Führungskräfte zu erreichen und beim notwendigen Wandel zu unterstützen. Doch dazu muss HR bereit sein, neue und durchaus auch einmal ungewöhnliche Wege zu gehen. Im Idealfall schaffen wir eine Vertrauenskultur, in der Vorgesetzte Schwächen zeigen dürfen, um darüber Stärke zu gewinnen. Manchmal braucht man dafür die Ohren einer Giraffe.

17 Darf ich Sie führen? Lead und Follow im Tanz

Torsten Schröder

»Das ist mein Tanzbereich – das ist dein Tanzbereich.« Wer kennt ihn noch – diesen Satz aus Dirty Dancing? Tatsächlich drückt er ganz viel von dem aus, was es an Parallelität in der Tanz- und der Businesswelt zu beobachten und zu lernen gibt. Insbesondere wenn es um das Führen geht.

Im Business-Coaching werden verschiedene Formen der Führung unterschieden. Vom demokratischen Stil über einen autoritären bis hin zum kooperativen ist alles dabei. Doch seit Jahrzehnten scheiden sich die Geister, welcher Führungsstil schlussendlich der »beste« ist. Die Antwort ist einfach wie komplex: Der, der zur Führungsperson und zum Team passt.

Der Dynamik unserer Arbeitswelt folgend nehmen wir aktuell an, dass der situative bzw. kooperative Führungsstil am ehesten zum Erfolg führen, was sich gleichsam auch in den Führungsarten des Tanzsports widerspiegelt. Hierfür schauen wir uns erstens die Rollen der Männer und Frauen bzw. – ganz allgemein – der Teammitglieder im Paartanz an. Anschließend nutzen wir das gewonnene Know-how, um daraus Ableitungen für den Geschäftsalltag zu treffen. Es wird – das sei im Vorfeld angemerkt – innerhalb der hier gezogenen Parallelen nicht vollständig gelingen, die im Tanzsport tradierten Geschlechterrollen vollständig aufzulösen. Angesichts von »Zielwert Null« – ausgerufen von einigen Konzernen bezugnehmend auf die Zahl der Frauen in Aufsichtsrat- und Vorstandspositionen – und gesetzlich verankerter Frauenquote mag aber auch das nur als weitere Parallelität einen Denkanstoß geben.

17.1 Lead und Follow

Die Leads (traditionell Männer) entscheiden, was getan werden soll. Die Follows (traditionell Frauen) lesen die Bewegungen und gehen mit ihnen mit, damit der Tanz funktioniert. Beim ersten Mal werden Leads in eine Führungsrolle geworfen, die sie vielleicht nicht erwartet hätten. Für Anfänger ist das nicht selten schwierig.

> *Obwohl ich bereits als Kind getanzt habe, war es zeitweise auch für mich schwierig, auf das Parkett zu gehen und für eine andere Person (mit-) verantwortlich zu sein. So etwas kann einschüchternd wirken.*
> Aus meinen Coachings

Ob Sie nun tanzen oder nicht, es gibt einige Führungslektionen, die Sie von der Tanzfläche übertragen und auf den Rest Ihres Lebens anwenden können.

Lead and Follow sind zwei gegenüberliegende Seiten derselben Münze, die für den perfekten Partnertanz notwendig sind. Historisch wurden diese Rollen als »männliche« und »weibliche« Rolle bezeichnet, aber glücklicherweise haben sie in der modernen Tanzwelt eine größere Fließfähigkeit erreicht. Aber wie können wir die Rollen, anstatt sie mit einer maskulinen und femininen Erzählung zu beschreiben, noch definieren?

Leads sind

- der »Bilderrahmen« des Tanzes
- der Direktor
- Kontrolle über Struktur, Abstand, Tempo und Timing
- der Navigator
- der Teamleiter

Der Lead stellt den ›Picture Frame‹ zur Verfügung; das ist der Raum, in dem der Tanz stattfindet. Es ist die Aufgabe des Leaders, vorauszuplanen – er ist so etwas wie der Organisator des Tanzes. Ohne eine Führung kann der Tanz nicht über seine Grundschritte hinausgehen. Es ist entscheidend für die Führung, den Tanz klar zu lenken. Schwache und unklare Gesten werden wenig dazu beitragen, den Tanz voranzutreiben.

Eine gute Führung balanciert auch den Komfort und das Niveau des Follow. In Bezug auf die Verbindung unterstützt ein guter Lead den Follow und stellt immer sicher, dass er nicht in eine »gefährliche« Position gebracht wird. Leads sind die primären Navigatoren – im Business wird dies verglichen mit dem Bild der Leitplanke. Sie stellen sicher, dass ihr Tanzraum respektiert wird und sie nicht in den Raum anderer Paare eindringen. Sie sind die Regisseure ihres Tanzes, mit einer Vision und einem Plan. Ein Großteil ihrer Rolle besteht darin, das Beste aus ihrem Follow herauszuholen – und das sich ergebende Bild mit Glanz zu erfüllen.

Eine schlechte Führung kümmert sich nicht um ihren Partner. Diese Leads bewegen sich ohne Plan. Sie könnten ihren Follow in andere Paare navigieren, Bewegungen machen, die nicht in den Raum passen, oder es gelingt ihnen überhaupt nicht, einen Raum für den Tanz zu schaffen. Das führt oftmals dazu, dass sie das Follow (verbal oder non-verbal) bitten, die Führung zu übernehmen. Allerdings sind einem Follow andere Rollen zuzuschreiben.

Follows sind

- der »Bildinhalt« des Tanzes
- der Schauspieler
- Kontrolle über Stil, Leuchtkraft und Ausdruckskraft
- Zuhörer und Übersetzer
- Teamplayer

Der Follow liefert das Bild, das sich im Rahmen des Lead befindet. Ohne den Follow verliert der Tanz seine Würze oder sein Interesse; er wird flach. Es ist die Aufgabe des Follow, beinahe sofort auf die Signale des Leads zu reagieren und – das ist noch viel wichtiger – sie zu interpretieren. Es ist entscheidend, dass ein Follow ein guter Zuhörer ist und den Plan, den der Lead zu erstellen versucht, nicht stört – es sei denn, er wird dazu aktiv aufgefordert. Was sich vielleicht nach »Unterwerfung« anhört ist genau das Gegenteil: Es ist Kommunikation, die sich eben nicht aus zwei immer sprechenden Menschen ergibt, sondern aus einem Wechselspiel aus Zuhören und Reden.

Ein schlechter Follow wird versuchen, die Kontrolle zu übernehmen. Er wird sowohl Schauspieler als auch Regisseur in einer Aktion. Anstatt dem Partner zuzuhören und sein Tun zu interpretieren, versucht er, den Tanz zu übernehmen und zu kreieren – unabhängig von der Richtung. Er kümmert sich vielleicht nicht um das Niveau des Partners und entscheidet sich stattdessen dafür, allein zu tanzen und nicht für die Partnerschaft.

17.2 Wer kann welche Rolle tanzen?

Jeder kann jede Rolle tanzen. Aber die meisten Menschen finden, dass sie besonders zu einer der beiden Rollen neigen. Eine kleine Teilmenge der Bevölkerung genießt beides gleichermaßen oder kann sich sogar in verschiedenen Tänzen in unterschiedliche Rollen einfühlen.

Meiner Erfahrung nach besteht der schwierigste Teil des Erlernens der entgegengesetzten Rolle in der Umstellung auf die divergierende Denkweise. Ein Wechsel der Position ist die Königsdisziplin, in der komplexen VUCA-Arbeitswelt zwingend notwendig und genau darum gleichermaßen attraktiv wie herausfordernd.
Aus meinen Coachings

Wenn Ihnen das Erlernen beider Rollen wichtig erscheint oder wenn Sie versuchen, innerhalb Ihrer Dominante besser zu werden, probieren Sie bitte, über die Attribute der jeweiligen Rolle nachzudenken, anstatt einfach nur die Technik zu lernen. In vielerlei Hinsicht kann sich das »Fühlen« einer Rolle als unschätzbar wertvoll erweisen. Eventuell sogar wertvoller als alle Schritte oder Techniken, die Sie lernen können (aber bitte, lernen Sie auf jeden Fall auch die Technik).

Im Folgenden stelle ich einmal ganz plakativ die gängigsten Führungsstile im Tanz der Businesswelt gegenüber – so wird vermutlich schnell klar, wo wir Parallelen ziehen können und wo doch ganz unterschiedliche Welten aufeinandertreffen.

Allowing Lead	
Im Tanz	**Im Business**
Die Schönheit eines Tanzes ergibt sich aus der kontinuierlichen Bewegung. Eine Figur allein mag schön sein, doch ihre Ästhetik erlangt sie durch ihre Einbindung in eine Choreografie. Das Prinzip der Allowing Lead besteht darin, dass der Follow auf einem Fuß ankommen kann. Das bedeutet, er gewinnt in Folge einer Bewegung Stabilität und kann sicher stehend weitere Figuren tanzen. Deutlich wird das im Vergleich zur Physical Lead (im Detail s. u.): Während bei dieser der Lead durch Körperkraft führt und Bewegungen beginnt und beendet, kann der Follow im Rahmen der Allowing Lead eigenständig(er) agieren. Diese Führungsform findet sich sehr häufig in lateinamerikanischen Tänzen. Die Bewegungen sind leidenschaftlich, frei und wild. Hüftschwünge, ausladende Armbewegungen und Solodrehungen finden sich häufig wieder. Dafür ist eine entsprechende Freiheit in der Führung notwendig.	Im Geschäftsalltag würde man diese Führungsform als kooperativ, situativ oder gar als »laissez-faire« bezeichnen. Während Arbeitsaufgaben seitens der Führungskraft benannt werden, sind die Mitarbeitenden frei in der Art ihrer Erfüllung. Hierdurch werden die Stärken aller Beteiligten entsprechend genutzt. Gleichzeitig gilt zu beachten: Im Sport wissen Lead und Follow, welche Bewegungen sie auszuführen haben, um eine ansehnliche und technisch einwandfreie Choreografie zu tanzen. Für das Business gilt Gleiches. Alle Beteiligten müssen wissen, welche Schritte zu erledigen sind, um Aufträge zu bearbeiten und zum gewünschten Ergebnis zu gelangen – darum ist die Technik die Basis.

Physical Lead	
Im Tanz	**Im Business**
Der Physical Lead ist leicht zu verstehen, wie auch auszuüben, sofern diese Form ausgiebig trainiert wird. Während des Tanzes nutzt der Lead seinen Körper (spezifisch seine Hände und Arme), um den Follow aus einer Figur in die nächste zu »drängen«. Im Prinzip bringt er den Follow durch Bewegung aus dem Gleichgewicht, führt ihn in die neue Bewegung und fängt ihn dort wieder auf. In den lateinamerikanischen Tänzen (z. B. Cha Cha, Rumba, Salsa, Tango Argentino) findet sich diese Führungsform häufig wieder. Zentral ist, dass der Führende zu jedem Zeitpunkt die Kontrolle behält und eine Situation beginnt sowie abschließt. Übt ein Paar einen Tanz, in dem der Physical Lead zum Einsatz kommt, darf der Follow während des Trainings seine Augen schließend und reagiert nur auf den Druck und das Ziehen des Leads.	Während des Tanzens ist für den Führenden klar: »Der Tanz beginnt. Ich führe jetzt.« Im Geschäftsalltag ist das nicht immer so eindeutig. Wann hat man eine Führungssituation? Ist immer klar, wann was zu tun ist? Betrachten wir hierzu zwei »klassische« Momente, in denen Führung notwendig ist: **Delegation** — als Führungskraft besteht Ihre Tätigkeit unter anderem darin, Kollegen Aufgaben zu übergeben und sie anzuleiten. Von der Kontaktaufnahme, zur Übergabe bis hin zum Setzen der Deadline: Alles hieran ist Führung. Ähnlich dem Physical Lead verzeichnen wir einen Anfang und ein Ende; und während der Führungssequenz nutzen Sie ein bestimmtes Kraftmaß bzw. sind in irgendeiner Form physisch greifbar (am Telefon zum Beispiel durch Ihre Stimme).

Physical Lead	
Im Tanz	**Im Business**
	Das Aufzeigen von Grenzen — nicht immer verläuft die Arbeit zwischen Personen reibungslos. Anmaßendes oder respektloses Verhalten kommt zwischen Kollegen ebenso vor wie zwischen Führungskräften und Mitarbeitenden. Als Führungskraft sind Sie auch dafür verantwortlich, Grenzen zu setzen. Bei der Überschreitung von Kompetenzen durch einen Dritten ist es Ihre Aufgabe, die Missachtung aufzuzeigen und zu regulieren.

17.3 Das Missverständnis des Physical Lead

Der Unterschied zwischen Tanz und Business wird besonders im Rahmen des Physical Lead deutlich. Diese Art der Führung mag so gar nicht zu einer gleichberechtigten Arbeitswelt passen, bei der wir auf Augenhöhe agieren, bei der Mitbestimmung großgeschrieben wird, bei der selbstkompetente Menschen autarke Entscheidungen treffen.

Während des Sports kann sich der Follow in gewisser Form »fallen und führen« lassen. Der Lead ist dafür verantwortlich, dass der gesamte Prozess funktioniert.

Im Business kann ein solches Führungsverhalten Schwierigkeiten mit sich bringen. Nicht selten fühlen sich Mitarbeiter und Kollegen »gegängelt« oder kontrolliert bzw. »ferngesteuert«. Das kann dazu führen, dass sie aufhören, selbstständig zu denken, und in den »Dienst-nach-Vorschrift«-Modus verfallen. Eine gefährliche Situation, selbst dann, wenn Arbeitsabläufe (wie) am Fließband umgesetzt werden.

Der »große Fehler« eines Leads in Form des Physical Lead besteht grundsätzlich darin, »kontrollieren« und nicht »führen« zu wollen. Hierbei ist zu unterscheiden, dass ein »Kontrollieren« einem »Kontrolle behalten« nicht gleichzusetzen ist. Den gesamten Vorgang »ein wenig laufen zu lassen«, ist daher notwendig. Ansonsten entsteht kein »Flow« – weder im Beruf noch im Sport.

Aus meinen Coachings

Shaping Lead	
Im Tanz	**Im Business**
Einige Tänze sind dadurch definiert, dass eine Figur nur dann ausgeführt werden kann, wenn beide Partner zuvor definierte Bewegungen ausgeführt haben. Beispielsweise kann der Follow nur dann eine Drehung unter dem Arm des Lead durchführen, wenn dieser seinen Arm entsprechend anhebt. Ein großes Problem dieser Führungsmethode besteht darin, dass sich die Partner missverstehen können. Hebt der Lead z. B. seinen Arm und möchte den Follow darunter durchleiten, doch dieser weigert sich oder versteht das Ansinnen des Partners nicht, wirkt der Tanz steif. Im Paso Doble, der tänzerischen Interpretation des spanischen Stierkampfs, findet sich eine wunderbare Abbildung des Shaping Lead. Der Lead, in der Rolle des Toreros, führt mit seinen Armen und den Hüftbewegungen das rote Tuch, die Muleta, die durch den Follow dargestellt wird. Im Prinzip kann der Follow nicht anders, als dem Lead zu folgen, da der Shaping Lead eindeutig ist. Das bedeutet gleichsam, dass der Lead zu jedem Zeitpunkt die aktive Bewegung sowie die Folgebewegung kennen und realisieren muss.	Die Führungsform des Shaping Lead kommt im Geschäftsalltag häufig dann zum Tragen, wenn Anweisungen zur Umsetzung einer Aufgabe gegeben werden. Die Führungskraft übermittelt alle Aspekte, die zur Erfüllung des Auftrags durch Kollegen und Mitarbeitenden notwendig sind. Keine Information bleibt verborgen. Dadurch sichert der Leader die Umsetzung sowie das Ergebnis. Schlussendlich wird die Form des Gesamtprojektes vordefiniert. Bitte beachten Sie, dass der Shaping Lead, ähnlich dem Physical Lead, in einer Business-Adaption schnell zu Problemen führen kann.

Visual Lead	
Im Tanz	**Im Business**
Die visuelle Führung ist einer der schwierigsten Führungsstile, da hierbei zum einen non-verbal und zum anderen nur durch Auftreten und Beobachtung geführt wird. Visual Lead geschieht auf zwei Ebenen: • Der Lead deutet dem Follow eine Bewegung an. Das kann durch eine vorab vereinbarte Geste oder einen bestimmten Blick geschehen. • Der Follow beobachtet eine Bewegung des Lead und reagiert im Anschluss darauf. Beispielsweise ist das notwendig, wenn der Lead im Cha-Cha-Cha eine Drehung vollzieht, ohne den Follow darin einzubinden. Der kann sich nun ebenfalls drehen, um eine Synchronität herzustellen oder die Sequenz durch einen Zwischenschritt, eine Hüftbewegung usw. übergehen. Relevant ist die Beobachtung. Um diese Führung zu üben, sollten Lead und Follow getrennt stehen, sodass sie einander beobachten können. Die Führungsform des Visual Lead ist zudem stark von der Körpersprache des Gegenübers abhängig. Je klarer jemand kommuniziert, umso eindeutiger wird es für den Partner, Bewegungen und Abläufe korrekt zu interpretieren.	Oft führen Vorgesetzte unbewusst bzw. indirekt, indem sie Blicke oder eine bestimmte Körpersprache aussenden. Das erhobene Haupt mag stolz verkörpern (wollen), wird allerdings nicht selten mit Arroganz gleichgesetzt. Entsprechend reagieren Mitmenschen auf (gefühlte) Arroganz mit Abscheu, Angst oder Gegenwehr. Im Gegensatz dazu kann auch eine übertrieben schlaksige Haltung mit hängenden Schultern, müdem Blick und einem langsamen Gang zu unglücklichen Interpretationen führen. Menschen, die wenig Körperspannung aufbringen, werden schneller in soziale Opferrollen gedrückt oder in ihrer Kompetenz weniger ernst genommen. Beide Varianten bilden extreme Seiten aus. Wie im Tanz gilt es zu überlegen: »Wie möchte ich wirken? Was dürfen/sollen andere von mir denken?« Über die Körpersprache vermittelt man sein Selbstbild an andere. Dieses ist ausschlaggebend für den Umgang miteinander. Im Business wie im Tanz gilt: Das Äußere vermittelt einen Eindruck vom Inneren. Ob dieser Eindruck stimmt oder nicht, ist ein völlig anderes Thema. In Führungssituationen ist das persönliche Auftreten grundlegend relevant. Wer versteht, weshalb andere Menschen auf ihn so reagieren, wie sie es tun, wird non-verbal besser führen können.

17.4 Fazit

Die Balance aus Choreografie, geübten Schritten, Freiraum und Innovation – die passt zum perfekten Tanz ebenso wie zur Führung. Das lässt sich trainieren:

- Wer führt, muss eindeutige Signale senden.
- Wer geführt wird, muss sensibel auf die Führung reagieren.
- Führung kann wechseln.
- Führung muss man üben.

Führung im Tanz ist oft hierarchisch, aber trotzdem (oder vielleicht gerade darum?) harmonisch. Anhand der klar definierten Lead Rollen lässt sich viel ableiten für eine (zukünftige, innovative) Führungsrolle, in der Lead und Follow ständig wechseln können und Übergänge fließend sind. Die Interpretation ist – wie im Tanz – jedem selbst überlassen.

Für eine Führung im Zeichen von Harmonie, Respekt, Transparenz und Konsequenz im Kontext von Veränderung wechseln sich Standardschritte und Improvisation ab. So ergeben sich im Zusammenspiel von Mensch, Bewegung und Musik ganz neue Führungs- und Kommunikationsmuster, die den Herausforderungen einer unsicheren Arbeitswelt gewachsen sind.

18 Führung teilen: Jobsharing ist krisensicher

Julia Collard & Sven Schnitzler

To some degree no doubt, scholars seek knowledge about [co-leadership] because it seems to offer a different, perhaps richer and perhaps more humanistic, way of leading and managing.
Gibeau 2016

Sich eine Führungsposition zu teilen und nicht nach alleiniger Führung zu streben, schien lange Zeit unvorstellbar. Der Wert einer Karriere wurde regelmäßig an der Übernahme einer Führungsposition gemessen. Dass diese auf eine einzelne Person bezogen sein muss, war dabei selbstverständlich.

Führung aber wird nicht mehr »um jeden Preis« als erstrebenswertes Karriereziel angesehen. Potenziell erzielbare Einkommensvorteile werden gegenüber planbaren Arbeitszeiten, sozialer Integration in das Arbeitsteam und vor allem einem jederzeit möglichen Austausch auf Augenhöhe unabhängig von funktionaler Verantwortung sehr individuell abgewogen.

Neue gesellschaftliche Rahmenbedingungen haben das Karrierebild verändert. Führungspositionen können, auch wenn dieser Wandel sich in unterschiedlicher Schnelle vollzieht, auch im Team besetzt werden. Allerdings hat sich hier praktisch bisher nur eine Form der gemeinsamen, gleichberechtigten Führung etabliert: die Führung in Teilzeit.

Ein neues Verständnis der Rollenverteilung in Beziehungen – von der Qualifikation und dem potenziell erreichbaren Einkommen gleichberechtigter Paare – und die Zunahme des Anteils von Frauen in Führungspositionen führen dazu, dass man auf Teilzeitkräfte in Leitungsfunktionen nicht verzichten möchte und kann. Für diese Form der Co-Führung existieren zahlreiche Praxisbeispiele. Durch die Aufteilung der Arbeitszeiten handelt es sich bei diesen Modellen aber nicht um eine neu gedachte, gemeinsame Führung. Vielmehr geht es um die Teilung einer Position in zeitlich gleiche Anteile. Selbstverständlich haben Teammitglieder damit zwei Ansprechpartner und es besteht ein hoher Organisations- und Kommunikationsbedarf. Die Potenziale einer ständigen gleichzeitigen und gleichberechtigten Leitung werden damit aber nicht abgeschöpft.

Wenn aber viel mehr vom Mehrwert gemeinsamer Führung als von zeitlich beschränkter Verfügbarkeit ausgeht, dann wird Shared Leadership zu Combined Leadership.

Ganz grundsätzlich werden nicht (Arbeits-)Zeiten, Kompetenzen und Ressourcen aufgeteilt, sondern bewusst verbunden, sodass eine neue, innovative Form der Führung entstehen kann.

18.1 Formen des Jobsharing

Wie sehen die bisherigen Co-Leadership-Ansätze aus? Für ein Führungsteam, bestehend aus zwei (oder mehr) Personen gibt es unterschiedliche Begrifflichkeiten, die nicht klar definiert und voneinander abgegrenzt sind. Die Doppelspitze ist der bekannteste und am weitesten greifende Begriff. Allein die Wortzusammensetzung weist darauf hin, dass hier zwei Akteure eine übergeordnete Funktion übernehmen. Beispiele gibt es hier sowohl beim Management, in der Politik oder im Sport. Vereinend gilt immer, dass zwei Personen auf der gleichen hierarchischen Ebene Mitarbeitern, Vorgesetzten, Klienten oder Kunden gegenüberstehen.

Dabei kann die Doppelspitze unterschiedliche Formen annehmen. Während die formale Doppelspitze eine institutionalisierte gleichberechtigte Form der Teamführung darstellt, ergeben sich im Projektalltag auch nicht-formale Zusammenschlüsse, also »Quasi-Doppelspitzen«. Hier sind die jeweiligen Verantwortlichkeiten im Gegensatz zur formalen Implementierung nicht auf inhaltlicher und/oder disziplinarischer Ebene fixiert.

Die Teamführung als Doppelspitze kann sowohl aus fachlich ähnlich aufgestellten Partnern wie auch aus einem komplementär aufgestellten Duo bestehen. Es gibt per Definition keine Vorgabe betreffend die zeitliche Aufteilung innerhalb des Teams (Teilzeit/ Vollzeit). Offensichtlich ist, dass der Begriff Doppelspitze in unterschiedlichsten Kontexten verwendet wird und Raum für zeitlich und inhaltlich fast unbegrenzte Formen der Zusammenarbeit lässt. Lediglich die Anzahl der miteinander agierenden Personen ist durch den Begriff auf zwei festgelegt.

Der Begriff des Topsharing als Teilgebiet des Jobsharing grenzt die Zusammenarbeit auf qualifizierte Führungsduos ein, die sich Positionen im Topmanagement nach geregelten Vorgaben teilen. Seit der Aufnahme einer genaueren Definition des Jobsharings im Teilzeit- und Befristungsgesetz wird der Begriff aktuell mit einer arbeitszeitlichen Teilung einer (einzigen) Führungsposition verbunden. Der Aspekt der Teilzeitbeschäftigung in Führungspositionen und damit die organisationale Perspektive überwiegt den Gedanken des gemeinsamen Leitens aus inhaltlichen Gründen. Für die Idee eines neuen Führens reicht die Teilung einer Position nicht aus. Auch wenn bei guter Personalauswahl die Partner dieser aufgeteilten Leitungsposition zu einer höheren Gesamtleistung kommen können als jeder einzelne allein (»zwei Kompetenzen zum Preis von einer«), sind innovative und messbare Effekte des intensiven Zusammenarbeitens als Team bisher kaum untersucht und beschrieben worden.

Unter dem Begriff des Distributed Leadership werden in der Teamforschung Führungsmodelle zusammengefasst, bei denen Verantwortlichkeiten auf mindestens zwei, meist aber mehrere Teammitglieder verteilt werden. Dabei ist geteilte Führung in dieser Form eher ein organisatorisches Phänomen als ein neues Konzept in der Führungsforschung. Solange Aufgaben aus organisatorischen, strukturellen oder mengenmäßigen Gründen an Teammitglieder oder informelle Führer delegiert werden, handelt es sich nicht um ein innovatives, definiertes Führungsprinzip mit planbaren Charakteristika. Stellt man den Ansatz des Distributed Leadership dem der Doppelspitze gegenüber, sind sie beide gleich weit gefasst und letztlich undifferenziert. Distributed Leadership umfasst jegliche Art der Verteilung von Führungsaufgaben auf beliebig viele Akteure.

Im Gegensatz zur Betrachtung der Anzahl der Teammitglieder, auf die eine Führungsaufgabe verteilt wird, betrachten die Ansätze des Shared und Splitted Leadership die inhaltliche Aufteilung und Abgrenzung der Aufgabengebiete zwischen den Führungspartnern. Während beim Shared Leadership Projekte gemeinsam entwickelt, umgesetzt und verantwortet werden, werden beim Splitted Leadership klare Kompetenzfelder festgeschrieben, die jeweils individuell und eigenverantwortlich geleitet werden. Ausprägungen zwischen diesen beiden Extrempunkten sind möglich und in der Realität wahrscheinlicher als die »pure« Form.

Genau diese Konfiguration des Führungsteams, nämlich wie die Dimensionen der Zusammenarbeit – Spezialisierung, Differenzierung und die gegenseitige Ergänzung – gestaltet werden, ist von zentralem Interesse.

Unter welchen Bedingungen kann ein neues Modell der Führung als Doppelspitze ein definiertes Personalführungsinstrument sein, das den Herausforderungen beschleunigter und innovativer Prozesse kreativ und dynamisch begegnen kann?

Echte Doppelspitzen haben gegenüber einzelnen Führungskräften nicht kompensierbare und nicht imitierbare Vorteile. Zudem treffen sie keine einsamen Entscheidungen. Sie sind Teil einer gleichberechtigten Interaktion und bleiben über diesen sozialen Prozess gleichzeitig Teil des gesamten Teams. Im günstigsten Fall ergänzt sich das optimale Duo in seinen Fähigkeiten, erzielt Synergien, feilt kreative Gedanken im Wechselspiel aus, verwirft diese aber auch in einem Prozess der gegenseitigen Bestätigung oder Korrektur und kann so nutzenverstärkend im Unternehmen wirken. Nicht zwei Personen machen den gleichen Job, den sonst einer macht – nein, zwei Personen machen einen Job doppelt so gut und durch die gegenseitige Verstärkung auch mit gesteigerter Effizienz. Die Inspiration, die sich aus dieser Zusammenarbeit ergeben kann, übertragen sie auf das Team, sie teilen ihr Wissen und sind selbst an ständigem Wissensaufbau interessiert. Da Abgrenzung nie das Ziel sein soll, überträgt sich diese

Agilität auch über klassische Arbeitsplatzgrenzen und Meetingräume hinweg und bedient sich selbstverständlich und intuitiv digitaler Gestaltungselemente.

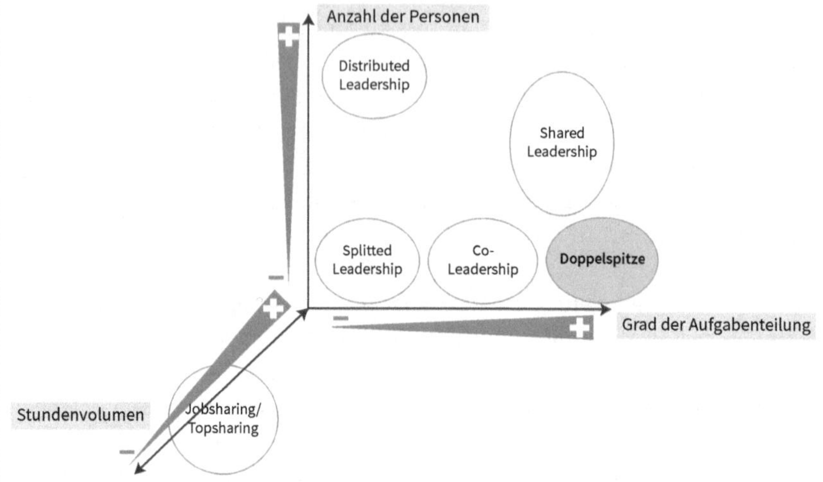

Abb. 1: Dimensionen des Jobsharing

18.2 It's a Match

Wie aber finden sich denn nun diese perfekten Partner für ein Jobmatch? Ein wenig Illusion muss hier vorab wohl genommen werden. Denn es ist vereinfacht gesagt nicht wesentlich anders als bei der Suche des Partners der Herzen. Es kann passen – muss aber nicht.

Stellen Sie sich eine Datingplattform vor: Zum Start geben beide Seiten an, was sie für den jeweils anderen attraktiv macht. Dabei geht es nicht nur um die Haarfarbe, die Größe oder den Beruf. Je genauer die Angaben darüber sind, was man sich idealtypisch, charakterlich, menschlich von seinem Partner wünscht und welche Vorstellungen man für die Zukunft hat, desto passgenauer das Match und die Chance, dass es sich beim nächsten **Treffer um den Traumpartner** handelt.

Nicht anders funktioniert das **Jobmatching**. Die Anforderungen und Wünsche von Arbeitgebern und Arbeitnehmern werden abgeglichen und gematched. Dabei gilt: Je genauer die Profile von beiden Seiten ausgefüllt werden, desto besser funktioniert das **Matching**. Und je eher wir der KI, dem Algorithmus – oder besser noch einer Kombination unterschiedlicher Entscheidungsunterstützungsverfahren – vertrauen, die idealerweise von den Aspekten Haarfarbe, Größe und persönlichen Vorlieben abstrahieren, desto eher bekommt man das »Perfect Match«.

Genau hier liegt aktuell der »Knackpunkt« – die HR-Szene hat sich nicht gerade mit Ruhm bekleckert, wenn es um die Integration von KI in den Recruiting Prozess geht. Dies betrifft die Auswahl der Instrumente, deren Ausgestaltung und auch die eher intuitive, statt mechanische Verknüpfung der Einzelergebnisse zu einem Gesamturteil. Diese über Jahrzehnte weitgehend stabilen Verfahren dürften der Verbreitung von Algorithmen als alleiniger Entscheidungsgrundlage am ehesten im Wege stehen. Stellenbesetzungsverfahren folgen seit vielen Jahren ähnlichen Prozessen. Und am Anfang stehen fast immer noch ein Bewerbungsschreiben, ein Lebenslauf und ein Zeugnis oder Zertifikat. Man rekrutiert, »was« man kennt.

Ein Algorithmus also, der mittels aus Forschung und Praxis abgeleiteter Faktoren prognostizieren (berechnen) kann, wie gut ein Kandidat und eine bestimmte Stelle in einem Unternehmen zusammenpassen, der stellt aus Sicht vieler HR-Abteilungen einen Fremdkörper dar.

Dabei basiert ein Matching eben nicht nur auf Qualifikationen, wie das typischerweise angenommen wird. Ein Algorithmus bezieht auch weiche Faktoren ein wie berufliche Ambitionen und die Erwartungen des Kandidaten an den Arbeitgeber sowie dessen persönliche Passung zur Unternehmenskultur. Reflektieren müssen beide Seiten ihre Erwartungen selbst. Je besser der Dateninput durch die Bewerber und das Unternehmen, desto besser das Match als Output einer Matchingsoftware.

Jobmatch ist möglich – mit ebenso vielen Vorbehalten, wie sie der digitalen Partnersuche begegnen. Laut der National Academy of Sciences halten Ehen von Partnern, die sich online kennengelernt haben, statistisch gesehen länger als analog geschlossene Partnerschaften. Trotzdem hält sich die Meinung, dass sich Liebe doch nicht »künstlich« kombinieren ließe. So möchte sich der Personaler alter Schule nicht durch eine Software bei der Arbeit unterstützen, ja gar bevormunden lassen.

Also werden die drei Dimensionen des Matchings – der Mensch-Job-Fit, der Mensch-Team-Fit und der Mensch-Organisation-Fit – in den meisten Fällen allein von Menschen bewertet. Da prüft der Personaler, wie ein Bewerber zu einer (von ihm selbst) beschriebenen Stelle passt und eine Abteilung, wie er ins Team passt. Dieser Check erfolgt natürlich auch in die andere Richtung seitens des Bewerbers. In Bezug auf die Organisation, die Unternehmenskultur hat HR in den letzten Jahren wohl die größten Veränderungen durchlaufen und steckt doch auch immer noch mitten im Veränderungsprozess. Die »Wertepassung« hat eine sehr hohe Bedeutung bei der Arbeitgeberwahl eingenommen. Aus der Arbeitgeberperspektive betrachtet ist es extrem komplex, in diesem Zusammenhang (maschinell) abgleichbare Kriterien festzulegen. Das liegt nicht zuletzt daran, dass es einen sichtbaren Teil von Kultur (nämlich das an den Tag gelegte Verhalten) gibt und einen unsichtbaren Teil, der letztlich bewusst oder unbewusst, verordnet oder implizit Ursache des sichtbaren Verhaltens ist. Gerade dieser unsichtbare Teil ist sowohl in rein menschlichen wie auch in KI-gestützten Recruiting-Prozessen der blinde Fleck, der das Matching unsicher macht. In kaum einem Bereich wird so viel »geflunkert«. Obstkorb, Kickertisch und Homeoffice sind das Neue »schlank, intelligent und sportlich« im Jobmatch.

Jobsharing macht diesen Matchingprozess nun vierdimensional. Nicht eine, nein zwei Personen müssen zu einer Position, in ein Team und für ein Unternehmen passen. Plus zueinander. Die Komplexität der Beziehungen und Wechselwirkungen mag ein Hemmnis für das Teilen von Positionen sein – aber sie kann auch noch genauer die Vielfalt eines Fittings abbilden. Nicht zuletzt erklärt dies den Erfolg von Tandemploy, dem »Tinder for Businesses«. »Wer heute nach Jobsharing googelt, bekommt nicht mehr einen, sondern 1.670.000 Treffer. Change is coming.« (Tandemploy).

18.3 Stay Together

Eine Übersicht über die deutschen Doppelspitzen in Unternehmen liest sich tatsächlich eher wie das Drehbuch einer schlechten Telenovela. Die Anzahl der gescheiterten Beziehungen übersteigt die Zahl der erfolgreichen Duos bei Weitem. Aber warum ist das so? Und sind diese Doppelspitzen, die immer wieder als Negativbeispiele gegen Modelle geteilter Führung angeführt werden, wirkliche Doppelspitzen im Sinne einer gleichberechtigten Partnerschaft auf Augenhöhe?

»Nur wenn beide Führungsverantwortliche die gleichen Ziele und Strategien verfolgen sowie ihre Aktivitäten dazu koordinieren und den erhöhten Organisationsaufwand in Kauf nehmen, hat die Doppelspitze Aussicht auf Erfolg.« (Bosch-AG).

Die Fusionsspitzen Schrempp und Eaton bei Daimler, Cromme und Schulz bei Thyssen Krupp, Hartmann und Simson bei E.ON – sie sind alle nach einer mehr oder weniger kurzen Dauer gescheitert. Aber genau das sind auch keine innovativen Doppelspitzen. Es ist sogar schade, dass durch die irreführende Bezeichnung solcher Notgemeinschaften das Modell der geteilten, gemeinsamen Führung einen negativen Ruf davongetragen hat. Denn wenn man die Interessen der Anleger und zweier Alphatiere sowie den Wunsch, an Bekanntem und an markentreuen Kunden festzuhalten, als Grundlage eines Matchings benutzt, dann ist das sich ergebende Führungsduo zum Scheitern verurteilt. Eine Software hätte hier rechtzeitig gewarnt – oder eben kein Ergebnis ausgeworfen. Der gesunde Menschenverstand sollte bei solchen Konstellationen ebenfalls ausreichen.

»Die Doppelspitze ist ein Holzweg« – schade, dass es solche Meinungen noch viel öfter in die bekannten Wirtschaftskolumnen schaffen als gute Vorbilder. Denn letztere würden Mut machen, neue Wege zu gehen. Natürlich scheitern Tandems dann, wenn jeder

Einzelne den Weg zur gemeinsamen Spitze nur als Vorwand nimmt, um den Partner – einmal oben angekommen – vom gemeinsamen Thron zu stürzen. Aber auch dann gilt: Es sind die Voraussetzungen, die falsch sind. Nicht der Führungsstil.

»Ich möchte mehr Verantwortung **be**kommen.« Die meisten Führungskräfte werden Sätze wie diesen gehört haben. Wenn man dem entgegenstellt, dass Verantwortung »nur« **über**nommen werden kann und Menschen, die derart fragen, eher auf Macht aus sind – dann ist auch die Schwachstelle der Doppeltspitze, des Jobsharing offensichtlich. Es ist nicht das Modell schlecht, in dem man Führung gemeinschaftlich denkt. Es ist nicht der Algorithmus, der perfekt im Vorfeld kommunizierte Qualifikationen zusammenstellt, Unterschiede ausgleicht, Diversität einplant. Es ist der Mensch, der eventuell doch nicht ehrlich und transparent in der Darstellung seiner Ziele war, der – vielleicht nicht einmal vorsätzlich – gemeinschaftliche Ziele über die eigenen gestellt hat. Und dann ist sie da: die Chance, alleine Macht zu übernehmen.

Die Faktoren für das Scheitern der Doppelspitze sind nicht anders als die bei »Alleinherrschern«: Ein Projekt, das man anders bewertet als der Partner. Die Auszeit des einen, in der man das Gefühl hat, es auch alleine stemmen zu können. Das Team, das parteiisch wird. Der Erfolg, der ausbleibt. Die Seltenheit des Modells der Doppelspitze allein macht das Scheitern offensichtlich. Je prunkvoller die Thronbesteigung, desto lauter der Abgang. Kaum in einer anderen Führungskonstellation wird das Herbeireden des Scheiterns durch Dritte deutlicher. Die Erwartungen sind enorm, wie zuletzt das Zerbrechen der SAP-Doppelspitze Morgan und Klein bewiesen hat. Dabei ist SAP ein Leuchtturmunternehmen in Sachen Jobsharing. Aber auch hier hat sich gezeigt: Je höher die Position angesiedelt ist, je stärker also Macht wirkt, desto komplexer wird es. Eine exakte Analyse der Gründe des Scheiterns bleibt dabei oft verborgen und damit auch das Potenzial, aus dem Scheitern einen Lernprozess abzuleiten. Die Krise sei schuld im Fall von SAP und die Notwendigkeit eines schnelleren Abstimmungsprozesses, als er zwischen zwei Führungskräften möglich sei. Das klingt mehr nach Ausrede als nach Aufarbeitung.

Für das Funktionieren einer Doppelspitze ist gerade aus diesen Erfahrungen heraus neben dem Perfect Match der Tandempartner der Cultural Fit maßgeblich: Ist das Unternehmen bereit für eine Doppelspitze? Der Erfolg von geteilter Führung hängt nicht nur stark von den Persönlichkeiten der Führungskräfte ab, sondern auch von der Unternehmenskultur. Transparenz und Kommunikation sind die Schlüssel. Der Organisation muss vermittelt werden, dass eine Doppelspitze dem Unternehmenserfolg nutzt. Es darf nicht der Eindruck entstehen, als gäbe es zwei Unternehmenslenker, weil beide Defizite haben, die sich ausgleichen müssten. Sonst gibt es Unruhe und Unsicherheit in der Belegschaft. Es muss sehr klar kommuniziert werden, warum eine Doppelspitze installiert wurde, für was die beiden Spitzen stehen, warum sie das Unternehmen so führen, wie sie es führen und dass es innerhalb der Führungsspitze eine gemeinsame klare Marschrichtung gibt. Die Nachvollziehbarkeit aller wichtigen Entscheidung ist ausschlaggebend für deren Akzeptanz.

Der Nährboden für Topsharing ist also der Wandel der Unternehmenskultur. Dies zeigt eindeutig auch die durchaus beachtliche, aber viel weniger sichtbare Liste der Positivbeispiele erfolgreicher Doppelspitzen. Garbe und Koffnit verantworten gemeinsam das HR-Management im Regionalbereich Ost von DB Netz und tragen damit die Verantwortung für rund 5.000 Mitarbeiter. Christiane Haasis und Angela Nelissen bekleiden als »CHAN« eine Führungsposition bei Unilever in Hamburg als »Vice President Refreshment Dach«. »CHAN« steht für die Anfangsbuchstaben der Vor- und Nachnamen der beiden, weil sie sich als eine »Persona« sehen. Anna Alex und Julia Bösch haben in einem Zeitraum von 6 Jahren erfolgreich Outfittery gegründet und geleitet, bevor Alex sich neuen Aufgaben gewidmet hat – ohne dass das Modell der Doppelspitze gescheitert wäre. Uwe Fröhlich und Dr. Cornelius Riese sind Co-Vorstandsvorsitzende der DZ Bank und Oracle in Kalifornien wird seit 2004 von den Vorstandsvorsitzenden Safra Catz und Mark Hurd als weiblich/männliche Doppelspitze geleitet.

Unter den Topbeispielen finden sich nach wir vor vermehrt solche, bei denen sich Frauen Führungspositionen teilen. Die Gründe hierfür sind vielschichtig. Die tradierte Rollenverteilung steht wie so häufig im Fokus: Frauen bewerben sich aufgrund der individuellen Lebenssituation häufiger auf Teilzeitstellen – und die meisten Jobsharingmodelle sind auf eine Arbeitszeit wesentlich unter 100 % ausgelegt. Sie sind zudem aufgrund ihrer Soft Skills eher in der Lage zu teilen. Das Ziel der Verantwortungsübernahme, der Kompetenzerweiterung überlagert das des reinen Machtanspruchs.

Keinesfalls gleichzusetzen ist diese Art des Führungsverständnisses mit einem fehlenden Karrierewillen oder einem mangelnden Durchsetzungswillen. Ein Unternehmen, das die Bedingungen dafür schafft, dass innovativ geführt werden darf, attrahiert eine neue Art von Führungskräften. Nicht zuletzt vor dem Hintergrund einer sinkenden »Lust auf Führung« ist dies zwingend notwendig. Und auch wenn Morgan und Klein in ihrem Scheitern sichtbarer waren: Bereits seit Anfang 2018 ist jede Führungsposition bei SAP so ausgeschrieben, dass sie von zwei Mitarbeitern besetzt werden kann. Die Zahl der erfolgreichen Tandems ist bei SAP weitaus größer als die der nicht funktionierenden.

Ohne die Rückendeckung der Geschäftsführung und einer Kultur, die offen für flexible Arbeitsmodelle ist, kann das »Stay together« nicht funktionieren. Es braucht einen Perspektivwechsel, der die Vorteile für das Unternehmen ins Blickfeld rückt. Sucht zum Beispiel ein Unternehmen das passende Pendant zu einer erfahrenen Führungskraft, kann im Recruiting-Prozess (mit digitaler Unterstützung) eine Nachwuchsführungskraft gewonnen werden, für die der langjährige Mitarbeiter ein guter Sparringspartner ist. Im Idealfall unterstützt Jobsharing den Wissenstransfer und das Mentoring/Reverse Mentoring im Unternehmen.

Hierfür braucht es moderne HR-Verantwortliche, die »out of the box« denken und frühzeitig den Blick darauf richten, welche Fachabteilungen welche Stellen mit dem entsprechend geforderten Know-how besetzen wollen.

18.4 Geteilte Führung – Teamsicht versus Führungssicht

Was nun für das Tandem passt, muss noch lange nicht für das Team gut sein. Der Erfolg einer Doppelspitze hängt entscheidend davon ab, wie das Team das Führungsduo wahrnimmt. Es darf nicht der Eindruck entstehen, dass das Unternehmen nur zu dieser Lösung greift, um zu schauen, wer sich an der Spitze durchsetzt und übrigbleibt. Das Führungstandem gibt den Mitarbeitern genügend Identifikationsmöglichkeiten und schafft eine Atmosphäre des Miteinanders. Allerdings müssen Unternehmen mit Doppelspitze darauf achten, dass es nicht zu einseitigen Beziehungen des Führungsduos zur Belegschaft gibt; sich also nicht Präferenzen etablieren, bei denen spezielle Probleme nur einem Partner vorgetragen werden, dem anderen aber nicht (»wenn Papa das nicht erlaubt, frag ich Mama«). Sollte sich abzeichnen, dass Mitarbeiter mit bestimmten Anliegen nur auf eine Person der Doppelspitze zugehen – zum Beispiel weil sie sich dort bessere Erfolgsaussichten versprechen – muss das analysiert werden. Die Doppelspitze läuft sonst die Gefahr in »gut« und »schlecht«, »Förderer« und »Verhinderer« oder »Ja-« und »Neinsager« aufgespalten zu werden.

Dazu einige wechselseitige Gedanken aus Führungs- und Teamsicht:

Geschwindigkeit – Agilität	
Führungssicht	**Teamsicht**
Projekt- und Personalentscheidungen werden immer weniger planbar. Mit der Dynamik unternehmerischer Entscheidungen wächst die Anforderung, schnelle, spontane und trotzdem tragfähige Entscheidungen zu treffen. Dies ist in einem eng abgestimmten Duo erheblich einfacher. Vertrauen, die Kenntnis der zweiten Meinung und der unmittelbare Kontakt erlauben Reaktionen, die nicht eine Person alleine aus dem Bauch heraus trifft. Hinter einer Bauchentscheidung steht immer die Reflexion, die Kopfentscheidung des Partners und umgekehrt. Ein Tandem kann durch den ständigen Austausch und die flexiblen Entscheidungsmechanismen eine Struktur geben, die in einem ausbalancierten Maß einerseits begrenzt und anderseits Raum gibt. Kommunikation auf Augenhöhe wird als Vorbild an das Team weitergegeben.	Diese Form der Führung ist jedem Menschen durchaus seit dem ersten Tag unseres Lebens bekannt – das erste Modell der Co-Leadership, mit dem man Erfahrungen sammelt, sind unsere Eltern. Eine native Prägung ist diesbezüglich also durchaus vorhanden. In der Praxis heißt dies: Zu jeder Projektidee kann sich das Team zwei Sichtweisen einholen und sich auf die Entscheidung auch doppelt verlassen. Durch den ständigen Austausch mehrerer Meinungen entfällt das Prinzip der »Chefentscheidung« und Kommunikation wird zur Maxime. Reaktionen können unmittelbar erfolgen, weil immer jemand ansprechbar ist und Entscheidungen nicht durch formale Abstimmungsprozesse verzögert werden.

DENKANSTOẞ

Agile Führung lässt sich nicht »vorgeben« – sie entsteht aus Interaktion, Diskussion und Unterschiedlichkeit und bleibt dadurch dynamisch. Durch Co-Leadership installiert die Organisation eine Diskussionskultur, durch Gleichberechtigung vermeidet man eine Konkurrenzkultur.

Gleichgewicht – Work-Life-Balance	
Führungssicht	**Teamsicht**
Work-Life-Balance ist nur individuell definierbar. Sie macht sich nicht allein an Arbeitszeiten fest, sondern daran, ob man die unterschiedlichen Bereiche des Lebens zueinanderpassend gestalten kann. Es geht also um innere, persönliche Balance. Diese kann innerhalb der Doppelspitze aktiv kreiert werden. Zu wissen, dass es immer eine gleichberechtigte Vertretung gibt, die im Sinne des Partners agiert, schafft Vertrauen und Verlässlichkeit. Selbst wenn zeitlich gemessen nicht weniger gearbeitet wird, ist die mentale Balance eine ganz andere. Es geht darum, Verantwortung nicht einsam zu tragen, Probleme nicht in sich hineinzufressen, Widerstände nicht isoliert ertragen zu müssen. Aber auch Erfolge gemeinsam feiern zu können. Das schafft Balance, das ist psychisch gesund!	Das Team erlebt das Gleichgewicht im Job in allen Meetings und in der täglichen Arbeit. Es gibt nicht die eine Führungskraft, auf die sich alle Gespräche und Verantwortungen fokussieren. Es gibt einen Teamaustausch mit dem Team. Und weil jeder Einzelne die Teammitglieder anders sieht und anders beurteilt, bekommen sie eine doppelte Chance, sich zu beweisen und ihre Meinung zu präsentieren. Internes Talentmanagement kann durch diese zwei Blickwinkel aktiv gestaltet werden. Zudem lebt man vor, dass in der digitalisierten wie globalisierten Zukunft die Arbeit im Leben der Menschen einen neuen Stellenwert einnimmt, Arbeit und Freizeit fließen ineinander. Das Team bestimmt die Balance gemeinsam. Von einer Doppelspitze geführt zu werden, die Balance vorlebt und ausstrahlt, schafft Gleichgewicht im Team.

DENKANSTOẞ

Work-Life-Balance wird subjektiv empfunden und bewertet. Führen zu zweit bietet der Doppelspitze die Chance, gegenüber dem Team als ausgeglichen aufzutreten. Sie strahlt damit ins Team aus, was man schaffen und leisten kann. Das motiviert und fördert das individuelle Gleichgewicht!

Neue Arbeitswelt – New Work	
Führungssicht	**Teamsicht**
Eine Doppelspitze setzt sich nicht allein aufgrund organisatorischer Notwendigkeiten (äußerer Zwänge) zusammen. Dies führt aktuell immer noch regelmäßig zu Jobsharing (von Frauen) in Teilzeit. Damit führen aber auch wesentlich eher zwei Charaktere in ähnlichen Lebenssituationen ein Team. Innovative geteilte Führung geht von anderen Grundlagen aus: Die Entscheidung für eine Doppelspitze impliziert den Wunsch, dass neue Impulse für die Zukunft unseres Verantwortungsbereichs geschaffen und entwickelt werden. Eine Doppelspitze bringt im Idealfall unterschiedliche Berufs- und Lebenserfahrungen ein und ist somit kreativer. Der Koffer an Instrumenten und Methoden ist reicher gefüllt – dies ist für die Personaldiagnostik und die Projektsteuerung gleichermaßen von Vorteil. Eine Doppelspitze ist der kleinste Think Tank im Unternehmen.	Für das Team bedeutet dies die Chance zu persönlichem Wachstum aufgrund einer größeren Vielfalt an Vorbildern und einer gesteigerten Motivation im Team. Alle Teammitglieder haben die gleichen Möglichkeiten, Projekte zu initiieren, zu leiten, ihre Meinung einzubringen und für neue Impulse im Team zu sorgen. Von einer Doppelspitze geführt zu werden, die sich nicht in ein bekanntes Führungscluster einordnen lässt, muss im Team ein Umdenken auslösen. Es fordert jeden Mitarbeiter auf, sich mit neuen Führungsstilen und neuen Arbeitsweisen flexibel auseinanderzusetzen. Eine unbekannte Konstellation fordert mehr Einsatz, Agilität, Reflexion und Kreativität jedes Teammitglieds. Das Verstecken hinter bekannten Strukturen und Prozessen entfällt.

DENKANSTOß

Drehen Sie den Spieß um! Ihre Teams wünschen sich mehr Mitsprache, Projekte, flexible Arbeitszeiten? Lassen Sie dies zu, aber fordern Sie es dann auch ein. Dies durch ein Co-Leadership-Modell zu implementieren, bei dem die Partner durch individuelle Blickwinkel Impulse setzen, kann hier der Motor des New-Work-Gedankens sein.

18.5 Dual-digitale Führung – im Doppel durch die Krise

Mehr denn je sind es Kommunikation und Vertrauen, die zählen. Während zu Beginn der Corona-Krise ein Art Gründerspirit selbst durch hierarchisch strukturierte Unternehmen fegte und die Teams im Homeoffice ganz neue Erfahrungen sammelten, machte sich mit der viel länger als gedachten Dauer der Krise Ernüchterung breit – auf beiden Seiten.

Die negativen wirtschaftlichen Effekte der Krise wurden nicht zuletzt mit dem neuen Modell des mobilen Arbeitens in Verbindung gebracht – »Schuld« wird an den unmöglichsten Stellen gesucht. Es klappt also doch nicht so gut – das Arbeiten von zu Hause aus. Man sieht es ja an den Unternehmensergebnissen. Und der Kollege, der per Telefon oder Videochat nicht verfügbar ist – ja der wird wohl gerade seine Freizeit optimieren, oder? Misstrauen statt Vertrauen machte sich breit.

Auf der anderen Seite ist mobiles Arbeiten nicht die Lösung aller Work-Life-Balance-Träume – schon gar nicht, wenn das Leben drum herum aus den Fugen gerät mit Homeschooling, Reisebeschränkung und der Bedrohung der Gesundheit.

Als Führungskräfte hat man in dieser Zeit stärker denn je die Rolle des Beziehungsgestalters eingenommen. Wem geht es gerade wie? Wer hat welches Problem, welches Bedürfnis – beruflich **und** privat? Wo gibt es Redebedarf, Lernbedarf, Auszeitbedarf?

Mehr denn je heißt es, die Antennen auszufahren für alle Signale aus dem Team, aus denen Handlungen abgeleitet werden müssen. Es geht um Sensibilität und Sensitivität ohne die analogen Schwingungen, die man innerhalb der gemeinsamen Büroräume vielleicht deutlicher spürt. Es geht um das Loslassen und damit das Stärken der Eigenverantwortung des Teams und andererseits um das Setzen von Leitplanken, die Sicherheit und Orientierung bieten.

Ob dies nun zu zweit einfacher ist, besser geht, sinnvoller gestaltet werden kann? Wir glauben: Ja! Denn zum einen ist Kommunikation zeitintensiv. Wenn der informelle Austausch beim Kaffee, Mittagessen, auf dem Parkplatz oder auf dem Weg zur Arbeit entfällt, dann fehlen uns entscheidende Touchpoints der Kommunikation. Formelle Termine sind selten der Ort, an dem wir zwischen den Zeilen lesen können. Zeitfenster für den zufälligen Plausch müssen nun aktiv angesetzt werden – das muss geübt werden, daran müssen wir uns gegenseitig immer wieder erinnern. Dafür haben wir zu zweit doppelt so viel Care-Zeit und können uns »teilen«.

Zum anderen tickt diese Antenne, mit der wir empfänglich sind für die Bedürfnisse der Menschen im Team, bei jedem von uns anders – und zwei Antennen zu haben verdoppelt die Empfangsfrequenz. Es ist also wesentlich wahrscheinlicher, dass wir zu zweit von Sorgen, Unsicherheiten und Fragen mehr mitbekommen, als wenn nur einer zuhört. Aber es ist auch wahrscheinlicher, dass wir Kreativität, Mut und Pioniergeist im Team aktivieren können. Letzteres sind die Aspekte, die durchaus gelitten haben in den Monaten des Abwartens und Verharrens. Sie zu trainieren, auch über die Distanz hinweg, ist eine wesentliche Führungsaufgabe der Zukunft.

Da hilft es ungemein, wenn wir selbst einen Sparringspartner haben, der unsere eigenen Sorgen und Ängste – von denen man als Leitung ja nicht per Funktion befreit ist – wahrnimmt. Gegenseitig im ständigen Austausch über das zu sein, was wir empfinden, macht es uns möglich, auch gegenüber dem Team empfindsam und offen zu bleiben. Positive Nachrichten zu verkünden und Verantwortung zu übernehmen in guten Zeiten, mag eine Führungsqualität sein – das gleiche in Krisenzeiten zu meistern, macht es zur Führungsstärke.

18.6 Fazit

Doppelspitzen können Teams sicher durch Krisenzeiten lenken, wenn sie in die gleiche Richtung steuern. Diverse Führungskonstellationen – und eine Doppelspitze ist die kleinste mögliche Form davon – kommen zu reflektierteren Entscheidungen. In Krisen sind alle Entscheidungen fast automatisch immer komplexe Entscheidungen. Da hilft es, mehr als eine Sichtweise auf die Dinge zu haben.

Für Teams stehen Orientierung und Information an erster Stelle. Orientierung zu geben heißt auch, selbst orientiert sein zu müssen – dafür brauchen wir unbedingt einen Mentor, Sparringspartner, Coach, Lernpartner. Den im Führungsteam »eingebaut« zu haben ist ein Idealfall – der sollte kein Zufall bleiben!

Quellen

Biemann, Prof. Dr. Torsten; Weckmüller, Prof. Dr. Heiko: Mensch gegen Maschine: Wie gut sind Algorithmen im HR?, in: PERSONALquarterly, 04/2016.

Bosch AG: Die Doppelspitze – Eine Chance für die Führungskultur? https://www.bosch-ag.com/die-doppelspitze-eine-chance-fuer-die-fuehrungskultur/

Eisert, Rebecca, Doppelspitzen der deutschen Wirtschaft; https://www.wiwo.de/unternehmen/vorstandsduos-doppelspitzen-der-deutschen-wirtschaft/5313302.html

Graw, Ansgar: Die vergebliche Suche nach Baerbocks »Doppelspitzen« in der Wirtschaft, https://www.welt.de/politik/deutschland/article195567131/Baerbock-Vergebliche-Suche-nach-Doppelspitzen-in-der-Wirtschaft.html

Herbers, Marie-Therese: Praxisbeispiele Topsharing Jobsharing; https://qualifizierte-teilzeitarbeit.de/wp-content/uploads/2020/02/Praxisbeispiele-Jobsharing-Topsharing_02_2020.pdf

Kühmeyer, Franz: 5 Führungskompetenzen für die Post-Corona-Wirtschaft; https://www.zukunftsinstitut.de/artikel/leadership/5-fuehrungskompetenzen-fuer-die-post-corona-wirtschaft/

Scheller, Stefan: Robot Recruiting, Bewerbermatching und Algorithmen-basiertes Recruiting – Grundlagen, https://persoblogger.de/2017/10/09/robot-recruiting-bewerbermatching-und-algorithmen-basiertes-recruiting-grundlagen

Tandemploy: Von der Jobsharing-Plattform zum Talentmarktplatz – Die Geschichte hinter der stärksten HR Tech-Marke im DACH-Raum; https://www.tandemploy.com/de/blog/von-der-jobsharing-plattform-zum-talentmarktplatz-die-geschichte-hinter-der-staerksten-hr-tech-marke-im-dach-raum/

Entwicklung, Lernen & Motivation

Man kann einen Menschen nichts lehren, man kann ihm nur helfen, es in sich selbst zu entdecken.
Galileo Galilei

Wir wurden eingestellt für Positionen, die exakt beschrieben sind, um Jobs zu machen, die sich aus der Vergangenheit ableiten.

Umdenken? Oft nicht gewünscht.

Lernen? Abgeschlossen.

Nein, genau das ist sie nicht mehr, unsere Arbeitswelt. Weder Berufsbilder noch Arbeitsinhalte oder Tools sind fix und das Lernen muss integraler Bestandteil des Arbeitens werden.

Mit diesem Wunsch ist Melanie Belitza ins Arbeitsleben eingestiegen. Was brauchen Menschen, um ihr Bestes zu geben, gute Arbeit zu leisten, innovativ zu sein, Stärken entfalten zu können? Sie wünscht sich – mehr noch: sie fordert von den arbeitgebenden Unternehmen und Organisationen, ihre Stärken einsetzen zu können und lernen zu dürfen, Impulse zu geben und zu bekommen.

Dem schließt sich Nicole Thurn an. Den eigenen Job mit Sinn zu füllen, führt zu mehr Produktivität und Zufriedenheit – davon ist sie überzeugt. Es darf menscheln und viel wichtiger: Ich darf, ja muss sogar ich selbst sein. Dann lerne ich und bringe mich ein.

Warum das alles? Der Motivation wegen; die wir alle mitbringen, die man vielleicht nicht (oder doch?) fördern, sicher aber ersticken kann. Matthias Rausch beschäftigt sich mit einem neuen Weg der Motivation – ja, wagen wir es, ihn den Königsweg der Motivation zu nennen – der eine Symbiose aus den besten extrinsischen und intrinsischen Elementen ist.

Das bedarf eines Umdenkens, eines ständigen Lernens für uns selbst. Jörg Weiser steuert Denkimpulse bei. Und weil sich unsere Arbeitswelt nicht linear, aber stetig verändert, sind das nichts weniger als exponentielle Denkanstöße.

Um all diesen individuellen, persönlichen Entfaltungen Raum zu bieten, wissen Jo Kristof und Saskia Viethmeier, brauchen wir, braucht HR heute das Wissen um ein verändertes Lernen. Sie fordern dazu auf, den Komplexitätsmuskel zu trainieren, und zwar bei allen Beteiligten. Wir wissen – Training ist nichts, was von heute auf morgen Wirkung zeigt. Es funktioniert mit einem grundsätzlichen Umdenken, mit Disziplin und Mut. Beachtet man das, stellt sich der Erfolg ziemlich sicher ein – inklusive der Glücksendorphine, die in einer komplexitätskompetenten lernenden (nicht lehrenden!) Organisation ausgeschüttet werden.

19 Eine Initiative für neue Impulse – Basis für Innovation und Fortschritt

Melanie Belitza

Was brauchen Menschen, um ihr Bestes zu geben, gute Arbeit zu leisten, innovativ zu sein, Stärken entfalten zu können? Und wie kann eine Organisation die notwendigen und passenden Rahmenbedingungen dafür schaffen? Sind das noch dieselben wie vor drei, fünf oder zehn Jahren?

Das sind Fragen, die in Unternehmen auf verschiedenen Hierarchie-Leveln und in unterschiedlichen Fachbereichen gestellt werden: Zum Beispiel vom Management, welches das volle Potenzial der Belegschaft erschließen möchte, über das Recruiting-Team, das attraktive Bewerbungen für eine ausgeschriebene Stelle zusammenstellen möchte, über den klassischen Line Manager, der auf eine neue Herausforderung stößt – sei es in der Produktentwicklung oder beim Teambuilding – bis hin zum Teammitglied, das sich persönlich weiterentwickeln oder verändern möchte.

Hieraus lassen sich interne Bedarfe ableiten: Welche potenziellen Lösungen für die jeweilige Problemstellung oder Herausforderung gibt es, welche passenden Methoden oder hilfreichen Tools stehen zur Verfügung? Oder könnte vielleicht der letzte New-Work-Schrei weiterbringen? Doch wie kommen die dafür erforderlichen neuen Impulse und Trends ins Unternehmen? Wird dieses Wissen geteilt bzw. könnte der Blick über den Tellerrand und nach außen gezielter gefördert werden? Könnten die Kapazitäten für solche Aufgaben gebündelt werden? Und wie passen neue Impulse und die bestehende Kultur zusammen? Wer geht voran, diskutiert fundiert mögliche Diskrepanzen mit dem Management und schafft den Raum für Experimente und neue Konzepte?

Um die ermittelten internen Bedarfe mit (neuen) Themen und Trends zu matchen, braucht es eine Initiative – nennen wir sie hier einfach »die Initiative«!

19.1 Wie sieht diese Initiative aus?

Basis für die Initiative ist ein Prozess, der zunächst interne Bedarfe aufgrund von aktuellen Fragestellungen und Herausforderungen im Unternehmen (Pull) sowie Trends außerhalb des Unternehmens (Push) identifiziert. Darauf basierend erfolgt eine Recherche nach passenden Hilfestellungen und Angeboten. Diese werden im nächsten Schritt bewertet und aufbereitet sowie mit dem derzeitigen Stand in der Organisation abgeglichen und bezüglich des Nutzens für das Unternehmen betrachtet. Nach gemeinsamer Auswahl mit dem internen Kunden werden zielgruppenorientierte Angebote erstellt oder Input wird an die entsprechende Stelle in der Organisation, an der die Veränderung umgesetzt werden soll, weitergeleitet (s. Abbildung 1).

Abb. 1: Prozessschritte der Initiative

Im Folgenden werden die einzelnen Prozessschritte im Detail betrachtet:

Identifikation interner Bedarfe

Regelmäßiger und vertrauensvoller Austausch mit den Teams und Fachabteilungen, den Führungskräften sowie dem Management sind dabei wichtiger Bestandteil: Was sind aktuelle Probleme und Themen in der Organisation? Wo hakt es in den Prozessen? Welche Herausforderungen gibt es? Wie arbeiten die Teams zusammen, wie läuft die Kommunikation? Wie wird aktuell (zusammen-)gearbeitet?

Auch spezifische Ab-/Umfragen oder die Möglichkeit eines Ideen-Postfachs sind hier hilfreich.

Wichtig ist ein hierarchieunabhängiges Bild, da sich die Perspektiven im Unternehmen deutlich unterscheiden können. Dies soll folgendes Beispiel verdeutlichen: Bloß, weil das Management nie an einem unvorbereiteten Meeting ohne Agenda teilgenommen hat, zu dem selbstverständlich auch niemand zu spät kam, sagt das erst einmal nichts über die Meetingkultur in der restlichen Organisation aus bzw. darüber, ob es hier Verbesserungsbedarf gibt oder nicht.

Ebenfalls relevant ist zu wissen, wo in der Organisation Diskrepanzen, Werte- oder Bedürfniskonflikte über die internen Ebenen hinweg bestehen. Ein Gewinn ist es dabei, Teil von Veränderungsprojekten zu sein, und eng mit der Organisations- sowie der Personalentwicklung zusammenzuarbeiten. Doch neben den vom Unternehmen veröffentlichten Werten und der kommunizierten Unternehmenskultur gibt es auch das Stimmungsbild: Wie ist das Empfinden der Mitarbeiter? Wird das auch so gelebt? Die Stimmung in der Belegschaft lässt ebenfalls auf interne Bedarfe schließen. Diese können z. B. bei einem informellen Austausch in der Kaffeeküche in Erfahrung gebracht werden.

Ein weiterer Ansatz wäre zu prüfen, ob genutzte Buzzwords von allen gleich verstanden werden, ob sie tatsächlich mit Leben bzw. Inhalten gefüllt und nicht bloß Worthülsen sind. So können sich beispielsweise alle einig sein, dass Vertrauen wichtig ist. Aber wissen auch alle, wie man Vertrauen aufbaut, welche konkreten Schritte dafür nötig sind?

Die Herausforderung – gerade bei Unternehmen mit verschiedenen Unternehmens- und Geschäftsbereichen – ist es dann, diese Themen zu konsolidieren, zu bewerten und zu priorisieren, um sie auf eine Roadmap für den nächsten Prozessschritt zu bringen.

Identifikation von Trends

Ebenfalls zum Prozess gehört die Identifikation von Trends zu festgelegten oder beauftragten Schwerpunkten, die sich an den Unternehmenszielen orientieren. Solche Trends oder Schwerpunkte können beispielsweise die Steigerung der Mitarbeiterzufriedenheit, die Gründung eines Start-ups oder der Einsatz neuer Kreativitätstechniken im Innovationsmanagement sein. Nachdem die relevanten Themenfelder identifiziert oder eigene Maßnahmen festgelegt wurden, wird genau beobachtet: Was passiert in diesen Bereichen in anderen Unternehmen, wo geht die Entwicklung hin und mit was sind andere Organisationen erfolgreich?

Auch hier werden die Themen für den nächsten Prozessschritt konsolidiert, priorisiert und auf eine Roadmap gebracht.

Recherche

Die detaillierte Recherche erfolgt basierend auf den Roadmaps, die bei der Identifikation interner Bedarfe und Trends entstanden sind. Hierfür werden Online Recherchen, persönliche und soziale Netzwerke, Fachbücher und -zeitschriften, Foren, Konferenzen und Tagungen, Podcasts und Vorträge, Studien und Umfragen zurate gezogen und genutzt, um passende Lösungsansätze zusammenzutragen.

Bewertung und Aufbereitung

Bei der Bewertung der Recherche-Ergebnisse ist es erfolgsentscheidend, alle Interessen in der Organisation zu berücksichtigen. Deswegen sollte zunächst herausgearbeitet werden, was der Nutzen für die Organisation ist und warum das zugrunde liegende Problem bzw. die Herausforderung mit diesem Ansatz gelöst werden könnte, aber auch, wie dieser zu den Unternehmenszielen und zur Unternehmenskultur passt.

Zur Aufbereitung gehören außerdem eine Beschreibung der Lösung mit allen Inhalten, Kosten, Implementationsschritten und – sofern verfügbar – Best Practices, Erfahrungsberichte oder passende Studien, welche die Argumentation für die Lösungsfindung belegen. Gerade wenn es um die Einführung neuer Methoden und Tools geht, ist es hilfreich ein Demo anzubieten, um die Lösung »erlebbar« zu machen und einen praktischen Einblick zu geben. Das kann die darauffolgende Auswahl der Lösung, die implementiert werden soll, erleichtern.

Auswahl

Das Ergebnis der Bewertung und Aufbereitung wird den internen Auftraggebern vorgelegt. Je nach Tragweite und Brisanz des Themas entweder als Entscheidungsvorlage oder als Präsentation mit anschließender gemeinsamer Diskussion. Auf Basis dieser Informationen entscheiden die Auftraggeber, welche Lösungen umgesetzt und welche Impulse geteilt werden. Sie legen zudem den Rahmen, die Form sowie die Höhe des Budgets fest.

Für einen nachhaltigen Erfolg ist es wichtig, bei der Auswahl auch die gelebte Führungs- und Unternehmenskultur zu berücksichtigen. Starten beispielsweise in einem sehr hierarchisch geführten Unternehmen Veränderungen, die mit dem Management zu wenig abgestimmt wurden, könnte dies das schnelle Ende der Maßnahme oder, im schlimmsten Fall der Initiative, nach sich ziehen. Hier ist Sensibilität und Fingerspitzengefühl, gerade bei Entscheidungen auf unteren Hierarchieebenen, wichtig.

Angebote

Wurden die Lösungsansätze, die in der Organisation implementiert werden sollen, ausgewählt, folgt die detaillierte Ausarbeitung, bei der konkrete Angebote erstellt werden. Diese werden an den vom internen Auftraggeber gewünschten Rahmen und an die Zielgruppe (Einzelperson, Team oder Arbeitsgruppe, Führungskraft, Abteilung oder Bereich, gesamtes Unternehmen…) angepasst. Die jeweiligen Angebote können dabei sehr vielschichtig sein: konkrete Teambuilding-Maßnahmen oder Mediation in einem Konflikt, die Vorstellung neuer Methoden für Fachabteilungen oder für Führungskräfte, die Einführung eines neuen Tools oder die Information über ein Trendthema anhand eines Best Practices. Dies ist in allen erdenklichen Formen möglich: als Onlinevortrag, Workshop oder als E-Learning-Kurs, durch gemeinsamen Austausch, mit einer Info-Mail, einem Artikel im Intranet, den Aufbau einer Community oder durch die Pflege einer Bibliothek voller Klassiker, mit Podcasts, Tipps oder aber auch als klassisches Change-Projekt. Diese Form sollte abgestimmt sein auf die Kenntnisse und technischen Möglichkeiten der internen Zielgruppe(n).

Wichtig bei der Angebotserstellung ist die enge Abstimmung mit Fachbereichen wie der Personal- und Organisationsentwicklung sowie mit Teams in der Organisation, die an ähnlichen Themen – beispielsweise Verbesserungen, Veränderungen oder internes Consulting – arbeiten, um parallele Arbeitsaufwände zu vermeiden. Ständige Kommunikation zum aktuellen Arbeitsstand, über alle Prozessschritte, schafft dabei ebenfalls Transparenz und ermöglicht Synergien für die Zusammenarbeit aller Teams, die in diesem Bereich tätig sind. Weiterhin stärkt dies das Image der Initiative, da sichtbar gemacht wird, dass es einen Mehrwert bringt, hier zu investieren bzw. den internen Service der Initiative in Anspruch zu nehmen.

Neben konkreten Angeboten wird zudem Input für andere Fachbereiche entstehen. Beispielsweise, wenn sich aus einer Recherche ergibt, welche Vorteile die Einführung von Jobsharing als neues Arbeitsmodell bringt. Solche Informationen werden ebenfalls genutzt und intern an den für dieses Thema verantwortlichen Fachbereich weitergeleitet, der dann entscheidet, ob sich daraus ein Projekt entwickelt, das zudem auf Wunsch ebenfalls von der Initiative mitbegleitet werden kann.

19.2 Welche Potenziale stecken in der Initiative?

Betrachtet man die Rolle eines klassischen Line Managers, sind neben dem oft turbulenten Tagesgeschäft Zielvereinbarungen zu erreichen sowie zahlreiche Schnittstellen – das eigene Team, das Management – und deren Anforderungen zu bedienen. Volle Backlogs und ständig neue Aufgaben sind der Arbeitsalltag. Es besteht das Risiko, dass das Suchen nach neuen Impulsen und Trends angesichts dessen, dass man sich dafür zusätzlich den Raum freischaufeln muss, keine hohe Priorität bekommt. Und wenn etwas Passendes gefunden wird, ist es ein immenser Aufwand, das neue Thema aufzubereiten, Verbündete für die Einführung zu suchen sowie es auszuprobieren und dabei zu lernen. Nicht jede Abteilung hat das Budget, Kapazitäten für solche Aufgaben einzuplanen oder jemanden dafür einzustellen. Hier kann stattdessen die Initiative beauftragt werden, die auf einen gewissen Erfahrungsschatz zurückgreifen oder routiniert die Recherche, Aufbereitung und Angebotserstellung übernehmen kann.

Hinzu kommt, dass Menschen unterschiedlich sind: Nicht jeder Mensch ist ständig auf der Suche nach Neuem oder möchte proaktiv Neues ausprobieren. Da dies aber für eine lernende Organisation unabdingbar ist, könnte ein Team oder eine Rolle, die für Innovation und Fortschritt brennt und Neues ausprobieren möchte, diesen Teil als internen Service für alle anbieten und so eine Win-Win-Situation schaffen.

Weiterhin können durch eine zentrale Initiative die Impulse von außerhalb des Unternehmens gebündelt und gezielt intern verteilt werden. Denn nicht alle in der Belegschaft sind nach außen gut vernetzt und haben so Einblicke in andere Unternehmen oder wissen, wo und wie man nach neuen Impulsen suchen kann. Welche Fachzeitschriften sind relevant? Welche sozialen Netzwerke sind dabei hilfreich? Und wo kann man sich austauschen und findet Inspiration?

Mit der Initiative ist die Verantwortlichkeit für neue Impulse und Trends klar in der Organisation als interner Service verankert. Für die Begleitung dieses Prozesses bedarf es einer Rolle, die die Bedarfe im Unternehmen kennt – über alle Hierarchiestufen hinweg, sowie die Themenfelder, in denen aktuelle Trends relevant sind. Diese Person oder dieses Team ist intern wie extern bestens vernetzt und verfügt über sehr gute Kenntnisse hinsichtlich der wichtigsten Informationsangebote, von Social Media bis hin zu Zeitschriften, Konferenzen, etc. Wer diese Rolle annimmt, ist intrinsisch hoch motiviert, Neues zu suchen, zu finden und auszuprobieren; sowie begeisterungsfähig, um andere anzustecken und auf diese Weise nachhaltige Veränderungen erfolgreich durch zielgruppengerechte Angebote anzustoßen. Hier das richtige Händchen zu haben, setzt hohe Empathie und emotionale Intelligenz voraus.

Ein weiterer Vorteil ist, dass die interne Vernetzung gefördert wird. Je größer eine Organisation ist bzw. wird, desto schwieriger wird es, Wissen und Erfahrungen zu teilen. Weiß Geschäftsbereich A, was Geschäftsbereich B gebrauchen könnte oder bereits ausprobiert hat? Hier gehen oft Synergien verloren oder es wird »Blindleistung« erzeugt. Die Initiative kann das aufgebaute Wissen zu aktuellen Problemen und Herausforderungen in der Organisation nutzen, um intern Menschen an einen Tisch zu bringen und den Erfahrungsaustausch zu fördern.

Um die intern besetzte Rolle so unabhängig wie möglich zu gestalten, sollte die Initiative nicht an der Organisationseinheit hängen, die den Bedarf hat, sondern bei Human Resources oder direkt bei der Geschäftsführung angesiedelt sein – mit einem klaren Commitment und Auftrag sowie dem entsprechenden Budget und dem notwendigen Freiheitsgrad. Damit kann sie sich, stellvertretend für die gesamte Organisation, mit Impulsen und Trends beschäftigen und zielgruppenorientierte Lösungen anbieten.

Durch diese Rolle werden Anfragen kanalisiert, aufbereitete Ergebnisse gebündelt und wiederverwendet sowie unternehmensweit Menschen miteinander verbunden, die vor den gleichen oder ähnlichen Herausforderungen stehen oder standen. Diese Rolle übernimmt auch die interne Lobbyarbeit für neue Themen und Ansätze. Gerade in konservativen und hierarchischen Organisationen ist dabei viel Fingerspitzengefühl und politisches Geschick gefragt, damit eine neue Idee nicht im Keim erstickt wird bzw. eine Chance hat, es aus dem Ideenstatus heraus zu schaffen. Dafür ist die beschriebene Aufbereitung, die für einen Bezug zu den Unternehmenszielen sorgt und den generierten Mehrwert aufzeigt, die Basis.

19.3 Aber ohne angezogene Handbremse!

Diese Initiative ergibt jedoch nur Sinn, wenn sie wirklich gewollt ist und es das klare Commitment dazu gibt. Eine Implementierung darf kein Lippenbekenntnis sein. Wenn sich eigentlich nichts ändern soll oder nur nach einem passenden Make-up gesucht wird, um den Schein von Veränderungen vorzugaukeln, hat der beschriebene Ansatz keine Chance und sollte nicht in Betracht gezogen werden.

Der Spagat zwischen Veränderung und Bestand muss für diese Rolle problemlos möglich sein. Wie bereits beschrieben, ist für nachhaltige Veränderungen und Erfolge das Match mit der bestehenden Organisation, der gelebten Unternehmenskultur und den agierenden Stakeholdern wichtig – es sei denn, ein Unternehmen möchte eine revolutionäre Kehrtwende hinlegen. Es sollte immer die Möglichkeit bestehen, unabhängig und frei recherchieren und bewerten zu können. Ein bereits vorgegebenes Ergebnis lediglich mit Argumenten zu füllen, sollte nicht das Ziel sein. Ebenfalls Teil des Prozesses ist es, Missstände offen ansprechen und, wenn nötig, fundiert und wertschätzend kritisieren zu dürfen sowie Ergebnisse präsentieren zu können, die auf den ersten Blick nicht in die Organisation oder zu ihr passen.

Ist das gewährleistet, bietet die Implementierung dieser Initiative die Chance, für die Zukunft relevante Themen, Trends und Rahmenbedingungen – als Basis für Innovation und Fortschritt – kanalisiert, bedarfsorientiert und zielgruppengerecht in der Organisation zu verankern.

20 Rückenwind für Motivation

Matthias Rausch

Gleich zu Anfang möchte ich Ihnen folgenden Hinweis geben: In diesem Beitrag finden Sie an verschiedenen Stellen ergänzende Reflexionsfragen, die entsprechend gekennzeichnet sind. Diese Fragen greifen die Idee des Kapitels auf. Wenn Sie möchten, können Sie die Fragen gerne – aus der Perspektive Ihres Arbeitsumfeldes betrachtet – beantworten, für das Verstehen des Textes ist dies aber nicht erforderlich. Der Wechsel der Ansprache in den Reflexionsfragen ist bewusst gewählt.

20.1 Motivierte Mitarbeitende sind die Basis des Erfolges

Sie arbeiten zusammen oder geben aktiv Informationen an die relevanten Empfänger weiter. Sie stellen sich Herausforderungen, lösen kreativ Probleme und verbessern selbstständig Prozesse: Motivierte Mitarbeitende tragen auf vielfältige Weise zu steigender Kundenzufriedenheit bei.

Fehlende Motivation ist gleichzeitig der Effizienzkiller Nummer 1. Die jährliche Messung des Employee-Engagement-Index des Forschungsinstituts Gallup zeigt seit Jahren eine sich nur wenig verändernde Lage. Bei einer jährlichen Umfrage unter 1000 Mitarbeitenden Deutscher Unternehmen gaben ca. 15 % der Befragten an, innerlich gekündigt zu haben.

Auf den ersten Blick sehen diese Zahlen wenig kritisch aus. Ein Großteil aktueller Geschäftsmodelle benötigt keine motivierten Mitarbeitenden. Es ist ausreichend, wenn Beschäftigte wie ein Zahnrad im Getriebe funktionieren. Freude oder Erfüllung an der Arbeit ist nicht notwendig.

Und doch bleibt ein schaler Beigeschmack. Mehr als ein Achtel der Beschäftigten hat innerlich gekündigt. Das heißt für einen mittelständischen Betrieb mit 400 Mitarbeitenden konkret, dass das bis zu 60 Menschen betrifft. Wie viel Effizienz- und Ideenpotenzial wird verschwendet und wie viel Kundenzufriedenheit geht dadurch verloren?

20.2 Motivation ist mehrdimensional

Vor einigen Jahren habe ich kurzfristig eine Pflegeunterstützung für meinen Vater benötigt. Die Situation hat mich aus unterschiedlichen Gründen damals vor große Herausforderungen gestellt. Meine Gedanken haben sich auf die private Aufgabe fokussiert. Meine Ergebnisse im Unternehmen litten merklich und damit die Zufriedenheit mit mir selbst. Es entstand ein Regelkreis, der sich negativ auf meine Motivation ausgewirkt hat.

Durch zwei extrinsische Faktoren, den vertrauensvollen Führungsstil meines Vorgesetzten und einen HR-Service »Employee Assistance Program« (EAP), gelang es, die Situation aufzulösen. Meine Motivation stieg wieder an.

Ausgehend von dieser persönlichen Erfahrung habe ich mich gefragt: Warum gibt ein Unternehmen Geld für Leistungen wie das EAP aus, die bestenfalls indirekt wieder dem Unternehmen zugutekommen? Auf welcher Grundlage entsteht ein vertrauensvoller Führungsstil, hängt das nur an der Persönlichkeit der Führungskraft oder hat die Unternehmenskultur darauf einen Einfluss?

Die Frage ist damit: Gibt es unsichtbare Aspekte in einer Organisation, die beeinflussen, wie extrinsische Motivation im Unternehmen gestaltet wird.

REFLEXIONSFRAGEN

Reflexionsfrage 1:
Was motiviert dich in deiner aktuellen Tätigkeit?

Reflexionsfrage 2:
Wo bist du sonst noch aktiv, zum Beispiel in Familie, Verein oder Ehrenamt? Was motiviert dich dort für dein Engagement?

Intrinsische und extrinsische Motivation

Schaffen wir zuerst Begriffsklarheit. Von intrinsischer Motivation spreche ich, wenn die Begeisterung für die Tätigkeit aus dem Menschen selbst entspringt. Die Aufgabe bereitet Freude oder der Mensch erkennt einen tieferen Sinn darin. Oftmals entspricht die Aufgabe der eigenen Begabung und hat den richtigen Schwierigkeitsgrad.

Von extrinsischer Motivation spreche ich, wenn ein Verhalten durch einen Dritten angeregt wird. Im Unternehmen erfolgt die Motivation oft über Geld, als Lohnerhöhung oder als Bonus. Es handelt sich um eine Belohnung. Im gesellschaftlichen Umfeld wird auch über Bestrafung extrinsisch motiviert.

Extrinsische Motivation kann die intrinsische ergänzen, aber nicht ersetzen. Zudem birgt die extrinsische Motivation folgenden Gefahren:

Sie kann zur einzig treibenden Kraft werden, selbst wenn dadurch sinnlose Tätigkeiten entstehen. Beispielhaft sei hier ein Jahresbonus mit konkret formulierten Zielen genannt. Andere wichtige Aufgaben werden dann womöglich nicht mehr bearbeitet, um die Jahresziele zu erreichen.

Die Ziele können zudem in Konflikt mit der intrinsischen Motivation geraten und führen dadurch zu Unzufriedenheit. Ein guter Freund hat ursprünglich Luft- und Raumfahrttechnik studiert und arbeitete bei einem Luftfahrtzulieferbetrieb. Seit 2019 hatte er sich intensiv für Fridays for Future engagiert. Der innere Konflikt beim Thema Nachhaltigkeit hat zu starkem Motivationsverlust geführt und im konkreten Fall mit einer Kündigung geendet.

Eine Belohnung kann als Bestrafung interpretiert werden. Die Motivation »Sie können freitags früher gehen, wenn die Aufgaben erledigt sind.« wird wahrgenommen als »Ich werde dafür bestraft, wenn ich Aufgaben nicht erfüllt habe.« Dies geschieht oftmals bei teamorientierten Belohnungen, bei denen der Einzelne nur begrenzt Einfluss auf das Ergebnis hat.

REFLEXIONSFRAGEN

Reflexionsfrage 3:
Welche äußeren Motivationsfaktoren gibt es in deiner aktuellen Tätigkeit?

Reflexionsfrage 4:
Sind negative Ausprägungen zu erkennen?

Motivation aus integraler Sicht

Das werteorientierte Integrale Modell wurde 2013 im vom Bundesministerium für Bildung und Forschung geförderten Projekt »Mention – Mensch und Innovation« entwickelt. Es verbindet mehrere Perspektiven. Zum einen das 4-Quadranten-Modell des amerikanischen Philosophen Ken Wilber und dann das Entwicklungsmodell Spiral Dynamics. Als weitere Perspektiven kommen konkrete Aspekte hinzu, die Menschen in Organisationen unmittelbar betreffen, zum Beispiel die Arbeitsatmosphäre, das Entlohnungsmodell oder das Konfliktverhalten. Das Modell wird heute von Unternehmen unterschiedlichster Branchen und Größen in der Organisationsentwicklung eingesetzt.

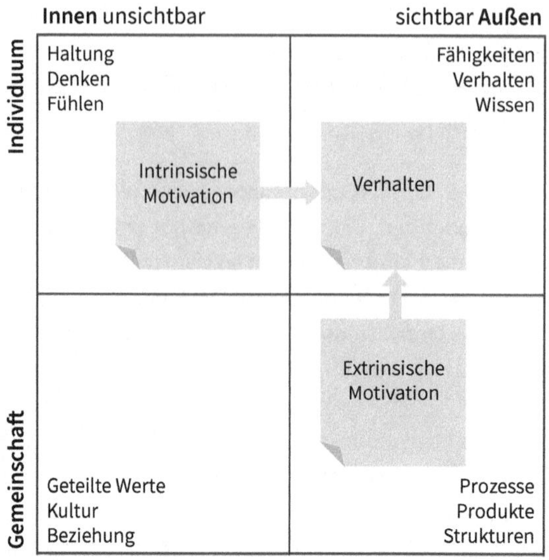

Abb. 1: Motivation im 4-Quadranten-Modell

Im Sinne dieses Modells zeigt Abbildung 1 den Wirkzusammenhang von intrinsischer und extrinsischer Motivation auf das gelebte Verhalten eines Mitarbeitenden.

Die beiden unteren Quadranten beschreiben die Gemeinschaft, zum Beispiel ein Team oder das gesamte Unternehmen. Dem linken unteren Quadranten werden innere, unsichtbare Aspekte wie geteilte Werte, die Kultur oder die Beziehungen innerhalb der Gemeinschaft zugeordnet, dem rechten unteren Quadranten dagegen die äußeren Aspekte, die sichtbaren Prozesse, die hergestellten Produkte und Leistungen oder die erkennbaren Strukturen der Gemeinschaft. Extrinsische Motivatoren zeigen sich in diesem Quadranten und nehmen Einfluss auf das sichtbare Verhalten des Individuums.

Intrinsische Motivation wird im linken oberen Quadranten verortet. Dieser beinhaltet das Denken, Fühlen und die Haltung des Individuums. Im rechten oberen Quadranten sind Fähigkeiten und Wissen des Individuums sichtbar. Auch das Verhalten ist Teil dieses Quadranten. Die Visualisierung von Motivation und Verhalten im Quadrantensystem hilft dabei, Wirkzusammenhänge im Unternehmen zu erkennen.

Bei jedem Individuum in der betrachteten Gemeinschaft gibt es eine spezifische Ausprägung der beiden oberen Quadranten. Bei einer Führungskraft sind diese in der Regel anders ausgeprägt als bei Mitarbeitenden. Wirk-Zusammenhänge erstrecken sich über mehrere Quadranten.

Erhält eine Führungskraft zum Beispiel einen Jahresbonus für das Erreichen eines Umsatzzieles, dann hat dies Einfluss auf ihr Führungsverhalten. Zielsetzungen für die

Mitarbeitenden werden anders priorisiert. Entsteht für Mitarbeitende dadurch ein Konflikt, sinkt womöglich deren Motivation.

Integrale Motivation verbindet

Über den linken unteren Quadranten wird in vielen Unternehmen hinweggesehen. Es ist den meisten Menschen klar, dass es so etwas wie geteilte Werte, die Unternehmenskultur und Beziehungen zwischen Mitarbeitenden gibt. Diese Aspekte werden zum einen als Ergebnis tradierten Verhaltens angesehen, zum anderen sind sie nicht direkt mess- und veränderbar.

Gleichzeitig schaffen gesunde Beziehungen zwischen Mitarbeitenden, geteilte Werte oder eine offene und gemeinschaftsorientierte Arbeitsatmosphäre eine Umgebung, in der intrinsische Motivation stärker gefördert wird. Motivationsfördernd ist dabei sprachlich nicht ganz korrekt. Diese Aspekte bauen Hemmnisse ab und schaffen einen Raum, in dem sich intrinsische Motivation zeigen darf. Sie sind kein Garant für motivierte Mitarbeitende. Dies gilt insbesondere, weil fehlende intrinsische Motivation, wie in meinem persönlichen Beispiel, ihre Ursache auch außerhalb der Organisation haben kann.

Die Zusammenfassung der inneren Aspekte einer Organisation, die eine motivationsfördernde Umgebung schaffen, nenne ich **Integrale Motivation**. Sie ist das verbindende Element und der Katalysator, um Motivation in Unternehmen ganzheitlich zu gestalten.

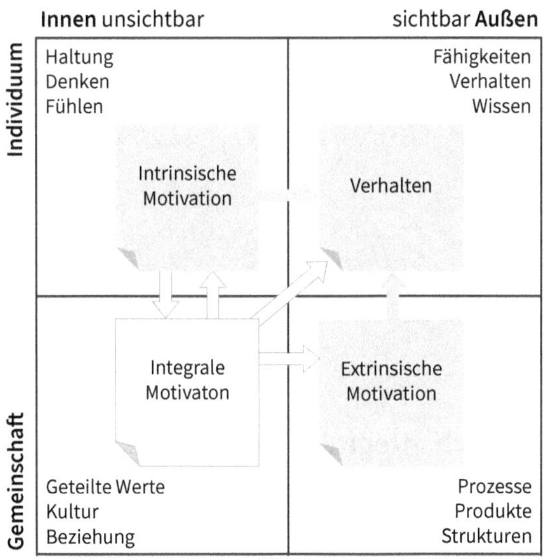

Abb. 2: Integrale Motivation im 4-Quadranten-Modell

Integrale Motivation ist nicht extrinsisch, es fehlen belohnende oder bestrafende Elemente. Sie ist nicht intrinsisch, da sie Teil der Organisation und nicht des Individuums ist.

Sie ist im Innen der Gemeinschaft verortet und damit im linken unteren Quadranten. Dort steht sie mit den anderen Quadranten in Resonanz. Im Idealfall spiegelt sie die motivierenden Aspekte der Individuen – die Menschen passen dann sehr gut in die Organisation.

Gleichzeitig übt die Motivationskultur Einfluss auf das Verhalten von Mitarbeitenden und Führungskräften aus. Ist die Integrale Motivation stark durch Werte wie Stabilität oder Sicherheit geprägt, ermöglicht sie einer Führungskraft nur einen wenig partizipativen Führungsstil. Das gilt auch für Führungskräfte, die alle Kompetenzen haben, um anders zu führen.

Ist für Mitarbeitende eigenverantwortliches Arbeiten motivationsfördernd, so braucht es eine Integrale Motivation, die durch Verantwortung und Partizipation geprägt ist. Erst dann kann sie bei der Gestaltung einer passenden Prozesslandschaft und des passenden Partizipationsgrades Einfluss nehmen.

Integrale Motivation unterstützt dabei, passende positive extrinsische Motivatoren zu entwickeln. Konkret am Beispiel des Employee Assistance Programms: Dieser Service lässt sich von der Stange extern einkaufen. Es reicht aber nicht aus, die Geschäftsführung im Budgetgespräch von einem Kauf zu überzeugen. Wenn die Mitarbeitenden gleichzeitig der oberen Führung misstrauen und das Angebot überhaupt nicht annehmen, laufen alle Bemühungen ins Leere. Es benötigt eine von Vertrauen geprägte Integrale Motivation.

REFLEXIONSFRAGEN

Reflexionsfrage 5:
Welchen Einfluss haben unterschiedliche Menschen in deiner Umgebung auf deine Motivation?

Reflexionsfrage 6:
Was behindert in deinem Unternehmen das Wachstum deiner intrinsischen Motivation? Was könnte diese unterstützen?

20.3 Wie lässt sich Integrale Motivation konkret gestalten?

Diese Frage lässt sich nicht allgemeingültig beantworten. Es gibt keinen Schalter, der einfach umgelegt werden kann. Kultur ist zu komplex, um gezielt modelliert zu werden. So machen Führungskräfte regelmäßig nach Führungstrainings (rechter oberer

Quadrant) die Erfahrung, dass die neu gelernten Methoden nicht funktionieren. Es braucht längere Zeit, bis es auf der Ebene der Beziehung zu den Mitarbeitenden (linker unterer Quadrant) zu Veränderungen kommt. Erst danach verändert sich im besten Fall das Verhalten der Mitarbeitenden.

Mithilfe eines iterativen Veränderungs- und Reflexionsprozesses als Werkzeug lässt sich die Integrale Motivation besser gestalten.

Dieses Werkzeug besteht aus drei strukturgebenden Elementen und einer Reflexionsmethodik. Die Anwendung sollte zu Beginn von einem Coach oder jemanden aus dem Bereich der Personalentwicklung begleitet werden. Sie ist aber so einfach strukturiert, dass sie mit etwas Routine dann vom Team selbst durchgeführt werden kann.

Farben schaffen Kontext

Das erste Element sind die konkreten, im Integralen Modell enthaltenen Aspekte. Diese sind gemäß den Entwicklungsebenen des Spiral Dynamics Modells ausgeprägt. Zum einfacheren Handling sind diesen Ebenen Farben zugeordnet. Je nach Publikation wird nur eine Auswahl der Ebenen dargestellt. Der Verweis auf die Farbe einer Ebene ist daher weniger fehleranfällig als auf deren Nummer zu verweisen. Die nachfolgende Tabelle enthält die Ebenen drei (rot) bis sieben (gelb) und fünf beispielhafte ausgeprägte Aspekte.

	Aspekt				
Ebene	Weltbild	Führungsverhalten	Arbeitsatmosphäre	HR-Service	Motivation durch …
Rot	Egozentrisch	Kontrollierend	Zentrovertiert	Lohn & Gehalt	Macht/Geld
Blau	Mechanistisch	Anweisend	Routiniert	Kompetenz-management	Stabilität/ Sicherheit
Orange	Humanistisch	Zielorientiert	Ergebnisorientiert	Personal-/ Talententwicklung	Erfolg
Grün	Systemisch	Werteorientiert	Gemeinschafts-orientiert	Caring (z. B. EAP), Teamentwicklung	Sinn
Gelb	Integral	Situativ/Selbststeuernd	Offen/Achtsam	Coaching	Authentizität

Tab. 1: Ausgewählte Aspekte in tabellarischer Darstellung

Innerhalb einer Ebene passen die Ausprägungen der Aspekte sehr gut zusammen. Eine Führungskraft mit mechanistischem Weltbild (linker oberer Quadrant), der die Mitarbeitenden als Zahnräder in einem Getriebe ansieht, setzt in der Regel auf ein anweisendes Führungsverhalten (rechter oberer Quadrant). Die Arbeitsatmosphäre (linker unterer Quadrant) ist in solchen Organisationen oftmals routiniert, die HR-Abteilung setzt auf Kompetenzmanagement (rechter unterer Quadrant).

Die intrinsische Motivation der Mitarbeitenden ist in einer solchen Organisation meistens der gesicherte Arbeitsplatz und ein regelmäßiges Gehalt.

In Unternehmen, die mit dem Integralen Modell arbeiten, gibt es pro Quadrant ca. fünf Aspekte, die für das Unternehmen passen.

Rhythmus gibt Sicherheit

Das zweite der drei strukturgebenden Elemente des iterativen Veränderungs- und Reflexionsprozesses zur Gestaltung der Integralen Motivation ist Rhythmus. Eine Reflexion ist grundsätzlich ergebnisoffen, dadurch fühlen sich Menschen oft verunsichert. Das zweite Element aus einheitlichem Rhythmus und Ablauf wirkt dem entgegen.

Die Mitarbeitenden können sich z. B. auf einen strukturierten monatlichen Termin von 120 Minuten Dauer und einen einheitlichen Ablauf einstellen, das gibt ihnen Sicherheit, und zwar sowohl zwischen den Terminen, da alle wissen, wann sie ein Thema platzieren können, als auch während des Termins selbst. Taucht ein unangenehmes Thema auf, kann es nur einen zeitlich begrenzten Raum einnehmen.

Zum Einstieg hat sich ein Rhythmus zwischen vier und acht Wochen und eine Dauer von 120 Minuten bewährt. Über die Zeit hinweg passen Teams den Rhythmus und die Dauer der Termine auf ihre individuellen Bedürfnisse an.

Während des Termins erfolgt zuerst eine Skalierung der Aspekte, um diejenigen zu erkennen, die aktuell am stärksten behindern. Anschließend findet eine Reflexion in sechs Schritten zu diesen Aspekten statt.

Skalierung macht Unsichtbares messbar

Die beiden linken Quadranten beinhalten unsichtbare Aspekte. Intrinsische Motivation oder die eigene Haltung (links oben) kann man weder sehen noch direkt messen. Das gilt auch für die Arbeitsatmosphäre oder Kultur (links unten). Das dritte Element des Ansatzes, die Skalierung, macht diese unsichtbaren Aspekte in den linken Quadranten indirekt messbar. Menschen sind in der Lage, einen Aspekt in Bezug auf eine konkrete Fragestellung aus ihrer persönlichen Sicht heraus einzuschätzen.

Geht es einem Team darum, die Motivation zu verbessern, kann es folgende Frage stellen: »Wie gut ermöglicht <Aspekt> aktuell, dass sich deine Motivation zeigen kann und möchte?«.

Nacheinander bewerten alle Teammitglieder auf einer Skala von -10 bis +10 jeden Aspekt des Integralen Modells in Bezug auf diese Frage. Die Ergebnisse werden pro Aspekt dokumentiert und anschließend wird ein Mittelwert gebildet.

Dabei bedeutet »-10«, dass der Aspekt die eigene Motivation aktuell sehr stark hemmt, eine »+10«, dass er sie sehr gut unterstützt. Die Bewertung erfolgt durch alle Teammitglieder verdeckt, anschließend wird das Ergebnis dokumentiert. Diskutiert werden daraufhin die Aspekte, die entweder gemeinsam von der Gruppe negativ bewertet wurden oder bei denen eine große Spreizung vorliegt. Als Alternative ist denkbar, den am höchsten bewerteten Aspekt im Anschluss zu reflektieren, um positive Aspekte weiter zu stärken.

Ich schätze eine engpassorientierte Vorgehensweise und arbeite daher typischerweise mit dem negativsten Aspekt. Bei dieser Betrachtung wird die Energie auf das Thema konzentriert, das als stärkstes Hindernis bewertet wird. Kommt es dort zu einer positiven Veränderung, hat das in der Regel weitere positive Auswirkungen.

Sechs Fragen schaffen Reflexion und Veränderung

Mit der Sechs-Schritte-Methode erfolgt dann die Reflexion zu dem Aspekt, der als behindernd erkannt wurde. Sie beruht auf der japanischen Meditationsform Naikan (Nai – Inneres, kan – betrachten). Ihre Fragestruktur passt sehr gut, um den erarbeiteten motivationshemmenden Aspekt stärker zu beleuchten. Das Team beantwortet dabei zuerst drei Reflexionsfragen.

- Welchen Anteil habe **ich** selbst an der negativen Bewertung? Dies wird von jedem Teilnehmenden aus Sicht der beiden oberen Quadranten beantwortet.
- Welchen Anteil haben **wir** an der negativen Bewertung? Hier wird auf die unteren beiden Quadranten im Kontext des Teams Bezug genommen.

Die dritte Frage bezieht sich dann auf die unteren beiden Quadranten im Kontext der Organisation:

- Welchen Anteil haben **andere** an der Bewertung?

Eine geeignete Auswahl der Aspekte erleichtert es den Teilnehmenden, die richtigen Worte zu finden und auf einer sachlichen Gesprächsebene zu bleiben.

Dazu ein Praxiseispiel zur Verdeutlichung:

Praxisbeispiel

Im Rahmen der Skalierung wurde der Aspekt »Kommunikationsverhalten« als stark hemmend erkannt. Die erste Frage fokussiert auf »ich«, das eigene Verhalten. Hier stellt ein Teammitglied fest, dass es selbst aufgrund privater Probleme weniger kommuniziert hat als üblich.

Bei der Betrachtung der »Wir«-Frage erkennt das Team, das ein Regeltermin, der in den letzten Wochen aufgrund der Urlaubszeit nicht stattgefunden hat, anscheinend viel wichtiger ist, als es dem Team bislang bewusst war.

Bei der Betrachtung dessen, welchen Anteil »andere« an der Bewertung haben, zeigt sich, dass womöglich eine Veränderung in der Organisation eines anderen Teams Auswirkungen auf das eigene Team hat, die bislang nicht erkannt wurden.

Die darauffolgenden Fragen fokussieren auf mögliche Veränderungen. Hier gilt es wieder in allen Quadranten und Aspekten zu denken und die Perspektiven ich, wir und andere einzunehmen. Das heißt, das Team beantwortet für sich die Fragen:

- Welche Maßnahmen kann **ich** allein initiieren, um meinen Anteil an der Ursache zu reduzieren?
- Welche Maßnahmen können **wir** gemeinsam gestalten?
- Für welche Maßnahmen benötigen wir a**ndere**? (Und wer ist dafür verantwortlich, diese einzufordern?)

Auch hier beginnen alle Teammitglieder also zuerst mit der Überlegung, was jeder individuell tun kann. Für das Beispiel kann dies sein, dass das Team über die private Situation informiert werden könnte, dass man selbst die Verantwortung dafür übernimmt, dass der Regeltermin wieder stattfindet oder dass man ein Gespräch mit dem anderen Team sucht, um dieses über die erkannte Problematik zu informieren. Erst danach wird überlegt, für welche Veränderung das Team oder eben auch andere benötigt werden.

Ein sehr gut eingespieltes Team benötigt zur kontinuierlichen Verbesserung der Arbeitsumgebung und damit der eigenen Motivation den erläuterten strukturierten Rahmen womöglich nicht. Dennoch liefert das Vorgehen auch für diese Teams viele Vorteile, da sie regelmäßig dazu angeregt werden, die Arbeitsumgebung und sich selbst ganzheitlich zu reflektieren.

Diese Arbeit ist zuerst ungewohnt und sie ist anstrengend. Einerseits fehlt für die eigene Reflexion oftmals die Routine, andererseits wird über das Modell immer wieder auf die vier Quadranten und die enthaltenen Aspekte zurückgegriffen. Das erfordert ein Denken in mehreren Dimensionen. Aber das ist reine Übungssache und mögliche Anfangsschwierigkeiten geben sich nach den ersten Monaten.

Mit der Zeit zeigt sich das trainierte mehrdimensionale Denken zudem außerhalb des Reflexions-Rhythmus und wirkt positiv auf das Team, die Organisation und die Ergebnisqualität.

REFLEXIONSFRAGEN

Reflexionsfrage 7:
Welchen Anteil an den Hemmnissen hast du selbst? Welchen dein Team (inklusive Führung)? Welchen schreibst du anderen Menschen zu?

Reflexionsfrage 8:
Welche Maßnahmen kannst du alleine initiieren, um motivationshemmende Faktoren abzubauen?

20.4 Fazit

Unternehmen benötigen motivierte Menschen auf allen Ebenen, um auf die brennenden Fragen unserer Zeit Antworten zu finden und die Organisation zukunftsfähig und erfolgreich zu gestalten.

Der skizzierte Ansatz kann Menschen dabei unterstützen, ihre vorhandenen Fähigkeiten zu mehrdimensionalem Denken zu trainieren und damit Komplexität besser zu beherrschen. Die Reflexion hilft bei der Entwicklung eines authentischen Denkens und Handelns. Schritt für Schritt entsteht Erkenntnis und mehr Sinn im eigenen Handeln.

Die Veränderungen reduzieren kontinuierlich motivationshemmende Faktoren in der Organisation und legen damit das Fundament für nachhaltigen Unternehmenserfolg.

REFLEXIONSFRAGEN

Reflexionsfrage 9:
Wirst du im Team diesen Ansatz diskutieren oder nicht? Und warum?

Quellen

Barrett, Richard (2015): Werteorientierte Unternehmensführung, Springer Gabler.

Beck, Don Edward; Cowan, Christopher C. (2007): Spiral Dynamics – Leadership, Werte und Wandel: Eine Landkarte für Business und Gesellschaft im 21. Jahrhundert. Kamphausen Media GmbH.

https://www.gallup.de – abgerufen am 14.12.2020.

https://imu-augsburg.de/abgeschlossene-forschungsprojekte/ – abgerufen am 14.12.2020.

https://yellowbirds.consulting/lp-integrale-kata/ – abgerufen am 12.12.2020.

Laloux, Frederic (2014): Reinventing Organizations, Franz Vahlen.

Wilber, Ken (2001): Eros, Kosmos, Logos, Eine Jahrtausend-Vision, Frankfurt am Main: Fischer Taschenbuch Verlag, 1. Auflage.

Sagmeister, Simon (2016): Business Culture Design, Campus.

Veit, Heiko (2018): Praxishandbuch integrale Organisationsentwicklung, Wiley.

21 Ganz oder gar nicht: Warum der »ganze Mensch« in unternehmerischen Veränderungsprozessen zählt

Nicole Thurn

Wann haben Sie sich zuletzt verändert? Vor zwei Jahren hätte diese Frage wohl für Stirnrunzeln gesorgt, doch seit der Coronapandemie ist wohl niemand um eine Antwort verlegen. Sorgen, Ängste, Isolation: Das Jahr 2020 hat uns im Kollektiv gefordert, wie es nicht einmal die Wirtschaftskrise 2009 vermochte. Corona hat vieles, was sicher schien, auf den Kopf gestellt. Oder frei nach Mike Tyson: »Everybody has a plan – until he gets punched in the face.«

Klar ist: Die Werte und Paradigmen des Industriezeitalters erodieren allmählich. Die Menschen dürsten nach Zusammenhalt und Sinn: Neues Wirtschaften, purpose-driven Organisations, die Gemeinwohlökonomie, ökosozialer Kapitalismus – all dies deutet auf den Beginn eines tiefgreifenden Wertewandels der Wirtschaft hin. Der überrationalisierte Homo Oeconomicus des Industriezeitalters hat ausgedient. Der Mensch wird gerade in der digitalen Ära in all seinen Facetten sichtbar – als komplexer »Human Factor«, der die (Wirtschafts-)Welt im Innersten zusammenhält.

Viele New-Work-Anhänger spüren diese Chance auf ein verheißungsvolleres Zeitalter wie aufgeregt-verliebtes Kribbeln im Bauch: Wir brauchen den »ganzen« Menschen in der Arbeitswelt. Weil wir sonst den komplex-karusselhaften Verunsicherungswahnsinn einfach weder emotional noch mental durchstehen werden. Weil Unternehmen sonst nicht mehr die jungen Kreativköpfe und Talente anziehen, die sie so dringend brauchen. Weil sie etablierte Talente verlieren, die sich ausgebrannt auf Midlife-Crisis-Weltreise oder in die Kurklinik verabschieden. Und weil sie so wesentliche Transformationsprozesse, die ganze Geschäftsmodelle und Organisationsformen auf den Kopf stellen, nur wuchten, wenn die Menschen sich als Teil davon fühlen.

Und auch, weil soziale und emotionale Fähigkeiten wie Empathie und Kommunikationsfähigkeiten zu den wichtigsten Skills des 21. Jahrhundert zählen – ihr Bedarf in den Unternehmen wird bis 2030 um 26 % in den USA und um 22 % in Europa steigen, wie der McKinsey Global Institute Report »Skill Shift« aus 2016 zeigt (https://www.mckinsey.com/featured-insights/future-of-work/skill-shift-automation-and-the-future-of-the-workforce, abgerufen am 6.4.2021). Skills wie unternehmerisches Denken und Eigeninitiative sollen sogar um 33 % (USA) bzw. 32 % (Europa) in den Jobs quer durch alle Industrien nachgefragt sein.

Schon Frederic Laloux zeigte in seinem New-Work-Klassiker »Reinventing Organisations«, dass Unternehmen mit Fokus auf den »ganzen Menschen« agiler, produktiver und attraktiver für Talente sind. Ein überraschendes Ergebnis fördern vier Studien von Maryam Kouchaki, Managementprofessorin an der Northwestern Kellogg's School of Management, zutage (https://hbr.org/2019/06/why-authentic-workplaces-are-more-ethical, abgerufen am 6.4.2021). Je mehr der Mensch er selbst sein darf und seine professionelle und private Identität zu einer Gesamtidentität integriert, desto loyaler, aufrichtiger und ethischer agiert er. Andererseits warnt Maryam Kouchaki davor, von den Menschen in Top-Down-Manier einzufordern, ihr »wahres Selbst« in die Arbeit mitzubringen. Besser sei es, sie mit einer entsprechenden Vertrauenskultur zur Freiwilligkeit zu ermutigen.

Dazu müssen wir erst einmal verstehen, was diesen »ganzen« Menschen überhaupt ausmacht – abseits vom billigen Seelenstriptease. Wie tickt er, was macht ihn aus? Dem wollen wir auf den folgenden Seiten auf den Grund gehen.

21.1 Besinnung auf den Sinn und Befreiung des Potenzials

Zitternd, geschunden, nackt und kahlgeschoren warten sie unter der Dusche gebannt auf das, was da aus den Duschköpfen strömen werde. Wassertropfen. Erleichterung. Die KZ-Häftlinge beginnen Witze zu reißen, »mehr oder weniger gute«, und sich lustig zu machen, wenn auch »krampfhaft«. So beschreibt Viktor Frankl, Begründer der Logotherapie, in seinem Buch »... trotzdem Ja zum Leben sagen« (Penguin Verlag München, 2018, S. 35) eine Szene während seiner Zeit in insgesamt vier Konzentrationslagern. Und er notiert, wie ihn die Neugier an der menschlichen Reaktion solche Situationen analysieren lässt. Angesichts der erbarmungslosen Ausweglosigkeit reagiert der Mensch also nicht nur mit Verzweiflung, sondern auch mit Galgenhumor und Neugierde. »Wer ein Wozu hat, erträgt jedes Wie«, schreibt Frankl. Sinn kann uns also ungeahnte Kräfte verleihen.

Aus Frankls existenzieller Erfahrung auf Menschen im heutigen Wandel der Gesellschaft und der Arbeitswelt im Besonderen zu schließen, mag zynisch anmuten. Das Beispiel zeigt aber: Sinn und Hoffnung können uns ungeahnte Kräfte verleihen. Und: Sinn finden wir nicht, Sinn geben wir.

Frankl verwies stets darauf, dass der Sinn im Leben vom Einzelnen gefunden werden müsse – und nicht gegeben werden könne. Oder anders gesagt: Der Sinn ist schon da, wir müssen ihn nur erkennen.

Heute wird in der Arbeits- und Wirtschaftswelt viel über »Purpose«, den »Sinn und Zweck« für Unternehmen, für Teams und für Individuen diskutiert. Die Frage nach dem »Warum« und dem »Wofür« wird zum Drehpunkt für Marken- und Identitätsbildung im unternehmerischen Kontext. Bezogen auf den Job geht der Sinn oder »Purpose« auch mit der eigenen Haltung zur Sinnfindung einher: Der Psychologie-Forscher Adam Grant kam in seinen Untersuchungen zu dem Ergebnis, dass Mitarbeiter ihren Job dann als sinnvoll ansahen, wenn sie ihre Jobs designten: etwa indem sie ihre Rolle über die Basisaufgaben hinweg ausweiteten – wie etwa die Friseurin, die ihren Kunden Tipps für das Hairstyling gibt und sich als Trainerin sieht. Wenn sie individuell auf Kundenbedürfnisse eingehen konnten – wie etwa der Zahnarzt, der seine Angstpatientin empathisch über die Behandlung aufklärt. Oder wenn sie den sozialen Sinn mit ihrer eigentlichen Leidenschaft verknüpften – wie etwa die Kundendienstmitarbeiterin mit Wunschberuf Therapeutin, die ihre Beratung »therapeutisch« anlegt. (siehe S. 4 f. https://positiveorgs.bus.umich.edu/wp-content/uploads/What-is-Job-Crafting-and-Why-Does-it-Matter1.pdf, abgerufen am 6.4.2021)

21.2 Was willst du wirklich, wirklich?

Es gibt zahlreiche Belege, wonach Menschen auch unter widrigsten Umständen nach Sinn streben – indem sie Armut etwa mit Innovation bekämpfen, ganz entgegen der Maslowschen Bedürfnispyramide, die den Menschen zuerst primäre Bedürfnisse stillen sieht, ehe er sich dem Sinn zuwenden kann. In den Favelas in Rio de Janeiro, in den Slums in Bombay bauen Menschen Solaraggregate und Apps, um ihr Leben zu verbessern.

Auch der Begründer des »New Work«-Begriffs, Frithjof Bergmann, brachte über Jahrzehnte hinweg Communities zusammen, die mit neuen Technologien neue Produkte für den Eigenbedarf kreieren sollten. Ich hörte vor etwa 20 Jahren zum ersten Mal von dem verschrobenen austro-amerikanischen Philosophieprofessor und seiner Vision von 3D-Druckern, den ich halb belächelte, halb bewunderte. Bergmann gründete in Slums und armen Dörfern Afrikas oder Indiens »Zentren der Neuen Arbeit«, wo Menschen sich damit auseinandersetzen konnten, was sie »wirklich, wirklich wollen« und eigene Produkte herstellen sollten. Sein Zielbild: »Wie möchte ich an diesem heutigen Morgen meine Arbeit und mein Leben in Ernst und vollem Bewusstsein gestalten?« (Buch: Frithjof Bergmann: Neue Arbeit, Neue Kultur, S. 21 ff.) Noch nie waren Bergmanns rund 40 Jahre alte Ideen realisierbarer als heute: Heute lässt sich per 3D-Drucker die Pizza ebenso ausdrucken wie das Eigenheim und das 6000-Euro-Auto.

Dieser emanzipatorische Ansatz mit dem Ziel, mehr Sinn, Freiheit und Selbstbestimmung in die Arbeitswelt zu bringen, ist heute aktueller denn je. Er wird sogar zur Notwendigkeit, dort, wo die Gig Economy eine Heerschar an Freelancern produziert, wo Massenentlassungen drohen und ganze Branchen angesichts von Pandemien und disruptiven Geschäftsmodellen massiv bedroht sind, ebenso wie dort, wo neue Berufe durch die Digitalisierung und Nachhaltigkeitsoffensiven schlicht entstehen müssen.

Die Frage »Was willst du wirklich, wirklich?« ist eng an den persönlichen (Lebens-)Sinn geknüpft und der berufliche Aspekt ist nur einer von mehreren. Sinnerfüllung (und Spiritualität) im Leben zu finden, macht offenbar resilient gegen Krisen, wie Tatjana Schnell, Sinnforscherin an der Universität Innsbruck, 2020 in einer Studie herausgefunden hat. Probanden wurden während des ersten Corona-Lockdowns befragt. Das Fazit: Menschen, die ihr Leben als sinnerfüllt empfanden, konnten deutlich besser mit der Krise umgehen, hatten weniger Stress und geringere psychische Belastungen. Ihre Stimmungslage war besser, sie kümmerten sich eher um ihre Nachbarn und konnten ihre emotionalen Impulse und Reaktionen besser regulieren als jene Menschen mit wenig Sinnerfüllung.

Andererseits greift die Frage »Was willst du wirklich, wirklich?« auch zu kurz, solange man dabei nur um das eigene Ego kreist. Im Sinne eines »dienenden Ansatzes« geht es darum, sich als Teil eines größeren Ganzen zu sehen. Die Frage, die wir zusätzlich stellen sollten, lautet daher: »Was willst du der Menschheit geben und wie kann das mit deinem Job/in diesem Unternehmen möglich sein?« Entsprechende Reflexionsräume für Mitarbeiter an der Schnittstelle zwischen persönlichem und unternehmerischem Sinn zu öffnen, wird zur wichtigen Aufgabe von Führungskräften und HR. Laut Hirnforschung wird das »Belohnungszentrum« im Gehirn genauso aktiviert, wenn wir anderen etwas geben oder helfen, als wenn wir etwas bekommen.

«Happiness comes from problem-solving«, schreibt der Bestsellerautor und Blogger Mark Manson in seinem Buch »The Subtle Art of Not Giving a F*ck«. Wenn Menschen ein Problem lösen, schüttet ihr Gehirn Dopamin aus, das »Belohnungszentrum« wird aktiviert. Eine Herausforderung zu meistern, stärkt – wenig überraschend – das Selbstvertrauen und das Vertrauen in die eigene Selbstwirksamkeit, also in die Fähigkeit, positive Veränderungen bewirken und mitgestalten zu können. Das können sich Führungskräfte und Teams zunutze machen: indem sie etwa bewusst kleine Challenges und Aufgaben stellen, die gemeinsam gelöst werden sollen – und davon finden sich bei einer anstehenden Transformation hoffentlich genügend.

21.3 Das Potenzial der Rollen

Den eigenen Job mit Sinn zu füllen, führt zu mehr Produktivität und Zufriedenheit, wie die Forscher Justin Berg, Amy Wrzesniewski, Jane Dutton herausgefunden haben. Sie entwickelten das Übungsbuch »Job Crafting Exercise«, mit dessen Hilfe Mitarbeiter ihre Motive, Stärken und Leidenschaften visualisieren können – mit dem Ziel, ihre Jobs selbst erfüllender zu gestalten. Dabei werden Ist- und Sollzustand der Aufgaben

(Task Crafting), der beruflichen Beziehungen in der Zusammenarbeit (Relational Crafting) und der eigenen Einstellung zur Arbeit und Zusammenarbeit (Cognitive Crafting) beleuchtet (https://hbr.org/2010/06/managing-yourself-turn-the-job-you-have-into-the-job-you-want, abgerufen am 6.4.2021).

Es sei Aufgabe der Führungskräfte, auf eine effektive Umsetzung zugunsten des Unternehmens zu achten (https://positiveorgs.bus.umich.edu/wp-content/uploads/What-is-Job-Crafting-and-Why-Does-it-Matter1.pdf, abgerufen am 6.4.2021).

Nicht nur Job Crafting, auch die Neudefinition von Rollen, etwa in selbstorganisierten Arbeitsformen, bieten eine Chance, dass Menschen ihre Potenziale besser als bisher entfalten können. Wichtig ist aber auch hier, Formate und Reflexionsgruppen zu schaffen, die vom Individuum ausgehen.

Rollen werden in neuen Organisationsformen meist aufgaben- und projektbezogen festgelegt – etwa im Scrum-Ansatz oder in der Holacracy-Organisation. Eher selten reflektieren wir bei der Transformation in neue Organisationsformen darüber, in welcher sozialen Rolle wir am liebsten und kompetentesten mit anderen interagieren. Dabei können auch hier wertvolle Antworten für die eigene Potenzialentfaltung schlummern.

Dr. Meredith Belbin, hat bereits in den 1970ern am Henley Management College die wesentlichen sozialen Rollen in Teams definiert: etwa den Entscheider, der die Ineffektivität bekämpft, den Bewahrer, der auf die Kontinuität der laufenden Prozesse achtet, den Visionär, der Ideen liefert oder den Vermittler, der den Teamgeist fördert (https://www.lernwerkstatt.ch/assets/kursunterlagen/ausbilder-rollen-in-gruppen-und-leitung.pdf, abgerufen am 6.4.2021). Die bewusste Reflexion über die Rollen und die Persönlichkeiten der Teammitglieder kann dazu beitragen, die Potenziale der einzelnen Mitglieder für das Team sichtbarer zu machen und die individuelle Verantwortung des Einzelnen gegenüber dem Team zu stärken.

Mit der Neuorganisation des Unternehmens können die Karten neu gemischt und vormalige Fehlbesetzungen verändert werden. Um die für die Mitarbeiter je nach Stärken passgenauen Aufgaben und Rollen zu finden, sind auch Stärkentools und -tests (z. B. Gallup Strengthsfinder) und Reflexions-Workshops als Basis zu empfehlen.

Praxisbeispiel

Agil durch Aufgaben und Rollen: IHK Mittleres Ruhrgebiet
Die IHK Mittleres Ruhrgebiet ist eine von 78 Industrie- und Handelskammern deutschlandweit. 30 Jahre arbeitete man hier im hierarchisch-bürokratischen System, »eine von Misstrauen geprägte Kultur«, erzählt Kerstin Groß. Auf ihrer Vi-

sitenkarte stand vor dem Transformationsprozess vor fünf Jahren »stv. Geschäftsbereichsleiterin für Industrie«, heute heißt es dort ganz statusfrei: »Kompetenzfeld ›Menschen stärken‹«. Mit dem neuen Hauptgeschäftsführer kam 2016 die Veränderung. Alle Mitarbeiter samt den 15 Führungskräften wurden eingeladen, an der Transformation in Arbeitsgruppen mitzuwirken. Ziel war ein stärkenorientiertes Unternehmen mit mehr Effektivität und Selbstverantwortung. Man begann 2016 mit einer Aufgabenanalyse: Die rund 2.500 Aufgaben aller Mitarbeiter wurden gesammelt und nach inhaltlichen und organisatorischen Kriterien geordnet. Diese Aufgabenmatrix bildete die Basis für die neue Organisationsstruktur. Daraus extrahierten die Arbeitsgruppen fünf Kompetenzfelder, die die alten Abteilungsstrukturen ersetzten. Die Mitarbeiter durften ihre Aufgaben und Rollen nach ihren Stärken und Interessen wählen: Kerstin Groß ergriff die Chance und wechselte von der »harten« Industrie in ihr Interessensgebiet mit HR-Themen. Alle Mitarbeiter konnten sich zudem auf eine der fünf Positionen als Kompetenzfeldmanager bewerben – die einzigen Führungspositionen im Unternehmen. Inzwischen gibt es die vier Kompetenzfelder: Zukunft gestalten, Menschen stärken, Unternehmen begleiten und Recht sichern. Neben den Arbeitsteams im jeweiligen Kompetenzfeld gibt es auch interdisziplinäre Kompetenz- und Projektteams.

Das größte Aha-Erlebnis für Mitarbeiter war, »dass sie sehr schnell voneinander lernten und im Team auch ohne Führungskraft Neues erschaffen konnten« – wie es Groß sagt. »Wir sind ein agiles Unternehmen geworden«. Das größte Learning? »Wir hätten die Kommunikation stärker zu unseren Kunden lenken sollen, um nachvollziehbarer zu machen, was wir tun«, sagt Groß.

21.4 Wut, Angst und: Sei doch nicht so emotional

Greta Thunberg hob die Augenbraue, ihre Augen funkelten: »Menschen leiden. Menschen sterben. Wir befinden uns am Anfang eines Massen-Aussterbens, und alles, woran ihr denken könnt, sind Geld und Märchen von ewigem Wachstum. Wie könnt ihr es wagen!«, sagte die 16-Jährige im September 2019 auf dem UN-Klimagipfel in New York. Damit redete sie Politikern aus aller Welt ins Gewissen. Ihre Wutrede ging medial um die Welt.

Ohne ihre Wut gegen die untätige Politik hätte sich Greta Thunberg wohl nicht aufgerafft, eine weltweite Bewegung für den Klimaschutz loszutreten. »Negative emotions are a call to action. If you feel them it's because you are supposed to do something«, schreibt Coach Mark Manson in seinem Buch »The Subtle Art of Not Giving a F*ck« (Harper Collins Publ. USA, 2016, S. 34). Und: »Positive emotions, on the other hand, are rewards for taking the proper action.« Er warnt aber davor, unseren Emotionen immer zu vertrauen. Nur weil etwas sich gut anfühlt, heißt es noch nicht, dass es gut ist.

Die Wut ist nicht per se schlecht, sondern kann ein kraftvolles Instrument sein, um die Brisanz einer Situation aufzuzeigen und Menschen und sich selbst ins Tun zu bringen. Sie kann schaden und zerstören, sie kann aber auch – im richtigen Moment und adäquat platziert – aufrütteln und zum Handeln anregen.

Praxistipp: Wie mit Wut umgehen? !

Todd Kashdan und Robert Biswas-Diener, die Autoren von »The Upside of the dark Side« empfehlen Discomfort Caveat: Akzeptieren Sie Ihren Ärger, er hat einen Grund. Aber: Anstatt sich Luft zu machen wie eine schnaubende Bürobestie, artikulieren Sie – am besten nach dreimaligem Durchatmen – Ihre Emotion: »Ich bin sehr irritiert und auch verärgert über XY und möchte mich zu einem späteren Zeitpunkt äußern. Aber mir ist wichtig zu sagen: ...« Ihr Gegenüber wird den Ernst der Lage und Sie dadurch besser verstehen können. Suchen Sie das Gespräch, wenn Sie sich beruhigt haben und denken Sie daran: Es gibt immer Gründe für das Verhalten der anderen. Wut kann, wenn auch auf unangenehme Weise, die Wahrheit ans Licht befördern. Und sie kann der Motor für Tatkraft werden. Wer zuvor noch gezögert hat, kann auf der Welle der Wut in die Umsetzung reiten.

Im Arbeitsleben, im an sich so professionalisierten Business, gelten gerade so negative Emotionen wie Wut, Ärger, Angst als fehl am Platz und als unangebracht. Laut einer britischen Studie der Karriereplattform Totaljobs unter 2000 Mitarbeitern und 250 Managern gaben 60 % an, ihre Emotionen fallweise unterdrücken zu müssen (https://www.totaljobs.com/advice/emotions-at-work, abgerufen am 6.4.2021). In jedem dritten Fall sind Kollegen die Ursache für die Emotion, in nur einem von fünf Fällen ist eine Aufgabe schuld. Besonders spannend: Wider den gängigen Geschlechterklischees sind laut der Studie Männer im Job mehr als doppelt so emotional als Frauen: Männer waren 2,4 Mal emotionaler als Frauen, weil ihre Ideen nicht beachtet wurden, fast drei Mal emotionaler, weil ihr Projekt gestoppt oder eine Frist verpasst wurde, und 1,6 Mal emotionaler, wenn sie kritisiert wurden. Frauen waren etwas emotionaler, wenn sie gestresst waren. Sie versteckten ihre Wut eher, während Männer sie ausagierten. Führungskräfte haben übrigens einen eher abweisenden Zugang zum Thema: 30 % denken, Emotionen seien ein Zeichen von Schwäche, 28 % fühlen sich mit den Emotionen im Team überfordert und 51 % denken gar, Emotionen sollten im Job generell unterdrückt werden.

21.5 Angst als Hemmer oder Motor

Angst ist eine natürliche Schutzfunktion der Evolution. Sie ließ uns in der Vergangenheit in Sekundenbruchteilen Gefahren orten und darauf reagieren: bekanntlich mit Flucht (»Flight«), Kampf (»Fight«) oder, wenn beides unmöglich erscheint, mit Erstarren (»Freeze« bzw. Totstellreflex).

Ein Motor der Angst ist die innere Kommunikation, der zischelnde »innere Kritiker« in den Köpfen, den wir wohl alle kennen: »Das musst du besser machen«, »sei nicht faul«, »das wird nicht funktionieren«. Solche destruktiven Denkmuster schüren Ängste und Sorgen und blockieren Menschen oft dabei, Veränderungen positiv wahrzunehmen. Tiefliegende Glaubenssätze wie »ich bin nicht gut genug« oder »ich bin nicht wichtig« münden in einer Opfermentalität. Wichtig ist zu verstehen, dass Veränderungsprozesse besonders bei Menschen mit negativem Selbstbild immer auch Ängste und Befürchtungen triggern, die sich um die eigene Person drehen: wie die Angst, etwas Neues lernen oder tun zu müssen, zu versagen oder sich lächerlich zu machen; oder die Angst, den Job, die bisherige Anerkennung, den erworbenen Status zu verlieren.

Klar ist auch, dass sich Menschen mit geringem Selbstwert eher als Opfer der Umstände sehen und sich gegen das neue Paradigma der Selbstverantwortung tendenziell wehren werden – weil es eben ihre Ängste triggert. Hier ist Feingefühl und Empathie seitens der Führungskräfte gefragt. Auch das gilt es, bewusst anzugehen: Denn Führungskräfte haben tendenziell nicht nur Schwierigkeiten, sich generell in die Lage ihrer Mitarbeiter zu versetzen, sondern auch besonders in jene mit geringem Selbstwertgefühl, wie eine Versuchsreihe des Psychologen William Swann der University of Texas gezeigt hat.

EXKURS: GEGEN DIE TRIGGER IM KOPF: DAS ABC-MODELL

von Karen Reivich und Andrew Shatté/Albert Ellis:

Dieses Modell besagt, dass Emotionen nicht als Reaktion auf äußere Reize und Handlungen entstehen, sondern als Reaktion auf unsere Bewertung dieser äußeren Reize.
Adversity: Ein Reiz von außen triggert das Innenleben. Beispiel: ein Kollege kritisiert ein Teilergebnis eines Projekts im Meeting, für das Alice die Verantwortung trägt.
Beliefs: Alice beginnt einen inneren Monolog mit Bewertungen, Urteilen und Glaubenssätzen: »Er macht das nur, weil er mich nicht mag.« »Er will sich schon wieder auf meine Kosten profilieren.« »Ich hätte die Mitarbeit ablehnen sollen.« Die innere Wut gegen den Kollegen beginnt zu kochen. Darunter wummert das Gefühl, versagt zu haben.
Consequences: Alice stürmt erbost aus dem Meeting.
Wenn Alice innehält und erkennt, dass nicht der Kollege ihre Wut triggert, sondern sie selbst mit ihren Bewertungen und Glaubenssätzen, kann sie Spannung aus der Situation nehmen, sich in Gelassenheit üben und sachlich auf das Feedback des Kollegen eingehen.

21.6 Positive Fehlerkultur gegen Schuld und Scham

Was passiert in unserer westlichen Leistungskultur, wenn wir Fehler machen? Wie wir es als Kinder gelernt haben, erwarten wir Konsequenzen: ausgeschimpft, im übertragenen Sinne in die Ecke gestellt zu werden, etwas weggenommen zu bekommen (die wegen einer Fehlleistung aberkannte Gehaltserhöhung entspricht dann dem elterlichen Fernsehverbot in der Kindheit) oder zumindest eine Zeit lang schief angeschaut zu werden. Schuld und Scham machen uns klein. Wir verlieren an Boden, an Selbstbewusstsein und damit an Tatkraft. Das schwächt also den Einzelnen und damit das Unternehmen. Eine offene Lernkultur dagegen führt zu mehr Selbstvertrauen, Spaß am Lernen und Ausprobieren und fördert die Persönlichkeitsentwicklung – und damit indirekt die gesamte Beziehungskultur.

Laut dem Hirnforscher Gerhard Roth sind lediglich 10 % der Menschen veränderungsfreudig, der Rest sei veränderungsaversiv, scheut Veränderung also. Laut Roth muss der durch die Veränderung erwartbare Gewinn sogar doppelt so hoch sein wie jener der aktuellen Situation. Die Aussicht auf Belohnung kann die Veränderungsfreude also durchaus fördern. Barbara Fredrickson, eine renommierte Vertreterin der Positiven Psychologie, sieht Vergnügen, Freude oder Liebe als wichtige Hebel, um das Denken und Handeln von Menschen positiv zu verändern: Sie führen zu besseren Beziehungen, neuen Fähigkeiten und Ressourcen und neuen Ideen. Fredrickson rät zu Check-ins bei Meetings, in denen Mitarbeiter ausdrücken können, wie sie sich fühlen. Das schaffe Verbindung und Mitgefühl im Team.

Die gute Nachricht ist: Jeder kann die Emotionen der anderen beeinflussen. Denn nicht nur negative, auch positive Emotionen sind ansteckend – das sollten Führungskräfte in ihrer Vorbildfunktion mitbedenken.

21.7 Komm, lass uns reden

Kennen Sie das? Sie haben Schmerzen im Knie, nehmen unbewusst eine Schonhaltung ein und spüren dann auch Schmerzen im Nacken? So ähnlich geht es Teams, wenn sie den latenten Schmerz des Konflikts zu lange ignorieren. Die Ursache wird umgangen, umschifft, totgeschwiegen, bis irgendwo anders der nächste damit verbundene Schmerz aufpoppt. Laut einer KPMG-Studie hängt ca. ein Viertel des Unternehmensumsatzes von der internen Kommunikation ab. Führungskräfte stecken 30 bis 50 % ihrer Arbeitszeit in das Lösen unbearbeiteter Konflikte – bei den Mitarbeitern sind es im Schnitt 25 %.

Wir wissen, dass Menschen zu 90 % auf der Beziehungsebene, aber nur zu zehn % auf der Sachebene miteinander agieren. Die positive Employee Experience, der Erfahrungsreigen der Mitarbeiter, ist aus guten Beziehungen gemacht. Das beginnt beim Recruiting, wenn ein Elon Musk, CEO des 500 Milliarden Dollar Unternehmens Tesla, nach Berlin fliegt, um persönliche Bewerbungsgespräche mit jungen Ingenieuren zu führen, mit einem von ihnen danach auf ein Bier geht und spontan dessen besten Freund einstellt – wie Zoltan M. freudig auf seinem LinkedIn-Profil zum Jahreswechsel berichtete. Und das endet bei der Kündigung, die nicht förmlich via Massen-Mail kommt, sondern persönlich im empathischen Gespräch.

21.8 Veränderung startet mit der Sprache

Wie finden Sie das, wenn Sie als »Leistungsträger« oder als »Ressource« oder gar »Kostenposition« tituliert werden oder wenn Sie etwas »müssen«, statt zu dürfen? Ist das ein erhebendes Gefühl oder liegt es eher schwer im Magen? Worte triggern Assoziationen, gespeicherte Erlebnisse und somit auch Emotionen, die sich im Körper als spürbare Sensationen zeigen. Ein Wort kann also vieles auslösen: intendiert oder völlig unbeabsichtigt.

Kommunikation entlarvt. Wer von Leistungsträgern, Ressourcen und Kostenstellen schwadroniert, hat gemeinhin ein sehr maschinistisches, effizienzfokussiertes Menschenbild. Andererseits können wir auch über die bewusste Neugestaltung der Kommunikation neue Haltungen festigen – in uns selbst und in den Köpfen unserer Zuhörer und Adressaten.

Neue hierarchiearme Organisationsformen benötigen daher neue zwischenmenschliche Kommunikationsformen. Gerade bei oft wechselnden Projektteams, virtuellen Meetings und der Nutzung digitaler Tools ist Klarheit ohne verwirrende Zwischentöne und eine positive Arbeitsatmosphäre wichtig. Gefordert wird hier von Führungskräften immer wieder die »Kommunikation auf Augenhöhe« – doch was bedeutet das?

21.9 Eltern, Kind und ich mittendrin

Die Transaktionsanalyse kann hier Licht ins Dunkel bringen. Sie geht von drei Ebenen aus, über die wir kommunizieren: das kritische oder fürsorgliche Eltern-Ich, das trotzige oder freie (aber immer emotionale und Verantwortung abgebende oder Ausreden suchende) Kinder-Ich und der sachlich-faktenorientierte, verantwortungsbewusste Erwachsene. Die Transaktion der Kommunikation kann nun zum Beispiel von der mahnenden Führungskraft (Eltern-Ich) auf das Kinder-Ich des Mitarbeiters abzielen, der dann auch in die kindliche Rolle verfällt, sich klein macht oder trotzig aufbegehrt.

Oder die Führungskraft kommuniziert wertschätzend auf Augenhöhe mit dem Mitarbeiter, der das tendenziell dann ebenso macht. Es kann aber auch sein, dass der Mitarbeiter aufgrund seiner Prägung in die Kinderrolle verfällt und die Verantwortung auf die Führungskraft abschieben will. Wichtig ist hier auch, den Inhalt und Ton der Botschaft zu unterscheiden. Der Inhalt kann vermeintlich sachlich sein (»Wann bist du mit dem Bericht fertig?«), aber mit einem vorwurfsvollen Unterton eine abwertende Botschaft senden.

Gerade in Transformations- oder Krisenzeiten geraten Teams rasch unter Druck, es gibt weniger Zeit für klare Kommunikation und zu viele Baustellen. Die Autoren des Beratungskollektivs creaffective beschreiben in ihrem Buch »Future Fit Company« verschiedene Methoden, wie Teams gewalt- und konfliktfrei kommunizieren können. Allen voran das Klärungsmeeting, das creaffective nutzen, wenn dicke Luft im Team herrscht. Das Teamgespräch wird moderiert, jeder darf an- und aussprechen, was ihm auf der Seele brennt – ohne in Diskussionen und Streits abzugleiten. Die Aussagen werden protokolliert und zusammengefasst. Der Moderator sorgt dafür, dass die Teilnehmer sich nicht nur beschweren, sondern gleich Lösungen vorschlagen. Nach einer Reflexionsrunde werden Maßnahmen gesammelt, um die Probleme zu lösen, oder es wird ein Verhaltenskodex für eine reibungslosere Kommunikation entwickelt. Konflikte nur bilateral zu lösen, kostet laut den Autoren zu viel Zeit.

Praxisbeispiel

Otto Group: Kulturwandel startete mit Aussprache
Seit 2015 befindet sich die Otto Group mit 52.000 Mitarbeitern weltweit in einem tiefgreifenden Kulturwandelprozess. Wie Tobias Krüger, Division Manager für den »Kulturwandel 4.0« im Podcast-Interview von »Arbeit mal anders« (https://www.newworkstories.com/2020/12/04/arbeit-mal-anders-13-wir-irren-uns-nach-vorne/, abgerufen am 6.4.2021) erzählt: »Wir irren durch eine Nebelwand. Inzwischen wissen wir, wie einige Dinge laufen, aber es kommen laufend neue dazu und wir stehen schließlich wieder im Nebel.« Das führe in der Belegschaft immer wieder zu Irritationen und negativen Emotionen. Die Lösung sieht Tobias Krüger in einer offenen Kommunikationskultur. Den Startschuss für den Transformationsprozess gab das Strategieteam rund um Tobias Krüger im Jahr 2015 mit der »Du«-Kultur: Sie wurde konzernweit für 52.000 Mitarbeiter ausgerufen, die Vorstände begaben sich in eine »Ehetherapie«, um ihre im Untergrund schwelenden Konflikte im Vorstandsteam zu bereinigen. Das Strategieteam besuchte sukzessive alle Teams der Zentrale, um in »Auskotzrunden« die ungeschönte Kritik der Mitarbeiter zu sammeln – was laut Tobias Krüger ein wesentlicher Erfolgsfaktor für die Etablierung einer offeneren Kommunikationskultur war. In einer zweiten Fragerunde wurden in den Teams Lösungsvorschläge und Ideen für eine Verbesserung der Zusammenarbeit gesammelt.

Worte können beflügeln und Aufbruchstimmung erzeugen. Sie können den Wandel, den gemeinsamen Zug zum Tor befördern, oder aber auch Widerstand verursachen. Worte können andere groß machen oder klein halten. Wir dürfen die transformative Kraft der Kommunikation nicht unterschätzen – ebenso wenig wie ihre blockierende:

Transformative vs. blockierende Kommunikation für Führungskräfte	
Positiv-transformativ	**Negativ-blockierend**
Mitarbeiter sind: Gestalter, Mitgestalter, Kreateure, Teil des größeren Ganzen.	Mitarbeiter sind: Leistungsträger, Kostenpositionen, Ressourcen, Rädchen in der Maschine.
dürfen, können, wollen	müssen, sollen, nicht dürfen
Betonung des »Wir«: »Wir laden euch ein«, »wir freuen uns, wenn ihr mit uns gemeinsam«, »wir möchten mit euch gemeinsam bis 31.1. …«	Betonung der Distanz durch das »ihr«: »Bis zum 31.1. müsst ihr…« »ab sofort werdet/sollt ihr…«, »wir erwarten uns von euch …«
Positive Vision: »Wir schaffen das gemeinsam. In fünf Jahren stehen wir als gesundes, innovatives Unternehmen hier und wir werden wieder feiern und auf unseren Erfolg anstoßen.«	Angst-Szenarien: »Wenn wir jetzt nicht einiges anders machen, gibt es uns in fünf Jahren nicht mehr. Dann habt ihr keine Jobs mehr und müsst euch etwas anderes überlegen.«
»Wir zählen auf euch und freuen uns auf eure aktive Teilnahme. Uns ist aber bewusst, dass nicht jeder sofort in Begeisterung ausbricht. Das ist völlig o. k.«	»Wer diesen neuen Weg nicht mitgeht, muss die Konsequenzen ziehen: Hier ist die Tür.«
Emotionales, sinnbezogenes Zielbild: »Wir wollen mit unseren neuen digitalen Produkten bis 2025 rund 3 Millionen weitere Kunden produktiver und zufriedener machen und gleichzeitig CO2-neutral werden.«	Effizientes, profitorientiertes Zielbild: »Unser Ziel ist es, das Marktvolumen bis 2025 um 30 % mit neuen digitalen Produkten auszubauen und unser EBIT um 25 % zu steigern.«
Bei Arbeitsaufträgen: »Hast du alles, was du brauchst, um den Bericht bis übermorgen verlässlich zu schreiben?«	Bei Arbeitsaufträgen: »Ich brauche den Bericht von dir bis übermorgen auf meinem Schreibtisch.«
Bei Demotivation oder mangelnder Leistungserbringung: »Wie geht es dir mit der Aufgabe? Was kann ich tun oder was brauchst du, damit du es schaffst?«	Bei Demotivation oder mangelnder Leistungserbringung: »So geht das nicht. Du musst effizienter arbeiten, die anderen warten schon auf dein Ergebnis.«
Generell: ermutigen, bestärken, das Verbindende hervorheben, Fragen stellen, Unterstützung anbieten	**Generell: abwerten, kritisieren, bevorurteilen, das Trennende hervorheben, Fehler tadeln, Druck ausüben**

21.10 Einmal flexibel für alle, bitte

Mitarbeiter in Deutschland wünschen sich deutlich mehr Teilhabe im Unternehmen, als ihnen gewährt wird. Das zeigt die Studie »Der Ruf nach Freiheit« des Personaldienstleisters Hays und der TU München (https://www.hays.de/documents/10192/118775/studie-freiheit-sicherheit.pdf/979efc80-ca49-4d85-a7bc-aeb1f3592ee6, S. 6 ff., abgerufen am 6.4.2021) zur Innovations- und Zukunftsfähigkeit von Arbeitsumfeldern. Zwei Drittel der erwerbstätigen Befragten aus allen Branchen hätten demnach gern mehr Freiheit und Souveränität bei ihrer Arbeit.

Drei Viertel (76 %) der Befragten wären laut der Studie engagierter, wenn sie über neue Produkte mitentscheiden dürften. 80 % glauben, dass »mit stärkerer Teilhabe an firmenrelevanten Entscheidungen die Produktivität ihres Unternehmens steigt«.

Das betrifft zunehmend auch die Arbeitsbedingungen des Wann, Wie und Wo selbst. Immer mehr Menschen haben nicht zuletzt dank der Pandemie die Vorzüge des Homeoffice erkannt und wollen mobil und flexibel arbeiten.

Dass schlicht auch der Biorhythmus für bessere Produktivität sorgt, zeigt das Beispiel von Stefan Zangerle, CEO des Proptech-Start-up Flaterio. Er und seine zwei Co-Gründer arbeiten zeitversetzt, ganz nach individuellen Bedürfnissen, obwohl alle in Wien leben: Zangerle am liebsten von 12 bis 17 und 0 bis 4 Uhr früh, sein Kollege startet mit der Arbeit um 5 Uhr früh, ein anderer Kollege arbeitet am liebsten nur abends und nachts. Gemeinsame wöchentliche Meetings finden abends statt. »So arbeiten wir alle am besten – zeitlich finden wir einen Slot, wie es auch globale Teams tun«, sagt Zangerle. Für neue Mitarbeiter soll diese individuelle Flexibilität künftig genauso gelten. Nahtlose Kommunikation wird über Collaboration Tools möglich. Der Start-up-Gründer sieht in der maximalen Flexibilität ein großes Potenzial, um sich als Arbeitgeber von anderen abzuheben: »Wir wollen damit auch Talente anziehen, die flexibel arbeiten wollen«, so Zangerle.

Bei DONE! Berlin ist es sogar möglich, fünf Monate durch Asien zu trampen und in Teilzeit vom Van aus zu arbeiten, nach Kapstadt zu ziehen oder als Geschäftsführerin zwei Kleinkinder durch den Tag zu jonglieren. Die Beratungsagentur läuft seit der Gründung 2013 rein virtuell, den Mitarbeitern kommt man individuell sehr mit flexiblen Arbeitszeiten entgegen. »Alles eine Frage des Delegierens und der Organisation«, sagt Co-Geschäftsführerin Marie Kanellopulos. Aufgaben werden je nach Bedarf der Kundenprojekte auf die Kollegen im Hintergrund verteilt. Die interne Kommunikation läuft nahtlos über das Tool Slack. Zum Kunden hin gibt es stets eine Ansprechperson.

21.11 Fokus auf alles und nichts

Fokussiertes Arbeiten ist immer seltener möglich – ob im Homeoffice zwischen Kind und Kochlöffel, in belebten Großraumbüros oder am Arbeitsplatz mit ständig aufpoppenden Nachrichten via Mail-Programm, Collaboration Tool oder Messenger. Zusätzlich neigen immer mehr Menschen dazu, sich selbst auch in Pausen mit Social Media abzulenken. Die Aufmerksamkeitsspanne beträgt im Schnitt 18 Minuten, wir werden allerdings alle 23 Minuten während der Arbeit abgelenkt, dazwischen surren To-Dos und Tasks, während man die eine Aufgabe mit der anderen abwechselt. The Focused Company hat sich darauf spezialisiert, das Chaos in den Köpfen von Mitarbeitern wieder zu beruhigen und verordnet seinen Kunden – kleinen, mittleren und großen Unternehmen – gern zweistündige tägliche Fokusarbeit. Was bedeutet: Alle konzentrieren sich zur selben Zeit. »Das stößt zuerst häufig auf Ablehnung, viele meinen, das ist nicht möglich, was sagen nur die Kunden dazu«, sagt Vera Starker, Gründerin von The Focused Company. Doch ist Focused Work mal erprobt, sind rasch alle dafür. »Die Mitarbeiter merken, wie gut es ihnen tut und wie schnell sie mit ihrer Arbeit vorankommen«, sagt Starker.

Laut dem Bestsellerautor Cal Newport (»Deep Work«) würden wir durch zu oberflächliches Arbeiten und ständige Ablenkungen massiv an Konzentrationsfähigkeit und inhaltlichem Tiefgang einbüßen (https://www.zeit.de/arbeit/2017-12/deep-work-konzentration-arbeitskultur, abgerufen am 6.4.2021). Newport rät genauso wie Vera Starker zu zeitlich geblockten Deep-Work-Phasen im Kalender. Bewusst eingesetzte Rituale vor Arbeitsbeginn und in den Pausen sorgen für bessere Konzentrationsfähigkeit – Calport selbst schwört auf seine Tasse Tee mit Blick aus dem Fenster oder den täglichen Waldspaziergang.

Auch Pausen und Phasen der Langeweile sind essenziell, um als »ganzer« Mensch im Job anzukommen. Denn: Der Leerlauf im Kopf macht uns nachweislich kreativer und wir erhalten Zugang zu unserer »inneren Weisheit«, oder weniger spirituell gesprochen: zu unserer Intuition. Sie ist übrigens eine Kernfähigkeit des 21. Jahrhunderts angesichts der komplexen Entscheidungen, die wir treffen müssen. Mit Meditation und Innenschau gewinnen wir nicht nur neue Einsichten, sondern erhalten auch eher Inspirationen und kreative Einfälle.

Nicht nur der Biorhythmus, auch der Hormonstatus wirkt sich auf die Produktivität aus. Die promovierte Wirtschaftspsychologin und Geschäftsführerin der Tacheles Beratung, Miriam Stark, berät Frauen und weibliche Teams zum zyklusorientierten Arbeiten. Sie sagt: Während des Monatszyklus tauchen Frauen in vier verschiedene Phasen ein, in denen sie tendenziell extrovertiert und durchsetzungsstark, dann wieder kreativ und intuitiv sind oder eher Rückzug für Reflexion benötigen. Je besser Frauen diese Phasen nutzten, desto energiegeladener und produktiver würden sie im nächsten Monat sein. Gerade weibliche Teams könnten über die Kommunikation der einzelnen Zyklusphasen Aufgaben bedürfnisorientierter verteilen und so die Produktivität des Teams steigern (siehe Podcast-Interview: https://www.newworkstories.com/2020/12/18/arbeit-mal-anders-14-nutzt-den-menstruationszyklus-f%C3%BCr-den-job, abgerufen am 6.4.2021).

21.12 Ausblick

Wir haben uns den Sinn des Sinns angesehen und warum Emotionen im Arbeitsleben und speziell in Veränderungsprozessen in Unternehmen wichtig und sogar wertvoll sind; warum der Mensch seine Emotionen bewusster nutzen sollte, wie er in Transformationsprozessen mit Worten Beziehungen gestaltet. Im Endeffekt lässt sich the »Human Factor« auf einen Satz herunterbrechen: Erkenne dich selbst, sei du selbst und dann: Bring dich ein, wie es dir entspricht und dem Unternehmen dient. Diesen Weg möglichst individuell und empathisch zu begleiten, darin sehe ich die Zukunft der HR.

22 Die überraschende Macht der 1%-Gewohnheit und warum die meisten Menschen die exponentielle Entwicklung total unterschätzen

Jörg Weisner

Was haben Amazon, Tesla und die britischen Radsportler gemeinsam? Und was könntest du daraus für dich, und deinen beruflichen wie persönlichen Erfolg lernen?

Wahrscheinlich fragst du dich jetzt, was haben denn mein persönlicher Erfolg und meine persönliche Zufriedenheit mit dem Aktienkurs von Amazon oder Tesla zu tun.

Und der britische Radsport, was soll daran besonders sein? Außerdem bin ich kein Radsportler, sondern arbeite als Steuerberaterin, Rechtsanwalt, Verkäufer, Unternehmerin oder als was auch immer. Egal, ob ich nun selber Führungskraft oder Mitarbeiter bin oder ob mir ein ganzes Unternehmen gehört – ich verstehe immer noch nicht, was hat das Ganze mit mir zu tun?

Wenn du dir ähnliche Gedanken machst, dann geht es dir wie der Mehrheit aller Menschen. Ich werde dir gleich verraten, wie du von den Erfolgen aus diesen drei Bereichen für dich sehr viel ableiten kannst. Doch vorher drei kleine Denksportaufgaben für dich:

1. Einmal angenommen, ich biete dir folgende zwei Alternativen an: Erstens, du bekommst jetzt sofort von mir 3 Million Euro oder zweitens, du bekommst heute einen Cent von mir und ich werde diesen Cent ab morgen für 30 Tage jeweils verdoppeln. Entscheide dich bitte ganz spontan, welche Alternative möchtest du, A oder B?
   A und die 3 Millionen Euro oder B und den einen Cent den ich 30 Tage lang verdopple? Okay, merke dir oder notiere bitte das Ergebnis.
2. Stell dir vor, du nimmst ein Blatt Papier, normales Schreibmaschinenpapier, das ist ungefähr 0,12 mm dick. Dieses Blatt Papier faltest du jetzt 30-mal. Stell dir einfach vor, dieses Blatt ist beliebig groß und du kannst es beliebig oft falten. Wie dick wäre dieses Papier nach 30-mal falten? Schreib dir die Antwort kurz auf. Und was schätzt du, wie dick wäre das Papier nach 42-mal falten? Auch diese Schätzung bitte kurz aufschreiben.
3. Nun zur letzten Aufgabe: Wenn du von dem Punkt, wo du jetzt gerade stehst, 30 Schritte in einer geraden Linie gehst, wie weit kommst du dann? Je nach deiner persönlichen Schrittlänge wirst du irgendwo zwischen 25 und 30 Meter zurückgelegt haben. Wie weit würdest du dich entfernen, wenn du diese 30 Schritte nicht linear, also mit gleicher Länge, sondern exponentiell machst, also auch hier wieder die Schrittlänge mit jedem Schritt verdoppeln würdest.

Ich verrate dir die Lösungen:

In der ersten Aufgabe hast du nach 30 Tagen 10.737.418 Euro und 24 Cent. Also mehr als dreimal so viel mit der Alternative B als mit der Alternative A.

Zur zweiten Aufgabe: Nach 30-mal falten ist das Papier circa 129 m dick. Nach 42-maligem Falten sind es schon 527.765 km dick, also schon weit hinter dem Mond, der nur rund 384.000 km von der Erde entfernt ist.

Bei der dritten Aufgabe hast du statt der linearen circa 30 m bei exponentieller Entwicklung circa 536.000 km zurückgelegt, einer Entfernung, die dem 13-fachen Erdumfang entspricht.

Den wenigsten Menschen ist diese Dramatik einer exponentiellen Entwicklung bewusst. Das liegt daran, dass wir als Mensch einfach unser Vorstellungsvermögen im linearen Raum gebildet haben. Wie selbst Experten sich exponentielle Entwicklungen oft kaum vorstellen können, zeigt eine Studie von McKinsey, die 1980 für die amerikanische Telefonfirma ATT voraussagen sollte, wie viele Handys wohl im Jahre 2000 verkauft werden könnten. Sie kamen zum Ergebnis von circa 900.000 Geräten. Tatsächlich wurden circa 100 Millionen Geräte im Jahre 2000 verkauft. Professor Toni Seba bringt es in seinem Vortrag pointiert auf den Punkt: »Selbst mein Schäferhund hätte eine bessere Prognose erstellen können und deutlich billiger.«

Und wenn du dir anhörst, was der ehemalige VW-Chef Matthias Müller 2018 über Tesla sagte, dann erkennst du, dass auch dieser damals die exponentielle Entwicklung von Tesla weit unterschätzte. Das Ergebnis ist heute leicht im Aktienkurs abzulesen: Der Marktwert von Tesla beträgt 513 Milliarden Euro und ist damit mehr als sechsmal so hoch wie der von VW mit 81 Milliarden Euro (Stand 28. Dezember 2020).

Eine ähnliche falsche Einschätzung wie Matthias Müller hat übrigens auch Dieter Zetsche, der damalige Chef von Daimler, gemacht. Daimler kaufte 2009 für 50 Millionen Euro 10 % der Aktien von Tesla. Nur wenige Jahre später verkauften sie diese für ca. 800 Millionen. Heute hätten sie für diese 10 % von Tesla fast das Gleiche bekommen wie das gesamte Unternehmen Daimler wert ist, nämlich, 51 Milliarden. Auch Zetsche hat die exponentielle Entwicklung massiv unterschätzt.

Soweit zu den wirtschaftlichen Auswirkungen, die exponentielle Entwicklungen haben. Jetzt zu den Auswirkungen für dich persönlich. Wenn du es schaffst, dich jeden Tag nur um 1 % zu verbessern, wie viel würdest du nach einem Jahr erreichen können?

Schätze bitte einmal: Wärst du dann doppelt so gut, dreimal so gut oder was hättest du nach einem Jahr erreicht, wenn du jeden Tag nur um 1 % besser werden würdest?

Ich spanne dich nicht lange auf die Folter und verrate es dir. Du wirst circa 37-mal so gut. Wieder ein Beispiel für eine exponentielle Entwicklung. Und wieder ein Beispiel dafür, wie schwer es am Anfang einer solchen exponentiellen Entwicklung ist, sich die späteren Steigerungsraten vorzustellen.

Deshalb geht es mir zunächst einmal darum, dir bewusst zu machen, welche Macht kleine Gewohnheiten haben, wenn du sie regelmäßig und auf Dauer ausführst.

Was für Gewohnheiten es sein können und welche für dich besonders gut passen, das ist natürlich von deiner individuellen Situation abhängig. Ich helfe dir gern dabei herauszufinden, welches für dich die guten erfolgreichen Gewohnheiten sein könnten und verrate dir auch, wie du es schaffst, ungünstige Gewohnheiten abzulegen.

Bevor wir aber jetzt auf die persönlichen Gewohnheiten kommen, lass uns noch ein Blick auf die Entwicklung von Amazon werfen. Vielleicht erinnerst du dich noch an viele skeptische Berichte über den Gründer von Amazon, Jeff Bezos. Er hatte es über viele Jahre verstanden, seine Aktionäre bei Laune zu halten, obwohl die Firma kaum Gewinn auswies. Einer der Gründe lag darin, dass Bezos das gesamte Geld in die Entwicklung seiner Firma gesteckt hat und eben nicht an die Aktionäre ausschüttete. Apple machte es über viele Jahre übrigens sehr ähnlich. Vergleicht man den heutigen Stand der Aktien von Amazon oder Apple mit dem von vor zehn Jahren, wird leicht deutlich, was für ein riesen Vorteil die Aktionäre von dieser Strategie gehabt haben. Beide Firmen zählen zu den wertvollsten Unternehmen der Welt und Bezos selber ist inzwischen der reichste Mann der Welt.

Die vielen Jahre, in denen sich der Aktienkurs kaum sichtbar nach oben bewegte, haben es Wettbewerbern leicht gemacht, diese Firma zu unterschätzen. Und als sie dann schließlich bemerkten, welche Power in ihr enthalten war, war es für den einen oder anderen Wettbewerber bereits zu spät. Der Vorsprung von Amazon erscheint heute vielen als uneinholbar.

Lass uns jetzt noch einen Blick auf den britischen Radsport werfen. Die Situation dieses Sportbereichs in Großbritannien im Jahre 2003 als desolat zu bezeichnen, wäre eine absolute Untertreibung. Die britischen Radsportler hatten seit 1908 nur eine einzige olympische Goldmedaille gewonnen. Sie hatten in 110 Jahren noch nie die Tour de France gewonnen. Im Jahre 2003 wurde Dave Brailsford neuer Direktor des britischen Radsportteams.

Seine Erfolge sprechen für sich:

In Peking gewannen die britischen Radsportler 2008 60 % aller Goldmedaillen. In London gewannen sie 2012 neunmal Gold und siebenmal Silber. Die Tour de France gewannen die Briten das erste Mal 2012. Weitere Siege folgten dann 2013, 2015, 2016, 2017 und 2018. Mit anderen Worten: Die britischen Radprofis dominierten diesen Sport.

Was also hat Dave Brailsford ab 2003 anders gemacht als seine Kollegen in anderen Ländern? Er hat sich auf viele kleine, winzige Gewohnheiten konzentriert. Er hat zum Beispiel dafür gesorgt, dass die Sportler, wenn sie verschwitzt vom Rad abstiegen, schnell wärmende Sachen überzogen. Er hat dafür gesorgt, dass die Lieferwagen, in denen die Fahrräder transportiert wurden, von innen weiß gestrichen waren. Damit auch jedes kleinste Staubkörnchen leichter zu finden und zu beseitigen sei. Er hat den Sportlern klargemacht, wie wichtig es sei, sich die Hände zu waschen und das lange vor Corona. Weil sie damit einfach die allgemeine Gefahr, sich anzustecken und die Gefahr an einer Grippe zu erkranken, deutlich reduzieren konnten. Die Liste der kleinen Gewohnheiten, die Dave für die Sportler einführte, ließe sich noch deutlich verlängern. Entscheidend ist, dass alle diese kleinen Gewohnheiten zusammengenommen zu diesen gewaltigen Erfolgen der britischen Radsportler führten. Wieder ein sehr schönes Beispiel für die Macht von kleinen Gewohnheiten, wenn sie über einen längeren Zeitraum ausgeführt werden.

Was könntest du jetzt ganz persönlich für dich tun? Was könnten deine ersten Schritte sein?

Mein Vorschlag: Konzentriere dich zunächst auf folgende vier Bereiche:
1. Dein persönliches Energielevel
2. Deine innere Ruhe und Ausgeglichenheit
3. Deine persönliche Produktivität
4. Die Inspiration und den Austausch von und mit anderen

Beginnen wir mit Deiner persönlichen Energie.
Wie wichtig die persönliche Energie ist, brauche ich dir wohl nicht extra zu erläutern. Wenn du dich ausgelaugt und erschöpft fühlst, werden dir selbst kleinste Aufgaben als kaum überwindbare Hindernisse erscheinen. Wenn du auf der anderen Seite voller Energie bist, schaffst du viel mehr, wirst dich weniger aus der Ruhe bringen lassen, insgesamt deutlich produktiver sein und auch noch mehr Spaß an dem haben, was du tust.

Wovon ist jetzt Dein Energiepegel abhängig?

Zunächst einmal von deiner Ernährung, von deinem Trainingszustand, von deinen Schlaf- und Entspannungsgewohnheiten – diese drei Punkte sind naheliegend. Aber natürlich ist Deine Energie auch abhängig von Deiner mentalen Verfassung.

Und damit kommen wir zum zweiten der vier Punkte: deine innere Ruhe und Ausgeglichenheit.
Was bringt dich aus der Ruhe oder vielleicht sogar in Rage? Und wie fühlst du dich dann? Wie viel Power hast du, wenn du dich so richtig ärgerst? Vergleiche diesen Zustand bitte mit dem Zustand der inneren Gelassenheit. Wieviel kraftvoller agierst du in diesem Zustand?

Jetzt höre ich von vielen Seminarteilnehmern, dass die »bösen Mitmenschen« schuld an unserem Ärger seien. Klar, die eine oder andere Äußerung hat vielleicht zu unserer Verstimmung geführt. Es liegt aber ganz allein in unserem Einflussbereich, welche Bedeutung wir dem Ganzen geben. Zwischen Reiz und Reaktion liegt unsere Interpretation dessen, was wir gerade wahrnehmen. Und dieser Raum zwischen Reiz und Reaktion bestimmt unsere Lebensqualität. Oft reagieren wir wie in einem Autopilotmodus, unbewusst und automatisch. Wir ärgern uns einfach, reagieren vielleicht aufbrausend und manchmal sogar verletzend. Wir können uns aber auch antrainieren, zunächst einmal innezuhalten, ruhig zu atmen, vielleicht sogar zu lächeln und dann unsere Impulse bewusst steuern. Ja, das kann man tatsächlich trainieren. Eine geeignete Methode findest du z. B. in meinem Buch: »Vergiss Selbstdisziplin, erfolgreiche Gewohnheiten bringen dich voran«. Ich schildere dort eine Methode, die es dir ermöglicht, dir neue Gewohnheiten einfach und spielerisch anzueignen.

Schon die alten Stoiker erkannten, dass wir unterscheiden sollten zwischen dem, was wir kontrollieren können, und dem, was nicht in unserer Kontrolle liegt. Der amerikanische Theologe Reinhold Niebuhr hat es in einem Gebet wie folgt formuliert: »Gott, gib mir die Gelassenheit, Dinge hinzunehmen, die ich nicht ändern kann, den Mut, Dinge zu ändern, die ich ändern kann und die Weisheit, das eine vom anderen zu unterscheiden.«

Damit wären wir beim dritten Punkt, deiner persönlichen Produktivität.
Deine persönliche Produktivität ist ganz entscheidend davon abhängig, wie gut es dir gelingt, dich zu fokussieren und wirklich eine Zeit lang ungestört an einer Sache zu arbeiten. Ständig aufpoppende E-Mail-Benachrichtigungen, WhatsApp-Nachrichten, Chats oder Telefonanrufe machen dies oft sehr, sehr schwierig. Wie gut kannst du dich von diesen Störungen frei machen? Wie gut gelingt es dir, dich wirklich ungestört nur um eine Sache zu einer Zeit zu kümmern? Teste es z. B. mit der Pomodore Technik: Stelle dir einen Timer für 25 Minuten, und arbeite für diese 25 Minuten wirklich voll konzentriert an nur einem Thema. Wenn du es schaffst, super. Dann hast du einen ersten Schritt getan. Gönne dir eine kurze Pause und starte die nächsten 25 Minuten. Wenn du dich auch nur einmal ablenken lässt, zählt diese Session nicht. Notiere dir, wie oft du das an einem Tag schaffst. Du wirst überrascht sein, bekommst aber auch einen guten »Basiswert«, um von dort aus deine Fortschritte zu protokollieren.

Dies ist natürlich nur ein Tipp, weitere Tipps findest du auf meiner Webseite http://joergweisner.com.

Damit kommen wir zum vierten Punkt, dem Austausch mit anderen und der gegenseitigen Inspiration.
Aus meiner Überzeugung ist es hier wie bei der Freude und der Liebe, das eigene Wissen und die gegenseitige Inspiration vermehren sich, wenn wir sie teilen. Suche dir ein paar Mitstreiter, mit denen du gemeinsam daran arbeiten kannst, dich Schritt für Schritt zu verbessern. Interessante Ansätze dazu findest du z. B. unter den Schlagworten LernOS und WOL. Beide Begriffe bezeichnen einen etwa 12 Wochen langen Lernsprint, in dem es darum geht, gemeinsam an einem bestimmten Thema zu arbeiten und zu wachsen. Die Erfahrungen zeigen, wie viel besser die Teilnehmer vorankommen, weil sie ihre Erfahrungen teilen und sich gegenseitig inspirieren und unterstützen.

Eine Warnung möchte ich dir mit auf den Weg geben: Denken allein reicht nicht! Du kannst noch so viele Ideen haben, solange du sie nicht in die Tat umsetzt, bleiben es Ideen. Nur durch das **Tun** kannst du dich wirklich verändern. Daher zum Schluss für jeden der vier Bereiche ein konkreter Tipp, wie du das Ganze jetzt in die Praxis umsetzen kannst:

1. **Trainiere Deine Gelassenheit:**
   Versuche dich mindestens 21 Tage lang nicht laut zu ärgern. Wenn du dich dabei erwischst, dass du dich laut ärgerst, fängt die Zeit von vorne an zu zählen. Helfen könnte dir hier die Armbandmethode, die ich in meinem Buch »Erfolgreiche Gewohnheiten« beschrieben habe. Du suchst dir ein Armband, auf das du jeden Tag, an dem du dich nicht laut geärgert hast, ein neues Element aufziehst. Versuche dieses 21 Tage durchzuhalten. Wenn Du es an einem Tag nicht schaffen solltest, musst du alle Elemente wieder vom Armband nehmen und fängst von vorne an. Damit helfen dir sowohl die Freude über neue Elemente wie auch die Angst vor dem Verlust der Elemente, dich immer wieder zu motivieren.
   Dein Gewinn wird eine wesentliche größere innere Gelassenheit und Ruhe sein. Genieße sie!
2. **Setze dir als Ziel, jeden Tag mindestens 10.000 Schritte zu laufen:**
   Und auch wenn du am ersten Tag vielleicht nur 7.000 oder 8.000 schaffst, kein Problem. Dann steigere diese Zahl jeden Tag um 1 %. Wenn du dann bei 10.000 Schritten angelangt bist, hast du wahrscheinlich so viel Freude daran gefunden, dass du von allein weitermachen wirst.
3. **Wende die 2 Minuten Regel aus dem »Getting Things Done« Ansatz an:**
   Das heißt, alle Aktivitäten, die weniger als 2 Minuten dauern, erledigst du sofort. Alle andere schreibst du dir auf. Du wirst überrascht sein, wie viele »Kleinigkeiten« du nach und nach erledigst, statt sie wie bisher immer wieder aufzuschieben.

4. **Und jetzt zum Abschluss mein absoluter Lieblings-Tipp – »Walk'n Talk«:** Du verabredest dich mindestens einmal in der Woche zu einem gemeinsamen Spaziergang mit einem Freund und/oder einer Kollegin. Ihr beide geht zur gleichen Zeit spazieren und telefoniert dabei miteinander. Das geht natürlich auch in Corona-Zeiten. Was ihr bei diesem Spaziergang besprecht, liegt ganz bei euch. Wichtig ist nur, dass ihr es wirklich tut, nämlich euch beim Spazierengehen per Telefon zu unterhalten. Ihr werdet überrascht sein!

Ich habe diese Schritte bewusst so klein gewählt, damit du wirklich anfangen kannst. Steigern kannst du dich immer noch. Erinnere Dich an die exponentielle Power, über die wir anfangs gesprochen haben.

Ich wünsche dir viel Erfolg und vor allem Freude am Experimentieren und dem ständigen Verbessern in kleinen Schritten und freue mich über ein Feedback via Twitter, LinkedIn oder welchen Kanal auch immer.

23 New Ways of Learning und die Rolle von HR als Komplexitätsnavigator

Jo Kristof & Saskia Viethmeier

Wir leben in einer komplexen Welt. Das ist nichts Neues und vor allem im Kreise der Entscheider, Entscheiderinnen und Personalverantwortlichen gilt das inzwischen als Binsenweisheit. »Wissen wir. VUCA und so.«, ist oft die Reaktion darauf.

Nein, es ist nicht neu, dass unsere Welt komplex ist. Das war sie schon immer. Und auch die Erkenntnis darüber ist nicht neu. Was bleibt, ist die Herausforderung, dieser Komplexität so zu begegnen, so mit ihr umzugehen, dass die Organisationen sie aushalten kann oder noch besser: dass Organisationen sie produktiv nutzen können. Dabei spielen Lernen und HR eine besondere Rolle, denn Lernen ist eine der wichtigsten Antworten auf komplexe Herausforderungen. HR kann dem Lernen und vor allem den sinnvollen Arten von Lernen den Raum geben.

Dabei geht es uns ganz bewusst nicht um das fachliche Lernen, bei dem es um bestimmte Aufgaben geht wie zum Beispiel die Softwareschulung oder die Weiterbildung zur Elektrofachkraft. Es geht uns vielmehr um Komplexitätskompetenzen, um die Kompetenzen, die Organisationen brauchen, damit sie den beschriebenen Herausforderungen wirkungsvoll begegnen können. Es geht um Kommunikation, Leadership, Veränderung, Zusammenarbeit, Lernen aus Erfahrung, Reflexion, Umgang mit Unsicherheiten und vieles mehr. Es geht um all die Themen, bei denen Wissen nicht ausreicht, sondern Verstehen und Können Voraussetzung dafür sind, dass Lernen stattfinden kann.

Das sind die Aspekte, die eine Organisation braucht, um mit der eigenen Komplexität in Resonanz zu treten. Komplexität begegnet man am besten mit Komplexität. Lernen in Organisationen kann und muss genau dafür einen Beitrag leisten.

23.1 Wissen und Können

Man kann Lernen grob in zwei Kategorien unterteilen: Lernen, um sich Wissen anzueignen, und Lernen, um zu verstehen und zu können. Wissen hilft bei vielen Dingen, zum Beispiel bei der Arbeit als Elektrofachkraft. Allerdings reicht Wissen nicht aus, wenn es um komplexe Herausforderungen geht. Wissen hat nur eine begrenzte Haltbarkeit, und ist nur eingeschränkt hilfreich, wenn Dinge intransparent miteinander interagieren, sich gegenseitig beeinflussen und in ihrem Ergebnis nicht vorhersehbar sind. Das genau ist der Kern von Komplexität. Um Komplexität begegnen zu können braucht es mehr als Wissen, es braucht Verstehen und Können.

Komplexitätskompetenz heißt, aus einer Reihe von (unsicheren) Möglichkeiten bewusst (ebenfalls unsichere) Entscheidungen zu treffen, um für Handlungsfähigkeit zu sorgen. Es bedeutet, Dinge nicht im Griff zu haben und die Unsicherheiten auszuhalten, die damit einhergehen. Es heißt, aus den Erfahrungen zu lernen und das eigene Handeln immer wieder zu hinterfragen und anzupassen.

Die Fragen, die sich Entscheiderinnen und Entscheider immer wieder stellen müssen, ist: »Worauf konzentrieren wir uns, um unsere Handlungsfähigkeit zu erhalten? Was können wir vorerst ignorieren? Wie können wir mit den Unsicherheiten umgehen, die weiterhin da sein werden? Wo sollten wir uns selbst verändern und anders aufstellen, um anders handeln zu können?« Diese Fragen sich immer wieder neu zu stellen und neu zu beantworten, das ist es, was wir als Können bezeichnen. Denn es ist der bewusste Umgang mit Komplexität, der Organisationen Handlungsfähigkeit ermöglicht.

23.2 Wie funktioniert Lernen heute?

In den meisten Unternehmen, denen wir begegnen, ist Lernen sehr geprägt von dem, was wir aus der Schule kennen: ein Lernen, das dazu dient, sich (überwiegend) Wissen anzueignen, um es zu einem festen Zeitpunkt (Prüfung) wiederzugeben.

Es gibt Seminarkataloge, aus denen Seminare ausgewählt werden und/oder verpflichtende Programme, an denen bestimmte Zielgruppen teilnehmen müssen. Manchmal muss erst Kurs A absolviert werden, bevor man berechtigt ist, an Kurs B teilzunehmen. Dann wird die Anwesenheit festgehalten, das Gelernte evaluiert, manchmal mit einem Test geprüft und häufig mit einem Zertifikat versehen. Zack – Klassenziel erreicht, das Lernen ist hiermit offiziell abgeschlossen.

Dass das nicht funktioniert, erleben die meisten Unternehmen dann, wenn sie auf diese Art und Weise »die Führungskultur verändern« oder »die Transformation vorantreiben« oder eben »der Komplexität ihres Umfeldes begegnen« wollen. Denn aus irgendeinem Grund verankert sich das Gelernte nicht im Unternehmen und schon gar nicht im Handeln der dafür notwendigen Akteure.

»Ja klar, so ist das halt, wenn man die falsche (Führungs-)Mannschaft hat.« oder »Wir haben einfach nicht die richtigen Leute für so was.« sind die Reaktionen, die wir oft zu hören bekommen. Aber nein, so einfach ist es natürlich nicht. Denn das, was hier passiert, ist vergleichbar mit dem Versuch, mit einem Hammer und einem Nagel einen Pudding an der Wand zu befestigen. Schuld daran, dass das nicht funktioniert, haben weder der Hammer noch der Nagel und auch nicht der Pudding. Es ist der Kontext. Denn Hammer und Nagel sind für sich genommen keine schlechten Tools, aber in diesem Kontext eben schlichtweg wirkungslos. So ist es auch mit einem Lernansatz, der darauf abzielt, Wissen zu vermitteln, obwohl Komplexitätskompetenz benötigt wird: Er ist nicht per se falsch, aber im falschen Kontext.

Wie also kann (komplexes) Lernen wirkungsvoll gestaltet werden?
Indem man Komplexitätskompetenz in der Organisation aufbaut. Die Antwort erscheint relativ simpel, die Umsetzung ist es vermutlich nicht, denn komplexe Probleme erfordern komplexe Denkprozesse. Denkprozesse, die wegführen vom Einzelnen, hin zu Lernprozessen, die in die gesamte Organisation wirken. Weg von Personalentwicklung, hin zu organisationalem Lernen.

Es geht darum, Lernen so zu gestalten, dass es in der gesamten Organisation wirken kann. Es geht darum, dass das Lernen Einzelner seinen Weg in die Organisation, in ihre Kultur und ihr Handeln finden kann. Es geht darum, Lernräume zu gestalten, in denen Wissen so verarbeitet werden kann, dass Verstehen entstehen kann. Und es geht darum, Reflexionsmöglichkeiten zu bieten, mit denen das eigene Tun reflektiert werden kann. Es geht darum, soziale Prozesse so in das Lernen zu integrieren, dass sich aus dem Wissen, dem Verstehen und dem Tun echtes Können entwickeln kann.

Organisationales Lernen bedeutet, sich wegzubewegen von der Kompetenzentwicklung auf individueller Ebene, hin zu den Fragen: »Wie gelingt es uns als Organisation, nachhaltig mit Komplexität umzugehen? Wie können wir dauerhaft eine Vielfalt an Optionen und Gedanken entwickeln, mit der wir wirksam der Komplexität um uns herum begegnen können?«.

Organisationales Lernen ermöglicht es dem Unternehmen, andere Perspektiven als die bisherigen zu entwickeln, Handlungspfade zu entdecken, unlösbare Widersprüche zu erkennen, Wechselwirkungen und Zusammenhänge zu identifizieren, Dilemmata auszuhalten und somit selber die Komplexität im Inneren aufzubauen, die es braucht, um nach außen zu handeln.

Welche Rolle spielt HR dabei?
Organisationales Lernen geht weiter über Personalentwicklung hinaus. Organisationales Lernen ist die Grundlage für Komplexitätskompetenz. Dadurch verändert sich die Rolle von HR radikal. Weg von der Funktion, alles rund um Personalentwicklung zu organisieren, hin zu einer Art Navigator in der komplexen Welt zwischen individuellen Kompetenzen und organisationaler Entwicklung. Grundvoraussetzung hierfür ist: HR muss Organisationen als soziale Systeme verstehen, als komplexe Organismen mit intransparenten Verbindungen, Dynamiken und Wechselwirkungen und sich selbst als einen Teil davon, der über ein Können verfügt, das die Organisation weiterbringt. Das Können heißt: komplexe Lernprozesse gestalten und begleiten. New Ways of Learning, die nicht auf Wissen, sondern auf Reflexion, Verstehen und Können bauen.

23.3 New Ways of Learning – was bedeutet das?

Wir arbeiten seit vielen Jahren mit dem Thema Lernen. Und auch wir haben gelernt, dass Lernen anders funktioniert, als wir anfangs dachten.

Wir haben damit angefangen, unser Wissen für Seminare in PowerPoint-Folien zu pressen. Dieses Wissen haben wir mit Beispielen und praktischen Übungen unterlegt und regelmäßig Referenzen zu der Realität der Teilnehmerinnen und Teilnehmer aufgezeigt.

Später sind wir verstärkt in die Interaktion gegangen, haben PowerPoint weggelassen, stattdessen haben wir Übungen und Simulationen gemacht, haben die Teilnehmerinnen und Teilnehmer reflektieren lassen, was das mit ihrem Arbeitsalltag zu tun hat. Haben ihnen Raum gegeben, aus dem erlangten Wissen ins Verstehen zu kommen. Sie dabei unterstützt, ihre Erkenntnisse in den Alltag zu übertragen.

Wir scheinen das auf eine recht gute Art und Weise gemacht zu haben, denn das Feedback war durchweg sehr positiv, sowohl von den Teilnehmerinnen und Teilnehmer als auch von deren Umfeld, das erleben durfte, wie sich das Handeln Einzelner ändert.

Aber hat das, was wir gemacht haben, nachhaltig die Organisation weitergebracht? Hat sich auch über den Einzelnen hinaus etwas im Denken und Handeln geändert? Unsere Beobachtungen sagen »Jein«, denn wir haben zwar unser Prinzip Wissen (Head), Verstehen (Heart) und Können (Hands) wirksam umgesetzt, aber nur bei dem Einzelnen. Es sind an unterschiedlichsten Stellen der Organisation kleine Oasen entstanden, in denen Einzelne ihre Erkenntnisse umgesetzt haben, aber diese Oasen waren isoliert, kaum untereinander vernetzt und vor allem sehr wenig sichtbar.

Damit auch die Organisation lernen kann, ihre Komplexitätskompetenz zu stärken, muss all das seinen Weg in die Rahmenbedingungen und Strukturen der Organisation finden. Dafür braucht es New Ways of Learning:

- Weg von Einzelkompetenzen wie Führung oder Kommunikationstechniken, hin zu organisationalen Kompetenzen wie Leadership und Lernen aus Erfahrung.
- Weg von Input und individueller Verarbeitung der neuen Erkenntnisse, hin zu Selbstreflexion, kollegialem Austausch und Social Learning.
- Weg von Inhalten, die den Fokus auf das Steuern einzelner Menschen oder Bereiche legen, hin zu einem grundsätzlichen Verständnis, wie Komplexität wirkt, wie Organisationen »ticken«, wie Einfluss genommen werden kann und was die Voraussetzungen für echten organisationalen Wandel sind.

Diese New Ways of Learning gehen, wie der Name sagt, neue bzw. andere Wege. Sie ermöglichen eine Organisationsveränderung aus sich selbst heraus.

Komplexitätskompetenzen erlernen

Das mehrtägige Seminar im schönen Schlosshotel mag immer noch seinen Sinn und Zweck erfüllen, wenn es darum geht, einem Thema eine gefühlte Wichtigkeit zu geben. Aber es baut eine Hürde auf zwischen dem, was dort vermittelt wird, und der Organisation.

Wirkungsvoller ist es, zu unterschiedlichen Kompetenzen einen Mix aus ineinandergreifenden Formaten zu gestalten, die dazu einladen, sich mit dem Gelernten nah am Alltag auseinanderzusetzen, und zwar nicht alleine und isoliert, sondern im bewussten Zusammenspiel mit dem Rest der Organisation. Wir nennen das bei uns Learning Experiences und meinen damit ein sehr gut abgestimmtes Zusammenspiel von Formaten, die Input liefern, zur Selbstreflexion anregen, den Austausch in der Organisation fördern und zu einem gemeinsam entwickelten Tun beitragen. Die Formate können sehr vielfältig sein, von virtuellen Sessions über Videos, Leitfäden für Selbstreflexion und Peer Austausch bis hin zu individuellem und Gruppen-Coaching und vielem mehr. Entscheidend ist hier das Zusammenspiel, die Nähe zum eigenen Alltag und die Übertragung ins Handeln, nicht nur im eigenen Umfeld, sondern auch in den Strukturen der Organisation.

Komplexitätsmuskel stärken

Darüber hinaus helfen »themenoffene« Formate dabei, das Lernen in der Organisation zu verankern. Sie unterstützen und stärken die organisationsinterne Verarbeitung nachhaltig und sind gleichzeitig ein wichtiges Element dabei, den organisationalen Komplexitätsmuskel zu stärken. Denn ein Kern solcher Formate ist es, Unsicherheiten auszuhalten: Der Rahmen ist bekannt, aber man weiß vorher nicht, was entstehen wird. Beispiele hierfür sind Open-Space-Formate, Foren, Wikis, kollegiale Fallberatungen und vieles mehr.

Organisational vernetzen

Je stärker vernetzt das Können in einer Organisation ist, desto handlungsfähiger ist das Unternehmen, wenn es darum geht, mit Komplexität umzugehen. Starke (Lern-) Netzwerke helfen dabei, aus Erfahrungen zu lernen, um so weiteres Können zu entwickeln. Der Fokus bei diesen Formaten liegt darauf, Fragen für die Zukunft zu formulieren und mit Unterstützung des Lernnetzwerkes mögliche Antworten zu entwickeln.

Beispiele für sehr wirkungsvolle Formate in diesem Bereich sind Working Out Loud, LernOS, interne MeetUps oder andere Formen der Vernetzung. Übrigens: Mindestens genauso wertvoll wie das Ermöglichen solcher Netzwerke im Inneren der Organisation ist das Öffnen dieser Netzwerke nach außen, um andere Fragen und andere Antworten möglich zu machen.

Die Rolle von HR

Wenn New Ways of Learning die Antwort sein kann, um sich als Organisation »komplexitäts-stabil« aufzustellen (sorry, ein Widerspruch in sich, das wissen wir), was ist dann die Rolle von HR in diesem Kontext?

HR wird zunehmend die Rolle eines Navigators übernehmen. Eine Rolle, die erkundet und im Blick hat, auf welche Komplexitätskompetenzen es für die Organisation ankommt, die eine Richtung aufzeigt, die Möglichkeiten sichtbar macht.

Diese Rolle wird viel mehr sein als der Experte für individuelle Entwicklung, sie wird den Fokus auf die gesamte Organisationsdynamik richten. Es ist eine Rolle mit einem tiefen Verständnis von Organisationen, Organisationsentwicklung und sozialen Prozessen, die auch die individualpsychologische Seite kennt und versteht. Nicht umgekehrt, wie es heute oft der Fall ist.

Das HR der Zukunft agiert als Gestalter organisationaler Lernprozesse und als Wegweiser durch die Vielfalt der New Ways of Learning. Dabei verfügt HR selbst über eine extrem hohe Komplexitätskompetenz und stellt sich mit seinen Ansätzen und Vorgehensweisen immer wieder konstruktiv infrage. Und da HR keine isolierte und losgelöste Insel ist, behält HR bei all dem die Wertschöpfung im Blick und gestaltet komplexe Lernprozesse, die die Wertschöpfung stärken.

New Ways of Learning erfordern auch neue Wege der Erfolgsmessung, denn diese Form des Lernens ist komplex, das Ergebnis ist nicht vorhersehbar. Jeder Versuch, den »Lernerfolg« mit irgendwelchen zurechtgebogenen KPIs, wie Zufriedenheit der Teilnehmenden oder Ähnlichem zu messen, wird nicht funktionieren. Das Ergebnis ist ungefähr genauso sinnvoll wie die Suche selbstversteckter Ostereier: Natürlich finde ich das, was ich vorher versteckt habe. Natürlich bekomme ich die KPI heraus, die ich mir vorher überlegt habe. Aber bringt mich das weiter? Bringt uns das weiter?

Daher ist eine der zukünftigen Rollen von HR, ihre Stakeholder dabei zu unterstützen, mit dieser Unsicherheit umzugehen: Wir wissen nicht, was durch diese New Ways of Learning entstehen wird, aber es wird uns und die Organisation weiterbringen.

Und das ist wieder ein weiteres Element auf dem Weg zu einer komplexitätskompetenten Organisation.

Vereinbarkeit & Diversity

Ziel des Lebens ist Selbstentwicklung. Das eigene Wesen völlig zur Entfaltung zu bringen, das ist unsere Bestimmung.
Oscar Wilde

Organisationen verändern sich, Menschen verändern sich. In dieses Wechselspiel bringen wir Menschen unseren »Lebensrucksack« mit. Der ist gepackt mit unserer Herkunft, unseren Anlagen, mit dem, was uns am Anfang des Lebens mitgegeben wurde. Vieles davon haben wir nicht mitbestimmt und es ist unveränderlich – egal wie flexibel wird uns aufstellen. Auf dem Weg packen wir den Rucksack weiter mit Menschen, Erfahrungen, Hobbies, Werten. Wir werden zunehmend selbstbestimmter, open-minded, wissender – wenn es gut läuft. Wir werden vielleicht aber auch geprägter, engstirniger, konformer mit unserem unmittelbaren Umfeld.

Das alles muss zum Job passen und umgekehrt. HR und die gesamte Organisation bekommen von uns eben nicht nur eine Bewerbung, einen Lebenslauf und ein Berufsprofil, sondern sie müssen mit diesem ganzen Rucksack umgehen.

Martina Koch hat es sich zur Aufgabe gemacht, die Mitarbeitenden mit deren ganzer Persönlichkeit wahrzunehmen. Mit Drohne, Fernglas und Lupe nimmt sie den Menschen in den Blick und empfiehlt uns dies auch zu versuchen.

Heike Rosenberg setzt das informelle Lernen in den Fokus von HR. Wie können wir Kompetenzen wahrnehmen und (ein)schätzen, die weder durch Zertifikate belegt noch unmittelbar mit der Stellenbeschreibung in Verbindung stehen. Was ist unser privates Lernen wert?

Ein ganzer Teil des angesammelten Gepäcks trägt unsere Psyche, weiß Alexandra Gerstner. Darum liegt die Chance für eine zukunftsorientierte Ausrichtung von HR darin, sich im Spannungsfeld von Wertschöpfung und Gesundheit zu positionieren und hinter die Maske der Mitarbeitenden zu schauen.

Mit der Auszeichnung des bei der Bertelsmann Stiftung beheimateten Qualitätssiegels »Familienfreundlicher Arbeitgeber« kennen sich Alexandra Hoffmann und Birgit Wintermann bestens aus. Sie wissen, dass Vereinbarkeit 4.0 mehr ist, als Arbeit und Kinder unter einen Hut zu bringen. Ein absolutes Umdenkthema, dass eine enorme Themenvielfalt beinhaltet.

Gudrun Gaedke, Herwig Kummer, Claudia Lorber, Eva Planötscher-Stroh schieben mit ihren positiven Vibes mal die ganze Sachlichkeit der Personalarbeit beiseite und denken in Schwingungen und Emotionen. Das bringt Stimmung ins Team mit denkbar einfachen, aber wirksamen Impulsen.

Bei Torsten-Roman Jacke sind es keine Schwingungen, sondern die Spinner und Freaks, die Würze ins Team bringen. Diversität ist sein Ding – Menschen, die aus der Norm fallen und darum so oft aus dem HR-Raster. Hier heißt Neudenken weit mehr, als den einen »Vorzeigerebellen« einzustellen.

Ganz anders und doch ähnlich ist der Rethinking Impuls von Ellen Wagner, die weiß, dass Ansätze für mehr Diversity rund um HR und Recruiting erst sinnvoll sind, wenn eine Kultur geschaffen wurde, in der sich jede Person zugehörig fühlen kann – eine Diversity, Equity & Inclusion-(kurz DEI)-Strategie.

24 Nachhaltig und leidenschaftlich Netzwerken mit Lupe, Fernglas und Drohne

Martina Koch

Wann genau es in der Arbeitswelt begonnen hat, die Mitarbeitenden mehr mit ihrer ganzen Persönlichkeit wahrzunehmen, weiß ich nicht. Beruflich überwiegt in unserer Familie Selbstständigkeit und so bin ich geprägt vom Handeln eines klein- und mittelständigen Unternehmens. In diesem Umfeld wurde mein Blick schon immer auf den gesamten Menschen und nicht nur auf seine Arbeitskraft gerichtet.

Ab 2008 begann ich, die Luft des komplexen Systems »Krankenhaus« zu schnuppern, mit einem teilweise gänzlich anderen Personal-Management-Verständnis als zuvor im kleinen Unternehmen. Nun schien sich schon damals, befeuert durch den beginnenden Fachkräftemangel im Gesundheitswesen, der Blick zu ändern. Spannend – denn auch in meinen eigenen externen und branchenübergreifenden Netzwerken änderte sich die Sicht auf den Mitarbeitenden zunehmend. Leider wurde diese Entwicklung wohl nur selten im Gesundheitswesen wahrgenommen, im besten Fall hinkte man irgendwie hinterher.

Mit Abstand betrachtet scheint dies auch mit dem Selbstverständnis von HR zu tun zu haben. Beginnend damit, dass der Begriff HR im System Krankenhaus oft noch nicht anzutreffen war – oder vielmehr noch nicht anzutreffen ist. In meinem Umfeld wurde die Personalarbeit zumeist als reines Controlling gesehen, von außen ebenso wie von den handelnden Personen selbst. Deshalb werde ich in den Überschriften zwar den Begriff »HR« verwenden, im Text dann aber den Begriff Personalmanagement, da dies für meinem Kontext eher zutrifft.

Mein Erfahrungsbericht, mein ganz persönliches Spannungsfeld und mein ebenso ganz persönlicher Blick auf »HR der Zukunft« ist geprägt von den eingangs bereits beschriebenen Erfahrungen, die ich innerhalb des kleinen Familienunternehmens machen durfte, und gleichzeitig von meinem Angestelltenverhältnis im Gesundheitswesen. Seit 2009 bin ich in verschiedenen Häusern der Saarland-Heilstätten GmbH für Vereinbarkeitsthemen und deren Weiterentwicklung mitverantwortlich gewesen.

Seit 2020 konzentriert sich meine Arbeit auf die SHG-Kliniken Sonnenberg. Als Leiterin der Servicestelle Familie & Beruf gehört es einerseits zu meinem Konzept, Mitarbeitende in ihren Lebensphasen mit Informationen sowie Beratungs- und Lotsendienst zu unterstützen, anderseits gehört dazu auch, die Krankenhausdirektion in Themen der Mitarbeiterorientierung und Arbeitgeberattraktivität zu beraten und das Thema weiterzuentwickeln. Dabei ist das Vernetzen mit externen Partnern besonders wichtig geworden.

Maßnahmen und Angebote, um Mitarbeitende in ihren Lebensphasen jenseits von Arbeitszeitgestaltung zu entlasten, sind selten in der ganzen Vielfalt im Kerngeschäft eines Arbeitgebers zu finden. Die Branche Gesundheits- und Sozialwesen ist hierbei klar im Vorteil, sofern die Angebote für Patient*innen und Klient*innen den Mitarbeitenden bekannt sind und ihnen auch zur Nutzung angeboten werden. Hier gilt es, ein internes Netzwerk auf- oder auszubauen. Und dieses transparent und für alle nutzbar zu machen.

24.1 Kinder & Co, plötzlich waren da Themen, die geklärt werden mussten ...

... und die vom Arbeitgeber nicht alleine zu stemmen sind.

Seit mehr als 10 Jahren sehe ich mich mit der Servicestelle Familie & Beruf als Unterstützerin des Personalmanagements. Innerhalb des Organigramms ist die Servicestelle Familie & Beruf in den SHG-Kliniken Sonnenberg strategisch direkt der Krankenhausdirektion zugeordnet. Das ist ein klares Zeichen dafür, dass Vereinbarkeit Direktionssache ist.

Der Fokus wurde zu Beginn meiner Arbeit im Jahr 2010 auf den Lotsendienst für Mitarbeitende mit Kindern gelenkt. Eben auf Menschen, die sich in der Lebensphase befanden, die vor 10 Jahren am ehesten vom Arbeitgeber wahrgenommen wurde. Personalarbeit war zu dem Zeitpunkt offensichtlich nur dann auf strukturierte Weise nach außen vernetzt, wenn es um Headhunter und vielleicht noch um die Berufserlaubnis für angeworbene Mitarbeitende aus dem Ausland ging.

Im Zuge des immer mehr spürbaren Fachkräftemangels und der Best-Practices-Beispiele aus anderen Branchen hatten Mitarbeitende im Gesundheitswesen immer klarer die Erwartung, dass ihre Betreuungsverantwortung für Kinder nicht nur gesehen, sondern auch unterstützt würde. Und diese Erwartungen schauten sich nun auch andere Bedarfsgruppen für ihre anders gestalteten Lebensphasen ab, z. B. wenn sie private Pflege und Fürsorgeverantwortung zu tragen hatten – was damals Neuland für traditionell denkende Personaler*innen und Führungskräfte war, und zwar nicht nur in einem Krankenhaus.

Eine starke Vereinbarkeitsausrichtung braucht intern starke Partner und so musste sich auch die Rolle von HR ändern.

24.2 HR als »Hilfsorganisation«: Aus Personalsachbearbeitung wird Menschenbegleitung

Personen, die im Personalmanagement agieren, sind das Eingangstor und später auch wichtige Bezugspunkte, sogenannte Touchpoints, für Mitarbeitende. Die verschiedenen Herausforderungen, die sich in bestimmten Lebensphasen ergeben, so z. B. die Vereinbarkeit von Partnerschaft, Familie, privater Pflege, Fürsorgeverantwortung mit Beruf, Weiterbildung und Karriere, werden hier oft zuerst thematisiert. So sind Personalsachbearbeiter*innen eigentlich Menschenbegleiter, zumindest sollten sie es sein.

Traditionell sind die handelnden Personen jedoch häufig im Controlling sozialisiert.

Vielleicht unterstützt das Bild der Menschenbegleitung das positive Selbstbild jenseits der »Controlling-Box« und nährt den Blick der Handelnden für den Eigenanteil am großen Ganzen und damit an der den Menschen mehr zugewandten Unternehmenskultur?

In meiner Vorstellung von »HR der Zukunft« jedenfalls hat der Begriff »Personalsachbearbeitung« ausgedient. Aber zur Menschenbegleitung braucht es Verbündete, Kooperationspartner – sowohl intern wie auch extern.

24.3 Lupe, Fernglas und Drohne?

Fiktive Hilfsmittel zum Netzwerken, um für Vereinbarkeitsmaßnahmen passende Partner und Angebote zu finden

Ein besonderer Blick ist ausschlaggebend, damit vorhandene und potenzielle Netzwerkkontakte und die daraus entstehenden Chancen für die Unterstützung der Mitarbeitenden sichtbar werden.

Auf der Suche nach Kooperationspartnern und Angeboten, um die Mitarbeitenden in verschiedenen Lebensphasen besser unterstützen zu können, hilft ein besonderer Blick mit – im übertragenen Sinn – folgenden Hilfsmitteln:

- **Lupe** – der Blick ins »eigene Lager«, ein Blick auf Kompetenzen, Angebote und Möglichkeiten im eigenen Unternehmen
- **Fernglas** – die Ausrichtung hin zur Unternehmensumwelt, sozusagen »über den Tellerrand hinaus«, z. B. in Organisationen und Unternehmen, mit denen schon eine Geschäftsbeziehung besteht oder bestehen könnte
- **Drohne** – der Blick aus anderer Höhe, das Erkennen und Nutzen von bundesweiten Netzwerken und deren Mitgliedern vorzugsweise aus fremden Branchen

Menschen- und Lebensphasenbegleitung – mit der Lupe unternehmensinterne Kompetenzen finden

Um unternehmensintern vorhandene Kompetenzen und Angebote zu finden, lohnt der Blick durch die **Lupe**. Ein Beispiel für einen solchen Blick durch die Lupe auf unternehmensinterne Kompetenzen und vorhandene Angebote ist die Idee des »Internen Pflegenetzwerks«, besonders innerhalb einer Klinik.

Der Ausgangsgedanke ist: Mitarbeitende mit privater Pflegeverantwortung suchen in einer Organisation verschiedene Kontaktpunkte zur Hilfestellung. Als Touchpoint ist hier das Personalmanagement ebenso zu nennen, wie ein eventuell existierender Sozialdienst und alle Kolleg*innen mit Erfahrungskompetenzen. In einer Klinik kommt an dieser Stelle auch die Seelsorge hinzu. Mit der Idee des »Internen Pflegenetzwerkes«, der dabei tatsächlich erfolgten Vernetzung der genannten Touchpoints, gewannen die SHG-Kliniken Völklingen den Otto Heinemann Preis 2017.

Der Blick durch die fiktive Lupe auf die vorhandenen Kompetenzen im nahen Umfeld, also im Unternehmen selbst, hatte sich also für meinen damaligen Arbeitgeber gelohnt.

Nachhaltig (und erfolgreich) wird ein solches Netzwerk jedoch erst mit der Koordinierung desselben, der immer wiederkehrenden Aktivierung und der Kommunikation der Nutzungsmöglichkeiten. Hier ist der Partner Personalmanagement, aber auch eine eventuell vorhandene Unternehmenskommunikation gefragt.

Angebote für Themen der Vereinbarkeit außerhalb des Unternehmens – das Fernglas für die Suche nutzen

Das **Fernglas** scharf stellen und schauen: Wer kann, wer weiß und wer bietet was am Standort?

Als Netzwerkerin aus Leidenschaft war mir 2010 schon klar: Wir können die Mitarbeitenden in ihren Lebensphase, z. B. wenn sie Betreuungsverantwortung übernommen haben, zwar begleiten, wir können sie aber nicht völlig alleine unterstützen. Es brauchte am Standort eine Verbesserung der Rahmenbedingungen (Anzahl der vorhandenen KiTa-Plätze, Öffnungszeiten der Betreuungseinrichtungen am Morgen etc.) und damit die externe Unterstützung der Entscheider wie z. B. des Jugendamts. Es lag also auf der Hand, die Kliniken als Arbeitgeber an Netzwerkwerke anzubinden. Dabei zeigte sich das Prinzip »Man kennt jemanden (außerhalb der Kliniken) der jemanden kennt«. Genau dieses saarländische Motto, half.

Bei meiner Suche mit dem *Fernglas* nach Kooperations- oder Netzwerkpartnern im Hinblick auf Themen der Vereinbarkeit dominiert stets ein offener Blick. Nicht immer ist ein neuer Netzwerkkontakt für Vereinbarkeitsthemen in den Kliniken direkt zielführend nutzbar.

Ein gutes Beispiel für die Unterstützung im Rahmen der Fürsorgeverantwortung oder bei der Pflege von Angehörigen ist das AAL-Netzwerk Saar:

Ursprünglich war meine Absicht, das Thema AAL (Ambient Assisted Living) als eine Hilfestellung bei der Vereinbarkeit Familie, private Pflege, Fürsorge und Beruf anzubieten, denn die technische Unterstützung, damit Senior*innen so lange wie möglich in den eigenen vier Wänden wohnen können, kann pflegende Mitarbeitende entlasten.

Es wird wahrscheinlich noch ein paar Jahre dauern, bis die technischen Hilfsmittel bezahlbarer werden. Den Betroffenen konnten jedoch im ersten Schritt durch die Anbindung an das AAL-Netzwerk zumindest schon viele Informationen zur Verfügung gestellt werden.

Nicht jede »Entdeckung« ist gleich umfassend nutzbar, manches ist erst später möglich. Im ersten Schritt half aber das AAL-Netzwerk, denn es konnten innovative Ideen für den stationären Pflegebereich umgesetzt werden.

Ganz »andere« Kontakte finden – der Blick von oben mit der Drohne

Die eigenen Kontakte aus dem Kerngeschäft sind nicht immer ausreichend oder nutzbar. Manchmal ist zusätzlich der Blick aus einer anderen »Flughöhe« hilfreich – und dann kommt die (fiktive) Drohne zum Einsatz.

Große Netzwerke erleichtern die Betrachtung und Suche nach Vereinbarkeitsmaßnahmen oder Unterstützungsmöglichkeiten. Als besonders hilfreich haben sich bis heute zwei Netzwerke bewährt:

1. LBFF, das Netzwerk »Lokale Bündnisse für Familie« setzt sich aus vielen Netzwerken deutschlandweit zusammen. In einem Bündnis vor Ort sind soziale Organisationen, Betreuungseinrichtungen, Verwaltungen, Ministerien vertreten, und wenn ein Bündnis gut aufgestellt ist, dann gehören auch viele Unternehmen am Standort dazu. In diesem Netzwerk finde ich seit 2007 im Saarland alle notwendigen Ansprechpartner*innen, um die verschiedenen Lebensphasen der Kollegen*innen zu begleiten. Die Wege zu Informationen waren plötzlich kürzer, die Ansprache war persönlicher, wenn es z. B. um die Anbindung neuer Mitarbeitenden mit Kindern, um den Wiedereinstieg oder später um Themen der Pflege- oder Fürsorgeverantwortung ging.

Das LBFF hilft sowohl vor Ort als auch bundesweit. Das Gleiche gilt für das zweite Netzwerkbeispiel.

2. EFF, Unternehmensnetzwerk Erfolgsfaktor Familie. Das EFF kam als weiteres unterstützendes Netzwerk ca. 2010 hinzu. Die Mitgliedschaft schärfte den Blick auf eine weitere Herausforderung im Leben der Mitarbeitenden, die der privaten Pflege. Sie ist oft im »Lebensrucksack« des Mitarbeitenden enthalten, ohne dass sie thematisiert wird: Private Pflegeverantwortung kann über Nacht über die Familie hereinbrechen oder schleichend, in Form einer Fürsorgeverantwortung beginnen. Leider zu häufig ist diese Verantwortung auch heute noch ein Tabu. Mit der Netzwerk-Anbindung war man als lebensphasenbegleitendes Unternehmen plötzlich nicht mehr alleine. Hier finden sich andere mit gleichen Fragen und die Kommunikation über hilfreiche Hindernisse oder Wege wird möglich. Der Informationszufluss und -austausch ist groß. Ein Gewinn für jedes Netzwerkmitglied.

Die Pandemie bestätigte uns darin, die fiktiven Hilfsmittel *Lupe, Fernrohr* und *Drohne* zu nutzen, wie das folgende Beispiel zeigt:

Praxisbeispiel

Anfang März 2020 dominierte in meinem Jourfixe, mit der stellvertretenden Verwaltungsdirektorin der SHG-Kliniken Sonnenberg, das Thema Kinderbetreuung. Wir konnten noch nicht auf eine betriebsinterne Lösung zurückgreifen. So war es wichtig, wie wir im Falle einer eventuellen Schul- und Kita-Schließung reagieren könnten.

Im Geschäftsumfeld gab es eine Elterninitiative und geeignete Räumlichkeit. Dies hatten wir im Hinterkopf als am 13. März, einem Freitag um die Mittagszeit, klar war: Ab Montag hatten unsere Kollegen*innen keine Betreuungsmöglichkeit mehr.

Nun galt es, schnell zu reagieren: Wir hatten (*Fernglas*) nun schon den Elternverein als Möglichkeit für eine Unterstützung in Erwägung gezogen. Im Telefonat mit der Geschäftsführung war schnell klar, die Räumlichkeiten konnten wir nutzen, jedoch keine Betreuungspersonen des Vereins.

Aber was war unter diesen Pandemie-Voraussetzungen möglich? Durch unsere Bündnispartnerschaft in den Lokalen Bündnissen für Familie im Regionalverband Saarbrücken konnten wir mithilfe der Koordinatorin, trotz bevorstehendem Wochenende, die kurzen Kommunikationswege zu den gesetzlichen Entscheidern nutzen. Bis spät in den Abend suchten wir (*Lupe*), der Beauftragte für Interne Fortbildung und ich, als Servicestelle Familie & Beruf danach, welche Kolleg*innen es in der Belegschaft gab, die für die Betreuung der Kinder bereit und auch geeignet waren. Das Ergebnis war beispielhaft für die eingesetzte Leidenschaft sich #ZusammenGemeinsam in der Pandemie (manchmal recht unkonventionell) auf den Weg zu machen. Ab Montag, 16. März 2020 um 8 Uhr, fanden sich ausreichend Kolleg*innen ein. Alle mit (Betreuungs-)Kompetenzen aus familiärem und/oder beruflichem Umfeld. Die so entstandene private Notbetreuung von Kolleg*innen für Kolleg*innen konnte uns bis zur Öffnung der regulären Notbetreuungen gut durch die Zeit der Betreuungslücke tragen.

Bei örtlichen Händlern fanden wir (*Fernglas*) Einkaufsunterstützung für unsere Mitarbeitenden und der Blick mit fiktiver *Drohne* verschaffte uns einen weitreichenden Informationsüberblick über die Lebensphasen der Betreuungsverantwortung von Kindern oder privaten Pflege.

360-Grad-Blick – Menschen begleiten und sie mit ihrem ganzen »Lebensrucksack« sehen

Erlauben Sie mir die Frage: Ist rundum unterstützt sein, jenseits von Pandemiezeiten, ein unverschämtes Wunschkonzert?

Der Blick auf den mitgebrachten »Lebensrucksack« der Mitarbeitenden, die Menschenbegleitung und die dazu notwendige Vernetzung nach außen ist unabdingbar! Welche Fragen hat ein neues Teammitglied, welchen Herausforderungen muss es sich stellen?

Eine Dienstleistung, entstanden durch diese Art der Betrachtung eines neuen Mitarbeiters, nennt sich Relocationservice. Dieser Service sieht seine Funktion in der Unterstützung neuer Mitarbeitender in allen Fragen, die der Beginn bei einem neuen Arbeitgeber, an einem neuen Arbeits- und Wohnort mit sich bringen. Es sind Themen wie Wohnraumsuche, neue Orientierung im Bereich der Freizeit oder des Hobbys. Es kann die Suche nach Betreuungsmöglichkeiten für Kinder oder zu versorgende Angehörige, oder auch für den Hunds sein – eben der 360 Grad Blick auf den Menschen und sein privates Umfeld. Hier kommen die Hilfsmittel *Lupe, Fernglas* und *Drohne* vollständig zum Einsatz.

Der Rundumblick auf die Kolleg*innen rückt auch die Menschen in deren Umfeld in den Fokus

Eine Fachkraft kommt selten allein! Mehr als einmal saß ich als Dienstleisterin »Servicestelle Familie & Beruf« verunsicherten Kolleg*innen gegenüber, die hofften, dass die gesamte Familie am neuen Wohnort »ankommt«, sich dort verwurzelt. Partner*innen der neuen Mitarbeitenden können schon während der Probezeit und auch danach Entscheidungen für oder gegen den Arbeitgeber mit beeinflussen, auch wenn sie sich vor dem Umzug klar für den Standort ausgesprochen hatten. Aus diesem Grunde ist die Begleitung der mitziehenden Partner*innen äußerst wichtig.

Um eine Fachkraft zu gewinnen und sie auch zu binden, ist es unerlässlich, sie – anstelle oder ergänzend zur »Personalsachbearbeitung« – im Sinne der »Menschenbegleitung« als Person in ihrer Gesamtheit zu sehen. Die Begleitung des Menschen und seiner Familie ist eine wesentliche unternehmerische Ausrichtung und Haltung, um als Arbeitgeber nachhaltig erfolgreich zu sein.

Ungewöhnliche Hilfsmittel, Leidenschaft und Nachhaltigkeit

Beim Bestreben, als Arbeitgeber attraktiv zu sein, kann und sollte sich der Blick in fremde Galaxien (andere Branchen, andere Unternehmensgrößen), insbesondere auf die »großen Player« in den Themennetzwerken richten. Dabei sollte man aber nicht in Ehrfurcht erstarren vor dem, was andere schon umsetzen, sondern das Ziel verfolgen, voneinander und miteinander zu lernen.

Mein »HR der Zukunft« vernetzt sich deshalb leidenschaftlich, nutzt dazu die fiktiven Hilfsmitteln *Lupe*, *Fernglas* und *Drohne,* damit Menschenbegleitung durch verschiedene Lebensphasen nicht alleine gestemmt werden muss, sondern erfolgreicher und nachhaltiger innerhalb eines tragfähigen Netzwerks gestaltet werden kann.

25 Privater Lernort: Welchen Gewinn erzielen Unternehmen für die Arbeitswelt 4.0?

Heike Rosenberg

Der Begriff der Kompetenzen gewinnt in der Arbeitswelt 4.0 eine immer größere Bedeutung:

Wir befinden uns mit der Digitalisierung in einem tiefgreifenden Wandel. Er betrifft die Gesellschaft, Technologien, Innovationen und Geschäftsfelder und das – schon weit vor der Coronakrise – mit rasanter Geschwindigkeit.

Die Digitalisierung verändert unsere Vorstellungen von dem, was wir unter Arbeit und deren Bedingungen verstehen.

Die zunehmende Dynamik in der Arbeitswelt macht eine schnelle Anpassung von Unternehmen notwendig, um nachhaltig wettbewerbsfähig und erfolgreich zu bleiben bzw. zu werden. In erster Linie sind es die Menschen in Unternehmen, die den Erfolg und den Unterschied ausmachen. Aufgrund der Dynamik in der Arbeitswelt liegt es daher an den Menschen, sich schnell auf neue Gegebenheiten einzustellen und aus ihnen zu lernen.

25.1 Neue Anforderungen an Mitarbeiter und Mitarbeiterinnen

Um die stetigen Veränderungen mit all ihrer Komplexität und ihren Herausforderungen zu meistern und die Wettbewerbsfähigkeit von Unternehmen zu sichern, ist das lebenslange Lernen und die Entwicklung von Kompetenzen aller Akteure – mit oder ohne Führungsverantwortung – sowie die effektive Nutzung dieser Fähigkeiten und Fertigkeiten einer der wichtigsten Faktoren.

Dabei beinhaltet der Begriff der Kompetenzen sowohl die Fähigkeit als auch die Bereitschaft, mit Veränderungen umzugehen und die Zukunft mitzugestalten.

Hierfür wird einiges an intrinsischer Motivation von den Beschäftigten verlangt, denn ein kontinuierlicher, intrinsisch motivierter Entwicklungsprozess ist notwendig, um mit den Veränderungen mitzuhalten – und dafür wiederum ist die Voraussetzung, dass die

Menschen im Unternehmen ein selbstbestimmtes, lebenslanges Lernen akzeptieren. Das Lernen braucht einen neuen Stellenwert und auch eine neue Lernkultur.

Dabei sollte der Blick von Unternehmen erweitert werden und sich auch auf den privaten Lernort richten. Denn die neue Lernkultur misst dem informellen Lernen außerhalb der Weiterbildungseinrichtungen, das z. B. im Rahmen der der Elternschaft, der Pflege von Angehörigen sowie des Ehrenamts oder Sports stattfindet, einen größer werdenden Stellenwert bei.

25.2 Die Entwicklung von Kompetenzen

Als Kompetenzen verstehen wir die Fähigkeit, sich selbst zu organisieren. Die Selbstorganisationsfähigkeiten umfassen dabei alle Fähigkeiten, Fertigkeiten und Bedingungen, die von Menschen, Teams oder einer Organisation benötigt werden, »um sich in bestimmten Situationen an veränderte Bedingungen anzupassen, eigene Verhaltensstrategien zu ändern und erfolgreich umzusetzen (Heyse & Erpenbeck, 2009)«.

Nach Heyse & Erpenbeck können Kompetenzen, die für bestimmte Tätigkeiten und Funktionen erforderlich sind,

- in Grenzen trainiert und angeregt werden und
- **nur** in Grenzen trainiert und angeregt werden.

Es ist festzuhalten, dass Kompetenzen nicht im herkömmlichen Sinne erlernt werden können, wie beispielsweise unser Informationswissen in der Schule oder an der Universität.

Anders als das Fachwissen müssen Kompetenzen und auch die damit verbundenen Regeln, Werte und Normen **erfahren und verinnerlicht** werden – d. h., sie müssen erlebt, erfühlt und selbst erprobt werden. Dann sprechen wir von einem »emotions- und motivationsaktivierenden« Lernprozess.

Es sei hier darauf hingewiesen, dass Mitarbeiter*innen Kompetenzen haben können, die unsichtbar bleiben, solange sie mangels geeignetem Aufgabenprofil nicht gezeigt werden können. Um die Kompetenzen sicht- und messbar machen zu können und eine stärkenorientierte Personalpolitik zu fördern, sind den Beschäftigten solche Aufgaben zu geben, bei denen sie ihre Kompetenzen einbringen können.

> ERGO:
>
> Es müssen Situationen geschaffen werden, in denen Mitarbeiter*innen durch ihr geistiges und physisches Handeln die eigenen Kompetenzen (weiter-)entwickeln können!

25.3 Kompetenzen kommen nie alleine

Durch unsere Erfahrungen, ob im Arbeitskontext oder an privaten Lernorten, erwerben und verinnerlichen wir noch viel mehr als »nur« Kompetenzen: Wir eignen und verinnerlichen Werte, Normen und Regeln.

Immer wenn wir eine Problemsituation erleben, die wir so noch nicht kennen und für deren Lösung wir demnach auch auf keine Kompetenzen zurückgreifen können, wird dies in uns Stress, Spannungen und Ängste auslösen.

Wir bedienen uns dann bekannter Werte, Regeln und Normen, um zu entscheiden und zu handeln. Waren wir erfolgreich mit unserer Entscheidung und Handlung, so wird diese nun in uns emotional verankert und steht bei der nächsten ähnlichen Situation zur Verfügung. Erst dann ist man kompetent und kann »kompetent handeln«.

Das emotionale Erlebnis – auch emotionale Labilisierung genannt – ist für die Kompetenzentwicklung daher eine Grundvoraussetzung.

Im Prinzip bedeutet das, dass wir aus der eigenen erfolgreichen Handlung in unsicheren Situationen auch Positives mitnehmen können: Kompetenzen. Meist eher unbewusst. Manche von ihnen können wir für unser Arbeitswelt gut gebrauchen, andere wiederum sind eher hinderlich, wie z. B. ängstliches Verhalten.

Weiterhin verdeutlicht das Wissen um die emotionale Labilisierung den Stellenwert der Normen und Werte von Mitarbeiter*innen.

25.4 Lernformate

Lassen Sie uns festhalten, dass Kompetenzen nur durch das Erleben bzw. durch die Erfahrungen (weiter-)entwickelt werden können. Das widerspricht vielen gängigen Formaten der Weiterbildungen.

Einige Unternehmen nutzen das Wissen um die Entwicklung von Kompetenzen und bieten unterschiedliche neue Lernformate an. Hierzu zählen:

Globale Lernplattformen	Individuelle Entwicklungs-pläne	Kollegiale Beratung
Learning Community	Lunch & Learn	Mentoring
Methodenwerkstatt	Entwicklungs-Apps	Working Out Loud

Die Kompetenzentwicklung kann durch unterschiedliche Lernformen geschehen. Diese Lernformen unterscheiden sich in Bezug auf den Grad der Intentionalität und der Formalisierung bzgl. der Struktur und Organisation von Lernort, -zeit und -inhalt.

Es wird zwischen formalem, non-formalem und informellem Lernen unterschieden.

Formales Lernen ist geplant, strukturiert und organisiert mit einem klaren Lernziel. Hierzu gehört z. B. das Training-off-the-Job. Es ist dabei notwendig, den Transfer auf den Arbeitsplatz sicherzustellen, da sonst keine Kompetenzen entwickelt werden können.

Das **informelle** Lernen ist dagegen weder organisiert noch eine bewusste Handlung. Es ist von großer Wichtigkeit, dass das informelle Lernen – wie es z. B. durch die Elternzeit, die Pflege von Angehörigen oder die Tätigkeiten im Ehrenamt stattfindet – Berücksichtigung im Kompetenzmanagement findet.

Das **non-formale** Lernen findet unmittelbar im Arbeitsprozess statt, wie z. B. Training-in-the-Job oder Training-near-the-Job. Das non-formale Lernen ist zielgerichtet, d. h., die Maßnahmen basieren auf einem Kompetenz-Lernziel. Die Beschäftigten machen dabei ihre Erfahrungen, reflektieren diese und erhalten ein Feedback.

ERGO:

Eine nachhaltige Kompetenz-entwicklung erhält man, wenn alle drei Lernformen – formales, informelles und non-formales Lernen – kombiniert werden.

25.5 Kompetenzen 4.0

In der Literatur werden folgende Kompetenzen genannt, um für die Arbeitswelt 4.0 gut gerüstet zu sein:

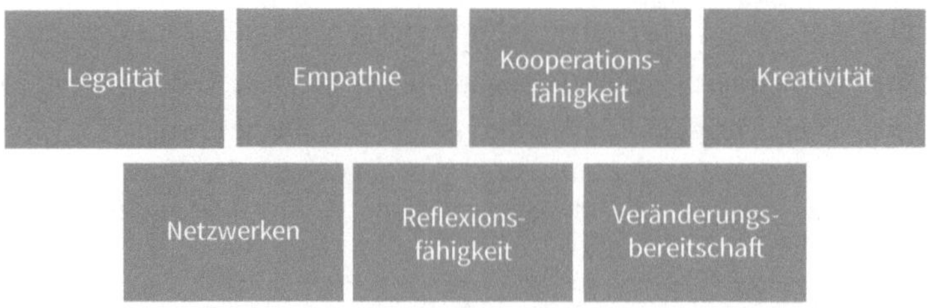

Abb. 1: Kompetenzen für die Arbeitswelt 4.0

25.6 Die Bedeutung von privaten Lernorten

Ich halte Seminare, Workshops und Vorträge zum Erwerb von informellen Kompetenzen aus privaten Lernorten und zur Übertragung dieser Kompetenzen auf den Arbeitsplatz.

Und eines ist sehr deutlich: Mitarbeiter*innen erwerben nachweislich – dies zeigt auch eine Studie von Joachim Lask vom WorkFamily-Insitut und Dr. Nina M. Junker von der Goethe Universität Frankfurt – in ihren Familienzeiten informelle Kompetenzen, die auf den Arbeitsplatz übertragbar sind.

Hier sind ein paar Beispiele:

- Beschäftigte, die jahrelang ihre demenziell erkrankten Elternteile pflegen, erwerben in dieser Zeit häufig »Skills« wie Belastbarkeit, Empathie und Anpassungsfähigkeit.
- Beschäftigte mit Kindern erwerben im Zuge der Kindererziehung häufig die Fähigkeit zu Selbstmanagement und -reflexion, zu Empathie, zum Netzwerken und entwickeln ihre Lernfähigkeit; wenn sie Teenagerkinder haben ergänzen sie das durch Kooperationsbereitschaft und Kritikfähigkeit.
- Beschäftigte, die ehrenamtlich bei der Feuerwehr oder als Sanitäter*in arbeiten, erwerben häufig Führungskompetenzen und die Fähigkeit, die Übersicht zu behalten.

Hier nun der Clou:

> ERGO:
>
> Informell erworbene Kompetenzen aus privaten Lernorten entsprechen überwiegend den Kompetenzen, die für die Arbeitswelt 4.0 benötigt werden!

Aus meiner Sicht kann kein Seminar der Welt diese Kompetenzen so intensiv vermitteln wie der private Lernort – nirgends sonst sind die Rahmenbedingungen und der Erwerb der Kompetenzen so ehrlich, so authentisch und so intensiv verinnerlicht worden!

Die o. g. Studie von Joachim Lask und Dr. Nina M. Junker über Elternkompetenzen zeigt auf, dass erwerbstätige Eltern mit und ohne Führungsverantwortung überfachliche Kompetenzen (weiter-)entwickeln und diese auch auf den Arbeitsplatz übertragen können – wenn diese erkannt und wirksam gemacht werden können (Stand Dezember 2020):

83 % der Eltern geben an, Soft Skills in der Familie zu entwickeln.
72 % der Eltern meinen, dass diese Soft-Skills sie zur besseren Mitarbeiter*in macht.
21 % der Eltern sagen, dass ihre Führungskraft ihre Soft-Skills wahrnimmt.

25.7 Butter bei die Fische

Die o. g. Zahlen aus der Studie zeigen, dass Beschäftigte Kompetenzen in ihrem privaten Lernort Familie erwerben, die sie zu besseren Mitarbeiter*innen sowie Führungskräften machen. Und auch wenn in der Studie »nur« die Familie – konkret: die Elternschaft – näher betrachtet wird, können wir davon ausgehen, dass dies auch für die anderen privaten Lernorte wie z. B. der Pflege von Angehörigen, das Ehrenamt, den Sport oder die Vereinstätigkeit gilt.

Die Studie zeigt aber auch, dass die an privaten Lernorten entwickelten Kompetenzen von Führungskräften nur unzureichend erkannt und von den Mitarbeiter*innen nicht genügend kommuniziert werden. So können ca. 50 % der Befragten ihre informell erworbenen Kompetenzen nicht in den Arbeitsalltag integrieren! Die Anerkennung dieser Familienkompetenzen erfährt auch in der Literatur und in den sozialen Medien noch immer wenig Beachtung. Doch die Er- und Anerkennung der an privaten Lernorten erworbenen Kompetenzen bedeutet auch die Anerkennung und die Erhöhung des Stellenwertes von Elternzeiten, Pflege von Angehörigen und Ehrenämtern.

Praxisbeispiel

Anita ist Kundenberaterin in einem Unternehmen. Ihre Aufgabe ist es, die Kunden zu betreuen, ihre Anliegen zu bearbeiten, eine Kundenbindung aufzubauen und zu festigen sowie neue Kunden zu akquirieren.

Privat pflegt Anita ihren Vater seit über 20 Jahren und ihre demenziell erkrankte Mutter seit über 8 Jahren. Sie hat zwei Kinder, die in die Oberstufe gehen. Eines dieser Kinder benötigt aufgrund einer angeborenen Erkrankung größere Aufmerksamkeit.

Anita sieht ihre familiären Aufgaben als Selbstverständlichkeit und als nichts Besonderes an. Sie sagt: »Jeder kann das!« In einem gemeinsamen Seminar machte sie die Erfahrung, dass andere Seminarteilnehmer*innen sowie Führungskräfte ihre Leistungen nicht als selbstverständlich ansahen. Auch brachten sie zum Ausdruck, dass ihre privaten Leistungen für ihre Familie sehr wertvoll und bewundernswert und »buckelhart« sind. Da fing Anita an zu überlegen und zu reflektieren. Sie erkannte, dass sie ein hohes Durchhaltevermögen besitzt, dabei stets gelassen bleibt und Sachverhalte immer wieder neu erklären kann, ohne genervt zu sein. Sie ist ein Fels in der Brandung.

In einem anschließenden Gespräch mit ihrer Führungskraft übertrug diese ihr die Aufgabe, herausfordernde Kunden zu betreuen, die andere Kundenberater und Kundenberaterinnen zur Verzweiflung brachten. Diese Kunden waren beispielsweise cholerisch, besserwisserisch oder stammten aus anderen Ländern und waren daher der deutschen Sprache noch nicht so mächtig. Anita übernahm die Betreuung dieser Kunden von ihren Kollegen und Kolleginnen und bekam dafür Unterstützung in der Abarbeitung einfacher Tätigkeiten, die zu ihrem »normalen« Kundenstamm gehörten und die Möglichkeit, ihre Arbeitszeiten je nach Betreuungssituation flexibel zu gestalten.

25.8 Fazit

Die Digitalisierung verändert unsere Gesellschaft, unsere Technologien, Innovationen und unsere Arbeitswelt mit rasanter Geschwindigkeit. Unternehmen und ihre Beschäftigten müssen sich dieser Dynamik mit all ihrer Komplexität anpassen, um wettbewerbsfähig und damit erfolgreich zu bleiben bzw. zu werden.

Um dieses zu gewährleisten, sind die Entwicklung von Kompetenzen der Mitarbeiter*innen unabdingbar, denn diese bemächtigen sie, mit den Veränderungen umzugehen und entsprechend zu handeln.

Die Ent- und Weiterentwicklung informell erworbener Kompetenzen haben dabei eine besondere Bedeutung: Die Kompetenzen aus privaten Lernorten, wie z. B. Elternschaft, Pflege von Angehörigen oder Ehrenamt, entsprechen überwiegend den Kompetenzen, die für die Arbeitswelt 4.0 benötigt werden. Daher ist deren Er- und Anerkennung für die Wettbewerbsfähigkeit von Unternehmen essenziell.

Quellen

De Molina/Kaiser/Widuckel (Hrsg.) (2018): Kompetenzen der Zukunft – Arbeit 2030. Als lernende Organisation wettbewerbsfähig bleiben. Haufe-Lexware GmbH & Co. KG.

Erpenbeck/Sauter (2015): Wissen, Werte und Kompetenzen in der Mitarbeiterentwicklung. Ohne Gefühl geht in der Bildung gar nichts. Springer Gabler.

Erpenbeck/von Rosenstiel (Hrsg.) (2003): Handbuch Kompetenzmessung. Erkennen, verstehen und bewerten von Kompetenzen in der betrieblichen, pädagogischen und psychologischen Praxis. Schäffer Poeschel Verlag für Wirtschaft.

Erpenbeck/von Rosenstiel/Grote (Hrsg.) (2013): Kompetenzmodelle für Unternehmen. Mit praktischen Hinweisen für ein erfolgreiches Management von Kompetenzen. Schäffer Poeschel Verlag für Wirtschaft.

Heyse/Erpenbeck (2009): Kompetenztraining. Informations- und Trainingsprogramme. Schäffer Poeschel Verlag für Wirtschaft.

Kauffeld/Paulsen (2018): Kompetenzmanagement in Unternehmen. Kompetenzen beschreiben, messen, entwickeln und nutzen. Verlag W. Kohlhammer.

Lask/Junker (2019): Studie »Elternkompetenzen & Arbeit«: Eine Studie des WorkFamily-Insituts und der Goethe Universität Frankfurt

North/Reinhardt/Sieber-Suter (2018): Kompetenzmanagement in der Praxis. Mitarbeiterkompetenzen systematisch identifizieren, nutzen und entwickeln. Mit vielen Praxisbeispielen. 3. Auflage. Springer Gabler.

Sauter/Sauter/Wolfig (2018): Agile Werte- und Kompetenzentwicklung. Wege in eine neue Arbeitswelt. Springer Gabler.

26 Stabilität und Gesundheit in unsicheren Zeiten – über ein scheinbares Paradox und die Chance für HR

Alexandra Gerstner

Psychische Gesundheit und das Bedürfnis nach Stabilität erhält gerade in unsicheren und ungewissen Zeiten besondere Bedeutung. Die Gestaltung eines verlässlichen Rahmens für die Zusammenarbeit gewinnt an Relevanz, wenn soziale Unterstützung und Interaktionsmöglichkeiten nur eingeschränkt erlebt werden können. In diesem Beitrag werden Ansätze zur Stärkung der individuellen Leistungsfähigkeit, Motivation und Gesundheit aufgezeigt. Dabei wird Gesundheit aus einer erweiterten systemtheoretischen Perspektive als Teil der Unternehmensstrategie betrachtet. Gesundheit und Wertschöpfung werden konsequent zusammen gedacht, da beide Aspekte sich wechselseitig bedingen. Wirksame Interventionen setzen an der Gestaltung der Arbeitsbedingungen, Kommunikationswege, Strukturen und Prozesse an.

26.1 Dynamik und Unsicherheit

Die rasante Entwicklung der digitalen Transformation, sich überholende Transitionen in den Organisationen sowie globale Herausforderungen gehen mit einer enormen Dynamik und für viele Menschen mit dem Erleben von Unsicherheit einher.

Sichtbar wird dies auch in den Statistiken der Krankenkassen. Seit Jahren steigt die Zahl der Arbeitsausfälle aufgrund psychischer Erkrankungen. Dies ist nicht nur für die Betroffenen selbst eine große Belastung. Vielmehr stellt diese Entwicklung auch Organisationen vor enorme Herausforderungen, zumal psychische Erkrankungen meist mit langen Ausfallzeiten einhergehen.

Arbeiten im Ausnahmezustand

Aktuelle Studien legen nahe, dass die psychische Gesundheit durch die Coronapandemie zusätzlich geschwächt wird. Die Bewältigung des Alltags in der Pandemie geht mit vielen neuen Anforderungen einher, was sich auch im Anstieg des Stresserlebens zeigt. So gibt gut ein Drittel der Befragten der Studie AI@work (2020) beispielsweise an, dass sie im Homeoffice erheblich mehr arbeiten. Darüber hinaus sind diejenigen, die weiter vor Ort arbeiten, in der Regel in Umgebungen mit höheren Gesundheitsrisiken tätig. 68 % der Befragten berichten, dass ihr psychisches Wohlbefinden beeinträchtigt ist.

Leistungsdruck, Arbeitsverdichtung und veränderte Interaktionsmöglichkeiten wirken mit den Veränderungen im Umfeld zusammen.

Was sicher schien, wurde von jetzt auf gleich in Frage gestellt. Bewährte Geschäftsmodelle gerieten ins Wanken und etablierte Abläufe zur Organisation von Arbeit und Privatleben waren nicht mehr tragfähig. Sorgen um den Arbeitsplatz, Angst um die Gesundheit mischten sich mit der Hoffnung auf eine Rückkehr zur Normalität. Der Wunsch nach Stabilität wird gerade in diesen dynamischen und unsicheren Zeiten deutlich.

Gesundheit – nicht alleine Privatsache

Sicherheit, Orientierung und Vertrauen sind zentrale Elemente einer wirksamen Gesundheitsstrategie, gerade in unsicheren Zeiten. Gesundheit ist ein dynamischer und lebenslang gestaltbarer Prozess und meint mehr als die Abwesenheit von Krankheit. Es geht darum, auf einem Kontinuum mit den beiden Polen gesund und krank immer wieder die eigene Position auszutarieren. Diese Positionierung wird sowohl durch Anforderungen von außen als auch durch individuelle Voraussetzungen beeinflusst. Neben der körperlichen Gesundheit sind die psychische und soziale Gesundheit gleichermaßen relevant.

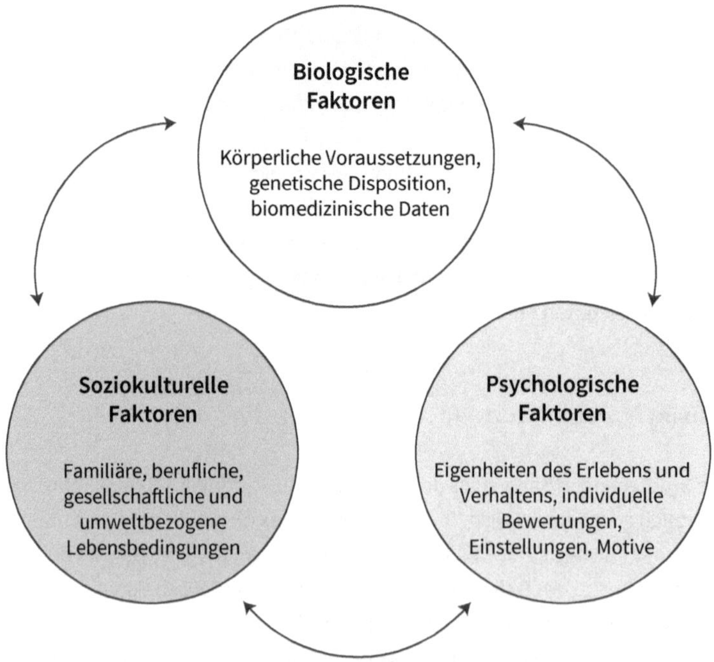

Abb. 1: Biopsychosoziales Modell von Gesundheit (eigene Darstellung)

Aus einer erweiterten systemtheoretischen Perspektive ist Gesundheit weit mehr als ein individuelles, persönliches Konzept. Gesundheit wird im Kontext der sozialen Spielregeln, strukturellen Ordnungsmuster sowie der gesellschaftlichen, politischen und ökonomischen Prämissen betrachtet. Diese Prämissen geben den Rahmen für das Entscheiden und Handeln in der Organisation und sind entsprechend gesundheitsförderlich zu gestalten.

Was hält gesund?

Orientiert am Konzept der Salutogenese steht die Frage im Fokus, was gesund hält. Es geht um den Aufbau von Ressourcen und förderlichen Arbeitsbedingungen und den Abbau von gefährdenden Belastungen. Das Ziel ist die Entwicklung von Gesundheit und Resilienz sowohl auf organisationaler als auch auf individueller Ebene. Die Verfügbarkeit von Ressourcen beeinflusst im Arbeitskontext, wie Stressoren bei der Arbeit emotional-kognitiv sowie sozial-emotional verarbeitet werden. Zusammen mit den individuellen Voraussetzungen, Bewertungen und Bewältigungsstrategien bestimmen diese Ressourcen die Position des Einzelnen in einem Gesundheits-Krankheits-Kontinuum.

Organisationale Ansätze zur Stärkung von Gesundheit sind dann wirksam, wenn individuelle, verhaltensorientierte Angebote mit Maßnahmen der Verhältnisprävention verknüpft werden. Eine wirksame Gesundheitsstrategie nimmt Bezug auf die Einflüsse des Kontextes und berücksichtigt unter anderem folgende Fragen: Wie wirken sich aktuelle Anforderungen des Marktes und der Umwelt auf die Gesundheit aus? Welche organisationalen Prämissen nehmen Einfluss auf die Gesundheit? Und wie wirkt die Kooperation und Kommunikation innerhalb und zwischen Teams und Arbeitsbereichen auf Gesundheit?

26.2 Die gesunde Organisation

Um Gesundheit auf organisationaler Ebene wirksam zu stärken, greift klassische Gesundheitsförderung mit Maßnahmen zur Optimierung der Ergonomie, Ernährung oder des Stressmanagements zu kurz. Zumal zumindest im DACH-Raum die Anforderungen des klassischen Arbeitsschutzes von den meisten Organisationen erfüllt werden und die Potenziale der Individualprävention weitgehend ausgeschöpft sind.

Es geht nunmehr um die Gestaltung salutogener Arbeitsbedingungen. Neben der Individualität und Dynamik von Gesundheit sind auch die Anforderungen des Arbeitsumfeldes und des Marktes zu berücksichtigen. Bei gesundheitsrelevanten Fragen und der Gestaltung der Arbeitsbedingungen ist stets ein Bezug zu den externen Referenzen herzustellen. Sonst laufen Organisationen Gefahr, sich zu sehr mit sich selbst zu beschäftigen und die Wertschöpfung aus dem Blick zu verlieren. Ziel ist vielmehr, den scheinbaren Widerspruch zwischen Wertschöpfung und Gesundheit aufzulösen.

Wertschöpfung und Gesundheit – eine Paradoxie?

Gesunde Organisationen integrieren beide Positionen und verbinden Gesundheit und Wertschöpfung erfolgswirksam miteinander. Eine gesunde Organisation ist anpassungsfähig und geht konstruktiv mit Störungen und Krisen um, indem widersprüchliche Anforderungen sinnvoll miteinander ausbalanciert werden. Ein gemeinsames, gefestigtes Bild des übergeordneten »Wozu« gibt Orientierung. Gleichzeitig ist in den Prozessen so viel Flexibilität angelegt, dass Probleme frühzeitig erkannt, Beobachtungen geteilt und auf dieser Grundlage situativ angepasste Entscheidungen getroffen werden.

Das Erleben von Sinnhaftigkeit, der Wert der eigenen Arbeit und das Befreien von sinnloser Beschäftigung sind Voraussetzung für Arbeitsfähigkeit, Motivation und Engagement. In einem Interview, das im Personalmagazin publiziert wurde, beschreibt Dr. Natalie Lotzmann den Zusammenhang zwischen gesunder Kultur und Profitabilität. Mentale Gesundheit von Mitarbeitenden bezeichnet sie als Produktivitätsfaktor. Bei der Gestaltung gesunder Organisationen geht es also um weit mehr als Feelgood-Management.

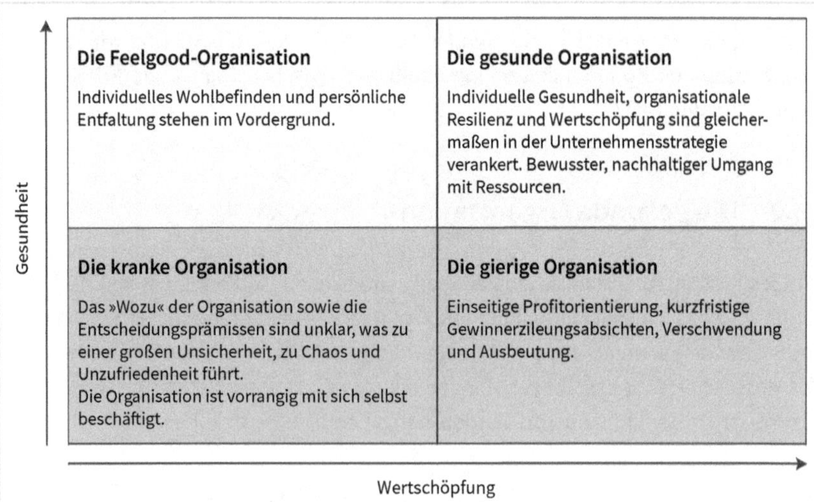

Abb. 2: Organisationen im Spannungsfeld von Wertschöpfung und Gesundheit (eigene Darstellung)

In der Grafik wird deutlich, dass die einseitige Konzentration auf einen der Aspekte zumindest mittel- bis langfristig das Überleben der Organisation gefährdet. Es geht also darum, die beiden Positionen Wertschöpfung und Gesundheit auf strategischer Ebene zu integrieren.

26.3 Gestaltungsebenen für die Entwicklung gesunder Organisationen

Zur Stärkung von Gesundheit bieten sich drei Interventionsebenen an:
1. Die individuelle Ebene: Fokus Verhaltensprävention
2. Die Gestaltung von Führung und Zusammenarbeit: Schnittmenge aus Verhaltens- und Verhältnisprävention
3. Die Arbeit am System: Fokus Verhältnisprävention

Damit sich der Nutzen optimal entfaltet, sollten Interventionen auf allen drei Ebenen miteinander kombiniert werden. Dabei sind die Voraussetzungen der Organisation zu berücksichtigen und vorhandene Ressourcen weiter auszubauen. Für den Erfolg der Interventionen ist ein enges Zusammenspiel zwischen HR und den Menschen in Führungsfunktionen unabdingbar. Führung hat zum einen die soziale Funktion und wirkt als Bindungsanker für die Kolleginnen und Kollegen. Zum anderen nimmt Führung gestaltend Einfluss auf die Arbeitsbedingungen und Voraussetzungen der Zusammenarbeit.

Psychische Gesundheit und Resilienz auf individueller Ebene stärken

Die zentrale Frage ist: Was gibt Stabilität in Zeiten enormer Unsicherheit und Ungewissheit?

Es ist ein Gefühl des Vertrauens, die aktuelle Situation bewältigen zu können – das Kohärenzgefühl. Dieses beeinflusst, wie gut jemand sogenannte generalisierte Widerstandsressourcen zur Bewältigung von Stressoren nutzen kann. Diese Ressourcen wirken als innerer Kompass und Erfahrungsfeedback im Sinne von »Ich bin auf dem richtigen Weg.«, »Ich werde es schaffen.«, »Ich werde daran wachsen.«. So wird eine erfolgreiche Auseinandersetzung mit Stressoren möglich, was wiederum die Bereitschaft für Verhaltensänderungen stärkt. Individuelle Gesundheit wird dadurch aufrechterhalten und verbessert.

Den inneren Kompass justieren

Verstehbarkeit, Handhabbarkeit und Sinnhaftigkeit sind die Komponenten, aus denen sich das Kohärenzerleben zusammensetzt. Es lohnt sich, diese Komponenten sowohl auf individueller als auch auf organisationaler Ebene zu reflektieren und daraus Implikationen für die Gestaltung einer gesunden Organisation abzuleiten.

Verstehbarkeit

Die Verfügbarkeit von Informationen und die Begründung von getroffenen Entscheidungen oder Veränderungen sind Voraussetzungen dafür, dass die aktuelle Arbeitssituation verstehbar wird. Das Wissen über den Kontext stärkt die Bereitschaft, sich mit Problemen und deren Lösungen auseinanderzusetzen. Miteinander im Gespräch bleiben, Kommunikation und Austausch sowohl über Sach- als auch über Beziehungsaspekte der Zusammenarbeit helfen beim Erkennen und Verstehen und wirken darüber hinaus als soziale Unterstützung. Und diese wiederum ist ein wirksamer Puffer gegen Stress. Um das Gefühl der Zusammengehörigkeit zu stärken, ist gerade in hybriden Arbeitsformen auch ein Augenmerk darauf zu richten, wie Räume für informellen Austausch geschaffen werden.

Handhabbarkeit

Selbstfürsorge ist die Basis von Gesundheit. Arbeit ist so zu gestalten, dass Anforderungen und Ressourcen zu ihrer Bewältigung in Balance bleiben. Ein Klima, in dem Überlastung offen und ohne Sanktionen angesprochen werden kann, schützt vor individuellem Ausbrennen und vor Erschöpfung. Gegenseitige Unterstützung im Team sowie das Angebot von außerbetrieblicher Beratung wie beispielsweise Employer-Assistance-Programmen können kurzfristig Entlastung bieten.

Die schlichte und ernst gemeinte Frage »Wie geht es Dir?« drückt Wertschätzung aus und kann ein Türöffner für die Entwicklung von Lösungen sein.

Sinnhaftigkeit

Wenn Kolleginnen und Kollegen an bedeutsamen Entscheidungen beteiligt werden, kann einerseits Sinnhaftigkeit erlebt werden. Gleichzeitig wird die Selbstwirksamkeit gestärkt. Handlungs- und Entscheidungsspielräume ermöglichen die Übernahme von Verantwortung.

Gerade in herausfordernden Situationen lohnt sich auch der Blick auf mögliche Chancen und Entwicklungspotenziale.

Insgesamt beeinflusst das Kohärenzerleben, wie Kolleginnen und Kollegen mit arbeitsbedingten Stressoren umgehen. Ein hohes Kohärenzerleben geht mit weniger psychosomatischen Symptomen und geringerer emotionaler Erschöpfung einher. Vielmehr wirkt sich ein hohes Kohärenzerleben positiv auf die physische und psychische Gesundheit aus. Arbeitsbedingte Stressoren können besser bewältig werden.

Zu verstehen, was die Kolleginnen und Kollegen beschäftigt, ist ein erster Schritt für die Gestaltung gesunder Arbeitsbedingungen. Daraus können hilfreiche Ansätze zur

Entwicklung individueller Kompetenzen abgeleitet werden, die auf eine bessere Bewältigung der Arbeitssituation abzielen. Ganz konkret kann diese Unterstützung beispielsweise das Angebot eines Resilienztrainings, der Zugang zu einem EAP oder ein Coachingangebot für mehr Stabilität in volatilen Zeiten sein. Welche Intervention jeweils passt, lässt sich nur im persönlichen Dialog erkunden.

Zusammenarbeit und Führung wirksam gestalten

»Gute Führung wirkt – schlechte leider auch« so bringen die beiden Professoren Nico Rose und Michael F. Steger das Ergebnis ihrer aktuellen Studie auf den Punkt. Die Wechselmotivation von Kolleginnen und Kollegen korreliert stark mit der wahrgenommenen Führungsqualität. Bei der Entscheidung, das Unternehmen zu verlassen, spielt die Wahrnehmung der Führungskraft eine größere Rolle als die Arbeitsaufgabe oder das Image des Unternehmens. Eine freiwillige Kündigung einer kompetenten Kollegin, eines guten Kollegen kann das Unternehmen ein Vielfaches des zugehörigen Jahresgehalts kosten. Ganz klar, Präventionsmaßnahmen kosten ebenfalls. Sie sind immer eine Investition in die Zukunftsfähigkeit der Organisation. Aber sie kosten eben auch nur einen Bruchteil dessen, was an Schaden entstehen kann.

Auch das Engagement und die Bereitschaft, sich im Sinne der Organisation einzubringen, werden durch die erlebte Führungsqualität beeinflusst. Darüber hinaus bestehen positive Zusammenhänge zwischen Führungsverhalten und Mitarbeitergesundheit. So wirken insbesondere soziale Unterstützung, Mitbestimmungs- und Beteiligungsmöglichkeiten, erlebte Gerechtigkeit, Wertschätzung sowie Kommunikation als gesundheitsrelevante Ressourcen.

Selfcare als Basis gesunder Führung

Da Führungsarbeit selbst auch mit besonderen Anforderungen einhergeht, ist Selfcare die Basis von gesunder Führung. Es geht um die Frage, welchen Wert die Erhaltung der eigenen Gesundheit hat und inwiefern eine gesundheitsbezogene Achtsamkeit gegeben ist. Ein erster Baustein von Selfcare ist, dass jemand wahrnimmt, wenn es ihm oder ihr nicht gut geht. Gesundheitsbezogene Selbstwirksamkeit, also die Möglichkeit, die eigene Arbeit positiv zu gestalten, ist ein weiterer Baustein von Selfcare. Und letztlich zeigt sich im ganz konkreten Gesundheitsverhalten, in der Gestaltung der eigenen Arbeit, wie gut es gelingt, sich selbst gut zu führen. Die eigenen Werte, Erfahrungen und Kompetenzen bestimmen maßgeblich das Führungshandeln. Eine regelmäßige Reflexion der eigenen Haltung und Rolle gibt Stabilität und Orientierung.

Psyche – ein Thema für Führung?

Obwohl psychische Gesundheit derzeit stärker im Fokus der Aufmerksamkeit ist, bestehen nach wie vor große Unsicherheiten, wie Führende mit diesem Thema adäquat umgehen können. Im Sinne der Fürsorgepflicht ist es hilfreich, wenn Führungskräfte Warnsignale psychischer Beanspruchung wahrnehmen und geeignete Maßnahmen ergreifen. Die zentrale Aufgabe von Führung ist in diesem Zusammenhang die Gestaltung der Arbeitsbedingungen. Umso mehr, als zunehmend komplexe Aufgaben, Arbeitsverdichtung, Dauerverfügbarkeit und Leistungsdruck für viele Menschen mit erhöhtem Stresserleben und Gefühlen von Ohnmacht und Überforderung einhergehen. Dabei geht es explizit nicht darum, dass Führungskräfte etwa eine Diagnose stellen. Die Diagnostik ist Aufgabe von Experten. Vielmehr ist das Ziel, in einem persönlichen Gespräch wahrgenommene Veränderungen im Verhalten oder in der Arbeitsleistung so früh wie möglich anzusprechen, mögliche arbeitsbedingte Ursachen zu erkennen und Maßnahmen auf den Weg zu bringen.

Wirksame Zusammenarbeit gestalten

Wirksame Zusammenarbeit umfasst das Handeln und Entscheiden im System. Sie baut nicht auf Gleichmacherei sondern auf einem Verständnis für Mehrdeutigkeit auf. Es geht um echtes Interesse, Verstehenwollen und Erklären. In einem komplexen Umfeld und insbesondere im Kontext von Wissensarbeit ist Kontrolle und Steuerung eine Illusion. Dies anzuerkennen schafft neue Möglichkeiten der Zusammenarbeit. Wenn es Führung gelingt, einen Raum für offenen, aufrichtigen Dialog und Diskurs zu gestalten, ist eine wichtige Voraussetzung für gemeinsame Weiterentwicklung gegeben. Dies eröffnet Möglichkeiten, voneinander und aus unterschiedlichen Sichtweisen zu lernen. Im Konzept der psychologischen Sicherheit werden Arbeitsbedingungen beschrieben, die einen Rahmen für handlungsfähige und resiliente Teams schaffen. Die Förderung der psychologischen Sicherheit ist in hohem Maße Führungsverantwortung.

Mehr als einfach nur nett

Psychologische Sicherheit stärkt die Interaktionsqualität in Teams und zielt darauf ab, das Lernen, Innovation und das Engagement der Kolleginnen und Kollegen zu stärken. »Nettigkeit« hingegen zeigt sich beispielsweise darin, dass im Meeting zwar alle nicken, aber unterschiedliche Meinungen aus Höflichkeit oder aus Angst vor Ablehnung zurückhalten. Getroffene Absprachen werden nicht umgesetzt, da die Entscheidungen nicht akzeptiert sind und wichtige Perspektiven unberücksichtigt bleiben.

Das Teilen von Wissen und Ideen setzt hingegen voraus, dass die Arbeitsumgebung als sicher genug erlebt wird, um darin auch zwischenmenschliche Risiken einzugehen; also Ideen, Fragen oder Bedenken äußern zu können. Dies ist keineswegs trivial. Vielmehr verknüpft sich damit auch die Frage, wie viel Nonkonformität und Abweichung möglich ist, ohne vom sozialen System ausgeschlossen zu werden. Auf der anderen Seite birgt das ständige Einfordern von Vertrauen in Autoritäten und eine Kultur des Schweigens die Gefahr, dass Organisationen »verblöden«. Die Überlebensfähigkeit der Organisation ist gefährdet, wenn die Fähigkeit zur Anpassung, für Innovationen und Wachstum verloren geht.

Sicherheit in unsicheren Zeiten
Damit unterschiedliche Perspektiven und vielfältige Ideen ihr Potenzial zur Problemlösung entfalten, braucht es einen sicheren Rahmen, der echte Zusammenarbeit ermöglicht. Echte Zusammenarbeit meint in diesem Sinne: Zusammen eine Lösung für ein Kundenproblem entwickeln und damit Wertschöpfung erzielen.

Für die Gestaltung von psychologischer Sicherheit leitet Amy C. Edmondson drei Handlungsfelder für Führung ab:

Einen gemeinsamen Bezugsrahmen schaffen

Für die Gestaltung eines gemeinsamen Arbeitsverständnisses sind die Sinnhaftigkeit und das »Wozu« von zentraler Bedeutung. Es geht darum, den Beitrag jeder einzelnen Tätigkeit zum Gesamterfolg nachvollziehbar zu beschreiben.

Eine Sensibilisierung für die Komplexität und wechselseitige Abhängigkeiten ist Voraussetzung dafür, die jeweilige Situation zu verstehen. Arbeit in einem komplexen Umfeld setzt kontinuierliches Lernen voraus. Intelligentes Scheitern erhält als Begleiterscheinung und Merkmal von Lernen einen neuen Bezugsrahmen und ist entsprechend wertzuschätzen.

Zur Mitwirkung einladen

Partizipation, Beteiligung und gemeinsames Lernen wird insbesondere dann sichtbar, wenn Führende Demut zeigen. Diese situationsbezogene Demut beschreibt eine Haltung der Neugier und des dazulernen Wollens. Die Anerkennung des Nicht-Wissens, der eigenen Fehler und Schwächen und das Formulieren offener, wirkungsvoller Fragen ermöglicht, dass andere sich mit ihrer Kompetenz und Erfahrung einbringen können.

Darüber hinaus lassen sich mit geeigneten Strukturen und Dialogformaten Räume schaffen, in denen systematisch Ideen, Einschätzungen und Bedenken geäußert werden können. Mit der Erfahrung, dass ein offener Diskurs gewünscht ist, wird gemeinsames Lernen auf Dauer sichergestellt.

Produktiv reagieren

Wertschätzung meint zunächst einmal, aufmerksam zuzuhören und Anerkennung für das Formulieren einer Idee oder Frage auszusprechen. Dies ist insbesondere dann wichtig, wenn der Gesprächspartner anderer Meinung ist. Eine produktive Reaktion im Umgang mit schlechten Nachrichten oder mit Scheitern betont die Lernaspekte. Statt sich mit der Schuldfrage aufzuhalten, werden Lösungen forciert. Eine offene Diskussion, schnelles Lernen und die Entwicklung von Innovationen werden möglich. Klare Verstöße gegen die Werte und Spielregeln der Organisation werden sanktioniert.

Mit der Gestaltung eines Arbeitsumfeldes, in dem psychologische Sicherheit erlebt wird, schaffen führende Personen in der Organisation einen wichtigen Rahmen für Gesundheit und Wertschöpfung.

Reflexionsräume für wirksame Zusammenarbeit
Für eine wirksame Zusammenarbeit lohnt es sich, regelmäßig die aktuellen Erfahrungen und das »Wie« der Zusammenarbeit zu reflektieren. Diese Reflexionsräume bieten die Chance, genau in den Blick zu nehmen, was läuft und an welcher Stelle es hakt. Daraus können Ansatzpunkte für wirksame Veränderungen abgeleitet werden. Resiliente Teams bleiben auch in herausfordernden Situationen und unsicheren Kontexten leistungsfähig. Sie sind in der Lage, im Spannungsfeld von Bewahren und Verändern sinnvolle Entscheidungen zu treffen.

Sowohl die regelmäßige Durchführung von Retrospektiven als auch Resilienzworkshops auf Team- oder Arbeitsbereichsebene, zielen darauf ab, aus den Erfahrungen zu lernen. Statt vorschneller Vereinfachungen wird Komplexität angenommen, Zusammenhänge werden erkundet und verschiedene Sichtweisen werden gehört. Der Dreiklang Beschreiben, Erklären und Bewerten hilft dabei, sich der eigenen Konstruktion von Wirklichkeiten bewusst zu werden.

Die Reflexion der Entscheidungs- und Kommunikationsprozesse sowie ein offener Austausch über Abweichungen und Fehler tragen auch dazu bei, dass unerwartete Ereignisse zukünftig schneller erkannt werden. Auf der Grundlage dieser Beobachtungen entwickeln sich die Expertise und das Problembewusstsein weiter, was die Qualität zukünftiger Entscheidungsprozesse wesentlich verbessert. Erfolgreiche Bewältigungsstrategien und Ressourcen werden ebenso sichtbar wie dysfunktionale Muster. Im Dialog werden Hypothesen entwickelt, die Grundlage für Veränderungsideen sind. Gemeinsam wird vereinbart, was im Team Neues ausprobiert wird und welche Voraussetzungen es braucht, um künftig Probleme besser zu lösen. Die Ideen werden priorisiert und Vereinbarungen für die Umsetzung getroffen. Die Fähigkeit zur Reflexion der Zusammenarbeit und das Ausprobieren von neuen Strategien stärkt die Resilienzfähigkeit von Teams.

Entscheidungsprämissen gestalten: Arbeit am System

Führung ist weit mehr als die Gestaltung konstruktiver Arbeitsbeziehungen. Führung als Funktion bezieht sich auf die Gestaltung der entscheidbaren organisationalen

Rahmenbedingungen. Es geht darum, die Voraussetzungen zu schaffen, dass intelligente Entscheidungen im Sinne der Organisation getroffen werden können. Ganz konkret umfasst die Arbeit am System die Gestaltung der Strukturen und Prozesse, der Kommunikationswege sowie die Auswahl und den Einsatz von Personal. Die Gestaltung dieser Kraftfelder schafft die Voraussetzungen für Verhalten und wirksame Zusammenarbeit in der Organisation. Die individuelle und organisationale Ebene wird über die Gestaltung der Arbeitsbedingungen miteinander verbunden.

26.4 Organisationale Resilienz und Zukunftsfähigkeit stärken

Organisationale Resilienz beschreibt hier die fortlaufende Anpassung der Organisation an veränderte oder sich verändernde Umweltbedingungen. Sie setzt an den gestaltbaren Bedingungen an, die erforderlich sind, um auch in einer dynamischen Umwelt oder in Krisensituationen die Sicherheit und Produktivität aufrechtzuerhalten. Damit wird deutlich, dass es bei organisationaler Resilienz um weit mehr geht, als lediglich Individuen und Teams zu stärken. Ein ausschließlich individualisierendes Verständnis des Resilienzkonzepts greift zu kurz, ist zynisch und führt zu einer einseitigen Verschiebung von Verantwortung. Es geht vielmehr darum, in der Organisation die Voraussetzungen zu schaffen, dass im Spannungsfeld zwischen flexiblem Handeln einerseits und der Einhaltung von Regeln und Prozessen andererseits sinnvolles Handeln möglich ist. Arbeitsbedingungen sind so zu gestalten, dass Unsicherheit reduziert und die Handlungsfähigkeit gestärkt wird. Welche Ressourcen, Partizipationsmöglichkeiten und Abläufe dabei Voraussetzung für zielgerichtetes Handeln sind, ist jeweils abhängig vom Kontext und den Voraussetzungen in der Organisation.

Bevor Veränderungen sinnvoll initiiert werden können, ist eine systematische Bestandsaufnahme erforderlich. Eine genaue Analyse der Stressoren ermöglicht, Wirkzusammenhänge und deren Ursachen zu erkennen. Dies schützt davor, lediglich an den Symptomen zu arbeiten. Sollen Gesundheit und Wertschöpfung gleichermaßen gestärkt werden, dann bietet die »Gefährdungsbeurteilung psychische Belastung« eine systematische Struktur für die Analyse und Ableitung von Maßnahmen. Das schrittweise Vorgehen sieht vor, die Arbeitsbedingungen systematisch unter die Lupe zu nehmen und in einem partizipativen Prozess Lösungen zur Verbesserung der Arbeitssituation zu entwickeln. Organisationale Ursachen für Stress, Konflikte, ungesundes Verhalten sowie ineffizientes Arbeiten werden sichtbar. Diese Informationen und Einsichten über die Arbeitsaufgaben, Arbeitsbedingungen, Arbeitsorganisation sowie die Zusammenarbeit sind eine wertvolle Grundlage für die kontinuierliche Weiterentwicklung der Organisation.

Psyche aus der Tabuecke holen

Was stärkt? Und was stresst? Ein regelmäßiger Austausch über psychische Belastungen nimmt Anforderungen der Arbeit und Arbeitsumgebung in den Fokus. Es geht darum, wie diese äußeren Faktoren das Denken, Fühlen und Verhalten bei der Arbeit beeinflussen. Dieser Austausch in der Organisation sowie auf Team- bzw. Arbeitsbereichsebene trägt auch zu einer Entstigmatisierung des Themas Psyche bei. Im Dialog ist es ebenso wichtig, arbeitsbedingte Ressourcen sichtbar zu machen und diese weiter zu stärken. Insbesondere Kommunikation und sozialer Unterstützung wird als Puffer gegen Stress eine wichtige Bedeutung zugeschrieben. Darüber hinaus sind Handlungs- und Entscheidungsspielräume, die Möglichkeit, bei der Arbeit wirksam zu werden, sowie erlebte Fairness und Wertschätzung wertvolle Ressourcen. »Gute Arbeit« hat eine stabilisierende und gesundheitsförderliche Funktion.

Um das Potenzial der Gefährdungsbeurteilung psychischer Belastung auszuschöpfen, sind für die weitere Arbeit mit den Ergebnissen sowohl die relevanten Entscheidungsträger aus dem Geschäftsleitungskreis als auch die internen Funktionen Strategie und Organisationsentwicklung zu beteiligen. Die Chance für HR besteht darin, Gesundheit aus der Nische des »nice to have« herauszuholen und eine Verbindung zu relevanten Zukunftstrends, aktuellen Marktanforderungen und Entwicklungen des Wettbewerbs herzustellen. So kann es gelingen, Gesundheit und Wertschöpfung auf einer strategischen Ebene miteinander zu verbinden. Eine wertschöpfende Gesundheitskultur in der Organisation stärkt die Produktivität, Innovation und Leistungsfähigkeit. In Zeiten des akuten Fachkräftemangels entwickeln sich gesunde Arbeitsbedingungen zunehmend zu einem wichtigen Imageaspekt bei der Personalgewinnung. Echte Anwesenheit und die Bereitschaft sich einzubringen geht mit einer höheren Effizienz und Qualität der entwickelten Produkte und Dienstleistungen einher.

Kontinuierliche Weiterentwicklung der Organisation

Entscheidungen für übergreifende Maßnahmen werden auf der Grundlage der strategischen Ausrichtung getroffen. Für umfassende Veränderungen hat sich ein iteratives Vorgehen bewährt. In kleinen Schritten entwickelt sich die Organisation kontinuierlich weiter. Statt starrer Change-Konzepte, die über alle Abteilungen ausgerollt werden, werden hypothesengeleitet Veränderungen erprobt und nach erfolgreicher Überprüfung in Strukturen überführt. Das Bild der systemischen Schleife verdeutlicht diese Vorgehensweise.

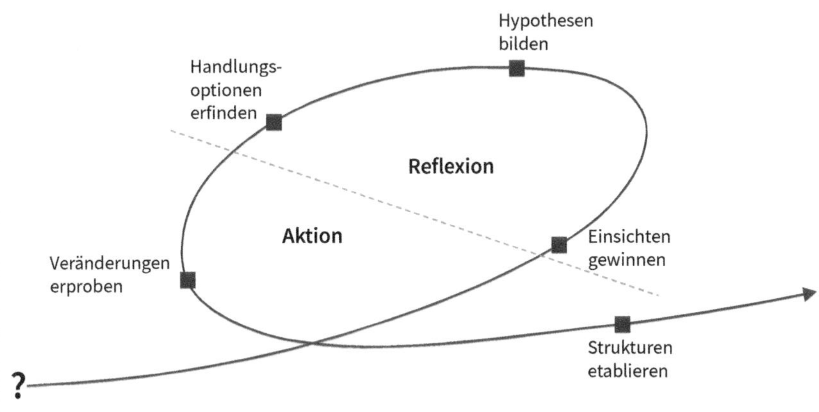

Abb. 3: Iterative Entwicklung der Organisation (systemische Schleife, eigene Darstellung)

Gesunde Organisationen sind langfristig erfolgreich und in der Lage, aus Krisen zu lernen und sich an aktuelle Herausforderungen zügig anzupassen. Unterschiedliche Perspektiven und Irritationen werden als Chance für organisationales Lernen genutzt. Die Arbeitsbedingungen sind so gestaltet, dass Kolleginnen und Kollegen langfristig gesund und leistungsfähig bleiben. Dies stärkt auch die Bereitschaft, sich für die Organisation einzusetzen und einen Beitrag zur Wertschöpfung zu leisten. Dabei ist es wichtig, dass der individuelle Einsatz und das Engagement im Gleichgewicht mit der erwarteten Wertschätzung, Entlohnung oder den Entwicklungsmöglichkeiten steht.

Die Chance für eine zukunftsorientierte Ausrichtung von HR liegt darin, sich im Spannungsfeld von Wertschöpfung und Gesundheit zu positionieren, gestaltend Einfluss zu nehmen und die handelnden Akteure miteinander zu vernetzen.

Quellen

Antonovsky, A. & Franke, A. (1997), Salutogenese. Zur Entmystifizierung der Gesundheit, Deutsche Gesellschaft für Verhaltenstherapie.

Borgert, Stefanie (2019), Die kranke Organisation, GABAL-Verlag.

Duhigg, C. (2016), What Google learned from its quest to build the perfect team, The New York Times Magazine. https://www.nytimes.com/2016/02/28/magazine/what-google-learned-from-its-quest-to-build-the-perfect-team.html (aufgerufen am 28.12.2020)

Edmonson, Amy C. (2020), Die angstfreie Organisation. Wie Sie psychologische Sicherheit am Arbeitsplatz für mehr Entwicklung, Lernen und Innovation schaffen, Verlag Franz Vahlen.

Frankl, Viktor (1979), Der Mensch vor der Frage nach dem Sinn, Piper.

Gatchel, Robert J., & Schultz, Izabela Z. (2012) : Handbook of Occupational Health and Wellness. Springer Science & Business Media.

Lotter, Wolf (2020), Zusammenhänge, Edition Körber

Lotzmann, Natalie (2020), Nach der Pandemie ist vor der Pandemie, Haufe, Personalmagazin. https://www.haufe.de/personal/hr-management/interview-krisen-und-gesundheitsmanagement-bei-sap_80_532322.html (aufgerufen am 28.12.2020).

Oracle und Workplace Intelligence, LLC (2020), AI@Work-Studie 2020: Besorgt, verunsichert, gestresst – haben Mitarbeiter einen kritischen Punkt erreicht? https://www.oracle.com/de/human-capital-management/ai-at-work/ (aufgerufen am 28.12.2020).

Reif, Julia, Spieß, Erika & Stadler, Peter (2018), Effektiver Umgang mit Stress – Gesundheitsmanagement im Beruf. In F. Brodbeck, E. Kirchler & R. Woschée (Hrsg.) Die Wirtschaftspsychologie, Springer.

Rose, Nico & Steger, Michael, F. (2020), Warum gute Führung Sinn macht, Zeitschrift für Organisationsentwicklung, Nr. 3, 2020, S. 76-79

Simon, Fritz B. (2013), Gemeinsam sind wir blöd? Die Intelligenz von Unternehmen, Managern und Märkten. Carl-Auer-Systeme Verlag.

27 Mensch statt humane Ressource – durch mehr Vereinbarkeit von Arbeit und Leben zum Unternehmen der Zukunft

Anke Hoffmann & Birgit Wintermann

Das Projekt »Zukunft der Arbeit« gehört zum Programm »Unternehmen in der Gesellschaft« der Bertelsmann Stiftung. Seit inzwischen vier Jahren ist unser Hauptthema die digitale Transformation von Betrieben. Dabei geht es einerseits um die Technisierung von Arbeitsprozessen und die Nutzung von digitalen Technologien. Andererseits – und dies ist der wesentlich wichtigere Aspekt – geht es um die Veränderung von Arbeitsmethoden und damit einhergehend auch der Arbeitskultur.

Ein Baustein dieses Themas hat sich aus unseren vorherigen Aktivitäten entwickelt. In dem Vorprojekt ging es neben allgemeinen Arbeitsbedingungen auch um das Thema von Vereinbarkeit von Arbeit und Familie bzw. Privatleben. Unter anderem entstand in der Zeit das Qualitätssiegel »Familienfreundlicher Arbeitgeber« (www.familienfreundlicher-arbeitgeber.de). Dabei handelt es sich um ein Zertifizierungsverfahren für Arbeitgeber, bei dem die Familienfreundlichkeit im Sinne einer Mitarbeiterorientierung betrachtet und geprüft wird. Die daraus gewonnenen Erkenntnisse insbesondere zur Veränderung der Arbeitskultur im Zusammenhang mit der Digitalisierung wurde so zum Betrachtungsgegenstand des aktuellen Projektes um die digitale Transformation.

So hat das Team von »Zukunft der Arbeit« knapp 2 Jahre vor Erscheinen dieses Buchs im Mai 2019 einen eigenen Booksprint zum Thema »Vereinbarkeit 4.0« veröffentlicht. Bereits lange Jahre davor haben wir uns im Rahmen unserer Projektarbeit viel mit dem klassischen Thema Vereinbarkeit von Arbeit und Privatleben (vor allem im Sinne von Familie) befasst. Uns begegneten über die Jahre hinweg immer dieselben Fragen: Wie sind Arbeitsbedingungen allgemein gestaltet, wenn ein Unternehmen familienfreundlich ist bzw. sein möchte? Welche Werte fokussieren Unternehmen, denen Familienfreundlichkeit wichtig ist? Was können Unternehmen tun, wenn sie die Vereinbarkeit von Arbeit und (Privat-)Leben unterstützen möchten?

In der Folgezeit haben wir uns zunehmend mit der digitalen Transformation von Betrieben befasst. Wir haben selbst Interviews mit Geschäftsführer*innen geführt und eine Studie veröffentlicht, die sich mit den Prozessen der Veränderung während der Transformation befasst hat.

Im Zuge der Entwicklung des in der Bertelsmann Stiftung beheimateten Zertifikats »Familienfreundlicher Arbeitgeber« haben wir schon länger festgestellt, dass es viele Schnittmengen zwischen gelebter Familienfreundlichkeit und erfolgreichen Digitalisierungsprozessen gibt. Familienfreundliche, mitarbeiterorientierte Strukturen lassen sich besonders oft in Betrieben finden, in denen digitales Arbeiten ermöglicht wird und wo die Mündigkeit der Mitarbeitenden zum Anlass genommen wird, strukturell und organisatorisch Rahmenbedingungen für flexible, mobile Arbeit zu schaffen, die die Individualität aller berücksichtigt.

Im Laufe der Zeit kamen dann also Fragen auf wie: »Gibt es Parallelen zwischen bestimmten Vorgehensweisen zur Anpassung an die digitale Transformation und den Kriterien für Familienfreundlichkeit?« und »Verändern sich familienfreundliche Arbeitsbedingungen, wenn ein Betrieb eine digitale Transformation durchläuft?«

Vor dem Hintergrund all dieser Fragen, suchten wir den Austausch mit interessierten Menschen in unserer Bubble. Wir wollten wissen, welche Facetten von Vereinbarkeit es gibt, die uns bislang nicht selbst in den Sinn gekommen waren, und welche Ideen zu deren Umsetzung und Entwicklung die Fachcommunity dazu hat. Wo tauchen in den tagtäglichen Lebens- und Arbeitswelten Probleme auf, die sich auf Strukturen der Vereinbarkeit zurückführen lassen? Welche methodischen, gedanklichen oder sonstigen Ansätze zur Verbesserung der Vereinbarkeit welcher Dimensionen gibt es? Wie »reif« sind diese ausgestaltet? Woran sollte noch besonders gearbeitet werden?

Wissensdurstig luden wir also interessierte Autor*innen dazu ein, ihre Erfahrungen, Ideen und vielleicht auch schon erste Gedanken zur Lösung von Problemen mit uns zu teilen und ihre Gedanken dazu in dem bereits erwähnten gemeinsamen »Booksprint Vereinbarkeit 4.0« zu veröffentlichen. Unserem Aufruf auf dem Blog von »Zukunft der Arbeit« folgten 47 Autor*innen mit 50 Beiträgen. Heraus kam ein Werk von 250 Seiten mit 11 vollkommen unterschiedlichen Perspektiven zu zeitgemäßen Facetten von Vereinbarkeit. Die Leitplanken zum Thema waren für die Autor*innen bewusst sehr weit gefasst und sie konnten ihre Gedanken frei in ihre Artikel fassen. Wir wurden davon überrascht, in welcher Bandbreite sich die Autor*innen bewegten.

Während der Phase der Sortierung und Einordnung der einzelnen Beträge stellten wir schnell fest, dass sich die Gegenstände der Betrachtungen wiederholten und überschnitten und insgesamt ein sehr stimmiges Bild ergaben. Die folgenden elf Themenblöcke ergaben sich aus den Perspektiven der beteiligten Köpfe:

Abb. 1: Elf Perspektiven zu zeitgemäßen Facetten von Vereinbarkeit

Die Bandbreite an Themen, die uns erreichten, verdeutlichte, dass die laufende Diskussion rund um die praktischen und theoretischen Möglichkeiten zur Herstellung, Verbesserung und Weiterentwicklung der Vereinbarkeit von Arbeit und Leben intensiver denn je geführt werden muss. Und sie bestärkte uns darin, dass wir deutlich weiter denken müssen als bisher geschehen. Der Vereinbarkeitsbegriff ist vielschichtiger und reicht wesentlich weiter, als wir vermutet hatten.

Allein die inhaltliche Bandbreite und die unterschiedliche Verwendung von Begrifflichkeiten zeigt, dass Vereinbarkeit 4.0 mehr ist, als Arbeit und Kinder unter einen Hut zu bekommen oder nebenberuflich die freiwillige Feuerwehr zu unterstützen. Wir haben uns deshalb schnell dazu entschlossen, von der Vereinbarkeit von Arbeit und Leben zu sprechen, denn so lassen sich die vielfältigen Facetten, die uns im Booksprint begegneten, besser integrieren: Sie beschreiben Lebens- und Arbeitssituationen und die dabei auftretenden Problemlagen – persönlich, organisatorisch, räumlich, gesetzlich, gesundheitlich, methodisch und gesellschaftlich.

Nach der Veröffentlichung des Booksprints im Mai 2019 haben wir uns erneut mit den Autoren zusammengesetzt, die Kernaussagen aller Beiträge miteinander in Beziehung gesetzt und darüber diskutiert, ob bzw. welche sich wiederholende Gedanken es gibt, die als allgemeine Erkenntnisse betrachtet werden können. Was bedeutet all das für Unternehmen?

Eine Erkenntnis stand über alle Beiträge hinweg gesehen deutlich im Vordergrund: Trotz all der Technisierung, die derzeit aufgrund der digitalen Transformation in den Betrieben vonstattengeht, rückt der Mensch selbst immer weiter in das Zentrum der Betrachtung.

Der Grundgedanke ist genauso einfach, wie er schwer umzusetzen ist: Es sind die Menschen, die ein Unternehmen ausmachen, die Veränderungen anstoßen und umsetzen, innovativ sind, neue Ideen einbringen, Geschäftsmodelle verändern und vielleicht sogar neue Unternehmen gründen. Oder sie tun es eben nicht. Entscheidend dabei ist, dass jeder Mensch gesamtheitlich mit seinen Fähigkeiten, Kompetenzen und seiner Persönlichkeit in die Lage versetzt wird, sich so in »sein« Unternehmen einzubringen, dass seine ganz eigenen Vereinbarkeitsbedürfnisse erfüllt werden, sodass er nicht nur Kraft und Motivation hat, sondern auch den Wunsch verspürt, diese für ein gemeinsames Unternehmensziel einzubringen.

Denn, wie soll man sich auf die Arbeit konzentrieren und auch noch besonders innovativ sein, wenn man beispielsweise die Werte des Arbeitgebers nicht teilt und daran zweifelt, dass es richtig ist, was man tut? Wie soll man sich einbringen, wenn man sich ständig Sorgen macht, ob die zu pflegenden Angehörigen gerade gut versorgt sind, oder wenn die Kinder gerade auf wichtige Prüfungen vorbereitet werden müssen? Wie kann man ein eigenes Unternehmen gründen und gleichzeitig eine Absicherung erreichen, die der Sozialversicherung für abhängig Beschäftigte ähnlich ist? Welche Kompetenzen brauchen wir für selbstkontrolliertes und resilientes Verhalten in Zeiten zunehmender Entgrenzung unserer Arbeit?

Und was hat das alles mit dem Buch »Rethinking HR« zu tun?

Wir wissen, dass Unternehmen nur so gut sein können, wie die Menschen es sind, die dort arbeiten. Damit sind aber auch ausdrücklich alle Menschen gemeint und nicht nur die Führungskräfte. Was passiert mit den besten Ideen, wenn sie keinen Resonanzboden finden, auf dem sie verstanden, verbessert und umgesetzt werden? Und wer sagt, dass nur Führungskräfte die besten Ideen haben können?

Veränderung bedeutet immer, dass man zunächst alles auf den Prüfstand stellen muss. Keiner hätte gedacht, dass dies so umfassend und gründlich wird passieren müssen, bis dann plötzlich eine Pandemie unser aller Anpassungsfähigkeit bis an die Grenzen getrieben hat. Und siehe da: Viel war plötzlich möglich, Veränderungen, die vorher kategorisch ausgeschlossen wurden, mussten nun angegangen werden. Und die größte Überraschung: Trotz aller Bedenken, das meiste davon hat funktioniert!

Zu diesem Zeitpunkt, da wir den Artikel schreiben, ist die Pandemie noch nicht besiegt, von einem »Normalzustand« sind wir weit entfernt. Allerdings haben die Lockerungen aufgrund sinkender Infektionszahlen in Deutschland im Sommer 2020 gezeigt: Viel zu viele Unternehmen waren zwar in der Lage, sich notwendigerweise anzupassen, streben aber möglichst schnell zurück zu einem »alten Normal«. Nicht selten entstand sogar der Eindruck, es solle mehr kontrolliert werden als vorher. Statt die Gunst der Stunde zu nutzen und die begonnenen Veränderungen zu fixieren und weiterzuentwickeln, arbeitet man vielerorts mit Entschiedenheit daran, wieder zu einem Zustand zurückzukehren, der realistischerweise so nie wieder wird eintreten können.

Wenn wir uns also die o. g. Kernerkenntnisse des Booksprints »Vereinbarkeit 4.0« ansehen und die Learnings aus der bisher erlebten Pandemie betrachten, ergeben sich für uns folgende Hypothesen:

1. Wer im Arbeitsumfeld nur »humane Ressourcen« sieht und keine Menschen, wird nie erfahren, welches Potenzial in ihnen steckt und was man hätte gemeinsam erreichen können. Die ganzheitliche Betrachtung der Menschen bedeutet eine umfassende Vereinbarkeit, die auch innerhalb von Betrieben gelebt werden können muss.
2. Führung sollte nur im Sinne einer Funktion (Moderation von Prozessen) gesehen werden, die auf Augenhöhe ausgeübt wird.
3. Die Menschen in Betrieben sollten nicht auf ihre Stellenbeschreibung reduziert werden. Vielmehr sollten die Fähigkeiten und Kompetenzen der Menschen ihre Arbeit gestalten. So wird Raum für Kreativität und Innovation geschaffen.
4. Selbstorganisation und Selbstwirksamkeit könnten umfangreiche Programme zum Arbeitnehmerschutz überflüssig machen, daher sollten diese auch gestärkt werden.

Wir haben festgestellt, dass in vielen Unternehmen auf allen Ebenen zwar in derselben Tonalität und mit ähnlichen Begrifflichkeiten gesprochen wird, wenn es um die Beschreibung von Gegebenheiten der Arbeitskultur und Arbeitsbedingungen geht, aber der Teufel steckt im Detail! Fragen wir beispielsweise die Geschäftsführung nach dem Bedarf der Mitarbeitenden hinsichtlich mobiler Arbeit und nach den angebotenen Umsetzungsmöglichkeiten, erhalten wir häufig andere Antworten, als wenn wir diese Frage den Mitarbeitenden stellen. Dasselbe gilt auch für die Frage nach arbeitskulturellen Bedürfnissen wie z. B. die von der Anwesenheit im Unternehmen losgelöste Einbeziehung remote arbeitender Teilzeitkräfte in alle Abläufe und Kommunikationsstränge. Während die einen überzeugt antworten, es gäbe hier keinen Handlungsbedarf mehr, man habe alles Mögliche getan, fragen sich die anderen, wie sie es schaffen können, denselben Kenntnisstand zu erzielen, wie die Kollegen vor Ort. Der Abgleich beider Perspektiven – die der Geschäftsführung und die der Mitarbeitenden – bezogen auf die nachfolgend genannten Bereiche zeigt teils gravierende Diskrepanzen:

- Digitalisierung und Technisierung
- Geschäftsmodell

- Arbeitsorganisation
- Kompetenzaufbau/Lernen
- Führung
- Arbeitskultur
  - Vereinbarkeit
  - Gesundheit

Um es vorwegzunehmen, unser Team entwickelt auf Basis der oben genannten Thesen und Themen ein – natürlich digitales – Tool zur Erhebung des Reifegrades einer Organisation/eines Unternehmens. Wir möchten Unternehmen die Möglichkeit geben zu überprüfen, ob sich die eigenen Anstrengungen zur Anpassung an den Wandel der Arbeitswelt mit den Bedürfnissen und Erfordernissen ihrer Mitarbeitenden decken und ob hier »Gleichklang« herrscht. Finden sich Ideen und Wünsche der Mitarbeitenden in unternehmerischen Entscheidungen wieder? Ermöglichen die durch digitale Tools und Werkzeuge veränderten Abläufe und Prozesse mehr Vereinbarkeit im Sinne von Care-Arbeit? Kann durch den Einsatz neuer Methoden wie z. B. Kanban oder Scrum etc. die Organisation von Arbeit neu gedacht und den Mitarbeitenden der Zugang zu neuen Strukturen und komplexen Sachverhalten erleichtert werden? Lassen sich dadurch vielleicht auch Innovationen herbeiführen, die so nie Eingang in die betrieblichen Routinen gefunden hätten? Wollen sich die Mitarbeitenden an diesen Prozessen beteiligen, haben sie Lust auf kreatives Denken und Tüfteln? Können Unternehmen es ihnen erleichtern, ihren Wünschen und Ideen Raum zu geben und sich zu beteiligen? Erreichen Unternehmen so (noch) mehr Begeisterung der Mitarbeitenden für die Unternehmensziele und die Produkte?

Dass der globale Megatrend der Digitalisierung letztlich jedes Unternehmen berühren wird, ist unserer Auffassung nach allen weitestgehend klar. Dass es neue Geschäftsmodelle braucht und diese für viele massive Veränderungen mit sich bringen werden, ebenso. Unternehmen können dabei wählen, ob sie diesen Weg unter Einbindung der für sie arbeitenden Menschen oder über deren Kopf hinweg gehen. Sie können den Prozess beschleunigen, gar verbessern, denn in der Regel kennen die Mitarbeitenden die von ihnen hergestellten Produkte, Prozesse und Kunden besser als manche Geschäftsführer*in.

Unternehmen müssen dieses Angebot ernst nehmen und vor allem damit beginnen zuzuhören. Das Wissen und die Fähigkeiten ihrer Mitarbeiter, deren Individualität und die verschiedenen Lebensentwürfe sind wichtige Faktoren, die Berücksichtigung finden müssen. Traditionelle einseitige, hierarchische Führungsstile passen nicht zu den unterschiedlichen Lebensstilen und -verläufen und sie blenden das Potenzial all jener aus, die zuerst wahr- und im Anschluss daran mitgenommen werden möchten, auf dem Weg in die Zukunft der Arbeit. Dass es hierfür kein Rezept gibt, erklärt sich leicht. Aber ein grundsätzliches Erkenntnisinteresse, ein starker Veränderungswille und die Fähigkeit, zu vertrauen, sind förderliche Parameter, die helfen, gegenseitig Verständnis zu erzeugen und innovative Lösungen für betriebliche Fragen zu finden, die es letztlich beiden Seiten ermöglicht, ihre Situation zu verbessern. Wenn wir mehr Mensch, statt humane Ressource denken, dann gelingt auch mehr Vereinbarkeit. Und das macht zukunftsfähig.

28 Vibes – die Arbeit mit Schwingungen

Gudrun Gaedke, Herwig Kummer, Claudia Lorber, Eva Planötscher-Stroh

Schwingungen, echt jetzt? Wer das Thema voreilig in die esoterische Ecke stellt, übersieht den Wettbewerbsvorteil der Zukunft: *positive Vibes*!

In den unendlichen Weiten einer erfolgreichen Personalarbeit der Zukunft scheint eines heute schon gewiss: Es sind immer mehr die unsichtbaren Kräfte der Organisation, mit denen wir Personaler (falls wir uns dann noch so nennen wollen) in Zukunft arbeiten werden.

Die tradierte tayloristische Grundannahme hat wohl keinen Bestand (mehr), nämlich dass alles schon gut geregelt sei, wenn nur jede einzelne Mitarbeitende die zugeteilte Arbeit kompetent, motiviert und flexibel genug verrichtet. Doch die besten Einzelkämpfer gewinnen nicht einmal einen Blumentopf, wenn ihnen ein gemeinsamer Teamgeist, in dem sich alle Teammitglieder wiederfinden und der anspornt, fehlt. Das gilt nicht nur für Fußball-Clubs.

28.1 Mit unsichtbaren Kräften arbeiten

Old Work, New Work, Physical Work, Mind Work: Es sind »unsichtbare Kräfte«, die künftig zählen: Sinn, Vertrauen, Dankbarkeit, Respekt, Begeisterung, um nur einige zu nennen. Die Gesamtheit dieser Kräfte prägt letztlich das Produkt oder zeichnet die Dienstleistung aus. Diese Kräfte machen **den** Unterschied für das (Business-)Ergebnis, aber auch für das individuelle Erleben der Mitarbeitenden.

Sie sind allerdings keine Einzelleistung, sondern entstehen in der Interaktion miteinander. Vertrauen, Respekt und Dankbarkeit brauchen ein soziales Umfeld, damit sie entstehen können. Diese sozialen Umstände erzeugen eine individuelle Resonanz beim Einzelnen – und lösen diese individuellen Gefühle aus. Was den einen begeistert, widert andere vielleicht an. Im besten Fall erleben wir die Resonanz als positive Vibes in der täglichen Zusammenarbeit. Denn es sind diese positiven Vibes, die wir so lieben, die uns motivieren und uns ans die Organisation binden. Und sie sorgen für die Energie, um uns engagiert einzubringen.

Nicht kaufen, nicht machen, er-arbeiten!

Positive Vibes kann man nicht kaufen, nicht einfach aus dem Katalog bestellen. Sie lassen sich auch nicht exakt messen. Das ist auch gar nicht notwendig, denn diese

Vibes sind immer da. Ganz von selbst. Erleben Sie es selbst, gehen Sie rein in die Organisationen und mit ein wenig Aufmerksamkeit können Sie diese Vibes spüren.

Vibes lassen sich nicht nach eigenem Gutdünken frei designen. Sie lassen sich auch mit dem besten Change-Management-Programm nicht umgestalten und mit »Lasst es uns mal ausdefinieren und dann ausrollen« schon gar nicht. Vibes sind nicht managebar, nicht im klassischen Sinne.

Und falls Sie gehofft haben (nein, natürlich nicht gerade Sie, wir meinen die anderen Leser), dass Sie solche Vibes durch ausgefeilte Branding Activities oder Culture Initiatives einfach generieren können, so müssen wir Sie leider enttäuschen. Da müssen wir uns in den Unternehmen schon mehr Mühe geben, wenn wir diesen sozialen Interaktionen einen »positiven Geist« einhauchen möchten. Wir Personaler werden lernen (und viele tun dies auch schon), mit diesen ungreifbaren, nicht berechenbaren Kräften aus der Co-Produktion vieler gestaltend umzugehen.

28.2 Vibes sind die Summe der unbewusst emotional bewerteten interaktiven Umstände

Der englische Begriff *vibes* wird allgemein übersetzt mit Schwingungen, Stimmung, Atmosphäre oder Klima. Für sich allein betrachtet ist die Bedeutung des Wortes neutral:

»Vibes – the feeling you get from being in a particular place or situation or from being with a particular person.« (Cambridge University Press (2021): Academic Content Dictionary, https://dictionary.cambridge.org/dictionary/english/vibes, abgerufen am 6.4.2021).

Erst wenn der Begriff Vibes mit einem beschreibenden Adjektiv versehen wird, eröffnen sich zahlreiche weitere Dimensionen. Es gibt nämlich nicht nur gute oder schlechte Vibes sondern auch kreative, entspannte, coole, fröhliche, stressige usw.

Insgesamt wird mit Vibes – egal, ob mit positiver oder negativer Konnotation – also immer ein selbst empfundenes, stimmungsbezogenes Gefühl beschrieben. In Bezug auf ein Unternehmen könnte man also möglicherweise sagen: Vibes sind das individuelle Gefühl, das durch das erlebte Umfeld und die erlebte Unternehmenskultur in einem ausgelöst wird.

Wichtige Einflussfaktoren bilden zum Beispiel die räumliche Umgebung, Licht, Geruch, Farben, Musik, der Kleidungsstil und das Auftreten der Mitarbeitenden, die Du- und Sie-Kultur, Kommunikationswege, der Führungsstil und die Informationskultur.

Vibes entstehen unmittelbar und ohne bewusste Entscheidung direkt »im Bauch«. Sie sind immer authentisch und lassen sich weder unterdrücken noch erzwingen.

Beeinflussen, ja sogar bewusst steuern, kann man sie allerdings schon, wenn man sich der genannten Faktoren bewusst bedient. Doch Achtung: Vibes sind immer die Folge einer sozialen Co-Produktion und sie sind daher nicht berechenbar! Beherzte Aktivitäten oder moderne New-Work-Konzepte wirken selten linear und direkt. Nur mithilfe der (wünschenswert positiven) Resonanz oder Beziehung, die jemand dazu aufbaut, können wir solche Vibes kultivieren.

28.3 Die innere Wirkung von positiven Vibes

Positive Vibes öffnen, feuern direkte Kommunikation an und entspannen – selbst im stressigsten Alltag.

In einer Kultur der Angst und des Schweigens halten Menschen ihre Ideen, Fragen und Bedenken zurück. Weil sie Angst haben vor den damit verbundenen zwischenmenschlichen Risiken. Sich Sorgen zu machen, bremst und hindert uns daran, das Beste zu geben. Psychologische Sicherheit am Arbeitsplatz hingegen schafft Entwicklung, Lernen und Innovation (Amy Edmondson (2020): Die angstfreie Organisation, Verlag Vahlen).

Emotionalität ist alles andere als unprofessionell. Begeisterung entfachen, positive Emotionen fördern und Lebendigkeit ins Unternehmen bringen, sind wesentliche HR-Aufgaben der Zukunft. Die Stellhebel dafür sind vielfältig und wirken – je nach Perspektive – sowohl nach Außen als auch nach Innen.

Im Innern gilt es, das Gute auch bewusst erlebbar zu machen. Das intrinsische Erleben steht im Mittelpunkt und nicht die extrinsisch gesetzten Anreize. Einen wesentlichen Beitrag im Innern leistet eine positiv orientierte Führungskultur, zum Beispiel:

- **Individualität respektieren**
  Mitarbeitende als Menschen mit ihren persönlichen Bedürfnissen wahrnehmen, z. B. durch das Zeigen von Interesse auch an eher privaten Themen wie die Wochenendgestaltung oder das Urlaubserlebnis – wenn von diesen gewünscht.
- **Danke sagen**
  Besondere Leistungen von Einzelnen aber auch von ganzen Teams gegenüber Dritten sichtbar machen (z. B. durch Newsbeitrag im Intranet) und umgekehrt Lob von Dritten (Kunden, Vorgesetzten, Geschäftsführung) weitergeben.
- **Anlässe feiern**
  Kleine Aufmerksamkeiten zu besonderen Anlässen wie Geburtstagen schenken. Das gemeinsame Feiern von Erfolgen (abgeschlossene Projekte, besonders gut gelungene Problemlösungen, außergewöhnliche Zielerreichung) ermöglichen.

- **Gemeinsame Zeit – auch außerhalb des Arbeitsplatzes – unterstützen**
  Pausenräume so gestalten, dass ein abteilungsübergreifender Austausch möglich ist, oder Mitarbeitenden die Möglichkeiten geben, die Raumgestaltung der Pausenräume mit zu beeinflussen. After-Work-Zusammenkünfte ermöglichen oder kleine Challenges im Alltag gestalten: jemanden nennen, der für den gemeinsamen Arbeitsprozess etwas besonders Unterstützendes geleistet hat, jede Woche jemanden aus dem Team bestimmen, der für kleine Aufmerksamkeiten im Team sorgt; und viele weitere Beispiele.

Gestaltung des virtuellen Raums
Die virtuelle Zusammenarbeit braucht besondere Aufmerksamkeit für die Entwicklung von positiven Vibes: Mit einem zuversichtlichen und freundlichen Lächeln ein Online-Meeting starten, Rituale für die Videokonferenz finden, die alle Teilnehmenden sichtbar und hörbar machen, z. B. alle persönlich mit Namen ansprechen und einbeziehen, am Anfang des Meetings ein Check-in machen und nachfragen, wie es dem bzw. der Einzelnen gerade geht, für ausreichende Pausen sorgen bzw. Bewegung vor dem Bildschirm ermöglichen und Gelegenheiten für Interaktion schaffen.

28.4 Achtung, Infektionsgefahr! Positive Vibes sind ansteckend!

Die größte Begeisterung entsteht, wenn die Arbeit den eigenen Stärken entspricht, Freude bereitet und für sich selbst wie auch für andere als zufriedenstellend erlebt wird. Die Förderung der individuellen Stärken und die Übertragung von Aufgaben, bei denen diese Stärken eingesetzt werden können, bewirken eine positive Aufwärtsspirale beim Einzelnen. Und diese Begeisterung ist wiederum für andere ansteckend!

Auch das Ermöglichen von Job Crafting, das eigeninitiative und individuelle Gestalten der eigenen Arbeit (Wrzesniewski, A., & Dutton, J. (2001). Crafting a Job: Revisioning Employees as Active Crafters of Their Work. The Academy of Management Review, 26(2), S. 179-201.) kann dazu führen, dass sich Mitarbeitende als wirksamer erleben, dass die Arbeit als einfacher empfunden wird und insgesamt mehr Freude macht.

Wir Menschen sind soziale Wesen und geben diese guten Vibes gerne an die Gemeinschaft zurück. Das nährt und stärkt positive Vibes – und steckt das Umfeld gleich mit an. Dafür ist es nicht einmal notwendig, dass sich alle Beteiligten an dem gleichen Ort befinden, dies ist auch virtuell möglich, wie nicht nur Weihnachtsfeiern im Jahr 2020 gezeigt haben.

28.5 Innen wirkt auch außen – und wieder zurück

Nicht nur für die Arbeitgeberattraktivität ist es wichtig, das Innen auch nach außen zu bringen. Für das Umfeld der Organisation können diese Vibes auf vielfältige Weise sichtbar, erlebbar und spürbar sein. Dabei steht nicht nur im Fokus, **was** nach außen kommuniziert wird, sondern auch **wie** dies stattfindet:

- die persönliche und individuelle Ansprache von potenziellen Mitarbeitenden;
- eine gezielte lebendige Bildsprache im Außenauftritt, z. B. in Inseraten, auf der Website oder in den sozialen Medien;
- Erfolgsgeschichten von und mit Mitarbeitenden, z. B. durch Interviews, Videos, Blogbeiträge, Teilnahme an Recruiting Messen;
- Miteinbeziehen von Familienangehörigen der Mitarbeitenden z. B. durch einen speziellen Tag der offenen Tür nur für Familien, um so den Arbeitsplatz sichtbar und wahrnehmbar zu machen (»Bring your own family«/«Family Day«).

Ein paar praktische (positive wie negative) Beispiele zeigen, was wir meinen:

- »Freundlicher Drache gesucht!« – so lautet die Überschrift in einem Printinserat für die Position »Chefsekretär*in« für ein Dienstleistungsunternehmen in Wien.
- Eine HR-Managerin eines Unternehmens in Wien nimmt ein kurzes Video auf, stellt sich selbst vor und beschreibt, wen sie für ihr Team sucht. So transportiert sie Vibes und sorgt für eine Selbstselektion der Bewerber.
- Auf der Instagram Seite eines Unternehmens in Niederösterreich postet das HR-Team regelmäßig Beiträge, die Mitarbeiterinnen und Mitarbeiter im Berufsalltag zeigen.
- Auf der Karrierewebsite eines Technik-Unternehmens lernt man das Recruiting-Team kennen: mit Foto, Kontaktdaten und einem kurzen Statement.
- Der CEO eines KMU bedankt sich in einer Videobotschaft auf LinkedIn bei seinen Mitarbeitenden für deren Leistung.
- Der Dienstvertrag eines steirischen Logistikunternehmens hat einen Umfang von nur zwei Seiten.
- Mitarbeitende werden via Ankündigung auf einem Großbildschirm gekündigt.
- Zu spät im Kennenlerngespräch mit der Bewerberin – gibt es eine Begründung und eine Entschuldigung oder wird dies kommentarlos ignoriert?

Diese Aufzählung ließe sich unendlich fortführen. Jedes dieser Beispiele gibt einen ersten Einblick in das Umfeld und die Unternehmenskultur. Nicht alles gefällt jedem und das ist gut so. Durch Präsenz und Sichtbarkeit werden Vibes genährt, die ganz von selbst für eine Selektion sorgen. Die Bewertung liegt allein beim Individuum und trennt zumindest damit zwischen guten oder eben auch schlechten Vibes.

Diese Beispiele zeigen aber noch eines: Vibes lassen sich nicht nur vor Ort und persönlich transportieren, sondern auch online, speziell auf Social-Media-Kanälen.

28.6 Förderung von Vibes durch HR

Für eine zukunftsorientierte HR-Arbeit ist die nähere Auseinandersetzung mit den eigenen Vibes vor allem in Bezug auf die Stärkung der Arbeitgeberattraktivität, der Authentizität, der Mitarbeiterbindung und der Motivation spannend und sinnvoll.

Man kann damit Unternehmenskultur spürbar machen und auf das Bauchgefühl Einfluss nehmen. Und gerade dieses (oft verpönte) Bauchgefühl ist neben allen objektiven und sachlichen Fakten wie Aufgaben, Arbeitszeit, Dienstort, Entlohnung und Benefits sowohl in der Attraction- als auch in der Retention-Phase ein wesentliches Entscheidungskriterium für oder gegen einen Arbeitgeber.

Menschen lieben Authentizität und haben ein feines Sensorium für synthetisch hergestellte »Plastikbegeisterung« von schnell ernannten »Chief Happiness Officers«. Je nach Unternehmen, Wirtschaftszweck, Kunden, Produkt und Firmenkultur können völlig unterschiedliche Vibes positive Gefühle hervorrufen.

Für HR bedeutet dies, genau darauf zu achten, welche Vibes denn aktuell schon als positiv erlebt werden und welche in Zukunft noch stärker betont werden sollten. Was hat sich bewährt und wo gelingt es derzeit bereits? Was löst diese positiven Vibes aus? Wo bestehen denn Einflussmöglichkeiten durch konkrete Aktivitäten oder Impulse?

Die »richtigen«, authentischen Vibes zu erkennen, zu fördern und zu pflegen, leistet einen starken Beitrag dazu, die gelebte Kultur einer Firma auch für außenstehende Menschen erlebbar und spürbar zu machen; und ist jedenfalls ein entscheidender Beitrag dazu, dass sich Mitarbeitende längerfristig zu einer Organisation zugehörig fühlen und ihre Leistung für ein gemeinsames Ziel erbringen möchten – und dies auch tagtäglich tun.

Solche positiv erlebten Vibes erfüllen Leitbilder, Werbetexte und Strategiepapiere (endlich) mit gutem Gefühl. Schieben wir die Sachlichkeit mal zur Seite, bleiben wir emotional!

29 Gebt den Verrückten, Spinnern und Freaks mehr Raum

Torsten Roman Jacke

Dieses Kapitel ist ein glühendes Plädoyer für mehr Verrückte, Spinner und Freaks in Unternehmen, ein flammendes Plädoyer für mehr Offenheit, Vertrauen, Zutrauen, Diversity, Leidenschaft und eine buntere Unternehmenswelt. Es ist ein leidenschaftliches Plädoyer für mehr Glitzer, Feenstaub und Lametta – wobei es heute Engelshaar heißt – im unternehmerischen Kontext und ein bunter Blumenstrauß querer Zusammenhänge inklusive Auflösung und verrückter Ideen dazu, wie echtes Rethinking HR gelingen kann.

Ich möchte besonders Personaler*innen neue Perspektiven aufzeigen, zum Umdenken anregen, den berühmten Blick über den Tellerrand ermöglichen und für mehr Toleranz und Offenheit werben. Es gibt unternehmensintern und auf dem Bewerbermarkt mehr als schwarz und weiß oder vermeintliche High- und Underperformer. Zu guter Letzt möchte ich etwas gegen die Langeweile in unserer Durchschnittsgesellschaft und die Verarmung der gesellschaftlichen Vielfalt tun.

Getreu meinem Lieblingszitat von George Bernhard Shaw, »Was wir brauchen, sind ein paar verrückte Leute; seht euch an, wohin uns die Normalen gebracht haben«, höre und lese ich oft, unterstützt von Expert*innen, führenden und klugen Köpfen aus der Wirtschaft und diversen Medien die Forderung von Unternehmer*innen, dass sie mehr Verrücktheit bzw. völlig andere Menschen in ihrem Unternehmen benötigen, damit es vorangeht. Doch wehe, die Verrückten, Spinner und Freaks stehen vor der Tür oder, oh Wunder, haben es in das Unternehmen geschafft. Dann heißt es: Naja, so verrückt haben wir es auch nicht gemeint.

29.1 Wer sind diese Verrückten, Spinner und Freaks?

Jede/r von uns hat, da bin ich mir sicher, ihre/seine ganz eigenen Vorstellungen von Verrückten, Spinnern und Freaks. Ich habe dazu das Internet bemüht, folgende Definitionen gefunden und meine Interpretation anschließend beigefügt.

Definition im Internet

- **Verrückt/e/r:** Eine Person, die krankhaft wirr im Denken und Handeln ist. Bei Wikipedia wird man übrigens direkt zum Begriff Wahnsinn weitergeleitet.
- **Spinner oder spinnen:** Jemand, der wegen seines absonderlichen, skurrilen, spleenigen Verhaltens auffällt und so als Außenseiter betrachtet wird. Eine Person, die unsinnige Gedanken und Vorstellungen hat und äußert.

- **Freak**: Eine Person, die sich nicht ins bürgerliche Leben einordnet, sich von einem Durchschnittsbürger unterscheidet und bewusst individuell, unangepasst, anders oder »flippig« ist (in: Wikipedia, Die freie Enzyklopädie. Bearbeitungsstand: 6. Oktober 2020, 21:16 UTC. URL: https://de.wikipedia.org/w/index.php?title=Freak&oldid=204325757, abgerufen am 9.4.2021).

Meine Definition
Ich lasse die negativen Beispiele aus der Weltgeschichte und der Psychologie außen vor und konzentriere mich auf die »positiven« Verrückten, Spinner und Freaks.

Verrückte, Spinner und Freaks sind Menschen, die sich bewusst oder unbewusst, gewollt oder ungewollt, ihre – kindliche – Leichtigkeit bewahrt haben. Sie meistern ihr Leben vielfach jenseits der gesellschaftlichen Standards, Normen, Konventionen, Konformitäten und Uniformitäten und bewegen sich in den meisten Fällen dennoch in der Mitte der Gesellschaft.

Die soziale und gesellschaftliche Konditionierung hat bei ihnen, trotz aller Bemühungen seitens des »Systems«, aus verschiedensten Gründen nur bedingt gefruchtet. Sie sind einfach anders in Verhalten, Aussehen, Denken und Handeln und ihnen ist ihre Individualität, Andersartigkeit und die Möglichkeit, frei zu denken, sehr wichtig. Damit einher geht häufig, dass sie möglicherweise nicht das Zertifikat, die Auszeichnung oder den Abschluss mit den perfekten Noten haben. Hat schon mal jemand daran gedacht, dass es Menschen gibt, die Prüfungsangst haben? So ist es auch nicht verwunderlich, dass wir bei sogenannten Verrückten, Spinnern und Freaks viel eher einen mehr als krummen Lebenslauf mit Lücken finden.

Mir gefallen die Begriffe nicht und so werde ich im weiteren Verlauf nicht mehr von Verrückten, Spinnern und Freaks schreiben, sondern von »Hidden Talents«. Denn genau das sind sie. Verborgene Talente, deren vielfältiges Potenzial bisher nicht entdeckt und somit nicht gefördert und zur Entfaltung gebracht wurde. Zu ihnen zähle ich u. a. auch introvertierte, hochsensitive, hochbegabte und autistische Menschen mit den verschiedensten Ausprägungen ihrer Besonderheiten.

Ihr fragt euch sicher schon seit geraumer Zeit, weshalb ich die Überschrift gewählt habe und geradezu liebevoll von verborgenen Talenten schreibe. Es liegt daran, dass ich mich selbst dazu zähle und in der Außenwahrnehmung – nun muss ich die Wörter doch noch einmal verwenden – als Verrückter, Spinner und Freak bezeichnet werde. Ja, ich bin non-konform in Aussehen, Verhalten, Denken und Handeln mit einem wechselvollen und krummen Lebenslauf. Ich bin anders und weiß, wie es ist und sich anfühlt, nicht in diese Welt zu passen, sich in ständigen Veränderungsprozessen zu befinden, nicht ernst genommen und wertgeschätzt zu werden, sich permanent selbst zu hinterfragen und voller Selbstzweifel zu sein und seine Talente und Potenziale nicht einbringen zu können bzw. zu dürfen. Das ging so weit, dass vor nicht allzu langer Zeit eine HR-Leiterin, der lediglich Informationen aus dem Internet von mir vorlagen, meinte, dass ich nicht seriös genug für ihr Unternehmen sei.

So what. Seitdem ich um meine Hochsensitivität im Kontext Scannerpersönlichkeit, besser bekannt als Vielbegabung, weiß, kann ich mein bisheriges Leben viel besser einordnen und die Außenwahrnehmung mit dem Slogan, »Mich muss man wollen, sich leisten und vor allem aushalten können« freundlich weglächeln.

So geht es dann auch den meisten Hidden Talents. Sobald sie ihre Talente und Potenziale kennen und wissen, wie sie sie für sich und andere positiv einsetzen können, steigt ihr Selbstbewusstsein und sie lassen sich nicht mehr so schnell an das »System« anpassen. Gut so und ich sage ihnen: »Sei mutig, sei authentisch: Sei du selbst!«

Bemerkenswert ist: Aus zahlreichen Gesprächen mit Unternehmer*innen und Führungskräften weiß ich, dass sich viele von ihnen wünschten, aus den gesellschaftlichen Zwängen auszubrechen und einfach mal verrückte Dinge tun zu können. Ich sage ihnen dann: »Tja, ich bin so, wie du gerne sein möchtest« – BÄMMM. Die meisten von ihnen machen dann auch nichts Verrücktes und was sie sich selbst nicht zugestehen, erlauben sie auch den Menschen in ihrem Umfeld nicht. Verrückt.

Ihr seht schon. Bei Hidden Talents geht es spannend, flexibel und vor allem ganz anders zu. Wollt ihr da noch wirklich etwas über Normale bzw. Normalität lesen? Echt? Na gut. Ihr habt es nicht anders gewollt. Sagt nachher aber nicht, ich hätte euch nicht gewarnt.

29.2 Wer sind die Normalen bzw. was ist Normalität?

Definition im Internet

Normal oder Normalität bezeichnet das Verhalten von Menschen, das von der Gesellschaft oder dem System als selbstverständlich angesehen, gewünscht und akzeptiert wird. Es wird durch Erziehung und Sozialisation vermittelt und gewährleistet Sicherheit zwischen den Menschen einer Gesellschaft.

Meine Definition

Normal oder Normalität bezeichnet das Verhalten von Menschen, die ihrer sozialen und gesellschaftlichen Konditionierung, beginnend mit der Erziehung durch ihre Eltern, später dann durch Kindergarten, Schule, Arbeitgeber, Universität ... nicht entkommen wollen oder können. Sie fügen sich den gesellschaftlichen Standards, Normen, Konventionen, Konformitäten und Uniformitäten, um ein für sie ruhiges, angenehmes und bequemes Leben führen zu können. Entscheidend für sie ist, dass

Erfolge durch Abschlüsse, Zertifikate und Auszeichnungen nachweisbar sind und sie dadurch als Highperformer angesehen werden. Dabei ist es häufig egal, dass das Gelernte nur bei der Prüfung repetiert wird – sogenanntes Bulimielernen – und danach keine Anwendung mehr findet.

Daraus auszubrechen ist für sie nur selten eine Option, da sie nicht auffallen, sondern der Gesellschaft gefallen wollen.

Ein gerader, vorbestimmter Weg mit festen Leitplanken gibt ihnen Sicherheit und so sind sie in der Lage, die unternehmerischen Vorgaben zu bedienen und Leistung zu bringen.

Für Unternehmen sind sie eine verlässliche Größe, da sie sich dem (Unternehmens-) System anpassen und dem Prinzip höher, schneller, weiter nachkommen.

Es gibt nicht nur schwarz und weiß, sondern ganz viel Graustufen und -nuancen und so manche/r »Normale« weist »verrückte« Züge auf und umgekehrt und doch überwiegt in den Unternehmen die Normalität.

29.3 Weshalb bekommen Hidden Talents derzeit so wenig bis gar keinen Raum?

Wir leben in einer sich rasant verändernden und komplexer werdenden (Unternehmens-)Welt. Unternehmen sehen sich vielfältigen bestehenden und zukünftigen Herausforderungen wie – **Achtung, Buzzword-Bullshit-Bingo-Alarm** – War for Talents, VUCA-Welt, Transformation, Digitalisierung, Disruption, Globalisierung, Agilität, Diversity, Kommunikation ... und natürlich nicht zu vergessen, das gute alte »New Work« (Vollständigkeit der Aufzählung nicht garantiert) gegenüber.

Die Unternehmenswelt dreht sich so schnell, wird von Tag zu Tag komplexer – VUCA-komplexer – und es wird immer noch mit Mitteln und Menschen aus längst vergangen Zeiten, Ausbildungen ... versucht, diesen Herausforderungen Herr zu werden. Das nenne ich verrückt.

Doch anstatt sich einmal richtig zu schütteln, tief durchzuatmen und sich den grundsätzlichen Fragen »Wer sind wir?«, »Was wollen wir?«, »Wo wollen wir hin?«, »Welche Ziele und Visionen haben wir?«, »Wer kann uns wirklich beim Erreichen der Ziele und Visionen unterstützen?« zu stellen, um daraus eine sinnhafte, nachhaltige und zielführende Strategien zu entwickeln, sehen wir folgende Szenarien:

Auf der einen Seite gibt es Unternehmen, die die Situation stoisch aussitzen, unterstützt von den allseits bekannten Sprüchen »Haben wir immer schon so gemacht«, »Läuft doch«, »Dieser neumodische Krams kommt für uns mindestens zwei Jahre zu früh« und »Wir sind noch nicht soweit«.

Wir können es auch anders ausdrücken: Die Definition von Wahnsinn ist, immer wieder das Gleiche zu tun und andere Ergebnisse zu erwarten. (Albert Einstein)

Auf der anderen Seite sind die Unternehmen, die in Hektik und blinden Aktionismus verfallen, jeden neuesten, heißen Sch … mitmachen, egal ob es passt oder nicht – »Wir müssen auf jeden Fall jetzt agil, gescrumt und geleant werden«, »Wir wollen Leuchtturm sein«, »Wir haben jetzt einen Obstkorb, Sitzsäcke, Kickertische und den perfekt geschäumten Latte-Dingsbums.«

Aus dem Verhalten der beiden genannten Unternehmenstypen folgt wiederum, und jetzt wird es wild, dass die Kolleg*innen und Mitarbeiter*innen sowohl beim Verharren im Bewährten als auch beim blinden Aktionismus verheizt werden. Es entsteht bei ihnen ein Gefühl der Ohnmacht und Resignation. Zunächst als leichte Verunsicherung und Unruhe wahrgenommen, entstehen Unzufriedenheit, Frust und eine negative Stimmung. Wenn hier nicht spätestens interveniert wird, gehen die Mitarbeiter*innen freiwillig. Weitere Abgänge durch den Herdeneffekt und damit verbunden der Verlust von zum Teil essenziellem Know-how sind die Folge. Wir befinden uns derzeit (noch) in einem Bewerbermarkt und die Personaler*innen kommen in die Bredouille, passende Fachkräfte zu finden. Durch die unbesetzten Stellen erhöht sich der Druck auf die Verbleibenden, Arbeit und Aufträge bleiben liegen, Kund*innen und Geschäftspartner*innen werden unruhig, unzufrieden und wandern zu Mitbewerber*innen ab …

Ihr wisst sicher schon, wie sich diese Spirale weiterentwickelt.

Nicht zu vergessen die »New Generations«. Sie haben ihre ganz eigenen Vorstellungen von einem modernen Arbeitsumfeld. Da gibt es die Generation Y, die weniger den monetären Anreiz bei der Arbeit sieht. Sie strebt vielmehr eine sinnhafte Tätigkeit und ein Wohlfühl-Gesamtpaket, bestehend aus Selbstverantwortung, Wertschätzung, Vereinbarkeit von Familie und Beruf, flexiblen Arbeitszeiten und -orten sowie Feelgood-Management am Arbeitsplatz an. Anders die Generation Z. Sie strebt weiter nach Karriere und die damit verbundene Anerkennung. Was die folgenden Generationen an Anforderungen und Wünschen mitbringen, ist noch nicht vollends absehbar, aber es wird sicher nicht einfacher. Die älteren Bewerber*innen bringen viele gute Voraussetzungen mit, sind aber leider zu alt und vermeintlich zu unflexibel und zu teuer.

Ihr merkt sicher schon: Es wird immer komplizierter.

Auch für die Personaler*innen, denn sie dürfen das Ganze ausbaden indem sie

- sich im Buzzword-Bullshit-Bingo zurechtfinden, priorisieren und Leitfäden entwickeln,
- zwischen Bewährtem und blindem Aktionismus einen erfolgreichen Mittelweg erkennen und beschreiten,
- den Kolleg*innen den Mittelweg schmackhaft machen, damit sie und das Know-how im Unternehmen bleiben und dieses Unternehmen nicht in die beschriebene Negativspirale gleitet,
- und im besten Fall auch noch für eine gute und gewaltfreie Kommunikation sorgen,
- effizient den Kampf um die Talente, den War for Talents, für das Unternehmen gewinnen und dabei die Talente entdecken. Diese Talente sollen selbstverständlich anders als alles bislang Dagewesene sein. Eben die »Hidden Talents«, die thinking out of the Box beherrschen, den Blick von außen mitbringen und ständig über den Tellerrand schauen können. Gleichzeitig sollen diese aber einen hervorragenden Uni-FH-Abschluss und mindestens ein Auslandssemester und viele Lebens- und Berufserfahrungen vorweisen, sich schnell anpassen können und natürlich den Standards, Normen, Konventionen, Konformitäten und Uniformitäten der Organisation entsprechen. Die vielzitierte eierlegende Wollmilchsau. Was für ein Widerspruch!

Und ganz nebenbei sollen sie

- bei allen Herausforderungen und Spannungsfeldern auch noch die Personalkosten im Blick haben, denn die gehen durch die unbesetzte/n Stelle/n (inkl. Rückgang der Produktivität, Einarbeitung neuer Mitarbeiter*innen, Verlust von Kontakten, Wissen, Erfahrung und Kunden, Herdeneffekt und Abfindungen), ineffektive Stellenausschreibungen, Personalvermittlungen und Headhunter*innen, Digitalisierung der Bewerbungsprozesse (Kauf, Installation plus Service), frühzeitiges Ausscheiden von neuen Mitarbeiter*innen (durch schlechtes oder gar kein Onboarding, nicht halten von Versprechungen etc.), ignorieren von »Hidden Talents« und deren Potenzialen … durch die Decke

Ich traue es mich kaum zu schreiben, doch Personaler*innen sollen auch noch

- die Auswirkungen auf das Unternehmen, die Kolleg*innen, Mitarbeiter*innen, Bewerber*innen durch die Corona-Pandemie händeln, die zum jetzigen Zeitpunkt noch gar nicht in Gänze absehbar sind und dennoch schon Einfluss auf alle Unternehmensbereiche nehmen.

Das ist ein echt hartes Brett für alle Menschen in den Unternehmen. So darf es uns auch nicht verwundern, dass sich wenig bis gar nichts verändert, außer, dass bei allen Beteiligten das Druck- und Frustpotenzial enorm zunimmt. Es wird in Kauf genommen, dass Frau/Mann sehenden Auges ins unternehmerische Verderben rennt.

Ist es da ein Wunder, dass keine Zeit und kein Geld mehr übrig ist, um Hidden Talents mehr Raum zu geben? Nö.

Dabei sind Hidden Talents mit ihren Talenten und Potenzialen bzw. Begabungen, Fähigkeiten und Eigenschaften diejenigen, die die oben genannte Gemengelage aufdröseln und die Unternehmen bei allen Herausforderungen, die sie haben, in eine erfolgreiche Zukunft führen können.

Ihr fragt euch: Warum? Weil sie es können.

29.4 Was macht Hidden Talents aus? Woran erkennen wir HTs?

Geben wir nun den positiven Eigenschaften von Hidden Talents mehr Raum und sehen wir uns an, wie sie sich positiv auf die Unternehmen auswirken können.

Je nach Ausprägung vereinen Hidden Talents unterschiedlichste Talente und Potenziale in sich; ein Potpourri an Begabungen und Fähigkeiten, die sich Unternehmen sehnlichst wünschen und dringend benötigen, wenn man sie lässt. Sie bestechen durch ihre blitzschnelle Auffassungsgabe. Selbst komplexe Aufgabenstellungen und Zusammenhänge analysieren sie innerhalb kurzer Zeit, hören genau zu und stellen präzise und wichtige Fragen, um daraus Schlüsse zu ziehen und Lösungen zu finden. Sie sprühen vor Ideen und Innovationen, die umsetzbar sind und ihre Kreativität scheint unbegrenzt. Agil, disruptiv und Kreuz-und-quer-Denken und -Handeln ist für sie normal und thinking out of the box wird gelebt. Dabei inspirieren und begeistern sie ihr Umfeld, sodass dieses ebenfalls in ein positives Denken und Handeln kommt.

Weitere positive Begabungen, Fähigkeiten und Eigenschaften machen die Hidden Talents aus. Darunter sind zu erwähnen (ein Auszug):

> ... bisherige Denkmuster aufbrechen – ganzheitliches, globales und interkulturelles Denken – Mut, Veränderungen voranzutreiben – Hinterfragen bestehender Strukturen, Standards und Normen – hohe Eigenverantwortung und Selbstbefähigung – Authentizität – Organisationstalent – tiefe und vielschichtige Wahrnehmung von Situationen, Stimmungen und Emotionen – Durchhaltevermögen – Fantasie und Vorstellungskraft – hohe Begeisterungsfähigkeit mit sehr vielseitigen Interessen – ausgeprägtes Langzeitgedächtnis – selbstkritisch – instinktiv kommunikationsfördernd – wissbegierig – VUCA-Welt und Digitalisierungsaffin – Erkennen von Fehlern und Widersprüchlichkeiten – menschlicher Seismograf/menschliches Frühwarnsystem – Erkennen von Trends und abgrenzen von Hypes – erhöhte Leistungsfähigkeit – Talente entdecken, fördern und zur Entfaltung bringen – zwischen

Menschen vermittelnd – Werteorientierung – Idealismus – Kreativität – Sinnstiftung (erzeugen), Achtsamkeit, konstruktiv ...
... oft gepaart mit Intuition, Empathie und emotionaler Intelligenz.

Ich muss zugeben, Hidden Talents können anstrengend sein, insbesondere für Menschen, die sich bisher in einem »normalen« Unternehmensumfeld bewegt haben. Doch die Vorteile überwiegen, wenn sie den Raum, um sich zu entfalten, bekommen.

29.5 Gute Rahmenbedingungen und mehr Raum

Hidden Talents benötigen gute Rahmenbedingungen und mehr Raum als andere, damit sie ihr volles Potenzial abrufen und zum Wohle aller Menschen, die mit dem Unternehmen zu tun haben, einbringen können.

Grundvoraussetzung ist, dass Hidden Talents als solche überhaupt wahrgenommen, also ihre Begabungen und Fähigkeiten (Potenziale) entdeckt, gefördert und zur Entfaltung gebracht werden und sie die Wertschätzung erhalten, die sie verdienen.

Es bedarf des Verständnisses der Unternehmensverantwortlichen, Recruiter*innen und Personaler*innen für die Bedürfnisse der »Hidden Talents« und dafür, dass diese Begabungen und Fähigkeiten mitbringen, die sich nicht an Zahlen, Daten und Fakten orientieren und somit nicht messbar sind.

Strukturen, Normen und Standards sind Hidden Talents nicht dienlich und eine Abkehr von vorhandenen Konventionen, Konformitäten und Uniformitäten lässt »Hidden Talents« aufblühen.

Raum im Kontext mentaler, geistiger Freiräume, mit nur wenigen unternehmerischen Leitplanken, schätzen Hidden Talents sehr. So können sie Ideen und Innovationen, Konzepte und Strategien entwickeln, die ab vom Mainstream sind. Dies wiederum erweitert den Raum für Kolleg*innen im Unternehmen. Inspiriert und angespornt durch Hidden Talents, gehen sie ebenfalls mehr aus sich heraus.

Gebt den Hidden Talents mehr mentalen, geistigen (Frei-)Raum.
Hidden Talents brauchen keine festen Arbeitsplätze. Sie benötigen Wohlfühlplätze. Hidden Talents möchten sich aussuchen, wo sie arbeiten. Das kann in einem Büro sein, in der Büroküche, bei gutem Wetter im Garten, auf einem Sofa, in einem Sitzsack oder was auch immer. Tagesformabhängig kann das auch variieren. Wenn sie in einem Büro arbeiten, dann sollte dies auch atmosphärisch und von der Einrichtung her ansprechend sein. Hidden Talents achten sehr auf Details und wenn es sich um einen schnöden, lieblos eingerichteten Raum handelt, dann ist das nicht gut. Dabei achten sie auch

auf die jeweilige Geräuschkulisse. Diese darf sicher mal lauter und etwas hektischer sein, doch bitte nicht auf Dauer. Wenn wir einen positiven Aspekt der Corona-Pandemie finden, dann den, dass Präsenzpflicht in vielen Berufen völlig überbewertet wurde.

Gebt den Hidden Talents die Räume, die sie benötigen.

Zeit

Bei Hidden Talents steht der Erfolg ihrer Arbeit im Fokus, egal wie viel Zeit sie dafür benötigen. Das Ergebnis muss stimmen und die Arbeit muss sinnstiftend sein. Dabei gehen sie durchaus über das übliche Maß hinaus – auch zeitlich. Ideen, Innovationen oder Geistesblitze halten sich nun mal nicht an Bürozeiten oder -räume. Sie kommen einfach so. Unter der Dusche, beim Joggen, während eines Gesprächs, beim Lesen, beim Gedanken schweifen lassen auf einer Parkbank ... Tolle und wegweisende Konzepte, Strategien und Kreativität entstehen selten in der unsäglichen 9-to-5-Präsenzzeit oder dem Ver- und Ausharren vor einem Bildschirm. Klingt komisch, ist aber so.

Gebt den Hidden Talents die Zeit, die sie brauchen.

Ist das das neue Raum-Zeit-Kontinuum? Wenn dann noch Menschlichkeit, Toleranz, Fehler-, Werte-, Feedback- und Unternehmenskultur, Vertrauen, Zutrauen, Selbstverantwortung, Selbstbefähigung und eine große Portion Spaß und Humor gelebt wird, so sind Hidden Talents kaum noch zu halten.

Hach, ich habe soeben das Gefühl, das ich mich mal wieder völlig verquatscht habe.

29.6 Rethinking HR

Für Rethinking HR braucht es neue Sichtweisen und Herangehensweisen im HR und wer von euch meinen Beitrag bis hierhin aufmerksam gelesen hat, weiß, was jetzt kommt.

Uns Hidden Talents gibt es. Wir sind viele und wir wollen euch bei euren Herausforderungen unterstützen.

Bevor ich konkret in die Thematik einsteige, muss ich noch etwas loswerden: Die Bezeichnung »War for Talents« ist irreführend. Es ist kein Krieg. Es ist der verzweifelte Versuch der Unternehmen, Mitarbeiter*innen zu finden, einzustellen und zu halten. Sorry, aber diesen Zahn muss ich euch einfach ziehen.

Alles beginnt mit dem ersten Hidden Talent – ob aus dem eigenen Unternehmen, sicher der einfachere Weg, oder durch gezieltes, andersartiges Recruiting.

Personaler*innen sollten sich zunächst innerhalb des Unternehmens auf die Suche nach den Hidden Talents begeben. Ich bin mir sicher: In jedem Unternehmen ab 20 Personen befindet sich mindestens ein Hidden Talent.

Wie wäre es, wenn ihr euch die Bewerbungen eurer Kolleg*innen noch einmal hervorholt und dort nach »Auffälligkeiten« und »Ungewöhnlichem« fahndet. Jede Abweichung von der Norm kann der entscheidende Hinweis auf ein Hidden Talent sein. Ihr seid euch nicht sicher? Dann macht eine Umfrage im Unternehmen. Lasst sie unter der Rubrik »Talentmanagement«, »Talente finden, Talente binden« oder »Wer sind wir?« laufen.

Folgende Fragen, auch wenn sie sich unscheinbar anhören, können hilfreich sein, um Hidden Talents zu identifizieren:

- Welche Hobbies hast du?
- Welche Talente, neben deinen fachlichen Qualifikationen, bringst du mit?
- Wenn du dich selbstständig machen möchtest: In welcher Branche würdest du dich wohlfühlen? Welche Produkte oder Dienstleistungen würdest du deinen Kunden anbieten? Welches Alleinstellungsmerkmal hättest Du?
- Welche Musikrichtung bringt dich so richtig in Fahrt?
- In welche Abteilung des Unternehmens möchtest du mal reinschauen und dort mitarbeiten?
- …

Veranstaltet einen Talenttag/Talentworkshop mit den Kolleg*innen oder bildet Interessengruppen und schaut dort, wer sich wo und weshalb tummelt.

Seid kreativ, um die internen Hidden Talents zu entdecken. Wichtig bei den aufgezeigten Möglichkeiten ist: Wenn die Kolleg*innen sich öffnen, dann nehmt sie ernst. Egal, wie abgedreht das Ergebnis auch ist, es darf nicht bei einer einmaligen Aktion bleiben. Die entdeckten Hidden Talents müssen dann auch gefördert werden und ihre Potenziale müssen zur Entfaltung gebracht werden. Sie werden es euch danken.

Wenn ihr intern ein Hidden Talent entdeckt habt und dieses auch noch HR-affin ist, dann ergreift die Chance und holt sie/ihn ins Team. Es ist euer Jackpot, denn Hidden Talents ziehen weitere Hidden Talents an.

Externe Hidden Talents zu entdecken, ist eine ganz andere Hausnummer, da die Bewerbungsprozesse und das Bewerbermanagement in Unternehmen auf High Performer und nicht Hidden Talents ausgerichtet sind. Es erfordert Mut, sich der Herausforderung zu stellen und entsprechende Änderungen dahingehend vorzunehmen. Der Mut und die Mühen lohnen sich aber. Wirklich.

Auch hier gilt, dass ihr euren Horizont in Bezug auf Hidden Talents bereits erweitert habt und wisst, dass es sie da draußen gibt. Und zwar zu tausenden.

Meine eigenen Erfahrungen bei Bewerbungen zeigen, dass neben den zum Teil wahnwitzigen Anforderungsprofilen in Stellenausschreibungen auch die heute üblichen und viel gepriesenen KI-gesteuerten und auf Algorithmen basierenden Bewerbungsprozesse die Situation für Bewerber*innen nicht besser machen.

Ich erwähnte bereits, dass wir uns (noch) in einem Bewerbermarkt und nicht in einem Arbeitgebermarkt befinden. Hier würde ich mir wünschen, dass ihr euch dies bewusst vor Augen führt und die Bewerber*innen nicht als Bittsteller seht. Bei meinen Bewerbungen musste ich häufig feststellen, dass mich die jeweiligen Personaler*innen von oben herab behandelten. In der heutigen Zeit ein No-Go. Begebt euch auf – Achtung Buzzword – Augenhöhe mit den Bewerber*innen und versetzt euch in ihre Lage. Es gibt ein Unternehmen, das sich dazu ganz eigene Gedanken gemacht hat und sich selbst seit geraumer Zeit als Arbeit**nehmer** sieht, weil sie die Arbeitsleistung bzw. -kraft von den Menschen, die für das Unternehmen tätig sind, nehmen. Für diesen Perspektivwechsel feiere ich die Firma Tele Haase und Markus Stelzmann jeden Tag ab. Wär das nicht auch was für euch?

Es gibt unzählige Möglichkeiten, Hidden Talents und viele tolle Bewerber*innen für das eigene Unternehmen zu begeistern. Ein paar Beispiele:

- Anstatt einer langweiligen Stellenausschreibung, solltet ihr einfach nur 10 Fragen, die im Kontext mit der zu vergebenden Stelle stehen, an die potenziellen Bewerber*innen stellen. Je mehr Fragen mit Ja beantwortet werden, umso besser passt ihr zusammen. Die/der Bewerber/in erhält ein »Testergebnis«, verbunden mit der Aufforderung, sich durch einen Call-to-Action-Button umgehend bei euch zu melden. Wenn ihr grundsätzlich mehr Bewerbungen bekommen, jedoch auf die klassische Form einer Stellenausschreibung nicht verzichten wollt, dann solltet ihr das Anforderungsprofil der zu besetzenden Stellen reduzieren und vor allem die Algorithmen und Formeln entsprechend neu definieren. Was da teilweise gefordert wird, übersteigt sogar die Fähigkeiten so mancher High Performer und viele Bewerber*innen – darunter die Hidden Talents – bewerben sich erst gar nicht oder fallen bereits früh durchs Raster. Ich möchte nicht klugscheißen, doch die eierlegende Wollmilchsau gibt es nicht.
- Noch ein kleiner Hinweis zum vorgenannten Punkt. In vielen Stellenausschreibungen werden Anforderungen an die Bewerber*innen gestellt, die sich gegenseitig ausschließen. Die Bewerber*innen erkennen solche Unstimmigkeiten sofort und bewerben sich – nicht. Hier ist es sinnvoll, das Anforderungsprofil, gerade wenn es die Abteilungsleitung erstellt, zu hinterfragen.
- KI-gesteuerte und auf Algorithmen basierende Bewerbungsprozesse und Bewerbermanagement kann ich bei Konzernen und großen Unternehmen aufgrund der

Anzahl der Bewerbungen noch verstehen. Kleinere und mittelgroße Unternehmen tun dies ebenfalls, obwohl die Zahl der Bewerbungen überschaubar ist. Hier wäre mein Tipp, dass ihr, zunächst für einen Monat, das Bewerbungstool aussetzt und Bewerbungen per Mail zulasst, um euch selbst die Bewerbungen genauer anschauen zu können, statt von einem Programm die Vorauswahl treffen zu lassen.

- Egal, ob eine Bewerbung über ein Tool, per Mail oder postalisch eingegangen ist. Egal, ob sie für euer Unternehmen relevant ist oder nicht. Gebt der/dem Bewerber/in eine Rückmeldung. Mir ist aufgefallen, dass sich Unternehmen, wenn sie per Mail kontaktiert werden, gar nicht zurückmelden. Nichts ist frustrierender für Bewerber*innen und es ist eine Unart, die Unmut erzeugt. Das rückt das Unternehmen in ein schlechtes Licht und spricht sich schnell herum. Bewerber*innen meiden solche Unternehmen.
- Der Verzicht auf Bewerbungsanschreiben spart euch und den Bewerber*innen Zeit, Geld und reduziert auf beiden Seiten das Frust- und Druckpotenzial. Es sei denn, ich bewerbe mich bei euch initiativ, dann ist ein Anschreiben unumgänglich und ihr müsst euch auf was gefasst machen.
- Hidden Talents sind kreative Menschen und mögen andersartige Bewerbungsformate, wie Videos, Sprachnachrichten etc. Dabei solltet ihr, liebe Hidden Talents, darauf achten, dass diese dann auch hochladbar sind und die Begrenzung von Bewerbungsunterlagen bei 2 MB liegt.
- Active Sourcing ist bei so manchen Personaler*innen bereits gang und gäbe. Hier ist die Beobachtung von Talenten via Internet oftmals auf das Anschauen des jeweiligen Profils begrenzt. Menschen geben auf den sozialen Medien viel von sich preis und es wird ihnen häufig negativ ausgelegt. Lest bitte zwischen den Zeilen und taucht tief ins Profil ein. Besonders Hidden Talents sind gut darin, ihre wahren Potenziale zu verstecken. Sie brillieren vielleicht durch Artikel und längere Beiträge zu aktuellen Themen, die jedoch nur kurzzeitig auf der Startseite zu sehen sind.
- Statt eine Stelle mit einer Person zu besetzen, was bei Urlaub oder Krankheit zu Problemen führen kann, ist Jobsharing eine sinnvolle Alternative. Ein Job, zwei Menschen und statt 100 % Talent und Potenzial habt ihr mindestens 200 %. Und kommt mir bitte nicht mit, die arbeiten doch nur 50 % der Zeit. Nicht nur Hidden Talents arbeiten effektiver und sind schneller mit den Aufgaben fertig, als ihr denkt. Präsenzzeit ist weder ein Hinweis noch ein Garant für Effektivität.
- Ich möchte euch ja Mut machen, selbst mutig zu sein. Für die nächste Idee zum Thema Rethinking HR braucht ihr Mut und Vertrauen. Veröffentlicht eine Stellenausschreibung unter der Rubrik »Macht doch, was ihr wollt«. Mehr open your mind geht nicht. Es gibt Unternehmen, die wissen gar nicht, welche Menschen sie wirklich suchen und wer sie auf dem Weg in eine erfolgreiche Zukunft unterstützen kann. Es ist keine konkret zu besetzende Stelle. Es gibt kein Anforderungsprofil, sondern die Bewerber*innen gestalten ihre Rolle im Unternehmen selbst. Sie entscheiden, wo ihre Begabungen und Fähigkeiten zielführend einsetzbar sind, und kreieren sich so ihren neuen Job und ihr Arbeitsumfeld. Mit »Macht doch was ihr

wollt« seid ihr und die Bewerber*innen maximal flexibel. Das öffnet besonders Hidden Talents die Tür zu euch und die Chance, dass sie ihr Bestes zu geben.

- Solltet ihr bzw. euer Unternehmen schon weiter als andere sein und es mit den Hidden Talents ernst meinen, dann sucht explizit nach ihnen. Gebt zu, dass ihr nicht weiterkommt, im Buzzword-Bullshit-Bingo feststeckt und den Überblick verloren habt. Ehrlich währt am längsten. Ich habe die Befürchtung, dass euch eure Mitbewerber daraus einen Strick drehen. So what. »Die anderen« stehen genauso vor den heutigen und zukünftigen Herausforderungen wie ihr, haben Probleme, die für sie richtigen und wichtigen Menschen zu finden, Ideen und Innovationen zu entwickeln, Kreativität freien Lauf zu lassen, neue Konzepte und Strategien zu erarbeiten und umzusetzen. Was interessieren euch die anderen?
- ... to be continued.

Einen habe ich noch für euch.

Wenn so wirklich gar nichts mehr geht, dann holt euch bitte Unterstützung von außen und geht auf die unzähligen Freelancer zu.

Die Leserinnen und Leser, die sich in meinem Beitrag als Hidden Talent wiedererkannt haben, also ihr verrückten Spinner und Freaks – Huppsi, da sind sie wieder – da draußen, rufe ich zu: Ihr seid nicht allein. Auch ihr dürft umdenken. Ihr seid Arbeitgeber und Jobfinder. Findet die Unternehmen, die zu euch, euren Talenten und Potenzialen bzw. Begabungen, Fähigkeiten und Eigenschaften passen. Es gibt sie und sie werden euch erkennen, fördern, euer ganzes Potenzial zur Entfaltung bringen, wertschätzen und abfeiern.

Hidden Talents polarisieren. Wir treffen uns dann demnächst alle am +Pol.

Um es kurz zu machen

Hidden Talents: Erhalten Hidden Talents die für sie wichtigen Räume und gute Rahmenbedingungen, werden ihre Begabungen und Fähigkeiten und damit gleichsam ihre Stärken erkannt und gefördert, dann können sie ihr volles Potenzial zum Wohle aller zur Entfaltung bringen. Kreativität und Produktivität steigen, Ideen und Innovationen werden sprudeln und die Innen- wie Außenwirkung wird sich positiv verändern.

Kolleg*innen/Mitarbeiter*innen: In der Innenwirkung können Hidden Talents dafür sorgen, dass die Kolleg*innen sich enger an das Unternehmen binden (weniger Fluktuation, Fachkräftebindung), da diese sich sicher sein können, dass ihnen zugehört wird, ihre Leistungen wertgeschätzt, ihre Anliegen ernst genommen werden und eine menschliche Unternehmenswelt geschaffen wird. So verkommt der allseits beliebte Ausspruch »Bei uns steht der Mensch im Mittelpunkt« nicht zum Lippenbekenntnis oder wie ich es nenne »Human-Green-Washing«.

Unternehmen: Hidden Talents bekommen, auch weil sie gute Zuhörer sind, leichter Zugang zu den Menschen in den Unternehmen. So können sie früher als andere negative Stimmungen erkennen und zwischen den Parteien vermitteln. Zudem nehmen sie die oft hoch emotionale Spannung aus den Konflikten und sorgen somit für die Beruhigung einer schwierigen Situation.

Mit ihrem Freigeist, der Feinfühligkeit und Beobachtungsgabe sorgen sie für positive Energien innerhalb des Unternehmens und damit für ein besseres Betriebsklima. Sie fördern gleichzeitig die Menschlichkeit im Unternehmen. In einer menschenzentrierten Unternehmenswelt werden Unternehmer*innen und ihre Teammitglieder, unterstützt von Hidden Talents, selbst zu Ermöglicher*innen im eigenen Unternehmen und sind damit in der Lage, die Herausforderungen und notwendigen Veränderung selbst in die Hand zu nehmen.

Die Begabungen und Fähigkeiten der Hidden Talents, besonders Intuition, Empathie und emotionale Intelligenz, sind auch in den Unternehmensbereichen wie Human Resources, Recruitment, betriebliches Gesundheitsmanagement (BGM) und Innovations- und Ideenmanagement gefragte Soft Skills.

Auch in der Außenwirkung (Employer Branding) wird sich die Etablierung von Hidden Talents lohnen, denn Bewerber, Kunden und Partner entscheiden sich immer häufiger für Organisationen, die den menschlichen Aspekt in den Vordergrund stellen.

29.7 Zum guten Schluss

Vor über 4 Jahren habe ich eine These zu Hidden Talents veröffentlicht, die ich euch nicht vorenthalten möchte:

Unternehmen werden nicht umhinkommen, in der Zukunft Menschen zu beschäftigen, die ganz besondere Begabungen und Fähigkeiten haben, denn diese besonderen Menschen werden dafür verantwortlich sein, ob ein Unternehmen zukunftsfähig und somit erfolgreich sein wird.

Ergänzt um eine weitere These im Jahr 2020:

Die Zeit der Leisen ist gekommen. Die Zeit derer, die sich seit Jahren mit den Themen Menschlichkeit, menschenzentrierte Unternehmen, Intuition, Empathie und emotionale Intelligenz beschäftigen. Die Zeit derjenigen ist gekommen, die wirklich etwas bewegen, echte Veränderungen anstoßen und mit innovativen Ideen die Gesellschaft wie auch Unternehmen in die Zukunft führen werden. Ideen, die in der Vergangenheit belächelt oder als Spinnerei abgetan wurden. Menschliche Ideen.

30 Game Changer Inklusion: Kulturwandel statt Diversity Quick Fix

Ellen Wagner

Viele Unternehmen auf der ganzen Welt haben in den letzten zehn Jahren »Diversity and Inclusion« in ihre Visionen und Strategien integriert. Es wird zunehmend von den Unternehmen erkannt, dass eine vielfältige Belegschaft einen Vorteil darstellt. Das gilt besonders dann, wenn sie in einer schnelllebigen, globalisierten Wirtschaft bestehen möchten. Laut einer internationalen McKinsey-Analyse aus dem Jahr 2020 ist der Zusammenhang zwischen Diversität und Geschäftserfolg so deutlich wie noch nie: Bei Unternehmen mit hoher Gender-Diversität ist demnach die Wahrscheinlichkeit, überdurchschnittlich rentabel zu sein, um 25 % höher als bei Unternehmen mit einer geringen Gender-Diversität. Im Jahr 2014 lag der Wert noch bei 15 %. Setzen sich die Führungsteams aus Mitgliedern verschiedener ethnischer Hintergründe zusammen, liegt die Wahrscheinlichkeit der Rentabilitätserhöhung sogar bei 36 %.

Besonders mit Hinblick auf den »War for Talents« (verschärfter Wettbewerb um Talente) müssen Unternehmen Maßnahmen treffen, um die besten Arbeitskräfte anzuziehen und zu halten. Werden Mitarbeitende wegen einer nicht-inklusiven Unternehmenskultur erst gar nicht eingestellt oder verlassen sie die Unternehmen aufgrund fehlender Diversität, entgeht Unternehmen nicht nur Innovationskraft, sondern auch der daraus resultierende Umsatz (Hunt, Prince, Dixon-Fyle und Yee, 2018, S. 1).

Unternehmen fällt es nicht leicht, eine sogenannte Diversity, Equity & Inclusion (kurz DEI) Strategie erfolgreich zu implementieren. Oftmals werden Maßnahmen ohne langfristige strategische Planung eingeführt, deren Effekt schon nach kurzer Zeit verpufft und somit keine nachhaltige Veränderung in der Unternehmenskultur schaffen.

Das ist zu kurz gedacht.

Eines der Anliegen zahlreicher Unternehmen im Rahmen von Bemühungen rund um Diversity ist, »diversere« Kandidat*innen zu rekrutieren. Maßnahmen wie das sogenannte »Blind Hiring«, bei dem Unconscious Biases (unbewusste Wahrnehmungsverzerrungen, siehe Kapitel 30.1 »Unconscious Biases«) systematisch vorgebeugt werden, werden angewandt, um Benachteiligung auszuschließen. »Blind Hiring« sieht auf den ersten Blick als ein angemessener Schritt für die Personalbeschaffung aus, werfen auf den zweiten Blick allerdings die Frage auf, ob die neu gewonnenen »diversen« Mitarbeitenden sich in dem Unternehmen wohlfühlen, wenn sie beispielsweise die ersten Schwarzen oder die ersten Kolleg*innen mit Behinderung sind. Oftmals treffen diese auf Unverständnis oder sogar auf Ablehnung bezüglich ihres »Andersseins«. Deswegen ist der Zeitpunkt des Einsatzes bestimmter DEI-Strategien für das bestehende Personal für den Erfolg ausschlaggebend.

Ziel dieses Artikels

In den folgenden Ausführungen soll es um die Maßnahmen gehen, die getroffen werden müssen, bevor neue »diverse« Mitarbeitende eingestellt werden. Es geht darum, bewusst eine inklusive Unternehmenskultur zu schaffen, in der sich die Mitarbeitenden nicht nur tolerieren, sondern akzeptieren. Das Unternehmensziel muss sein, dass alle Mitarbeitenden eingebunden und fair behandelt werden. Um zu verstehen, warum diese Notwendigkeit besteht, werden zunächst die relevanten Begrifflichkeiten erklärt. Anschließend wird auf die Zielsetzung einer DEI-Strategie eingegangen und es werden konkrete Handlungsempfehlungen zur Etablierung einer inklusiven Unternehmenskultur gegeben. Abschließend wird auf mögliche Risiken eingegangen und mit einem Ausblick in die Zukunft geschaut.

> Der Begriff **Schwarz** ist eine Selbstbezeichnung und bezieht sich nicht auf biologische Merkmale einer Person, sondern auf ihre Position in einem sozialen Konstrukt. Schwarz wird großgeschrieben, um zu verdeutlichen, dass es nicht um die Hautfarbe geht, sondern um eine konstruierte Zuordnung. Demnach bedeutet Schwarz-Sein nicht, einer angenommenen »ethnischen Gruppe« (engl. Race) zugeordnet zu werden, sondern durch gemeinsame Rassismuserfahrung verbunden zu sein.
> Ärzte, Philosophen sowie Anthropologen wie Bernier, Linne, Buffon oder Kant unterteilten Menschen fälschlicherweise in *Rassen,* leiteten anhand der Hautfarbe Entwicklungsstufen ab und sprachen ihnen bestimmte psychische Merkmale zu. Demnach waren Menschen mit dunklerer Hautfarbe weniger wert, unzivilisierter und dümmer als Weiße (Zerger, 1997).

30.1 Erläuterungen zu Begriffen

Bevor auf konkrete Maßnahmen eingegangen werden kann, ist es wichtig zu verstehen, worum es bei den Begrifflichkeiten Diversity, Equity und Inclusion genau geht. Deswegen werden diese sowie die weiteren Begriffe Diskriminierung, Unconscious Biases und Stereotype zunächst erklärt.

Diversity

Die Welt, in der wir leben ist vielfältig. Aufgrund zunehmender Globalisierung und Migration ist das Personal in der Arbeitswelt in Deutschland ethnisch gemischt. Frauen partizipieren heutzutage mehr am Arbeitsleben als noch vor wenigen Jahrzehnten und aufgrund einer älter werdenden Gesellschaft verbleiben Mitarbeitende länger im Erwerbsleben. So finden wir eine höhere Geschlechter- und Altersdiversität in der Arbeitswelt vor (Genkova, Petia, Ringeisen, Tobias, 2016, S. 4). Diversität bedeutet nach Genkova und Ringeisen die Heterogenität oder Vielfalt von Mitgliedern einer Gruppe. Diversität kann in sogenannte Diversity-Dimensionen eingeteilt werden. Diese sind nach Wulff: Geschlecht, Alter, Ethnie, Nationalität, physische und psychische Behinderung sowie sexuelle Identität (LGBTQIA*), Religion und Status/Funktion in einer Organisation. Jeder Mensch besitzt eine einmalige Identität, die aus den Diversity-Dimensionen zusammengesetzt und abhängig vom jeweiligen Kontext ist, in dem er sich bewegt. Zu Diversity-Dimensionen gibt es unterschiedliche Modelle. Eines dieser Modelle teilt die Merkmale in sichtbar und unsichtbar ein. Zu den sichtbaren Dimensionen können Geschlecht, Alter, Ethnie, physische und psychische Behinderung zählen. Unsichtbare Merkmale sind sexuelle Identität, Nationalität, Religion und Status/Funktion in einer Organisation (Clair et al. 2005, S. 78 ff.). Es ist auch möglich, Diversity aus zwei Perspektiven zu betrachten: der sozialen Perspektive, die als Schwerpunkt auf die Chancengleichheit und Gleichberechtigung setzt, sowie die betriebswirtschaftliche Perspektive, die sich auf die Kosten und den Nutzen durch Vielfalt für ein Unternehmen konzentriert.

LGBTQIA* ist ein Akronym für Lesbian, Gay, Bisexual, Trans*gender, Queer/Questioning, Intersex, Asexual and * others. In die deutsche Sprache übersetzt bedeuten die Begriffe lesbisch, schwul, bisexuell, trans*gender, queer (nicht-heterosexuell und nicht-cisgeschlechtlich; cisgeschlechtlich bedeutet, dass sich Menschen mit dem Geschlecht identifizieren, das ihnen bei der Geburt zugewiesen wurde), intersexuell sowie weitere sexuellen Identitäten, die sich nicht in den zuvor genannten Begrifflichkeiten repräsentiert fühlen (häufig auch abgekürzt zu LSBT*Q)[1].

Equity

Equity (engl. für Gleichberechtigung) stellt sicher, dass diejenigen, die von Anfang an benachteiligt sind, die Werkzeuge erhalten, die sie brauchen, um mit anderen gleichzuziehen, wobei davon ausgegangen wird, dass einige Personen Formen der Unterstützung benötigen, die andere nicht benötigen (Bombaro, 2020, S. 11). Bei der Gleichberechtigung im Arbeitskontext geht es also darum sicherzustellen, dass jede Person in einer Organisation die gleichen Chancen hat, um das Beste aus ihren Talenten zu machen. Konkret bedeutet das, dass bspw. Eltern die Möglichkeit eingeräumt bekommen, ihre Arbeitszeit mit den Betreuungszeiten ihrer Kinder zu vereinbaren.

1 Eine Leseanleitung mit einem Glossar zu den wichtigsten Begriffen lesen Sie beim Deutsches Jugendinstitut e. V. München, [online] 30.1.2021, verfügbar: https://www.dji.de/themen/queere-jugend/glossar.html.

Mitarbeitende ohne Kinder benötigen diese Möglichkeit unter Umständen nicht und müssen diesen Vorteil nicht erhalten.

Equity ist auch die Überzeugung, dass niemand schlechtere Lebenschancen haben sollte aufgrund von Herkunft, Religion oder einer Behinderung. Equity erkennt an, dass bestimmte Gruppen von Menschen mit Merkmalen wie ethnische Zugehörigkeit, Behinderung, Geschlecht und sexueller Orientierung in der Vergangenheit Diskriminierung erfahren haben.

Inclusion

Inclusion (engl. für Inklusion, auch Belonging genannt) bedeutet: ein Umfeld zu schaffen, in dem sich Mitarbeitende willkommen und dazu ermutigt fühlen, ihr authentisches Selbst bei der Arbeit einzubringen (Lockheed Martin, 2020, S. 32). Studien belegen, dass die Erfahrungen von Mitarbeitenden mit dem Thema Inklusion von hoher Bedeutung sind, jedoch selten mit den offiziellen Bekenntnissen ihrer Unternehmen oder ihrer Führungskräfte übereinstimmen (McKinsey & Company Diversity, 2020 und Women in the Workplace, 2019). Es gibt Hinweise darauf, dass bei erfolgreicher Inklusion das Engagement der Mitarbeitenden steigt. Dies ist wiederum eine entscheidende Komponente für die Bindung der Mitarbeitenden, die Produktivität und den finanziellen Unternehmenserfolg. Abteilungen mit hohem Engagement der Mitarbeitenden sind fast zweimal so erfolgreich, wie jene, in denen sich die Mitarbeitenden nur wenig engagieren.

Diskriminierung

Ein Grund, weswegen sich Mitarbeitende nicht willkommen und inkludiert am Arbeitsplatz fühlen, ist Diskriminierung. Diskriminierung kann sowohl offen als auch versteckt stattfinden sowie bewusst oder unbewusst ablaufen (Wegschaider, 2018, S. 16). Sie kann sich gegen alle Diversity-Dimensionen richten. Rassismus, die Benachteiligung aufgrund der ethnischen Zugehörigkeit, ist ein Grund für Diskriminierung. Aber auch Sexismus (Benachteiligung aufgrund des Geschlechts), Queerfeindlichkeit (Benachteiligung aufgrund der sexuellen Orientierung) sowie Ableismus (Benachteiligung aufgrund einer Behinderung) führen dazu, dass Menschengruppen benachteiligt werden (Domsch, Ladwig, Weber, 2019, S. V). Laut dem Allgemeinen Antidiskriminierungsgesetz liegt in den genannten Fällen eine Diskriminierung unabhängig davon vor, ob diese Benachteiligung beabsichtigt war oder nicht (Wegschaider, 2018, S. 17).

Queer ist ein Begriff, der in der LGBTQIA* Community verwendet wird, um eine Form der Selbstidentifikation mit einer geschlechtlichen Identität und/ oder sexuellen Orientierung zu beschreiben, die nicht der heteronormativen Norm entspricht. Der Begriff beschreibt Personen, die im negativen Sinn von der Norm abweichen und bedeutet übersetzt ›seltsam‹ oder ›sonderbar‹. Wurde der Begriff in der Vergangenheit noch als Schimpfwort für Homosexuelle genutzt, so wurde er von der queeren Gemeinschaft wieder für sich zurückgewonnen und wird heute vor allem bei jüngeren Generationen als positiver Begriff verwendet.

Unconscious Biases

Unbewusste Vorurteile (sogenannte Unconscious Biases) legen vorgreifend fest, wie Menschen andere wahrnehmen und was man ihnen zutraut. Unconscious Biases sind positive oder negative Assoziationen bezüglich einer bestimmten Personengruppe. Soziale Zwänge, individuelle Motivation, Emotionen sowie Grenzen der eigenen Fähigkeit können zu Verzerrungen beim Verarbeiten von Informationen führen (Palmer, 2018, S. 24). Laut Buster Benson gibt es mehr als 175 verschiedene Biases (Benson, 2016).

Stereotype

Stereotype bezeichnen im Gegensatz zu Biases das unvollständige Wissen über wahrgenommene soziale Gruppen, wie zum Beispiel Frauen, Männer, Jüngere, Ältere, Ausländer, queere oder behinderte Menschen. Stereotype sind emotionslose, neutrale Erwartungen und Vorstellungen darüber, wie sich Mitglieder bestimmter Gruppen verhalten, wie sie aussehen, sich kleiden oder welche Fähigkeiten sie besitzen (Domsch, Ladwig, Weber, 2019, S. 4). Beispiele für Stereotype sind: Frauen sind für Führungspositionen nicht geeignet und männliche Führungskräfte die besseren Teamplayer (Krell, Ortlieb, Sieben, 2018, S. 23).

30.2 Setting a framework: Zielsetzung

Für Unternehmensstrategien zu Diversity, Equity und Inclusion gibt es keine »One size fits all«-Lösung. Jedes Unternehmen sollte eigene Lösungen finden, die mit den eigenen Ressourcen, Unternehmenszielen und Interessengruppen im Einklang stehen. In jedem Fall müssen DEI-Initiativen von der Führungsetage gesponsort werden, um eine realistische Chance zur Umsetzung zu erhalten.

Beware of power: Anerkennung von Machtdynamiken und Systemen

Bevor es zur Konkretisierung von Zielen kommt, sollten sich die für die Umsetzung einer DEI-Strategie Verantwortlichen über den Einfluss von Macht und Systemen bewusst sein. Um einen Wandel erfolgreich voranzubringen, ist es essenziell zu wissen, wer Macht in einer Organisation besitzt. Es gibt immer Menschen, die sich gegen Veränderung sträuben und diese im schlimmsten Fall zum Scheitern bringen können. Das Bewusstsein und die Kenntnis über das Zusammenspiel von Macht und Politik sind deswegen wichtig und sollten entlang des Prozesses im Blick behalten werden.

Es ist am einfachsten, dort mit dem Veränderungsvorhaben zu beginnen, wo kein oder nur wenig Widerstand erwartet wird. Oft wird angenommen, dass erst jene Stakeholder (engl. für Person, für die es aufgrund ihrer Interessenlage von Belang ist, wie ein bestimmtes Unternehmen sich verhält; z. B. Aktionär*innen, Mitarbeitende, Kund*innen, Lieferant*innen[2]) involviert werden müssen, die am schwierigsten zu überzeugen sind. Dies funktioniert allerdings nur in den seltensten Fällen. Anstelle dessen soll der Fokus auf den Personen und Interessengruppen liegen, die sich wirklich auf diesen Weg einlassen wollen. In Zusammenarbeit mit diesen Personen können im nächsten Schritt eine Vision und Mission entwickelt werden.

Stakeholder: Berücksichtigung der Interessengruppen

Es ist wichtig, nicht nur die o. g. Personen in das Schaffen einer DEI-Strategie miteinzubeziehen, sondern auch diejenigen im Blick zu haben, die von den Maßnahmen unmittelbar profitieren – unabhängig davon, ob sie bereits im Unternehmen präsent sind oder erst rekrutiert werden sollen.

Brainstorming: Mind-Mapping
Eine beliebte Brainstorming-Technik ist das Mind-Mapping. Mithilfe von Haupt- und Unterpunkten können die jeweiligen Stakeholder aufgelistet werden. Anschließend kann evaluiert werden, ob und inwiefern diese Stakeholder von der DEI-Strategie berührt werden. Dies ist wichtig zu wissen, um bei der Zielformulierung nicht nur die Unternehmensziele im Blick zu haben, sondern auch die Interessen der Stakeholder zu befriedigen.

2 https://www.duden.de/rechtschreibung/Stakeholder, abgerufen am 2.1.2021.

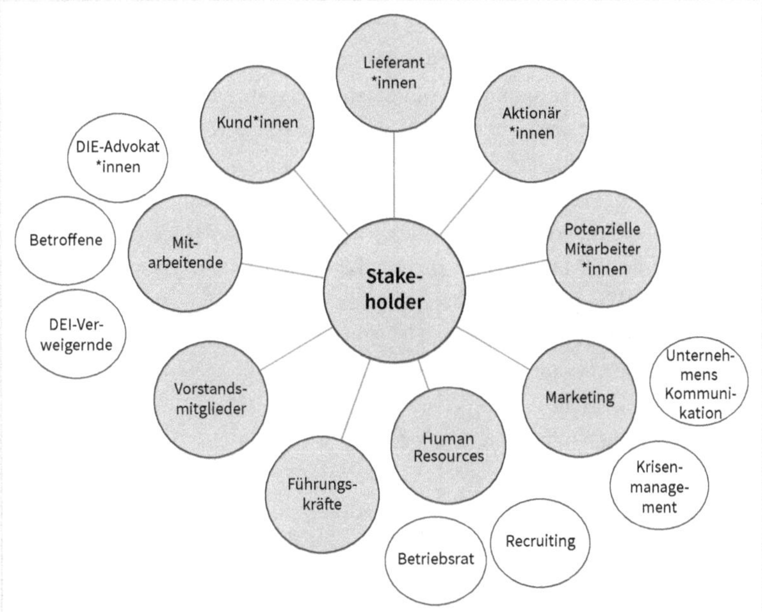

Abb. 1: Stakeholder Mind-Map, Quelle: eigene Darstellung

Zielsetzung: Vision & Mission Statement

Ein sogenanntes Vision Statement gilt als Basis, um daraus dann Mission Statements abzuleiten. Eine Vision ist zukunftsgerichtet und fokussiert sich darauf, wo sich das Unternehmen in Zukunft sieht. Die Mission bezieht sich auf das Heute und darauf, was eine Organisation tut, um die Vision zu erreichen.

Eine Vision sollte einfach und konkret formuliert sein, damit sie leicht kommuniziert werden kann. Sie sollte eine Strahlkraft besitzen, um Emotionen bei den Mitarbeitenden zu wecken. Damit die Vision zudem von allen nachvollzogen werden kann, muss sie sinnstiftend sein.

Fragen, die sich eine Organisation zur Definition eines Vision & Mission-Statements stellen sollte:

- Vision: Wie/was wollen wir sein?
- Mission: Wie erreichen wir unsere Vision?

Die Ausarbeitung dieser Statements ist ein Prozess. Unabhängig davon, ob sich die Personalabteilung, eine Mitarbeitenden-Interessengruppe (engl. ERG – Employee Resource Group) oder ein für die DEI-Strategie verantwortliches Team um die Erstellung kümmert, es muss sichergestellt werden, dass ausreichend Ressourcen, Zeit und Energie für diese Arbeit zur Verfügung gestellt werden. Optimalerweise werden die Meinungen und Interessen der Mitarbeitenden und Führungskräfte in den Kreationsprozess mit einbezogen. Da sich Unternehmen, Markt und Nachfrage stetig verändern, sollte auch die DEI-Strategie in regelmäßigen Abständen (bspw. jährlich) überprüft und bei Bedarf angepasst werden. Um den Erfolg sichtbar und messbar zu machen empfiehlt es sich, KPI festzulegen. Eine solche Kennzahl könnte bspw. ein Anteil von

- 10 % People of Color
- 50 % Frauen oder
- 10 % Menschen mit Behinderungen

in Führungspositionen sein.

Weiter gedacht können sich Kennzahlen auch auf externe Faktoren beziehen: Lieferant*innen, die sich für Gleichberechtigung einsetzen, oder ein Produktdesign, das Produkte für Menschen mit bspw. Seh- oder Hörbehinderungen zugänglich macht.

Beispiele für Diversity, Equity & Inclusion Statements sind:

> **ELM: Statement zum Aufbau einer inklusiven Lernkultur:**
> »ELM schafft innovative Ansätze für das Lernen. Wir arbeiten eng mit unseren Kunden zusammen. Wir gehen Risiken ein und entwerfen mutig. Und wir tun dies an einem Arbeitsplatz, der sich auf Engagement und Gemeinschaft konzentriert. Als Unternehmen setzen wir uns dafür ein, dass ELM ein integrativer, fairer und einladender Arbeitsplatz für alle ist. Bei ELM bringen wir unser ganzes Selbst in unsere Räume, unsere Ideen und unsere Projekte ein. Und unsere Arbeit ist dadurch besser.«
> Quelle: ELM Learning[3]
>
> **NYU: Offizielle Erklärung zur Vielfalt**
> Die NYU hat sich dem Aufbau einer Kultur verschrieben, die Vielfalt, Inklusion und Gleichberechtigung respektiert und umarmt. Sie ist der Überzeugung, dass diese Werte – in all ihren Facetten –, wie Präsident Andrew Hamilton sagte, »… nicht nur um ihrer selbst willen wichtig sind, sondern auch, weil sie entscheidend sind, um Wissen voranzubringen, Innovationen zu fördern und nachhaltige Gemeinschaften zu schaffen. Sie sollten unverzichtbare Elemente

3 https://elmlearning.com/home/about-us/diversity-equity-and-inclusion-dei-mission-statement/, abgerufen am 30.1.2021.

einer NYU-Ausbildung auf allen unseren Campus sein. Eine vielfältige Bevölkerung begegnet und schätzt alle Perspektiven eines Themas mit einer Fülle von verschiedenen Ansätzen, um es zu konfrontieren. Das Ergebnis ist eine höhere Qualität der Debatte und ein exzellenter und fortschrittlicher akademischer Betrieb.«
Quelle: NYU LS Student Advisory Board For Diversity, Equity, And Inclusion[4]

People of Color (abgek. PoC) beschreibt nicht etwa Menschen einer bestimmten Ethnizität oder Hautfarbe, sondern eine Gruppe Menschen, die von Rassismus betroffenen sind und unterdrückt werden. Es wird davon ausgegangen, dass dieser Begriff bereits 1796 im »The Oxford English Dictionary« verwendet wurde (Garcia, 2020; Houghton und Mifflin Company, 2005, S. 356). Häufig wird auch der Begriff Black Indigenous People of Color (BIPoC) verwendet, der zudem die Marginalisierung von Schwarzen Menschen mit dunkler Hautfarbe und der ›Native American people‹ (indigenen Menschen) berücksichtigt.

30.3 Maßnahmen: Das EEE-Prinzip

Nachdem eine Vision sowie ein Mission Statement geschaffen wurde, kann anschließend mit der Planung geeigneter und nachhaltiger Maßnahmen für Mitarbeitende und Führungskräfte begonnen werden.

Wie kann eine solche Vorgehensweise konkret aussehen?

Um systemische Veränderungen und einen Kulturwandel zu einer DEI-Strategie voranzutreiben, eignet sich das EEE-Prinzip, das die folgenden drei Bereiche umfasst, die sich ergänzen und auch zeitgleich umgesetzt werden dürfen:
Exchange: Räume für Austausch und Empowerment
Educate: Räume zur Weiterbildung
Engage: Räume für Handlungsfähigkeit

4 https://wp.nyu.edu/liberalstudies-dei_sab/nyu-official-diversity-statement/#:~:text=NYU%20is%20committed%20to%20building,for%20advancing%20knowledge%2C%20 sparking%20innovation, abgerufen am 31.1.2021.

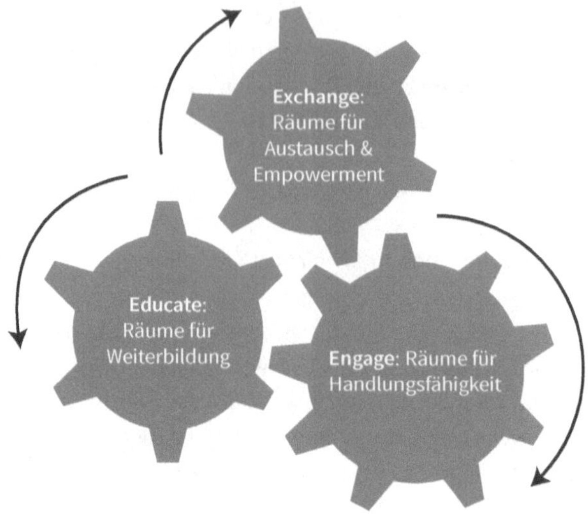

Abb. 2: Das EEE-Prinzip, Quelle: eigene Darstellung

Exchange: Austausch stimulieren

Ähnlich wie bei der Bestandsaufnahme im Rahmen der Zielformulierung (Vision/Mission) ist das Einbeziehen der Akteur*innen auch im weiteren Verlauf ein essenzieller Garant für den Erfolg von Veränderungsprozessen (Pescher, 2010, S. 86-87). Um den Mitarbeitenden die Gelegenheit zur aktiven Mitgestaltung einer inklusiven Unternehmenskultur zu bieten, können Konversationsräume geschaffen werden. In diesen Räumen werden Themen rund um die Diversity-Dimensionen besprochen, Erfahrungen und Perspektiven ausgetauscht. Teilnehmende können sowohl Betroffene der jeweiligen Diskriminierungsform sein wie auch sogenannte Allies (engl. für Unterstützende). Dieser Austausch soll dazu beitragen, dass sich die Mitarbeitenden kennenlernen und voneinander lernen. Häufig wissen selbst Kolleg*innen eines Teams nur wenig oder gar nichts über die Herausforderungen, die andere erleben. Obwohl bei Nichtbetroffenen oft der Wunsch nach Gerechtigkeit und Gleichbehandlung besteht, sind sie sich häufig ihrer eigenen internalisierten Vorurteile gegenüber anderen gar nicht bewusst (siehe Kapitel 30.1 »Unconscious Biases«). Werden ihnen diese Vorurteile aber bewusst, streben sie an, sie zu reduzieren bzw. zu verlernen.

Hinweis: Im Zusammenhang mit Gesprächskreisen, in denen über die eigene Identität, über Erfahrungen mit dem System und über Diskriminierung gesprochen wird, ist es wichtig zu beachten, dass diese Räume keine *Safe Spaces* (psychologisch sichere Räume) sein können, sondern vielmehr Brave Spaces (mutige Räume) darstellen. Bestimmte Menschengruppen erleben aufgrund von Intersektionalität und Mehrfachdiskriminierung täglich Mikroaggressionen (subtile unterbewusste verbale Angriffe auf Einzelne oder Gruppen) und erfahren in so gut wie keinen Räumen Sicherheit, weswegen Räume nicht als »safe« deklariert werden sollten. Vielmehr sollen die Anwesenden Mut und Verletzbarkeit zulassen, um außerhalb ihrer eigenen Komfortzone lernen und wachsen zu können.

Zudem ist es wichtig, dass die Moderierenden für Mikroaggressionen und Diskriminierungen sensibilisiert sind und für die Einhaltung von zuvor festgelegte »Umgangsregeln« sorgen.

Die Auseinandersetzung mit den eigenen Diskriminierungserfahrungen kann für Betroffene stark retraumatisierend sein. Dies bedeutet, dass Erinnerungen an schmerzhafte Erlebnisse, die in der Vergangenheit Traumata ausgelöst haben, wieder aktiviert werden und somit starke psychische Erschütterungen für Betroffene bedeuten können. Deswegen empfiehlt es sich, neben den Räumen für alle Interessierten auch einen geschützteren Raum für von Diskriminierung Betroffene zu schaffen. Dies können bspw. Räume sein, die ausschließlich für Trans oder Schwarze Mitarbeitende zur Verfügung gestellt werden. Diese Gesprächsrunden können zum Erfahrungsaustausch, gemeinsamen Heilen sowie Entwickeln von Bewältigungsstrategien gegen Diskriminierung dienen. In diesem Zusammenhang wird auch von Empowerment gesprochen. Mit Empowerment werden all jene Strategien und Maßnahmen bezeichnet, die den Grad an Selbstbestimmung erhöhen. Sie ermöglichen den Menschen, ihre Interessen eigenmächtig und selbstbestimmt zu vertreten, indem sie ihre vorhandenen Handlungsspielräume wahrnehmen und eigene Fähigkeiten nutzen können (Keupp, 2018, S. 559–571).

> INTERSEKTIONALITÄT
>
> Der Begriff Intersektionalität wurde erstmal in den 1970-er Jahren in den Vereinigten Staaten verwendet, als sich Schwarze Aktivist*innen und Frauen of Color mit der weißen Dominanz der Frauenbewegung und mit der männlichen Dominanz in der Bürger*innenrechtsbewegung auseinandersetzten (Ganz und Hausotter, 2020, S. 18-19). Ihre Kritik lautete, dass ein eindimensionaler Blick auf Rassismus oder Feminismus nicht die Lebensrealitäten aller Betroffenen widerspiegeln würde. So sind Rassismus, Sexismus, Kapitalismus und Imperialismus konstitutiv miteinander verbunden und dürfen bei der Betrachtung von Diskriminierung nicht gesondert gesehen werden.

Educate: Weiterbildungen anbieten

Um Diskriminierung zu reduzieren und abzuschaffen, müssen Mitarbeitende in der Lage sein, diese zu erkennen. Für Nichtbetroffene ist dies besonders schwierig. Häufig äußern sich Menschen und verletzen dabei andere, ohne dies zu realisieren. Dies liegt daran, dass psychische Verletzungen, die bspw. durch Mikroaggressionen hervorgerufen werden, nicht als Verletzungen anerkannt werden. In den meisten Fällen lautet die Argumentation, dass keine Absicht vorläge und somit auch nicht diskriminiert würde. Allerdings bestimmt die diskriminierte Person darüber, ob eine Diskriminierung vorliegt oder nicht. Somit kann unabhängig davon, ob eine gute Absicht vorlag, Schaden angerichtet werden.

Auf dem deutschen Markt gibt es eine Fülle an Trainings und Workshops rund um die DEI-Themen. Es ist wichtig, Weiterbildungen anzubieten, damit die Mitarbeitenden eine gemeinsame Sprache und vor allem Wissen über die systemischen Strukturen erlernen können, um sich im nächsten Schritt aktiv an der Gestaltung einer inklusiven Unternehmenskultur zu beteiligen.

Art der Weiterbildung	Inhalte
Training der DEI-Grundlagen	Diversity-Dimensionen, begriffliche Grundlagen, Vorurteile, Stereotype, Diskriminierungen (Sexismus, Ableismus, LGBTQIA*-Feindlichkeit, Rassismus, Klassismus etc.)
Anti-Rassismus-Training/ Workshop	Struktureller, internalisierter und institutioneller Rassismus, Privilegien, Weiß-sein
Diversity-Training zum Thema Behinderung	Begriffliche Grundlagen, Privilegien, Ableismus, Barrierefreiheit, Ausgrenzungsdynamiken, UN-Behindertenrechtskonvention

Tab. 1: Beispiele für DEI-Trainings und Workshops

Eine Chance für eine erfolgreiche Umsetzung von Trainings und Workshops ist die Lernfähigkeit von Menschen. »Wir wissen heute, dass Umwelteinflüsse eine starke Wirkung auf unser Gehirn haben, dass wir bis ins hohe Alter lernfähig sind und dass wir die Leistungsfähigkeit unseres Gehirns durch Training erweitern können.« (Domsch, Ladwig, Weber, 2019, S. 287).

EXKURS: UNCONSCIOUS-BIAS-TRAINING

Einer der Vorteile, den ein Unconscious-Bias-Training bietet: Die Auseinandersetzung mit Wahrnehmungsverzerrungen kann nicht nur das Bewusstsein dafür schärfen, dass das Verhalten in Zusammenhang mit organisationaler Vielfalt steht, sondern sie kann dies sogar sichtbar machen (Domsch, Ladwig, Weber, 2019, S. 288). Im Vorfeld eines Unconscious-Bias-Trainings kann eine Abwehrhaltung der Teilnehmenden entstehen. Um eine möglicherweise aufkommende Schuldfrage aufzulösen und Widerstände zu minimieren, kann bei der Einladung zum Training darüber informiert werden, dass Wahrnehmungsverzerrungen unbewusst geschehen. Zudem verschafft die Teilnahme an solch einem Training den teilnehmenden Personen nicht nur Vorteile im

Kontext mit dem Arbeitsumfeld, sondern für alle Lebensbereiche. Somit stellt ein Unconscious-Bias-Training einen Mehrwert für die Teilnehmenden dar, da es keine Beschränkung auf nur ein Themengebiet wie bspw. die Frauenförderung gibt (Domsch, Ladwig, Weber, 2019, S. 291).

Kritik an Unconscious-Bias-Trainings

Eine Kritik an Unconscious-Bias-Trainings lautet, dass sie Denkmuster verifizieren, anstatt Perspektiven zu erweitern (Domsch, Ladwig, Weber, 2019, S. 293). Allerdings ist das Ziel eines Trainings nicht, Wahrnehmungsverzerrungen abzuschaffen, sondern für die Notwendigkeit der Einführung von Prozessen und Systemen, welche die Wirkung von Wahrnehmungsverzerrungen eindämmen, zu sensibilisieren. Dies muss allerdings auf organisatorischer Ebene stattfinden.

Aufgrund der zuvor genannten Chancen, die ein Unconscious-Bias-Training bietet, sollte es eingeführt werden bzw. – sofern es ein solches Training in bestimmten Unternehmensbereichen bereits gibt – eine Ausweitung für das gesamte Unternehmen angedacht werden. So kann ein solches Training auch hilfreich für Arbeitsbewertungen, Beförderungen und die inklusive Haltung gegenüber Kolleg*innen sein.

Ruth Stock-Homburg bringt es auf den Punkt: »Die grundsätzliche Bereitschaft, sich auf die Unterschiede, auf die Individualität der Mitarbeiter einzulassen, ebnet den Weg für eine bessere Ressourcennutzung. Zwar bedeutet das Einlassen eine erhöhte Komplexität, weil es wichtig ist, Missverständnisquellen zu identifizieren und sie zu vermeiden, aber es winkt ein breiterer Lösungsansatz für aktuelle Herausforderungen, weil jeder Einzelne aus seiner Perspektive unterschiedliche Kompetenzen und Erfahrungen und damit andere Lösungsvorschläge unterbreitet.« (2013, S. 468).

Engage: Das Bereitstellen von Handlungsstrategien unterstützen

Wie in Kapitel 30.3 »Exchange: Austausch stimulieren« beschrieben, sind Räume zum Austausch für von Diskriminierung Betroffenen wichtig für deren Empowerment. Empowerment-Räume helfen dabei, dass sich Betroffene durch Selbstreflexion, Selbststärkung und Selbstbestimmung ihrer Rolle im System bewusst werden und Strategien für ihren eigenen Umgang entwickeln.

Darüber hinaus helfen Interessengruppen von Mitarbeitenden als Anlaufstelle innerhalb der Organisation, dass Menschen mit gemeinsamen Interessen zu bestimmten Diversity-Dimensionen zusammengebracht werden (Nichtbetroffene und Betroffene von Diskriminierung).

Eine DEI-Employee Resource Group (ERG) kann verschiedene Angebote umfassen, z. B.

- Netzwerke von Mitarbeitenden mit ähnlichen Interessen
- Freiwilligenprogramme, bei denen Mitarbeitende Wohltätigkeitsorganisationen unterstützen können, die ihnen am Herzen liegen
- Berufliche Entwicklungsgruppen, die Mitarbeitenden die Möglichkeit bieten, Wissen mit Kolleg*innen aus anderen Abteilungen oder Generationen auszutauschen

Ziele einer DEI-ERG sind z. B.:

- Verbessern der Möglichkeiten für das Unternehmen, Geschäfte mit Kund*innen oder Unternehmen zu machen, die sich mit der ERG identifizieren, z. B. aus der LGBTQIA*-Gemeinschaft
- Erfolgreichere Talentgewinnung aus bestimmten Gruppen, insbesondere für Positionen, in denen Fachkräftemangel herrscht
- Motivation des Unternehmens, integrativere Arbeitsplatzrichtlinien zu entwickeln und umzusetzen
- Motivation für die Vorstandsmitglieder des Unternehmens, öffentlich Gesetzgebungen zu unterstützen, die betreffende Gruppen unterstützen, z. B. eine Gesetzgebung, die Diskriminierung verbietet
- Schaffung eines Mentor*innenprogramms für Mitarbeitende, die sich mit bestimmten Gruppen identifizieren

Um die Erfolgschancen einer DEI-ERG zu erhöhen sollten folgende Aspekte beachtet werden:

- Sponsor*innen aus dem Vorstand als Voraussetzung für Ressourcen, Geldmittel sowie Wertschätzung für die meist ehrenamtliche Beteiligung der Mitarbeitenden gewinnen
- Orientierung der Ziele (Vision/Mission) der DEI-ERG an den Unternehmenszielen, z. B. Stärkung unterrepräsentierter Gruppen, die das Unternehmen bevorzugt anziehen möchte
- Interne Stärkung der Rolle von DEI-ERG durch interne Kommunikationskanäle wie Intranet oder Newsletter
- Definition und Kontrolle relevanter quantitativer KPI im Zusammenhang mit den Zielen der DEI-ERG wie z. B. Fluktuation, Beförderungsquoten oder Level von Engagement

Aufbauend auf die Erläuterungen in Kapitel 30.3 »Educate: Weiterbildungen anbieten« sind spezielle Ally-Trainings sinnvoll. Um das gelernte Wissen in Aktionen umzuwandeln, sollten Räume geschaffen werden, in denen die Mitarbeitenden, Teams und Führungskräfte Strategien entwickeln können, um wirksam eine inklusive Unternehmenskultur zu gestalten. Hierzu empfiehlt es sich, die Unterstützung von geschulten Coaches und Trainer*innen in Anspruch zu nehmen, um so besser auf die individuellen Bedürfnisse einzelner Mitglieder sowie Teams einzugehen.

30.4 Risiken

Eine Schwierigkeit bei der erfolgreichen Umsetzung einer DEI-Strategie ist, dass schlussendlich alle Mitarbeitenden einbezogen werden müssen, nicht nur einzelne Gruppen (Eberhard, 2016, S. 23). Wie bereits in Kapitel 30.3 »Educate: Weiterbildungen anbieten« erwähnt, sind nicht alle Mitarbeitenden bereit, an der Mitgestaltung einer inklusiven Unternehmenskultur teilzunehmen. Verschiedenste Befindlichkeiten und Anschauungen der Mitarbeitenden bezüglich der DEI-Themen können zu Abwehrhaltungen und als Folge davon zum Scheitern der DEI-Strategie führen. Deswegen ist es wichtig, die Teilnahme an Gesprächsrunden und Weiterbildungen zu den DEI-Themen auf freiwilliger Basis anzubieten. Um einen möglichen Backlash (engl. für Rückwirkung) zu vermeiden, sollte niemand zur Beteiligung gezwungen werden.

Nicht der Fokus auf das Individuum, sondern auf das System muss im Mittelpunkt der DEI-Bemühungen stehen. Rahmenbedingungen, die Richtlinien und Verhaltensregeln (engl. Code of Conduct) beinhalten sowie ein klares Sponsoring vonseiten der Vorstandsebene sind hierbei wichtige Garanten für Erfolg.

30.5 Ausblick

Unausgewogene Altersstrukturen, Mangel an qualifizierten Fachkräften, nicht besetzte Lehrstellen, Zunahme der Rekrutierungskosten sowie erhöhte Fluktuationsraten stellen Unternehmen vor zahlreiche Herausforderungen (Zölch und Mücke, 2018, S. 11). Unternehmen brauchen eine flexible, moderne und innovationsstarke Unternehmenskultur, die auf das volle Engagement aller Mitarbeitenden bauen kann, da es sich kein Unternehmen leisten kann, auf die Qualifikationen und Fähigkeiten »diverser« Menschen zu verzichten (Jochmann, Böckenholt, Diestel, 2017, S. 90). Für einen Teil der Belegschaft ist der Arbeitsplatz aufgrund von Diskriminierung weder ein sicherer noch ein angenehmer Ort, sodass sie nicht die Leistung erbringen, die sie erbringen könnten. Das Ziel von Unternehmen muss deswegen die Etablierung einer inklusiven Unternehmenskultur sein, die die Kompetenzen der Einzelnen schätzt und nutzt. Um einen entsprechenden Wandel tatsächlich herbeizuführen, braucht es daher strukturelle Veränderungen und durchdachte Prozesse, die es Menschen und Organisationen einfacher machen, bewusste Entscheidungen für mehr Vielfalt zu treffen, die langfristig zu mehr Innovationen und Unternehmenswachstum führen.

Was Unternehmen häufig nicht bewusst ist: Diversität ist bereits im Unternehmen vorhanden. Durch das EEE-Prinzip haben die Mitarbeitenden die Möglichkeit, sich dessen bewusst zu werden, sich gegenseitig besser kennenzulernen und zu lernen, sich gegenseitig mehr zu respektieren. Durch Räume des Austauschs, des Lernens und des gemeinsamen Entwickelns von Strategien kann eine inklusive Unternehmenskultur geschaffen werden. Unabdingbar ist dabei die Unterstützung aus den obersten Führungsetagen und diese Unterstützung auch deutlich zu zeigen, damit DEI-Akteur*innen nicht belächelt werden und angemessene Ressourcen (Geld, Zeit und Wertschätzung) erhalten.

It's time to change the game!

Quellen

Benson, B., 2016, Cognitive bias cheat sheet, Because thinking is hard. https://medium.com/better-humans/cognitive-bias-cheat-sheet-55a472476b18#:~:text=Today%2C%20it%20groups%20175 %20biases,names%2C%20 scattered%20willy%2Dnilly, abgerufen am 2.1.2021.

Bombaro, C., 2020, Diversity, Equity, and Inclusion in Action: Planning, Leadership, and Programming, Chicago: American Library Association.

Domsch, M., Ladwig, D., Weber, F., 2019, Vorurteile im Arbeitsleben, Unconscious Bias erkennen, vermeiden und abbauen.

Eberhardt, D., 2016. Führung Von Vielfalt : Praxisbeispiele für den Umgang mit Diversity in Organisationen, Springer Berlin/Heidelberg.

Ganz, K., Hausotter, J., 2020 Intersektionale Sozialforschung, transcript Verlag.

Garcia, S., E., 2020, Where Did BIPOC Come From? New York Times, https://www.nytimes.com/article/what-is-bipoc.html, abgerufen am 2.1.2021.

Houghton und Mifflin Company, The American Heritage ® Guide to Contemporary Usage and Style, https://zourpri.files.wordpress.com/2014/01/the-american-heritage-guide-to-contemporary-usage-and-style-2005.pdf, abgerufen am 2.1.2021.

Hunt, V., Prince, S., Dixon-Fyle, S. und Yee, L., 2018, Delivering through Diversity.

Jochmann, W., Böckenholt, I., Diestel, S., 2017, HR-Exzellenz Innovative Ansätze in Leadership und Transformation.

Keupp, Heiner (2018): Empowerment. In: Graßhoff G.; Renker A. und W. Schröer (Hrsg.): Soziale Arbeit. Wiesbaden: Springer VS.

Krell, G., Ortlieb, R., Sieben, B., 2018, Gender und Diversity in Organisationen – Grundlegendes zur Chancengleichheit durch Personalpolitik.

McKinsey Diversity Report, 2020, McKinsey & Company – Diversity wins, Mai 2020, https://www.mckinsey.de/~/media/McKinsey/Locations/Europe%20and%20Middle%20East/Deutschland/News/Presse/2020/2020-05-19 %20Diversity%20Wins/Report%20Diversity-wins-How-inclusion-matters%202020.pdf, abgerufen am 2.1.2021.

McKinsey Women in the Workplace, 2019, https://www.mckinsey.com/~/media/McKinsey/Featured%20Insights/Gender%20Equality/Women%20in%20the%20Workplace%202019/Women-in-the-workplace-2019.ashx, abgerufen am 2.1.2021.

Persche, Julia, 2010, Change Management: Taxonomie und Erfolgsauswirkungen, Springer-Verlag.

Stock-Homburg, R., 2013, Handbuch Strategisches Personalmanagement.

Wegschaider, K., 2018. Faktensammlung Diskriminierung: Kontext Einwanderungsgesellschaft, edited by Stiftung Bertelsmann, Verlag Bertelsmann Stiftung.

Wulf, C., Armbrüster, C., Bayreuther, F., Benz, W., Dören, M., Eisend, M., 2007: Diversity Studies. Grundlagen und disziplinäre Ansätze. [Frankfurt am Main]: Campus Frankfurt / New York.

Zerger, Johannes, 1997, Was ist Rassismus?: eine Einführung, Lamuv-Verlag.

Zölch, Martina; Mücke, Anja; Haubrock, Alexander, 2018, Personalmanagement demografiegerecht gestalten.

Abflug

Nimm nur Erinnerungen mit, hinterlasse nichts außer Fußspuren.
Chief Seattle

Nach 32 Impulsen sind wir am Ende der Lernreise angekommen, von der wir gelernt haben, dass es dieses Ende nicht gibt. Dieses Kapitel ist vergleichsweise kurz, wenn auch nicht weniger intensiv. Mit dem Ende der Karriere, mit dem Ausstieg oder dem Ausscheiden mag man sich nicht beschäftigen – dem stehen wir ähnlich reserviert gegenüber wie dem Tod.

Wie passend, dass Tobias Leisgang uns auf eine besondere Trauerfeier mitnimmt. Beerdigen wir jetzt wirklich HR? Und sind die Ähnlichkeiten manch eines Trauergastes mit Stars der Rethinking-HR-Szene zufällig oder beabsichtigt? Findet es heraus.

Wenn das erledigt ist, nimmt uns Christiane Brandes-Visbeck zum Abschluss mit auf eine sehr persönliche Reise. Die Kapitänin verlässt als Letzte das Schiff. Aber dass HR kein sinkendes Schiff sein muss, wenn es die Segel neu setzt, den Kompass justiert und die Crew alle Leinen im Griff hat: Das haben uns die nun vollständigen 34 Impulse bewiesen. Oder wie Christiane sagt: »Entscheide dich dafür, wenn du mit Freuden bereit bist für das Kommando »Klar zur Wende!«.

Das rufen wir HR zu!

31 Ruhe in Frieden H.R.

Tobias Leisgang

Es ist ein grauer Novembermorgen. Dichte Nebelschwaden hängen über dem Rhein und verhüllen die Spitzen des Kölner Doms. Vereinzelt huschen noch Menschen durch die hohen Türen des imposanten sakralen Gebäudes. Obwohl es den Impfstoff gegen das Coronavirus schon eine Weile gibt, tragen viele Maske. Der Schutz vor Tröpfcheninfektionen hat sich in der Erkältungssaison einfach bewährt. Viele Unternehmen haben sich allerdings noch nicht von der Krise erholt und fahren noch im Sparprogramm.

Die Kirchenbänke sind bereits gut gefüllt mit Träger*innen von schwarzen Anzügen und dunklen Kostümen. Fast alle Personalvorstände der DAX-Konzerne sind erschienen. Es sind auch viele Geschäftsführer*innen von mittelständischen Unternehmen da. Die Einladung wurde von den Industrie- und Handelskammern sowie den Wirtschaftsverbänden weit gestreut. Auch Gewerkschaftsvertreter und einige bekannte Betriebsräte haben es sich nicht nehmen lassen, an diesem besonderen Tag dabei zu sein. Sie alle haben sich heute versammelt, um H.R. das letzte Geleit zu geben. Um ihren wirklichen Namen gibt es noch heute viele Diskussionen. Viele meinen, ihre Initialen stehen für Human Resources. Manche lehnen dies vehement ab und propagieren Human Relations. Vielleicht wurde sie von den meisten deshalb über viele Jahre nur ehrfürchtig »die Perso« genannt.

In einem der Seitenschiffe steht ein großer Tisch, an dem die Gäste den Hinterbliebenen ihr aufrichtiges Beileid aussprechen können. Neben dem Tisch wurden viele Blumen und Andenken abgelegt. Wer gerne tröstende Worte übermitteln möchte, bekommt zwei DIN-A4-Blätter ausgehändigt. Eines davon ist ein Formular, das neben den Kontaktdaten ein paar Standardformeln zum Ankreuzen und ein freies Textfeld am Ende enthält. H.R. war schon immer ein großer Fan von Formblättern. Das zweite Blatt ist eine Datenschutzerklärung. Die Verarbeitung personenbezogener Daten machte H.R. ja schon seit Jahren. Gesetze wie die DSGVO und die Arbeitszeiterfassung haben sie aber immer mehr ermüdet. Werkstudenten stehen am Tisch bereit und heften die Blätter in schwarze Leitz-Ordner ab. Wo das wohl archiviert wird?

Schwarze Pumps klackern über die Fußbodenmosaike des Doms. Eine Frau mit schwarzer Lederjacke legt einen besonders bunten Blumenstrauß nieder. In ihrer aktiven Zeit als Personalvorständin bei einem Urgestein der deutschen DAX-Konzerne war sie bereits große Verfechterin von Diversity und einer Frauenquote in Führungspositionen. Bei der Frauenquote war H.R. meist führend. Etwas mehr Diversity hätte »der Perso« allerdings nicht geschadet. Die Perspektiven der Techniker und Nerds kamen bei Entscheidungen oft zu kurz.

In der Schlange der Kondolierenden stehen auch einige H.R.-Punks – Verwandtschaft der Verstorbenen. Besonders nach Punk sieht der Mittvierziger in schicker Weste und Brille aber nicht aus. Er legt eine Buddhafigur ab. Man sagt ihm nach, dass er für mehr Achtsamkeit in einem großen Softwarekonzern gesorgt hat. Auf seine Initiative hin wurden alle Positionen, auch die der Führungskräfte, nur noch mit 75 % ausgeschrieben. Auf leisen Sohlen schleicht er in eine der Kirchenbänke.

Neben den Blumen und Kränzen stellt im Seitenschiff ein Typ mit roter Jacke und grünen Schuhen eine Leiter auf.

»Ist das der Hausmeister?«, fragt einer der Gäste die Frau neben sich.

»Nein, das ist doch dieser Provotainer«, antwortet diese.

Der Typ setzt sich auf eine Sprosse der Leiter und brüllt laut »Rock your Recruiting« in das Rund des Kölner Doms.

Während in den Kirchenbänken noch weiter über den verrückten Typen getuschelt wird, testet auf der anderen Seite ein junger Herr mit Kopfhörern nochmal sein Equipment. Der Podcastprofi wird die Feier auf seinem Kanal Firmenfunk veröffentlichen. Dort waren auch schon viele Freunde und Bekannte von H.R. zu Themen wie »Sinngetriebenes Arbeiten« und »Führungsarbeit« zu Gast. Auf einem großen Bildschirm sind Menschen aus ganz Deutschland per Videokonferenz zugeschaltet. #VUCArockers steht in einigen der Kästchen.

Die Kirchturmglocken schlagen 10 Uhr und kurz darauf ertönt die Orgel. Der Domorganist spielt »Imagine« von John Lennon. Viele der Anwesenden summen und singen mit. Im Lied geht es um Menschen und die Vorstellung von einer besseren Welt. Ja das passt zu H.R., Menschen und eine bessere Unternehmenswelt waren immer ihr Thema. Das bestätigten viele der Gäste, die zum Abschied gekommen waren. Zum Schluss der Feier tritt ein österreichischer Schauspieler ans Mikro. Er ist seit einigen Jahren auch als professioneller Trauerredner unterwegs. Ein Verlag hat ihn engagiert, um die haufenweisen Verdienste von H.R. entsprechend würdigen zu lassen.

»Liebe Trauergemeinde,

schön, dass ihr alle so zahlreich erschienen seid. Wir verabschieden uns heute von einer, die über mehr als 100 Jahre die Karrieren von Millionen von Menschen von Anfang bis Ende begleitet hat. Man darf wohl ohne Übertreibung behaupten, dass sie in ihrem Leben ziemlich viel bewirkt hat. Es war gar nicht so leicht, aus ihren vielen Wirkungsbereichen die wichtigsten herauszusuchen. Recruiting, Compensation und die Personalentwicklung waren Themen, die in meinen Vorgesprächen am häufigsten genannt wurden.

Fangen wir mit dem Recruiting an. Auf diesem Weg kamen die meisten mit ihr, der wir heute das letzte Geleit erweisen wollen, zum ersten Mal in Kontakt. Millionen von Stellenanzeigen hat sie in Tageszeitungen und Fachzeitschriften veröffentlicht. Später kamen dann Internetportale und soziale Netzwerke hinzu. So wirklich zufrieden war sie die letzten Jahre aber nicht mehr damit. Die gesuchten Profile beschrieben – bitte verzeihen Sie mir meine ungehobelte Ausdrucksweise – die eierlegende Wollmilchsau. Die Textbausteine Teamfähigkeit und hohe Einsatzbereitschaft waren ein fester Bestandteil der Vorlage für Stellenausschreibungen. Alle Unternehmen bewarben das motivierende Arbeitsumfeld mit viel Gestaltungsspielraum und flachen Hierarchien. Warum das attraktive Gehalt immer nochmal betont wurde, war ihr in letzter Zeit selbst ein Rätsel. Wer würde sich schon freiwillig auf einen Job mit schlechter Entlohnung bewerben?

Aber H.R. kam immer mehr in Bedrängnis. Die Verantwortlichen fürs Business wurden unruhig. Wir geben hier zigtausende von Euros für Anzeigen und Employer Branding aus und dann sind unsere offenen Stellen in der Softwareentwicklung nach 6 Monaten immer noch nicht besetzt. Das muss dann wohl dieser Fachkräftemangel sein?«

Aus dem Seitenschiff ruft der Typ mit der roten Jacke: »Es gibt keinen Fachkräftemangel. Was wir haben, ist ein Mangel an guten Ideen.«

In den Reihen der Gäste geht das Getuschel wieder los, der Trauerredner fährt fort.

»Ideen hatte sie schon. Hier und da hat sie mit Recruitingapps experimentiert, die versprachen, die Trüffel unter den Bewerbern zu finden. Ab und zu hat sie sich auch dahin gewagt, wo die Zielgruppe zu finden ist. Active Sourcing war das Zauberwort. Trotzdem fiel es ihr schwer, die Sprache der Gesuchten zu sprechen und individuell auf die unterschiedlichen Menschen einzugehen. Aber genug zum Recruiting, lasst uns zum Thema Compensation kommen. Ich hatte die Gelegenheit, vorab mit jemandem zu sprechen, die H.R. zu diesem Thema beraten hat. Nadine, magst du kurz deine Gedanken dazu teilen?«

Der Trauerredner macht Platz für eine Dame im schwarzen Blazer, den sie über einem gelben Pulli trägt.

»Danke für die Gelegenheit, hier ein paar Worte loswerden zu dürfen. Gerade in den letzten Jahren war ich öfter mit H.R. in Kontakt. Leistungsgerechte Entlohnung war über viele Jahre die Devise für sie und hat auch gut funktioniert. Es gab ein Grundgehalt, das anhand der Zuordnung der Aufgabe in Gehaltsstufen bestimmt wurde.

Anhand der individuellen Leistung wurde dann noch ein individueller Bonus vergeben. Bei vielen wurde das mit einem Punktesystem bestimmt, bei manchen einfach an das Erreichen von KPI gekoppelt. Irgendwann hat das mit der Leistungsmessung nicht mehr so richtig funktioniert. So ist das eben in komplexen Umgebungen und bei Teams von Wissensarbeitern.

Wir hatten dann zu einem Ideenwettbewerb in einer Blogparade namens NewPay aufgerufen. Da kamen viele interessante Impulse zusammen. Sie war regelrecht fasziniert von all den Ideen. Einige passten wie die Faust aufs Auge zu ihren Herausforderungen. Aber viele ihrer Business Partner ließen sie damit auflaufen. Wir können doch nicht die Boni unserer Vertriebsmitarbeiter streichen. Die wandern uns alle zum Mitbewerber ab. Auch aus den Entwicklungsabteilungen war Unmut zu vernehmen. Dass Leistungseinschätzung per Teamfeedback objektiver als die Beurteilung durch Führungskräfte sein soll, wollte niemand so recht glauben und auch nicht ausprobieren.

Leider sind auch H.R.s Kapazitäten immer geringer geworden. Der Owned Overhead sei zu hoch, auch in der Personalabteilung. Stellen wurden abgebaut, denn Routinetätigkeiten übernahmen zuerst Servicecenter in Niedriglohnländern und später Algorithmen. Sie versuchte dann noch Zeit in ihrer Abteilung durch Selfservice ihrer Businesspartner freizuschaufeln. Das konnte aber gerade mal den Stellenabbau kompensieren. Ich werde sie vermissen. Danke, liebe H.R., für die vielen Gespräche und dein offenes Ohr!«

Die Dame im gelben Pulli gibt das Mikro wieder zurück an den Trauerredner.

»Danke, liebe Nadine, für diese Einblicke in eure Gespräche. Ich bin mir sicher, dass die eine oder der andere der hier Anwesenden die Ideen aufgreifen werden. Nun möchten wir aber noch ein paar Worte zum dritten großen Wirkungsbereich unserer geschätzten H.R. verlieren. Auch dazu habe ich vorab Gespräche geführt. Einem meiner Gesprächspartner lag es besonders am Herzen, heute etwas zu sagen.«

Auf dem großen Bildschirm, der die Teilnehmer der Videokonferenz zeigt, ist nun ein Mann mit Bart und Glatze in Großaufnahme zu sehen.

»Hallo, liebe Trauergemeinde, mein Name ist Marcus und ich bin davon überzeugt, dass Elefanten tanzen können. Und ich habe einen Traum. Ich habe den Traum, dass eines Tages die Wirtschaft dem Menschen und dem Leben dient und nicht umgekehrt. Auch unsere geschätzte »Perso« hatte diesen Traum. Oft haben wir diskutiert, über die Weiterbildung von Führungskräften, über Karrierepfade und Entwicklungsmöglichkeiten von Experten und Projektleitern ...«

Im Seitenschiff scheppert es. Der Mann mit den grünen Schuhen hängt Buchstaben an die Leiter, die er vor der Trauerfeier aufgestellt hat:

K – A – R – R – I – E – R – E

»Ich habe ihr zu Weihnachten mal eine Ausgabe des Manifests für menschliche Führung geschickt. In dem Jahr hatte sie aufgrund des Lockdowns endlich mal Zeit zum Lesen. Sie rief mich dann ganz begeistert an. Besonders die vierte These, die Beiträge zu Netzwerken wertvoller als Positionen in Hierarchien sieht,« hatte es ihr angetan. Sie war überzeugt davon, dass viele der so dringend benötigten Veränderungen aus einem Netzwerk von intrinsisch motivierten Freiwilligen kommen können.«

Die Turmuhr schlägt 11 Uhr. Eine der Gäste hält einen Blumentopf mit Grashalmen hoch. Ein kluges Zeichen aus der Mitte des Kölner Doms.

»Das war einer dieser Momente, an denen Elefanten ins Tanzen kommen. Sie hatte auch über ihre eigene Zukunft nachgedacht. Vielleicht braucht es statt einer Personalabteilung auch eher ein Netzwerk. Sie hat oft bemängelt, dass sie selbst als Business Partner immer noch zu weit weg von den Bedürfnissen der Teams war. Ich hätte gerne noch das ein oder andere Tänzchen mit ihr gewagt. Mach's gut, liebe Perso!«

Der Bildschirm zeigt wieder die Ansicht mit mehreren Teilnehmern und die Augen der Anwesenden sind auf den Trauerredner gerichtet.

»Danke für deine Worte, Marcus. Dazu passt gut eine Grabinschrift, die ich bei einem meiner letzten Aufträge gelesen habe:

Man ist sich fremd,
man lernt sich kennen,
man lernt sich lieben,
man muss sich trennen.

Wir haben H.R. lieben gelernt, weil sie sich für bessere Arbeit eingesetzt hat und den Menschen im Unternehmen diente. Die zahlreichen Spar-Runden der letzten Jahre haben ihr allerdings den Rest gegeben. Zu den Auflösungsverträgen kamen Auflösungserscheinungen. Aber das bedeutet ja nicht das Ende von Personalarbeit. Ihr Hinterbliebenen, Freunde und Unterstützer könnt nun die guten Ideen und Initiativen fortführen – mit Beiträgen zu Netzwerken funktioniert das sogar besser als nur von einem Ast im Organigramm aus.

Ruhe in Frieden, liebe Perso!«

Die Orgel setzt ein und spielt einen Song von Herbert Grönemeyer – »Der Weg«. Aufgeben ist nicht. Ein bisschen was geht schließlich immer.

Als sich die Türen des Doms öffnen, ist es 11:11 Uhr. Die Domplatte hat sich in einen bunten Marktplatz verwandelt. Auf dem Platz sind gelbe Schilder mit Thesen zur Personalarbeit und einem WorkX-Logo verteilt. Der Typ in der roten Jacke mischt Cocktails. Unterhalb der doppelten Spitze des Kölner Doms stehen zwei und signieren Bücher mit dem Titel »Rethinking HR«. Menschen in schwarzen Anzügen mischen sich mit Hipsters in Sneakers und bunten Jacken. Manche der Gäste haben ihre dunklen Mäntel abgelegt und Pullover in allen Farben kommen zum Vorschein. Es tanzen Programmiererinnen mit Personalvorständen, Betriebsräte mit Controllerinnen und Chefs mit Auszubildenden. Der Mix von Jung und Alt, von unterschiedlichen Lebensentwürfen und Kulturen, der hier über die Domplatte verteilt feiert, symbolisiert die Zukunft. Ein bunter Haufen von Menschen sorgt, über das ganze Unternehmen verteilt, für mehr Menschlichkeit.

Ich weiß weder, ob es irgendwann ein Ende der Personalabteilung geben wird, noch wann das sein wird. Ich weiß aber, dass es bereits viele Ideen für die Personalarbeit der Zukunft gibt. In diesem Buch sind Zahlreiche beschrieben. Es gibt noch viele weitere Menschen in und außerhalb der Personalabteilungen, die tolle Ideen für bessere Arbeit und mehr Menschlichkeit in Unternehmen beschrieben und ausprobiert haben. Ähnlichkeiten mit realen Personen sind in dieser Geschichte daher voll beabsichtigt. Ich habe aber auch den Eindruck, dass die Personalabteilung manchmal der Grund ist, warum die ganzen guten Ideen nicht umgesetzt werden. Und damit meine ich nicht, dass die Personalabteilung nicht möchte. Vielmehr fehlen mir im Rest von Unternehmen Menschen mit Verantwortung und Interesse für Personalarbeit. Die von HR werden sich schon drum kümmern. Insofern wäre es doch mal ein Experiment wert, die Personalabteilung aufzulösen und eine Trauerfeier zu veranstalten. Oder was meinen Sie?

32 Vom Ich zum Wir. Oder was Marie Kondo, Tim Mälzer und Goldmarie mit Fülle zu tun haben

Christiane Brandes-Visbeck

Thank you, COVID 19. Dank dir wird es eine Post-Pandemie-Gesellschaft geben, die sich sehr von dem unterscheiden wird, was wir vorher kannten. Es liegt an uns, ob die notwendigen Veränderungen allein von Zukunftsangst, messbaren KPIs und automatisierten Prozessen gesteuert werden. Oder ob wir es zulassen, dass neben Ratio und Verstand auch Herz und Seele den Kurs mitbestimmen werden.

Der dafür notwendige Kulturwandel stellt große Herausforderung an uns alle, weil wir es sind, die die Wirtschaft und Gesellschaft prägen. Denn der Wandel ist in Wahrheit ein Richtungswechsel. So eine Wende auf den neuen Kurs kann nur gelingen, wenn alle an Bord wissen, mit welchem Manöver der neue Kurs angepeilt werden soll. Ruft der Skipper »Klar zur Wende!«, hat sich jedes Crewmitglied auf das Manöver vorbereitet. Der Steuermann fährt den Am-Wind-Kurs, der Vorschoter hat die Schoten und Fallen aus ihren Befestigungen gelockert. Wenn alles vorbereitet ist, antwortet er/sie mit »Is klar«. Nun kann die Wende durchgeführt werden: »Re!«. Das Boot gleitet mit dem Bug durch den Wind und ändert seine Fahrtrichtung. Nur im präzisen Zusammenspiel ist die Crew in der Lage, ein Schiff sicher durch raue Meere und flache Gewässer zu manövrieren.

32.1 Klar zur Wende!

Soll ein Richtungswechsel gelingen, benötigen wir immer drei Dimensionen: Verstand. Herz. Seele. Warum das so ist, konnte ich als Traditionsseglerin auf meinen mehrtägigen Törns gut beobachten. Gerade in gefährlichen Situationen spielen neben dem Verstand das Herz und die Seele eine große Rolle. Mit dem *Verstand* werden Messdaten wie die Wassertiefe und Windverhältnisse analysiert, Wetterberichte ausgewertet und geeignete Routen gefunden. Wo es langgeht, verklickert ein fähiger Skipper der Crew mit dem *Herzen*. Jemand, der das Herz auf dem richtigen Fleck hat, ist mutig, aber nicht verantwortungslos. Er/sie fördert das Gemeinschaftsgefühl und kennt die Bedürfnisse der einzelnen Crew-Mitglieder sehr genau. Und jede notwendige Entscheidung setzt er/sie mit wohlwollender Konsequenz um. Was die *Seele* sagt, nennen wir Intuition. Sie spricht meist mit leiser Stimme und wird im lauten Alltag oft überhört. Ich erinnere mich noch an den Skipper, der sich auf großer Fahrt zum Schlafen in die Koje legte – und jedes Mal rechtzeitig wach wurde, wenn sich das Wetter änderte oder aus anderen Gründen Handlungsbedarf entstanden war. Die Weisheit der Seele, die entwicklungshistorisch betrachtet älter ist als unser Verstand, kommt aus den kollektiven Erfahrungen unserer Vorfahren, aus dem *Wir*. Sie ist wie ein innerer Kompass, der uns von Geburt an Orientierung bietet. Später, durch Erwartungen von Eltern, Schule, Arbeitgebern, Partnern und Gesellschaft hat der Verstand den Lead übernommen, assistiert von dem Herzen. Der Verstand lehrt uns, dass es einfacher ist, sich anzupassen und ohne Widerworte das zu tun, was von uns erwartet wird. Wir nennen diese Entscheidungen vernünftig oder unabänderlich. In Wirtschaft und Gesellschaft heißt es auch alternativlos und Sachzwang.

32.2 Intuition, die Stimme der Seele

Die Stimme der Seele hören wir meist in Momenten, in denen unsere Gedanken ruhen. In Zeiten der Stille. Dann, wenn unser Ego mal kurz eine Pause einlegt. Oft hören wir nicht auf unsere Intuition. Wir räumen sie aus dem Weg, indem wir sie in die Schublade der unbegründeten Zweifel oder absurden Emotion einsortieren. Und dann machen wir den Weg frei für unser verstandesorientiertes Tun. Dies tun wir, weil – und das ist eine wirklich wichtige Erkenntnis – unser Ego geliebt werden möchte. Weil sich das Ego für das entscheidet, was sich im Moment gut anfühlt. Deshalb entscheiden sich Menschen für einen narzisstischen Partner, gegen die Aufnahme von Geflüchteten aus den desolaten Camps an den Außengrenzen von Europa oder für kleine Aktivitäten, die in der Gesamtheit als »Dieselskandal« unsere Welt erschütterten. Und so ist es auch bequemer und unkomplizierter, wenn das *Ich* uns erlaubt, weiterhin Discounter-Fleisch im Supermarkt nebenan zu kaufen, nicht bei den Nachbarn zu klopfen, wenn ein Kind schmerzerfüllt schreit oder den Job zu wechseln, der uns innerlich kaputt macht. Wer Ego-geleitet lebt, kann und mag nicht in die Zukunft schauen. Diese Menschen entscheiden sich für die vermeintlich sichere Variante. Weil das *Ich* keine Veränderung möchte. Und doch spüren immer mehr Menschen, dass die Seele mitreden sollte – und dass wir auch auf sie hören sollten. Weil die Wende nur im *Wir* gelingt.

Und so wird unsere innere Weisheit, die Seele mit der Stimme der Intuition, auf einmal wichtiger Infokanal für unseren persönlichen Kompass in unsicheren Zeiten wie einer Pandemie. In der VUCA-Welt findet unsere Intuition Gehör. Die Stille während der Lockdowns bringt Ruhe mit sich und ermöglicht Reflexionen über das, was wirklich wichtig ist. Dabei entdecken wir die nahen, selbstverständlichen und kleinen Dinge – und wie eine stille Freude uns erfüllt. Sie wird gespeist von der Weisheit der Seele. Wer diese verspürt, kann *Fülle* erleben.

32.3 Die Schale der Liebe

Fülle ist eine wichtige Voraussetzung für Liebe. Diese Erkenntnis stammt nicht von mir, sondern wird in einem Gedicht des berühmten Mönchs Bernhard von Clairvaux aus dem 12. Jahrhundert überliefert:

Wenn du vernünftig bist, erweise dich als Schale und nicht als Kanal,
der fast gleichzeitig empfängt und weitergibt,
während jene wartet, bis sie gefüllt ist.
Auf diese Weise gibt sie das, was bei ihr überfließt, ohne eigenen Schaden weiter.
Lerne auch du, nur aus der Fülle auszugießen und habe nicht den Wunsch, freigiebiger zu sein als Gott.
Die Schale ahmt die Quelle nach. Erst wenn sie mit Wasser gesättigt ist, strömt sie zum Fluss, wird sie zur See. Du tue das Gleiche! Zuerst anfüllen, und dann ausgießen.
Die gütige und kluge Liebe ist gewohnt überzuströmen, nicht auszuströmen.
Ich möchte nicht reich werden, wenn du dabei leer wirst.
Wenn du nämlich mit dir selber schlecht umgehst, wem bist du dann gut?
Wenn du kannst, hilf mir aus deiner Fülle,
wenn nicht, schone dich.

Zuerst anfüllen, dann ausgießen. Erst wenn unsere Schale voll ist, unsere Seele genährt ist, können wir auch für andere Menschen da sein und für sie sorgen. Erst wenn wir genährt sind, können wir mit Freude arbeiten und wirken. Wenn die Seele gehört wird, erleben wir Freude, Kreativität und Flow. Wer mit der Seele spricht und mit dem Herzen fühlt, kann vom Verstand gelenkte vernünftige Entscheidungen fällen. Wenn wir Entscheidungen fällen, die von Freude gespeist sind, sind wir sicher, authentisch und damit erfolgreicher, als wenn unsere Entscheidungen getrieben werden von der Angst vor Verlust oder vor Strafe oder von Macht oder der Gier nach Anerkennung, Sichtbarkeit und Erfolg. Die beiden letzten Treiber können vieles zerstören. Denn wir Menschen spüren intuitiv, ob eine Entscheidung vom unsicheren *Ich* getrieben wird oder von einem erfüllten *Wir*; ob wir erschöpft und bedürftig sind, weil unsere Schalen leer sind, und dennoch geben (müssen).

Und so habe ich die Zeit des ersten Lockdowns ab März 2020 genutzt, um mich mit der Fülle des Lebens zu beschäftigen. Um Kraft und Energie zu schöpfen für das, was ansteht:

Ein Kulturwandel mit Kurswechsel vom bedürftigen *Ich* zum erfüllten *Wir*.

32.4 Mit der Pandemie fing alles an …

Als ich im März fast alle meiner Aufträge als Speakerin und Workshop-Facilitator verloren habe, war der Druck von dem *Dringenden* auf einmal weg und ich hatte Zeit für das *Wichtige*. Zeitgleich begann mein erster Circle zu Working Out Loud (WOL), einer von John Stepper in New York entwickelte Methode, in kleinen Gruppen zwölf Wochen lang daran zu arbeiten, wie man/frau mithilfe von strategischer Vernetzung persönliche Ziele erreichen kann. In meinem Working WOL-Circle mit Katharina Krentz, der Gründerin von WOL FrauenStärken, Alexander Kornelsen, Patrick Funk und Michelle Caroline Speth habe ich mir das Ziel »Wie kann ich Fülle erleben?« gesetzt. Mir war bewusst geworden, dass mein Leben so eng getaktet, durchgeplant und gehetzt war, dass ich mich nicht mehr als selbstbestimmt wahrnehmen konnte. Dass ich gar keine Zeit und Ruhe hatte für neuen Impulse oder die Stimme der Intuition. Dass meine Analysen und Reflexionen über Geschehenes recht oberflächlich waren und selten in Artikel oder meine Beratung einfließen. Vor allem hatte ich kaum noch ein Gefühl in mir, was richtig und was falsch ist. Ich musste mir ehrlich eingestehen: Ich lebte weitestgehend ohne Kompass. Funktionierte nach bekannten Routinen, in denen ich mich, ohne einen großen Überblick zu haben, von einem Tag zum anderen Tag, von einem Projekt zum nächsten Projekt treiben ließ. Klingt das vertraut?

Diese Erkenntnis fand ich deprimierend. Mein erster Impuls war, mein Beratungsleben aufzugeben und nur noch Bücher zu schreiben. Keine Reisen mehr. Keine unzähligen Auftragsklärungen und Vertragsverhandlungen. Niemand, dem ich erklären muss, warum die Zukunft der Arbeit anders aussehen *muss* als heute. Warum Führung weniger eine Position als eine Rolle ist, und warum Fehler wichtig sind, um Kulturwandel zu ermöglichen. Oder eben, warum Zukunftsfähigkeit von einem starken *Wir* abhängt. Doch dann erinnerte ich mich: Wer praxisorientierte Fachbücher schreiben will wie ich, sollte im Leben stehen, die Erfahrungen und Erkenntnisse aus der Arbeit mit Menschen mit Weltwissen vereinen und so wegweisende Texte schreiben. Und doch, wie soll das gehen, wenn die Schale der Liebe leer ist und der eigene Kompass verloren gegangen ist? Puh. Eines war klar, ich brauchte unbedingt eine Pause. Ich brauchte Zeit und Raum, um neue Energien aufzubauen und in mich reinhören zu können, was die Seele glücklich macht.

Doch wie gehe ich da am besten vor? Zum Glück verfüge ich für die Superkraft, dass mir irgendwann etwas einfällt, wenn Situationen ausweglos erscheinen. Aus diesen Eingebungen entwickle ich Bilder und Formate, die das Abstrakte greifbar machen. Mit denen ich auch esoterisch anmutende Impulse für den Verstand als logisch und vertretbar aufbereite. Mit dieser Methode möchte ich euch meinen persönlichen Weg zur Fülle in meinem Leben beschreiben:

1. Ausmisten wie Marie Kondo
Normalerweise beginne ich Veränderungsprozesse strukturiert. Doch mir fehlte die Energie, um nach Frithjof Bergmann zu definieren, was ich »wirklich, wirklich« will. Oder nach Simon Sinek mit dem »Warum« zu beginnen. Ich war erschöpft und brauchte Raum und Zeit, um mich zu erholen. Also habe ich das getan, was mich bereits als Kind entspannt und beruhigt hat: Sachen zu sortieren. Als kleines Mädchen habe ich beispielweise die Knöpfe aus dem Nähkästchen meiner Mutter nach Farbe, Größe und Material sortiert. Anschließend habe ich die schönsten Knöpfe auf Pappstreifen genäht, um sie dann, wie in einem echten Geschäft, in kleinen Chargen zurück an meine Mutter zu verkaufen.

Im Pandemie-März 2020 habe ich ganz intuitiv angefangen, Sachen zu sortieren. Unwichtige Sachen. So habe ich kleine Seifenproben von meinen vielfältigen Reisen aus ihren Verpackungen ausgewickelt und in einem durchsichtigen Glasbehälter für Wattetupfer aus einer ehemaligen Arztpraxis im Bad zur Schau gestellt. Ich habe unsere Gewürze und die Hausapotheke nach abgelaufenen Verfallsdaten durchsucht und neu sortiert. Und auf einmal – wohl, weil ich schon im Flow war – fing ich an, mein vielfältiges Angebot an Dienstleistungen (ich schreibe absichtlich nicht den herabwürdigenden Begriff »Bauchladen«) in Gedanken zu sortieren. Ich habe meine Seminare, Workshops, Vorträge und Beratungen recht intuitiv Produktgruppen zugeordnet und vor meinem geistigen Auge – wie früher – mit einem Preisschild versehen. Damit habe ich mühelos eine Voraussetzung für Fülle in meinem beruflichen Leben geschaffen: Weniger ist mehr. Und ich biete nur noch die Themen an, die mir wirklich Freude bereiten.

Diese Aktivität in Richtung Fülle habe ich »Ausmisten wie Marie Kondo« genannt. Die magische Formel der Aufräum-Queen lautet: »Sortiere alles aus, was dir keine Freude mehr macht.« Ob es nun die werbliche Verpackung von schönen Seifenstücken, der überlagerte Kardamom aus Abu Dhabi oder das Workshop-Angebot zur Fehlerkultur ist, spielt keine Rolle.

Neben der erfreulichen Tatsache, dass ich mehr Raum geschaffen habe für Neues, das mir Freude machen und das Gefühl der zunehmenden Fülle ermöglichen wird, hat sich noch eine andere Erkenntnis verfestigt: In meinem Leben lässt sich Berufliches und Privates nicht immer trennen. Im Gegenteil: Es kann sogar positiv sein, wenn sich beide Bereiche vermischen. Mein Bedürfnis, mich neu zu sortieren, hat sich zuerst im Privaten den Weg gebahnt, um dann in den beruflichen Kontext zu wechseln. Diese Entscheidung kam intuitiv. Ich war im *Flow*.

2. Kochen wie Tim Mälzer
Jetzt, nachdem ich vieles (aus-)sortiert hatte, entstand Raum für Neues. Doch was könnt dieses Neue sein? Ich bin nicht der Typ, der zur Inspiration How-to-Fachbücher liest oder auf Pinterest-Boards Ideen sammelt. Familiär bin ich so geprägt, dass ich

einmal schaue, was ich aus dem Bestand vielleicht anders nutzen könnte als bisher, bevor ich etwas Neues anschaffe. Diese Prägung entstand zu einer Zeit, als es weder den Trend zum Upcycling noch zum Recycling gab. Es ist wohl eher eine Art gesunder Genügsamkeit. Starkoch Tim Mälzer hat es zu einiger Berühmtheit gebracht mit seinem Konzept, aus dem, was im Kühlschrank vorhanden ist, das maximal beste Gericht zu kochen. Die unterliegende Botschaft lautet: Nimm das, was da ist, und mache etwas Schönes daraus, anstatt zu beklagen, wie super alles wäre, wenn dieses oder jenes nicht fehlen würde.

Wer mich und meine Arbeit kennt, weiß, dass ich nach dem Tim-Mälzer-Prinzip recht erfolgreich mit Kunden und Auftraggebern arbeite. Doch auf mein eigenes, persönliches Leben bezogen, fand ich das Konzept nicht immer so prickelnd. In den Pandemie-Monaten April/Mai 2020 ist mir sehr bewusst geworden, wie oft ich in den letzten Jahren wehmütig *was wäre, wenn* gedacht und mich und mein Leben etwas zu häufig mit anderen verglichen habe. Mir wurde bewusst, dass mich diese Art von Marktanalyse unglücklich macht. Deshalb fing ich an, mich mit meinem persönlichen Mindshift zu beschäftigen. Ich wollte lernen, wie ich »trotz allem« glücklich sein kann und wie – nach dem Zitat von Theodor Roosevelt – meine Einstellung dazu, *wer ich bin und was ich habe, eine sehr kleine Sache ist, die einen großen Unterschied macht.* Meine persönlichen Erkenntnisse zum Umgang mit Glaubenssätzen und Narrativen habe ich in virtuelle Sessions wie beim Frauennetzwerk *Leading Women* von Sylvia Tarves oder dem Lebenslangen *LernCamp* von Holger Gelhausen und Tobias Grewe geteilt. Mein Wirken in der 2019 gegründeten Initiative Zukunftsnarrative mit Christine Dingler, Helén Orgis, Dajana Laube und Elvira Steppacher hat sicherlich auch einiges dazu beigetragen, wie der Dreiklang vom *lernen – verlernen – neu lernen* und analog dazu *denken – umdenken – neu denken* leicht und quasi über Nacht neue Perspektiven ermöglicht hat.

Auf einmal war ich froh über das, was ich habe. Über das Leben, das ich führe, über den Rückhalt in meiner Familie und bei Freunden, in meiner virtuellen Community. In dieser zweiten Phase auf dem Weg zur Fülle erlebte ich große Dankbarkeit. In dieser Zeit – so ungefähr Anfang Mai – kamen interessante Anfragen und größere Aufträge, die ich in dem Gefühl der Dankbarkeit gut annehmen konnte. Denn mir war bewusst geworden, dass wir mit dem, was wir in unseren Kühlschränken finden, exzellente Menüs zubereiten können, wenn wir die vorhandenen Zutaten wertschätzen, unkonventionell zusammenstellen und mit Liebe kochen.

3. Wirksam sein wie Goldmarie

In der aktuell letzten Etappe auf meiner Reise zur Fülle geht es um *Wirksamkeit.* Denn mit Liebe können Menschen dann kochen, wenn ihnen die Tätigkeit leicht von der Hand geht. In meinem beruflichen Leben hatte ich so eine Leichtigkeit immer wieder erlebt, ihr aber keinen Wert zugewiesen. Denn was ist das schon, es war ja nicht schwer. Während eines mehrmonatigen journalistischen Praktikums lernte ich den

Glaubenssatz *Qualität kommt von Quälen* kennen. Zum ersten Mal habe ich ihn gehört, als ich, die Praktikantin, noch nachts um halb drei Uhr leere Seiten an DER SPIEGEL faxen musste, weil mein Chef den Artikel noch nicht fertig hatte. Die Deadline war verstrichen – das durfte einem Journalisten niemals passieren. Also musste ich leere Seiten faxen damit wir erzählen konnten, dass wir alles gesendet haben, aber das Fax wohl kaputt gewesen sei. Später habe ich mich auch mit anderen Dos und Don'ts von Medienmachern rumgequält. Doch als eine von mir und meiner Redaktion sehr intuitiv produzierte TV-Sendung sehr erfolgreich war, habe ich verstanden, dass es oftmals gar nicht so verkehrt ist, Dinge so zu erledigen, wie sie einem in den Sinn kommen und sie nicht zu sehr zu zerdenken.

Und tatsächlich erlebte ich im Sommer 2020, dass Fülle im Leben entsteht, wenn wir das annehmen, was zu uns kommt. Mein Sinnbild für diese Erkenntnis habe ich – dank *Kaja Otto* – in der Goldmarie aus dem Märchen von *Frau Holle* entdeckt. Goldmarie ist das Mädchen, das freundlich und zugewandt alle Aufgaben erledigt, die ihr angetragen werden. Dafür wird sie im Märchen reichlich belohnt. Mir ist bewusst, dass die Figur der Goldmarie in *Ich*-getriebenen Zeiten nicht besonders angesagt ist. Das Konzept von der fleißigen Biene, die Frau Holle alles recht macht, wirkt nicht besonders smart. Weibliche Tugenden wie Fleiß, Zuverlässigkeit und Bescheidenheit sind ein wenig aus der Mode gekommen, seitdem Frauen erkannt haben, dass sie in unserem aktuellen Wirtschaftssystem dafür nicht belohnt werden, wenn sie gut funktionieren, sondern wenig beachtet und schon gar nicht befördert werden. Seitdem ich mich, inspiriert von Kaja, mit Erkenntnissen und Lebensweisheiten aus vergangenen Zeiten beschäftige, kann ich mir vorstellen, dass die Goldmarie im Märchen belohnt worden ist, weil sie sich den Herausforderungen des Lebens stellt: Sie melkt die Kühe, wenn sie unter der Last ihrer Milch leiden. Sie holt die Brote aus dem Ofen, bevor sie verbrennen. Und sie schüttelt die Äpfel vom Baum, bevor sie dort verfaulen und nicht verarbeitet werden können. Alle Aufgaben am Wegesrand erfüllt sie selbstverständlich und mit Leichtigkeit. Sie denkt nicht darüber nach, ob es sinnvoll ist, die Jobs anzunehmen. Sie lebt in der Welt der *Wir*. Ihr *Ich* fragt sich nicht, was es davon hat, sich um andere in Not zu kümmern. Anders als die Pechmarie, die nur ihren eigenen Vorteil, das eigene *Ich* im Sinn hat.

Goldmarie tut das, was zu tun ist. So, wie die meisten von uns zur Zeit der Pandemie ihre Masken tragen, Abstand halten und für die alte Nachbarin nebenan einkaufen gehen. Wir tun das, weil es sich richtig anfühlt. Diese intuitive Erkenntnis ist eine, die uns auch in der Post-Pandemie weiterbringen wird: **Das Leben ist, wie es ist. Es kann/muss nicht immer leicht sein. Es stellt uns Aufgaben, an denen wir lernen und wachsen. Dafür werden wir mit Fülle belohnt.**

Wenn du jetzt, liebe Leserin, lieber Leser, bereit bist für die Fülle, zwinge dich nicht, alles, was du in diesem Buch gelesen hast, anzuwenden. Entscheide dich erst dafür, wenn du mit Freuden bereit bist für das Kommando »Klar zur Wende!«.

Nachwort

32 Impulse für die Personalarbeit der Zukunft – eine Reise durch die verschiedenen Phasen und Meilensteine unseres Arbeitslebens. Das ist unser Bild vom HR der Zukunft. Zu Grabe tragen werden wir HR so bald wohl kaum – oder vielleicht doch: als Abteilung, als starres Gebilde, als Silo innerhalb der Organisation, das Prozesse verwaltet.

Als Menschen mit Herz und Verstand können wir HR neu denken und gestalten. Das Buch zeichnet davon ein Bild in Wörtern und Geschichten. Tobias Grewe hat visualisiert, was wir meinen:

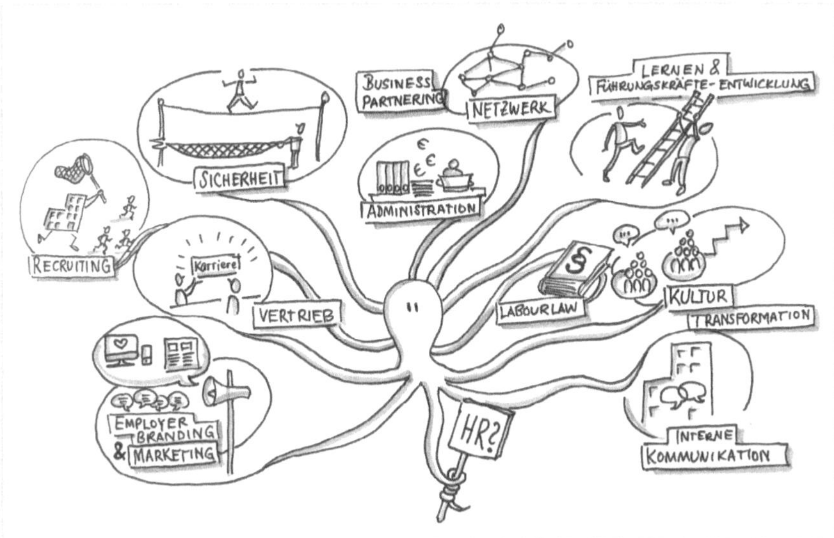

Meeresbiologen sehen in der Fähigkeit der Tintenfische (das sind übrigens die mit den 10 Armen), sich den Umständen anzupassen, einen Ausdruck ihrer außergewöhnlichen Intelligenz. Sie können Schraubverschlüsse öffnen, aus Aquarien flüchten, Menschen voneinander unterscheiden. Der letzte Punkt erscheint uns als wesentlich. Dazu kommen gleich drei Herzen und 500 Millionen Neuronen. Zudem pfuscht der Tintenfisch ohne Unterlass an seiner Erbinformation herum und besitzt damit die Fähigkeit, seine Intelligenz und sein Lernvermögen deutlich zu steigern. Der Tintenfisch lebt und lernt im Turbomodus.

HR als Tintenfisch, der seine Arme in alle Bereiche hin austreckt. Diese Arme sind teilautonome Organe, die weitgehend unabhängig von der Zentrale agieren können. Aber nicht als Fangarme, sondern als Fühler, die sensibel das aufnehmen, was dort von den

Menschen gesendet wird, es bündelt, transformiert, seine Flexibilität im Sinne der Transformation einsetzt – das ist unser Bild.

Rethinking HR – als organisches Mitarbeiterzentrum ist es wichtig, sein Erbgut flexibel ändern zu können, denn es ist die Summe der Kompetenzen und Fähigkeiten aller Menschen im Unternehmen. Das genau ist Unternehmenskultur. Und die ist nie fix.

Stichwortverzeichnis

Die Autor*innen

Julia Collard & **Sven Schnitzler** sind Gründer der Content- & Social Mediaberatung Doppel[t]spitze.

Im Hauptjob leiten sie als Doppelspitze die Bereiche Vertrieb & strategisches Marketing sowie die Business School der Europäischen Fachhochschule (EU|FH). Hier sind sie verantwortlich für ein Team von 40 Mitarbeitern.

Netzwerken & Lernen sind ebenso Leidenschaften wie der persönliche & virtuelle Austausch von Wissen. Ihre Überzeugung: jeder Mensch hat seine Story und gemeinsam erzählt wird daraus die Story der Organisation. Sie sind begeistert von guten Texten, Social Media und Zusammenarbeit, die auf Vertrauen basiert. www.doppeltspitze.de Twitter: @doppeltspitze.de Teil Deine Story!

Melanie Belitza ist seit ihrem Wirtschaftsingenieurwesen-Studium mit Schwerpunkt Dokumentation und Kommunikation bei einem weltweit agierenden Systemhaus in der Mobilitätsbranche tätig. Dort leitet sie derzeit das internationale Team Technische Dokumentation & Training. Dabei führt sie ihr Team in Teilzeit und lebt das Modell einer 4-Tage-Woche. Ihren freien Tag widmet sie den Themen neue Lebens- und Arbeitsmodelle, lebenslanges Lernen und neue Arbeit.

Dr. Maria Boos ist Leiterin des Teams Beratung und Projektleiterin für die Stärkenorientierte Personalentwicklung am Zentrum für LehrerInnenbildung (ZfL) der Universität zu Köln. Gemeinsam mit Myrle Dziak-Mahler hat sie am ZfL das interne Coaching- und Mediationsprogramm eingeführt und entwickelt es kontinuierlich weiter. Maria Boos ist zudem promovierte Medienpädagogin, Systemischer Coach, Mediatorin und Geprüfter eCoach und eTrainerin (WCTC).

Christiane Brandes-Visbeck ist Expertin für New Work und Leadership, Diversity und Innovationen. Nach Jahren als Media und Communications Executive u. a. bei Bertelsmann und als Korrespondentin in New York leitet sie heute als geschäftsführende Gesellschafterin die Ahoi Innovationen GmbH. Diese begleitet Unternehmen und Organisationen zu mehr Menschenorientierung im Wirtschaften an der Schnittstelle von Digitalisierung, HR und Kommunikation.

Die gefragte Speakerin und Moderatorin ist Beirätin der Social Media Week Hamburg und des jungen Female Business Clubs nushu. Im Sommer 2019 hat Christiane mit vier Mitstreiter*innen die Initiative Zukunftsnarrative gegründet, die es sich zur Aufgabe macht, positive Zukunftsvisionen in unserer Gesellschaft zu verankern.

Sandra Brauer ist Inhaberin der »Veränderungsbegleitung mit System« und des »Systemischen Netzwerks«. Als Diplom-Kauffrau hat sie mehr als 10 Jahre im Bereich des IT-Projektmanagements, der IT-Beratung und in der Organisationsentwicklung gearbeitet. Seit 2017 ist sie freiberuflich in und aus Hamburg heraus als Systemische Beraterin (dgsf-zertifiziert), Stressmanagement-Trainerin sowie Prozessbegleiterin in der digitalen Transformation tätig.

Sandra Brauer unterstützt Menschen und Organisationen dabei, mehr Gelassenheit und Widerstandsfähigkeit im Umgang mit Veränderungen zu entwickeln. Ihre Schwerpunkte sind die Vermittlung digitaler Balance und digitaler Resilienz. Darüber hinaus gründete sie im Sommer 2020 das Systemische Netzwerk: ein Online-Magazin, welches sich zum Ziel gesetzt hat, den systemischen Ansatz vor allem in der digitalen Welt noch bekannter zu machen und zur stärkeren digitalen Vernetzung von Systemiker*innen beizutragen

Tatiana Dikta, pharmazeutisch-technische Assistentin und B.Sc. Psychologie mit dem Schwerpunkt Gesundheitsmanagement sowie Arbeits- und Organisationspsychologie, hat in ihrer Berufspraxis Erfahrungen in Bereich Stressforschung, betriebliche Gesundheitsförderung und Mitarbeitercoaching gesammelt. Seit 2016 ist Tatiana Dikta als Lehrkraft an der Berufsfachschule für Pharmazeutisch-technische Assistenten, sowie in einer öffentlichen Apotheke in Münster tätig. Nebenberuflich ist Tatiana Dikta Autorin für Fachbeiträge in pharmazeutischen Fachzeitschriften und in Fachbüchern. In ihrer Freizeit setzt sie sich ehrenamtlich für die Etablierung der fairen Auswahlverfahren im Bereich Recruiting ein und unterstützt Menschen mit Migrationshintergrund im Kontext der beruflichen Bildung.

Prof. Dr. Myrle Dziak-Mahler ist Kanzlerin und Geschäftsführerin der Alanus Hochschule für Kunst und Gesellschaft in Bonn-Alfter. Zuvor arbeitete sie an der Universität zu Köln; die letzten zehn Jahre war sie dort Geschäftsführerin des Zentrums für LehrerInnenbildung. Sie ist gelernte Lehrerin und hat vor ihrem Wechsel 2004 in die hochschulische Bildung in verschiedenen Kontexten (u. a. als Förderlehrerin und Beratungslehrerin in der Gymnasialen Oberstufe) unterrichtet. Myrle Dziak-Mahler ist darüber hinaus professionell ausgebildeter und zertifizierter Coach und Scrum Master, hat in St. Gallen Managementtheorie gelernt und ist (Großgruppen-)Moderatorin. Neben ihrer Tätigkeit an der Hochschule ist sie als Rednerin, Coach, Beraterin, Moderatorin und Autorin tätig. Sie wurde mehrfach ausgezeichnet, zuletzt mit dem Universitätspreis der Uni Köln 2019 für ihre Führungsarbeit.

Marc Eichborn ist seit mehr als fünf Jahren als Transformations- und Digitalisierungsfachmann in der deutschen Versicherungswelt und der gesetzlichen Krankenkasse gefragt und blickt auf eine 15-jährige Erfahrung als Produktmanager und Projektleiter in internationalen Aktiengesellschaften und deutschen Mittelständlern zurück. Als Diplom-Jurist ist sein Blick auf den rechtlichen Rahmen, auf die Prozesse und insbesondere auf die Personalentwicklungskomponenten im Unternehmen gerichtet.

Seine Themenschwerpunkte sind die Zukunft der Arbeit und die Transformation von Unternehmen in einer zunehmend digitalen Welt. Für diese Themenschwerpunkte hat er Konzepte entwickelt und baut in Unternehmen Flächen und Methoden auf. Seine Arbeit dokumentiert Marc Eichborn auf LinkedIn und auf seiner eigenen Webseite http://www.newinsurance.de.

Gudrun Gaedke hat langjährige Führungserfahrung in Unternehmen und in akademischen Organisationen. Ihre fachlichen Schwerpunkte liegen in der Personal- und Organisationsentwicklung, insbesondere der Personaldiagnostik und dem Design und der Durchführung von Entwicklungsprogrammen. Sie ist zertifizierte PERMA-Lead@ Beraterin, mit dem Schwerpunkt auf Positive Leadership. Sie hat Lehr- und Forschungserfahrung in den Themen Leadership und Leadership Development, HRM & Organisation, Lern- und Wissenstransfer, Kompetenzentwicklung und Wissensmanagement sowie neue Lern- und Arbeitswelten (New Work). Seit über 15 Jahren ist sie in der Ausbildung von zukünftigen HR-Verantwortlichen tätig, dabei war ihr die Praxistauglichkeit der vermittelten Inhalte und Methoden immer besonders wichtig. Als selbstständige Unternehmensberaterin und Business Coach begleitet Gudrun Gaedke Führungskräfte und deren Teams in ihrer professionellen und persönlichen Entwicklung.

Alexandra Gerstner ist Arbeits- und Organisationspsychologin und als systemische Organisationsberaterin seit 2012 selbstständig. Sie begleitet Organisationen bei der Gestaltung einer Arbeitswelt, in der Menschen miteinander wirksam werden. Ihr Fokus liegt auf den Arbeitsbedingungen, Strukturen und den Spielregeln der Organisation. Damit sich wirklich etwas bewegen kann. Mit dem Online-Programm #einfach machen bietet sie erprobte Werkzeuge für die Durchführung der Gefährdungsbeurteilung psychische Belastung. #Sidestep und #Retrospektive sind Angebote zur Gestaltung wirksamer Zusammenarbeit und der Stärkung von Resilienz auf Teamebene. mail@ alexandragerstner.de www.alexandragerstner.de Twitter: @gerstner_bgm LinkedIn: https://www.linkedin.com/in/alexandra-gerstner/

Tobias Grewe arbeitet selbstständig als strategischer Marken- und Kommunikations-Berater mit Schwerpunkt Employer Branding und B2B für verschiedene Agenturen und Unternehmen. Für zahlreiche nationale und internationale Unternehmen hat er internationale Arbeitgebermarken und Kommunikationsstrategien entwickelt und hat auch die anschließende internationale Implementierung beraten. Er war unter anderem für namhafte Kunden und Agenturen tätig wie z. B. Serviceplan, BBDO Interone Worldwide sowie Liquid Campaign. Darüber hinaus ist er Gründer des ersten Storytelling-Events #StoriesThatMatter – für alle, die Neues kommunizieren müssen.

Kathrin Hartmann lebt mit ihrer Familie an der Bergstraße. Nach 6 Jahren Tätigkeit als Rechtsanwältin in einer Wirtschaftskanzlei in Stuttgart wechselte sie 2018 in die Personalabteilung eines Konzerns, gründete ein Jahr später zudem ihre eigene Kanzlei Culture your System und absolvierte eine Ausbildung als systemischer Coach und Moderatorin. Mit Culture your System vereint sie in Beratung und Gestaltung ihre Passion Arbeitsrecht mit den Themen New Work und Unternehmenskultur.

Anke Hoffmann ist für die Bertelsmann Stiftung als Projektmanagerin im Team Zukunft der Arbeit der tätig. Sie hat Soziologie und Sozialpsychologie studiert und ist ergänzend als Betriebliche Gesundheitsmanagerin ausgebildet. Die Themenbereiche Unternehmenskultur, gesunde Arbeit, die digitale Transformation und deren Auswirkungen auf die betriebliche Arbeit und vor allem die Vereinbarkeit von Berufs- und Lebenswelten stehen im Fokus ihrer Tätigkeit.

Dr. Michel Hoffmann, LL.B war im Anschluss an ein Studium der Rechtswissenschaften und des Wirtschaftsrechts (LL.B.) an den Universitäten Osnabrück, Hull (England) und Heidelberg für drei Jahre akademischer Mitarbeiter am Lehrstuhl von Prof. Dr. Markus Stoffels. Dort promovierte Dr. Michel Hoffmann auch zu einem betriebsverfassungsrechtlichen Thema. Nach Stationen, u.a. in einer internationalen Wirtschaftskanzlei im Bereich Arbeitsrecht, berät und vertritt er seine Mandanten in allen Belangen des individuellen und kollektiven Arbeitsrechts in einer der führenden arbeitsrechtlichen Sozietäten Deutschlands (Küttner Rechtsanwälte). Zu seinen Tätigkeitsschwerpunkten zählen vor allem die Themen rund um die Arbeitswelt 4.0, die voranschreitende Digitalisierung sowie sämtliche Fragen des Betriebsverfassungsrechts. Dr. Michel Hoffmann veröffentlicht und doziert regelmäßig zu aktuellen arbeitsrechtlichen Themen.

Torsten-Roman Jacke, genannt troja, Team Coach / Agile Coach, Mittwald CM Service GmbH, Potentialgefährte für hochsensitive Menschen, Freelancer und Speaker. troja ist als Versicherungskaufmann (IHK) in sein Berufsleben gestartet, wo er bis Ende 2009 tätig war. 2004 gründete er eine Handelsvertretung und bot dort verschiedenste Produkte und Dienstleitungen an. Anfang 2013 wechselte er in die Beratungsbranche und begleitet Unternehmen und Start-ups in den Bereichen Vertrieb und Marketing. Seit 2015 ist er Coach und Potenzialgefährte für verborgene Talente und hochsensitive Menschen. Er unterstützt Menschen dabei, ihre Talente und Potenziale zu entdecken und zur Entfaltung zu bringen. Er ist selbst hochsensitiv im Kontext Scannerpersönlichkeit, besser bekannt als Vielbegabung, und weiß um die Herausforderungen von Menschen, deren Talente nicht entdeckt werden. Mit seinem Konzept »Organisations-Counselor« bringt er Unternehmen dieses Thema näher, um ihnen neue Perspektiven aufzuzeigen. troja ist ein Musterbrecher und Querdenker im positiven Sinn.

Madeleine Kern hat mit ihrem Wirtschaftsstudium in Frankfurt am Main und Hohenheim die Grundlagen für einen erfolgreichen Weg in den Personalbereichen verschiedener Firmen wie Horváth & Partners, Thales, Festo und Daimler gelegt.

Madeleine Kern lebt und liebt herausragende Personalarbeit und gründete 2019 ihr eigenes Unternehmen »Personalmarketing Kern«. Sie unterstützt kleine Unternehmen mit Workshops und Beratung, deren Stellenanzeigen und Arbeitgebermarke zu optimieren, sich bestmöglich bei potenziellen Bewerbern zu positionieren und somit die passenden Kandidaten zu finden. (www.pm-kern.de)

Martina Koch, als Tochter eines Selbstständigen aufgewachsen, Ehefrau eines Unternehmers, Mutter einer Jung-Unternehmerin und eines aktiv partnerschaftlich vereinbarenden Sohnes. Sie ist Kauffrau, im Vertrieb ausgebildet und nutzt für ihre Arbeit den Blick als Demografielotsin, Touchpoint- und CSR Nachhaltigkeits-Managerin.

Seit 2007 bringt sie sich in ihrem Bundesland für Familienfreundlichkeit ein, seit 2009 durch ihre Anstellung in den Saarland Heilstätten GmbH konkret für die Themen Vereinbarkeit, Lebensphasenorientierung im Personalmanagement und Arbeitgeberattraktivität. Ihre Netzwerk-Affinität nutzt sie besonders in den Teil-Themen Vereinbarkeit von privater Pflege/Fürsorgeverantwortung und Beruf und der Unterstützung von partnerschaftlich vereinbarenden Familien. 2020 entschied sie sich, nur noch die Servicestelle Familie & Beruf der SHG-Kliniken Sonnenberg zu leiten.

Nicolas Korte, Jahrgang 1963, war nach seinem Studium zum Dipl.-Ing. Maschinenbau 33 Jahre in verschiedenen Positionen für Industrieunternehmen im Bereich Anlagenbau und Instandhaltungsdienstleistungen tätig. Nach über 25 Jahren als Führungskraft, davon 20 als Geschäftsführer, sowohl in Konzernunternehmen als auch im klassischen Mittelstand, hat die radikale Transformation seines letzten Unternehmens zu agilen Organisations- und Arbeitsformen ihn selber so nachhaltig beeinflusst, dass er mit 57 selber noch einmal ganz neu durchstartet. Mit einer Ausbildung zum systemischen Coach für Organisationsentwicklung im Rücken begleitet er Menschen und Unternehmen als »Verbündeter für Veränderung« aus Sicht des Coaches und des Unternehmers auf ihrem Weg in die Zukunft.

Jo Kristof ist Gründerin von It's about Leadership, Beraterin, Trainerin, Business Coach und Podcast-Gastgeberin. Sie ist Professional Coach, systemisch-analytische Coach und Mitglied im DBVC (Deutscher Bundesverband Coaching e. V.).

»Ich bin davon überzeugt, dass die Zukunftsfähigkeit von Unternehmen von den Menschen in der Organisation und deren Handeln abhängt. Ich helfe Führungskräften und Unternehmen, die Zukunft zu gestalten und gestalte Lernräume, in denen Zukunft entstehen kann.«

Herwig Kummer ist Personalmanager beim Österreichischen Automobil-, Motorrad- und Touring Club (ÖAMTC). Mit seinem Engagement für wirkungsvolle Personalarbeit verbindet er Recruiting, Mitarbeiterabrechnung, sowie Personal- und Organisationsentwicklung mit aktiver Markenarbeit. Als »Gelber Engel« beschreitet er gern auch mal ungewöhnliche Wege. Dazu setzt er neue, hilfreiche Formate ein oder entwickelt zukunftsgerichtete Initiativen für einen Top-Arbeitgeber. Mit seinen 20 Jahren HR-Erfahrung arbeitet der Betriebswirt konsequent daran, Menschen, Technik und Business in Einklang zu bringen. Über seine Arbeit, seine Ideen und Erfahrungen bloggt er unter www.personaleum.at.

Menschen, Innovation und Komplexität sind die Leidenschaft von **Tobias Leisgang**. Seit mehr als 10 Jahren leitet er globale und virtuelle Teams. Er liebt es, Menschen miteinander zu verbinden und Menschen zu helfen, Innovationen von der Idee bis zum kommerziellen Erfolg zu verwirklichen. Er fühlt sich wohl in der Komplexität und genießt es, wenn das Leben ihn mit Überraschungen konfrontiert. Auf seinem Blog CompanyPirate schreibt Tobias über seine Erfahrungen, Erkenntnisse und Gedanken aus seinen beruflichen Stationen und Projekten. Er ist überzeugt, dass erfolgreiches Unternehmertum das Beschreiten neuer Wege und Mut erfordert.

Miriam Lerch ist studierte Wissensmanagerin und Organisationsentwicklerin (M.A.) und hat sich 13 Jahre mit digitalen und neuen Lehr-/Lernmethoden befasst, zuerst auf Hochschulebene, später in der beruflichen Weiterbildung von Fach- und Führungskräften. Ihre erste Praxiserfahrung in einem Scrum-Projektteam und Start-up-Unternehmen führte sie immer tiefer in die Welt der Agilität und allem, was sich unter »New Work« zusammenfassen lässt. Aus diesem Grund berät und begleitet sie aktuell als Agile

Coach und Transformation Consultant® Unternehmen, NPOs und Privatpersonen bei der Organisations- und Teamentwicklung und neuen (Zusammen-)Arbeitsweisen. Gleichzeitig ist sie Co-Host und Produzentin des Lernpodcasts »Fit for digital«.

Im Frühjahr 2020 gründete sie zusammen mit anderen die Gesellschaft für Zukunftsdidaktik gUG, die sich für dafür einsetzt, Bildung neu zu denken, und unterstützt diese aktuell ehrenamtlich als didaktische Leiterin.«

Claudia Lorber ist Recruiting-Strategin und Recruiting wird mit ihr wieder einfach. Gemeinsam mit ihren Kunden in ganz Österreich kreiert und implementiert sie ideale Recruiting-Strategien passgenau für die richtige Zielgruppe – dabei geht sie gerne auch mal neue Wege, Hauptsache praxisbezogen und umsetzungsorientiert. Ob Active Sourcing, Guerilla-Recruiting, Print, Online oder soziale Medien: Claudia Lorber verbindet ihre langjährige Erfahrung im Recruiting mit Methoden und Tools aus Design Thinking, Online Marketing, Sales und Social Media. Ihr Motto: Vergiss den Fachkräftemangel, werde zum #TalenteMagnet. Sie bloggt seit 2015 über Recruiting, hat gemeinsam mit Herwig Kummer das Playbook Recruiting verfasst und im Social Media Recruiting Handbuch zum Kapitel Social Media Recruiting in Österreich beigetragen.

Seit Juni 2019 ist **Katharina Lutermann** als Managerin Employer Branding/ Employee Relations bei den Paracelsus-Kliniken Deutschland tätig. Zuvor baute sie die Stabsstelle Unternehmenskommunikation in einer der führenden Herzkliniken Deutschlands auf und verantwortete diese jahrelang. Zudem hat die Mutter von zwei Söhnen einen Lehrauftrag für Social Media an der Hochschule Osnabrück inne. Im Jahr 2018 wurde sie vom PR-Report als »Young Professional der PR-Branche« ausgezeichnet. Die 31-Jährige studierte Angewandte Kulturwissenschaft sowie Kommunikationsmanagement und schloss berufsbegleitend einen MBA in Gesundheitsmanagement ab.

Anja Lüthy, Prof. Dr. phil., Dipl. Psych, Dipl. Kauffrau (FH) ist seit 2001 Professorin für Dienstleistungsmarketing und -management am Fachbereich Wirtschaft der TH Brandenburg. Nebenberuflich ist sie bundesweit seit über 20 Jahren als Speakerin, Beraterin und Coach überwiegend in Gesundheits- und Sozialeinrichtungen tätig. Ihre Schwerpunkte sind Employer Branding, Online – Recruiting, Personalmarketing, Organisationsentwicklung und New Work.

www.luethy.de, Twitter @AnjaLuethy

Die gebürtige Tirolerin **Eva Planötscher-Stroh** ist seit Mai 2018 bei den Vereinigten Bühnen Wien als HR-Leiterin tätig. Davor war sie 19 Jahre bei namhaften österreichischen Produktions- und Lebensmittelbetrieben verantwortlich für die Steuerung und Koordination sämtlicher HR-Agenden und -Prozesse. Sie ist eine der starken Frauen in Österreich, die HR bewegen und prägen. Zu Recht sicherte sie sich 2018 den Titel »Personalmarketing Innovator 2018« für ihre innovativen Recruiting-Methoden. Neben ihrer beruflichen Tätigkeit ist sie auch immer wieder als Speakerin bei HR-relevanten Konferenzen und Veranstaltungen im Einsatz.

Matthias Rausch, Diplom-Wirtschaftsmathematiker, Jahrgang 1972, ist Gründer und Geschäftsführer der Yellow Birds Consulting aus Ulm. Er verfügt über langjährige Führungserfahrung in den Bereichen IT und Organisation unterschiedlicher Branchen. Freude an Veränderung und ein ausgeprägtes ethisches Verständnis treiben ihn an. In mittelstandsorientierten Projekten bringt er sein Expertenwissen in Digitalisierung, Supply Chain und Integraler Organisationsentwicklung ein und schafft dabei nachhaltig motivationssteigernde Lösungsräume.

Britta Redmann ist als Rechtsanwältin, Mediatorin und Coach selbstständig und beim Softwarehersteller VEDA als Director Corporate Development & HR tätig. Sie ist Autorin verschiedener Fachbücher. Als Personalleiterin und Unternehmensentwicklerin hat sie in den Branchen der Metallindustrie, Banken, Fernseh- und Rundfunk Organisationsentwicklungen begleitet und arbeitsrechtlich umgesetzt. Ihre besondere Expertise liegt auf der Entwicklung und Veränderung von Organisationsformen und Strukturen bis hin zu agilen und kollaborativen Formen der Zusammenarbeit und Führung. Moderne Organisationskonzepte, wie z. B. zu Agilität, New Work und Digitalisierung werden von ihr arbeitsrechtlich transformiert und organisatorisch implementiert. Bei ihrer Arbeit berücksichtigt sie arbeitsrechtliche Fragestellungen genauso wie kulturelle Gegebenheiten.

Heike Rosenberg absolvierte während ihres Studiums der Linguistik und Volkswirtschaftslehre (M. A.) an der Freien Universität Berlin mehrere Praktika, unter anderem in Houston, Texas, USA im Bereich Personalwesen.

Sie arbeitete 14 Jahre bei einer gesetzlichen Krankenversicherung in Saarbrücken; überwiegend als Referentin im Personalservice. Sie leitete das Projekt zur Einführung der digitalen Personalakte und den Fachkreis zur Vereinbarkeit Familie und Beruf. Während dieser Jahre absolvierte sie ihr Fernstudium »Managementkurs«, ihre Lehrgänge zur Trainerin und systemischen Management-Coach und ließ sich als ProfilPASS- Beraterin ausbilden. Im Februar 2020 wechselte sie zum ERP-Anbieter proALPHA Business Solutions GmbH als Human Resources Business Partnerin. Sie betreut Fach- und Führungskräfte und leitet Projekte im Bereich New Normal und Human Resources. Darüber hinaus arbeitet sie auf selbstständiger Basis als Kompetenzberaterin.

Anna Schnell und **Nils Schnell** sind Geschäftsführer von MOWOMIND. MOWOMIND steht für ModernWorkMind und ist eine New Work Consultancy in Hamburg. Die beiden Autoren sind bekannt durch ihr Buch »New Work Hacks – 50 Inspirationen für modernes und innovatives Arbeiten« sowie weiteren Fachpublikationen. Auf ihrer 2018-2020 durchgeführten, internationalen #modernworktour aka Moderne Walz in 34 Ländern und zu 130+ Unternehmen erlangten sie weltweite Einblicke, wie modernes Arbeiten in Zukunft gestaltet wird. Anna und Nils sind Initiatoren des internationalen Modern Work Award, dozieren an verschiedenen nationalen sowie internationalen Hochschulen und haben unter anderem das Tandem Power Coaching sowie das Trainity Modell für erfolgreiche Trainings entwickelt. Mit MOWOMIND beraten und begleiten sie Unternehmen dabei, sich in den eigenen Arbeitsweisen strategisch neu aufzustellen und die Wirksamkeit stetig zu erhöhen. www.mowomind.com

Torsten Schröder machte mit seiner ersten Ausbildung die Leidenschaft zum Tanzen zum Beruf. Er ist Tanzlehrer und Tanzsporttrainer. Die Kombination aus Körperbewusstsein und dem Wunsch nach der Bühne bildete den Grundstein für seine Tanzkarriere und gleichzeitig für die Philosophie der Verbindung von Sport und Kommunikation, die sich auch in den fortlaufenden Weiterbildungen und Qualifizierungen zeigt. Er ist Mentaltrainer, Koordinationstrainer und Life Kinetik Pro Trainer. Neben der Professionalisierung im Tanzbereich bilden die TV-, Event- und Radio-Moderation sowie die Autorentätigkeit seine weiteren Standbeine. Torsten ist als Kommunikationsallrounder vor und hinter der Kamera sowie als Speaker unterwegs. www.torstenschröder.de

Florian Schrodt, Leiter Personalmarketing Verkehrsbetriebe Zürich (VBZ), ist seit über 10 Jahren in leitenden Positionen in PR, Kommunikation und HR tätig. Seit 2018 ist er verantwortlich für das Personalmarketing der VBZ. Seine Arbeit wurde mehrfach ausgezeichnet, unter anderem mit dem Swiss HR Award. Nebenberuflich gibt er sein Wissen als Speaker, Autor und Berater weiter. Seine Schwerpunkte sind: Employer Branding, Online- und Personalmarketing sowie Recruiting. Mehr Informationen unter https://www.linkedin.com/in/florianschrodt/, Twitter: @schrodi82

Christa Stienen ist CHRO DE/CH der Schenker Deutschland AG. Sie hat über 25 Jahre Berufserfahrung als Führungskraft in verschiedenen Unternehmen und Branchen, so z. B. Handel, Pharma und Aviation sowie in Non-Profit Organisationen. Mit ihrer umfassenden, strategischen und inhaltlichen Managementerfahrung in HR gilt sie als ausgewiesene Expertin für Change, Unternehmenskultur und die Arbeit in internationalen Matrix-Organisationen. Frau Stienen ist Aufsichtsrätin und Lehrbeauftragte.

Hannah Surmund hat Rechtswissenschaften in Köln und Lissabon studiert. Nach Abschluss ihres Studiums sammelte sie erste Praxiserfahrungen in der Personalabteilung eines internationalen Telekommunikationskonzerns in Köln, bevor sie ihrer Leidenschaft für arbeits- und datenschutzrechtliche Fragestellungen als Wissenschaftliche Mitarbeiterin bei Küttner Rechtsanwälte vertieft nachging. Derzeit absolviert sie ihr Rechtsreferendariat am Landgericht Köln.

Nicole Thurn ist freie Journalistin und Autorin. Nach ihrem Studium der Bildungswissenschaften und Soziologie und einem kurzen Ausflug in die Genderforschung war sie war fast ein Jahrzehnt bei der österreichischen Tageszeitung Kurier tätig, davon sieben Jahre als Journalistin im Ressort Karriere/Job Kurier und Business. Seit Anfang 2017 betreibt sie die Plattform NewWorkStories.com – das Blogzine für die neue Arbeitswelt. Mit dem Magazin und ihrem Podcast »Arbeit mal anders« macht sie Andersmacher, Vordenker und Pioniere der neuen, menschzentrierten Arbeitswelt sichtbar. Nicole Thurn hält auch Workshops, Webinare und Impulsvorträge, u. a. zu den Themen menschzentriertes Arbeiten und Sinnfindung.

Saskia Viethmeier ist Systemische Coachin und Trainingsdesignerin. »Ich bin davon überzeugt, dass jeder Mensch die Ressourcen, um seine Ziele zu erreichen oder seine Probleme zu lösen, in sich trägt, und unterstütze Menschen dabei, ihre eigenen Fähigkeiten zu entdecken und wirksam für sich einzusetzen. Als Trainingsdesignerin gestalte ich nachhaltige und lebendige Lernerfahrungen, um das gewünschte Ziel zu erreichen.«

Valentin Vollmer studierte nach einer kaufmännischen Ausbildung Pädagogik und Psychologie. Bevor er sich selbstständig machte, arbeitete er 15 Jahre in unterschiedlichen Führungsfunktionen eines Münchner Großkonzerns. Angetrieben von dem Wunsch, Berufseinsteigern in der jeweils akuten Situation schnell professionelle Impulse zu vermitteln, um Lösungen für ihre konkrete berufsbezogene Fragestellung zu erarbeiten, gründete er im November 2017 die Online-Coaching-Plattform CoachNow. Sein Anliegen und Ziel ist es, dass die Arbeitswelt die Bedürfnisse der jungen Menschen besser versteht und diese auch ernst nimmt.

Der Autor von zwei Büchern (»Was junge Mitarbeiter brauchen«, »Karrierestart«) ist u. a. als Lehrbeauftragter tätig und Experte für Berufseinstieg, Young Professionals und die junge Generation. valentinvollmer.com

Ellen Wagner, Berufsausbildung zur Hotelfachfrau und Studium der Betriebswirtschaft (Diplom 2007) sowie der Wirtschaftspsychologie (M. A. 2021) an der Fachhochschule Westküste Heide. In ihrer Diplomarbeit schrieb sie über die »Auswirkungen des demografischen Wandels auf die Personalwirtschaft in der Hotellerie«. Produktmanagement und Hoteleinkauf bei der DER Touristik (von 2008-2019). Im Rahmen ihrer freiberuflichen Dozentinnen Tätigkeit am IST Studieninstitut (seit 2009) und an der IST Hochschule für Management (seit 2013) verfasste sie die Lehrbriefe »Nachhaltiges Unternehmensmanagement«, »Nachhaltiges Personalmanagement« sowie »Best Ager im Tourismus«. 2019 absolvierte sie ihre Ausbildung zur Systemischen Coach und gründete ihr Unternehmen cross cultural bridges – wagner coaching LLC in den Vereinigten Staaten, bei dem sie als interkulturelle Expat und Diversity Coach Empowerment Workshops sowie Diversity, Equity & Inclusion Beratung und Anti- Diskriminierungstrainings durchführt (www.ellen-wagner.com, E-Mail: ellen@cross-cultural-bridges.com).

Marc Wagner ist als Head of Employee Experience der Fiducia & GAD IT AG als Direct Report des CHRO verantwortlich für das neu geschaffene Servicefeld »MitarbeiterExperience (MaX)«, welches sich u.a. aus den Themenfeldern Peoplemanagement, People Consulting & Analytics, Facility Management & Sustainability zusammensetz. Die Mission von MaX ist es, entlang der Dimensionen Mensch, Raum, Organisation & Technologie optimale Mitarbeitererlebnisse zu schaffen und einen größtmöglichen Kundenfokus zu ermöglichen. Marc war zuvor in unterschiedlichen Leadership-Positionen unterwegs – zuletzt u. a. bei der Detecon International verantwortlich für die Themenfelder CompanyReBuilding, New Work und Agile Organisationen. Er wurde vom Personalmagazin 2018 und 2020 unter die Top 10 der HR Influencer gewählt und ist Co-Autor des New Work Standardwerkes »New Work – auf dem Weg zur neuen Arbeitswelt«.

Jörg Weisner, Gründer und CEO der team success Coaching KG, ist nach Karriere im Bank- und Handelsbereich seit vielen Jahren als Autor, Berater, Coach und Trainer tätig. Zu seinen Kunden zählen internationale Konzerne wie auch KMUs. Seine Leidenschaft ist es, Menschen zu inspirieren, Herausforderungen und Transformationen statt passiv und reaktiv, aktiv und kreativ zu begegnen, für ein Leben voller Job&Joy.

Er wird gern als digitaler Rebell & Testpilot wie auch als neugieriger Gewohnheits- und Lern-Nerd beschrieben.

Jasmin Welzenbach startete mit einer kaufmännischen Ausbildung zur Industriekauffrau ins Berufsleben. Bereits während der Ausbildung durfte sie verschiedene Bereiche kennenlernen. Besonders die Themen Personal und Marketing begeistern sie seither. Nach der Ausbildung absolvierte sie ein Studium im Bereich Betriebswirtschaftslehre mit den Schwerpunkten Human Resources Management und Marketing Konzeptionen. In Aarhus, der zweitgrößten Stadt Dänemarks studierte sie im Auslandssemester Marketing Management. Derzeit ist Jasmin Welzenbach Personalreferentin im Recruiting bei Bosch Rexroth. Das Recruiting ist für sie der Bereich, wo sie sowohl HR, als auch Marketing miteinander verknüpfen kann.

Birgit Wintermann ist Project Manager im Programm Unternehmen in der Gesellschaft der Bertelsmann Stiftung. Vor ihrer Tätigkeit bei der Bertelsmann Stiftung 2008 war die gelernte Rechtsanwältin vor allem in den Bereichen des Arbeits- und Familienrechts tätig.

Heute befasst sie sich mit Arbeitsbedingungen, dabei insbesondere der Mitarbeiterorientierung und Familienfreundlichkeit. Dazu gehören auch Themen wie der Demografische Wandel, Gesundheit/Resilienz und Arbeiten 4.0. Frau Wintermann verantwortet das Qualitätssiegel »Familienfreundlicher Arbeitgeber« und arbeitet in der Entwicklung des INQA Audits »Zukunftsfähige Unternehmenskultur«.